"十四五"职业教育国家规划教材

高等职业教育农业农村部"十三五"规划教材
"十三五"江苏省高等学校重点教材（2018-2-205）

YANGQIN YU QINBING FANGZHI

养禽与禽病防治

张玲　主编

中国农业出版社
北　京

内容简介

　　《养禽与禽病防治》是高职高专畜牧兽医类专业的必备教材，教材内容突出了家禽生产职业岗位特点，基于家禽生产工作任务流程，以学生就业创业为宗旨，体现"教、学、做"一体化，服务于专业课程的教学改革。全书内容包括禽场的规划与建设、家禽的繁育、家禽饲料的选用与调配、蛋鸡生产、肉鸡生产、水禽生产、禽病的发生与防控、禽传染病防治、禽寄生虫病防治、禽普通病防治和禽场的经营管理等 11 个项目、33 个任务，详细阐述了每个项目及任务的能力目标、任务实施、技能训练及知识链接，重在按照企业生产需求，培养学生在养殖企业实际环境中应掌握的职业能力。

　　本教材广泛吸纳了行业、企业生产一线骨干专家的意见和建议，融入了现代家禽生产的先进技术和成熟经验，体现了"理论知识与实践技能一体化"的原则，展示了课堂教学与生产实践相融合的特色，使培养的学生具有科学高效的饲养管理技术、疫病防控技术和组织管理的能力。书中还配有大量视频、动画等数字资源，便于学生直观形象地理解教材内容。本书结构新颖、图文并茂，不仅可以作为高职高专院校相关专业的教材，还可以作为中等职业学校相关教师的参考用书和基层畜牧兽医人员、专业化养禽场技术人员的培训教材或参考用书。

编审人员

主　编　张　玲

副主编　董　飚　李玉清　董建平　李　伟　张君慧

编　者　（以姓氏笔画为序）

　　　　王艳辉　李　伟　李玉清　张　凯　张　玲

　　　　张君慧　周玉军　顾文婕　曹　娟　董　飚

　　　　董建平

审　稿　王志跃　徐建义

数字资源建设人员

（以姓氏笔画为序）

王　洁　卞友庆　孙国波　吉俊玲　纪荣超

张　玲　张　尧　张干生　李小芬　李芙蓉

杨晓志　周玉军　段修军　顾文婕　袁旭红

徐婷婷　董　飚　谢献胜

前言

FOREWORD

本教材是根据《国家中长期教育改革和发展规划纲要（2010－2020年）》和《国家中长期人才发展规划纲要（2010－2020年）》中教学改革、人才培养等相关要求，全面贯彻党的教育方针，落实立德树人根本任务，坚持科技是第一生产力、人才是第一资源、创新是第一动力，以培养具备禽场建设、良种繁育、智慧养禽、禽病防控和经营管理能力的高素质技术技能人才为目标，突出高等职业教育的特色，反映教学改革的新成果，体现以工作过程为导向的课程改革思想，以职业标准为依据，以企业需求为导向，着力培养学生的职业能力，提高学生知农爱农的情怀，树立服务农业、助力乡村振兴的目标。

本教材在编写中充分体现了思想性、科学性、适用性和职业性。在思想性方面，全书按照"能力目标—任务实施—技能训练—知识链接"的主线组织内容，层次分明、条理清楚，教材结构能反映内容的内在联系及养禽行业的生产流程；在科学性方面，理论知识充分联系生产实际，反映现代养禽业的新成果，吸收新技术、新品种、新模式，融入畜牧产业文化和优秀企业文化，充分运用现代教育技术、方法与手段，使教材更加生活化、情景化、动态化、形象化；在适用性方面，适应现代畜牧业转型升级，按照职业教育规律和技术技能人才成长规律，对接行业职业标准和岗位要求，校企合力打造教学重点、课程内容、能力结构以及评价标准有机衔接的规划教材；在职业性方面，以家禽生产行业企业不同发展阶段的职业岗位技能培养为核心，走访了多家企业，通过座谈会、调查问卷、实地考察、教师工作站体验、电话采访和网上调查等方式了解不同岗位员工能力需求，听取历届毕业生的意见，密切与行业、企业合作，进行基于工作过程的项目教材的开发与设计，积极推行与生产劳动和社会实践相结合的学习模式，充分体现职业性、实践性和开放性，反映对学生专业技术技能、岗位职业能力、创新应用能力和可持续发展能力的培养。

本教材主要包括禽场的规划与建设、家禽的繁育、家禽饲料的选用与调配、蛋鸡生产、肉鸡生产、水禽生产、禽病的发生与防控、禽的常见传染病防治、禽寄生虫病防治、禽普通病防治和禽场的经营管理等 11 个项目、33 个任务。

本教材由张玲担任主编，负责全书的编写提纲设计和统稿。每个项目编写人员分工如下。项目一：曹娟，贵州农业职业学院；项目二：曹娟，贵州农业职业学院，董飚，江苏农牧科技职业学院；周玉军，江苏高邮鸭集团；项目三：王艳辉，黑龙江职业学院；项目四：李玉清，北京农业职业学院；项目五：顾文婕，江苏农牧科技职业学院；项目六：董飚，江苏农牧科技职业学院；项目七：张凯，海门市农业农村局；项目八：李伟，南阳农业职业学院，张君慧，杨凌职业技术学院；项目九、项目十：董建平，四川水利职业技术学院；项目十一：张玲，江苏农牧科技职业学院。全书由扬州大学王志跃教授和山东畜牧兽医职业学院徐建义教授共同审定，在此表示衷心的感谢。

本教材配有丰富的数字化学习资源，形式多样新颖，突出教学重点，突破教学难点，激发学生的学习兴趣，体现以学生为主体，强化学生自主学习能力的培养。江苏农牧科技职业学院的张玲、董飚、杨晓志、张尧、顾文婕、袁旭红、吉俊玲、孙国波等 13 位老师及 4 位企业技术人员共同完成了数字资源的建设，同时也得到了相关企业同行和兄弟院校的支持和帮助，在此表示感谢。

由于编者的经验和水平有限，书中不妥之处在所难免，敬请广大师生及同行提出宝贵修改意见，以便完善提高。

编　者

2019 年 1 月

目录

CONTENTS

前言

丝竹空；④胆经：风池、光明、客主人（上关）；⑤大肠经：合谷。

（2）经穴释义：攒竹是治眼疾的常用穴，有清肝明目的作用；睛明可疏通调和局部气血；风池为治眼疾的常用穴，有疏通目窍、调和眼部气血的作用；丝竹空配太阳疏通眼睑局部郁热；合谷清阳明之热；上关是治近视眼的有效穴。

（3）照图刮拭顺序：①眉内侧；②眉外侧；③眉梢下侧；④目内眦；⑤后发际；⑥手背；⑦小腿外侧。

（二）小提示——保护视力要牢记

（1）平时养成良好的用眼习惯，阅读和书写时保持端正的姿势。

（2）学习和工作环境照明要适度，照明应无眩光或闪烁，黑板无反光，不在阳光照射或暗光下阅读或写字。

（3）定期检查视力，对验光确诊的近视应佩戴合适的眼镜，以保持良好的视力及正常调节与集合。

（4）加强体育锻炼，注意营养，增强体质。

四、迎风流泪症

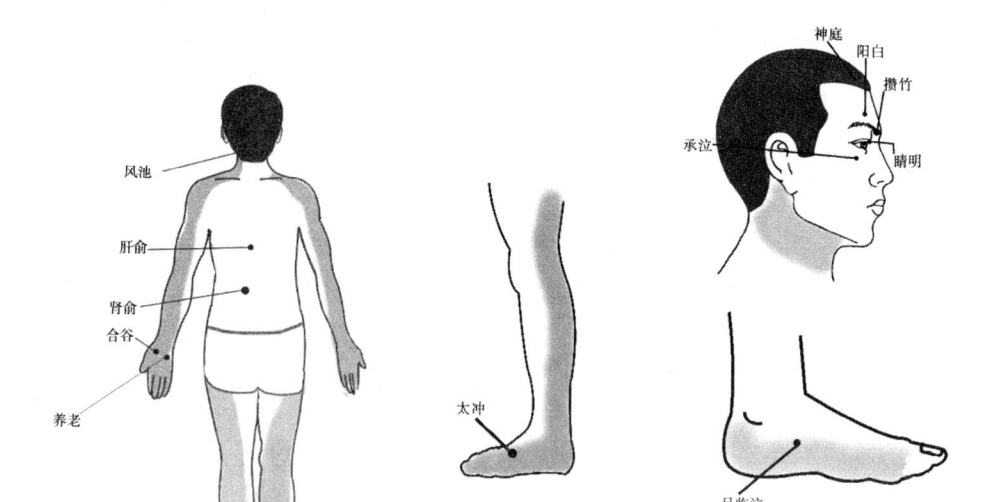

迎风流泪症指遇风后泪液不能自主地溢出眼外。多因泪腺本身的病变及药

化生气血；攒竹意在疏通眼区阻滞之经气；太阳为经外奇穴，有泄热止痛消肿的作用；合谷调气和血养目；阳白可清泻肝胆之火；丝竹空可疏导眼部经气。

（3）照图刮拭顺序：①眼眶四周；②脊背部；③手背；④小腿前侧；⑤小腿内侧。

（二）小提示——讳疾忌医要不得

（1）病情不能缓解或较重者，建议寻求医生治疗，避免延误或加重病情。

（2）早发现、早治疗是控制青光眼最好的办法。

（3）在饮食上要吃容易消化的食物，不要大量饮水，不要吃刺激性食物，保持大便通畅。

（4）平时注意养护眼部，当眼睛感到疲劳的时候应该及时休息。

（5）传统疗法无效时，宜尽早实施手术。

三、假性近视

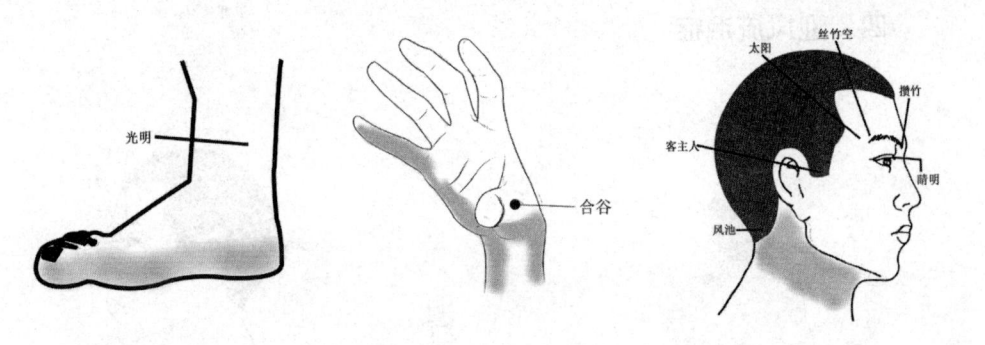

假性近视是一种屈光不正的眼病。外观眼部一般无明显异常，只是眼在调节静止状态下，平行光线经眼屈光后所成焦点在视网膜之前，故患眼对远距离的物体辨认发生困难，即近看清楚，远视模糊。临床表现为视力减退，视物模糊等。

（一）刮痧小妙招

（1）有效经穴：①经外奇穴：太阳；②膀胱经：攒竹、睛明；③三焦经：

腿前侧；⑥小腿外侧。

（二）小提示——遇到疾病快就医

（1）病情不能缓解或较重者，建议寻求医生治疗，避免延误或加重病情。

（2）白内障早期不痛不痒，极难被发现，建议定期做眼部检查。

（3）平时注意多饮水，避免机体缺水，多补充维生素 C。

（4）用眼有度，避免眼睛疲劳。

二、青光眼

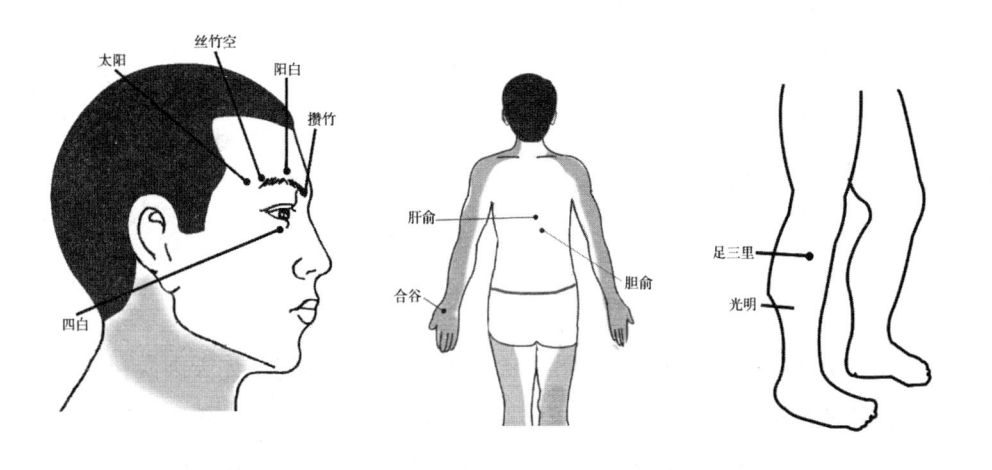

青光眼指病理性高眼压合并视功能障碍的眼病，发作时患者瞳孔散大，瞳孔内出现青绿色的反光。临床表现为早期出现虹视，继而伴有剧烈眼胀，眼痛，视力极度下降，患眼同侧偏头痛，恶心，呕吐，甚至体温升高和心跳加快等。

（一）刮痧小妙招

（1）有效经穴：①三焦经：丝竹空；②膀胱经：攒竹、肝俞、胆俞；③经外奇穴：太阳；④胃经：四白、足三里；⑤胆经：阳白；⑥大肠经：合谷；⑦脾经：三阴交。

（2）经穴释义：肝俞补益肝肾，养血行血；足三里、三阴交益气健脾，

第十八节　眼科

一、白内障

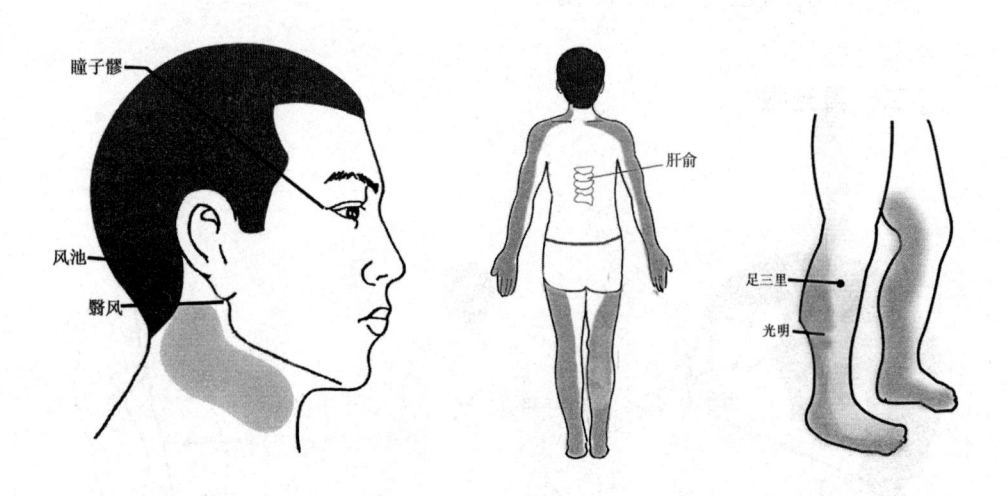

白内障指晶状体由于年龄因素、系统疾患、眼部疾患、先天因素和外伤等引起混浊的统称。其中以老年因素引起的发病率最高，临床表现为早期自觉眼前有固定不动的黑点或如蝇飞蚊舞，或如隔轻烟薄雾，多先患一眼，继则两眼俱病，可随晶体混浊进展，视力障碍逐渐加重，最后可仅有光感。

（一）刮痧小妙招

（1）有效经穴：①胆经：瞳子髎、风池、光明；②三焦经：翳风；③膀胱经：肝俞；④胃经：足三里。

（2）经穴释义：风池是治眼病的有效穴，更能疏导目系，行血化瘀；瞳子髎系就近取穴，可疏通眼区阻滞之气；光明条达肝胆两经气血，是明目的有效穴；肝俞滋养肝肾；足三里健脾和胃，化生气血。

（3）照图刮拭顺序：①目外眦；②耳垂后；③后发际；④脊背部；⑤小

第十五节　鼻科

一、过敏性鼻炎

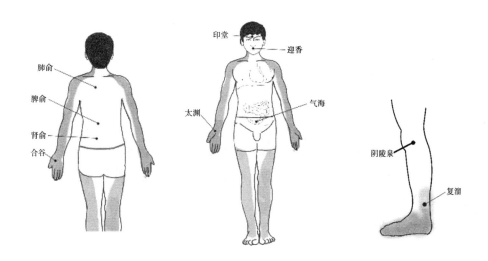

过敏性鼻炎为机体对某些过敏源敏感性增高而呈现以鼻腔黏膜病变为主的一种过敏性疾病。分长年发作和季节性发作两型。表现为发作性鼻痒、喷嚏、鼻流清涕、鼻塞、嗅觉暂减，发病突然，消失迅速，过后鼻复常态。

（一）刮痧小妙招

（1）有效经穴：①小肠经：听宫；②三焦经：耳门、翳风、角孙、瘈脉；③心经：少海；④胆经：窍阴、听会；⑤肾经：太溪；⑥肝经：太冲。

（2）经穴释义：印堂位在督脉而近鼻部，可通鼻窍而清邪热；肺俞宜肺益气，通鼻窍；脾俞、肾俞扶正通窍，补肾健脾；合谷、迎香为手阳明经穴，调阳明经气，清泻肺热，宣肺通鼻；太渊宣肺气，祛风邪；阴陵泉、复溜理脾清热，补肾祛湿；气海补虚固本。

（一）刮痧小妙招

（1）有效经穴：①三焦经：翳风、中渚；②胆经：听会、侠溪；③膀胱经：肝俞、肾俞。

（2）经穴释义：翳风、听会清泻肝胆，疏通耳窍；中渚、侠溪疏导少阳经气；肝俞、肾俞滋补肝肾，育阴潜阳。

（3）照图刮拭顺序：①背部；②耳周；③手背；④足外侧。

（二）小提示——爱护耳朵很重要

（1）尽量避免到过于嘈杂的地方，如歌厅、迪厅。在高噪声的环境下工作要配戴适当的护耳罩或耳塞。

（2）使用耳机时不要把音量调得太大。

（3）耳垢是一种天然保护外耳道的分泌物，不需特别清理，每天只要清洗耳廓便可。不要认为棉花棒是最佳的洁耳工具，其实棉花棒只会将大部分耳垢推得更深入耳孔，形成嵌塞。

（4）洗头或沐浴时，可用棉花球塞耳，防止污水流入耳道。

项目一

禽场的规划与建设

【知识目标】 了解禽场选址的原则；掌握禽场建筑布局的基本方法；熟悉禽舍常见类型及特点；了解养禽生产常用设备并学会基本操作；掌握禽舍的环境条件与调控措施。

【能力目标】 能够对新建禽场进行简单的规划设计；识别禽场饲喂饮水设备、笼具设备、集蛋设备、清粪设备、消毒设备等；能够正确操作养禽场常规设备；学会如何对禽舍进行环境控制。

【思政目标】 树立以人为本、人与自然和谐共生、可持续发展的理念。

任务一 禽场的规划设计

任务描述

禽场是家禽生活和生产的场所，关系到家禽的健康和生产性能发挥，也对禽场的经营产生着直接影响。场址选择应根据当地的地势地形、土壤、水源、气候、交通运输、电力供应等自然条件和社会条件综合考虑，以做到科学选择场址；然后再计划和安排场内不同建筑功能区、道路、绿化等的位置。

任务实施

一、场址选择原则

1. 无公害生产原则 禽场区域内的土壤土质、水源水质、空气及周围环境等应符合无公害生产标准。

2. 有利于卫生防疫原则 选址时要注意对当地历史疫情做详细的调查研究，分析该地是否适合建禽场。特别要注意附近的兽医站、畜牧场、屠宰场、集贸市场离拟建禽场的距离、方位及有无自然隔离条件等，尤其注意不要在旧场改建。

3. 生态和可持续发展原则 禽场选址和建设要有长远规划，做到可持续发展，为未来禽场的扩建留有一定的空间。要注意禽场不能对周围环境造成污染，建设应符合环保要求。选择场址时，应该考虑处理粪便、污水和废弃物的条件和能力，确保禽场废弃物经过处理后再排放，不致造成污染而破坏周围的生态环境。

4. 节约耕地和经济性原则　新建禽场应尽量不占或少占用耕地，充分利用荒地、山坡等，建场时应注意节约，降低建场成本。

二、场址选择要点

禽场的建设首先要根据禽场的性质、任务和所要达到的目标正确选择场址。主要是对拟建场地做好自然条件和社会条件的调查研究。

(一) 自然条件

1. 地势与地形　养鸡场的场地要求地势高燥，至少要高出当地历史最高洪水线，地下水位要距离地表 2m 以上，并避开低洼潮湿和沼泽地。平原地区一般场地比较平坦、开阔，应将场址选择在比周围地段稍高的地方，以利排水防涝。场地地形以开阔整齐为宜，避免过多的边角和过于狭长，地面坡度以 1%～3% 为宜。

山区建场应选在稍平缓的坡上，坡面向阳，总坡度不超过 25%，建筑区坡度应在 2.5% 以内。山区建场还要注意地质构造情况，避开断层、滑坡、塌方的地段，也要避开坡底和谷地以及风口，以免受山洪和暴风雪的袭击。有些山区的谷地或山坳，常因地形地势限制，易形成局部空气涡流现象，致使场区内污浊空气长时间滞留，潮湿、阴冷或闷热，因此应注意避免。

建设水禽场时，由于水禽有 2/3 的时间在陆地上活动，因此在水源附近要有沙质、柔软、弹性大的陆上运动场。土壤要有良好的透气性和透水性，以保证场地干燥。舍内也要保持干燥，不能潮湿，更不能被水淹。因此，鸭、鹅舍场地也应稍高些，略向水面倾斜，至少要有 5°～10° 的小斜坡，以利于排水。

2. 水源与水质　禽场尤其是水禽场要求有水质良好和水量丰富的水源，同时便于取用和进行防护。水量能满足场内人、禽饮用和其他生产、生活用水的需要，且在干燥或冻结时期也能满足场内全部用水需要。水质应经过化验，符合卫生要求，没有自来水的地方，最好打深井取水，深井水水质要符合饮用水标准；河水和池塘水未经过消毒处理，不宜作为养禽场的水源。

3. 土壤与土质　禽场的土壤应具有良好的卫生条件，要求过去未被家禽的致病细菌、病毒和寄生虫所污染，透气性和透水性良好，以便保证地面干燥。对于采用机械化装备的禽场还要求土壤压缩性小而均匀，以承担建筑物和将来使用机械的重量。总之，禽场的土壤以沙壤土为宜，这样的土壤透水性能良好，隔热，不利于病原菌的繁殖，符合禽场的卫生要求。

4. 气候　气候状况不仅影响建筑规划、布局和设计，而且会影响禽舍朝向、防寒与遮阳设施的设置，与禽场防暑、防寒日程安排等也十分密切。因此，规划禽场时，需要收集拟建地区与建筑设计有关和影响禽场小气候的气候气象资料和常年气象变化、灾害性天气情况等，如平均气温、最高气温、最低气温、土壤冻结深度、降雨量与积雪深度、最大风力、常年主导风向与风向频率、日照情况等。各地均有民用建筑热工设计规范和标准，在禽舍建筑的热工计算时可参照使用。

(二) 社会条件

1. 位置适宜　禽场场地应远离大城市、生活饮用水水源保护区、风景名胜区、自然保护区的核心区及缓冲区、城市和城镇中居民区、文教科研区、医疗区等人口集中地区和工业区等。场址周围5km内，不能有畜禽屠宰场，也不能有排放污水或有毒气体的化工厂、农药厂等，且必须在城乡建设区常年主导风向的下风向。

水源是水禽活动、洗澡和交配的重要场所，因此，水禽场选址时应尽量利用有天然水域的地方，靠近湖泊、池塘、河流等水域。水面尽量宽阔、水深1～1.5m，以流动水源最为理想，岸边有一定的坡度，供水禽自由上下。周围缺水的禽舍可建人工水池或水旱圈，其宽度与水禽舍的宽度一致。

2. 交通便利 禽场的产品、饲料以及各种物资的进出运输所需的费用相当大，建场时要选在交通方便的地方，尽量能距离主要集散地近些，最好有公路、水路或铁路连接，以降低运输费用。但绝不能在车站、码头或交通要道的近旁建场，否则不利于防疫卫生，而且环境嘈杂，易引起家禽的应激反应，影响生产。一般要求距离铁路2 000m以上，距主要公路500m以上，距次要公路200～300m为宜。养殖场之间的距离也应不小于1 500m。

3. 电源可靠 现代工厂化禽场需要有充足的水电供应，机械化程度越高的禽场对电力的依赖性越强。禽场又多建于远郊或偏远的地方。因此，电源要稳定、可靠、充足。机械化禽场或孵化场应当双路供电或自备发电机，以便输电线发生故障或停电检修时能够保障正常供电。

4. 面积足够 禽场应有足够的面积，既能满足目前规模的饲养量需要，又有一定的发展余地，以便将来扩大生产。租用场地建造大型禽场，应考虑足够长的经营年限，以确保固定资产投入的有效使用和回报。

5. 排污条件良好 禽场的粪水不能直接排入河流，以免污染水源和危害人民健康。禽场的周围最好有农田、蔬菜地或果林场等，这样可把禽场的粪水与周围的农田灌溉结合起来，也可以利用禽场粪水与养鱼结合，有控制地将污水排向鱼塘。要建化粪池进行污水的无害化处理，切不可将污水任意排放。

三、禽场规划与设计

(一) 禽场的规划布局

禽场主要包括管理区、生产区和隔离区等，根据卫生防疫、工作方便需求，结合场地地势和当地全年主风向，从上风向到下风向顺序安排以上各区。管理区包括文化住宿和生产管理区，应设在全场的上风向和地势较高地段，依次为生产区、隔离区（图1-1），规模化养鸡场平面布局见图1-2。

图1-1 禽场布局按地势、风向的顺序

1. 管理区的功能与要求 包括行政和技术办公室、饲料加工及料库、车库、杂品库、更衣消毒和洗澡间、配电房、水塔、职工宿舍、食堂、娱乐场所等，是担负禽场经营管理和对外联系的场区，应设在与外界联系方便的位置。

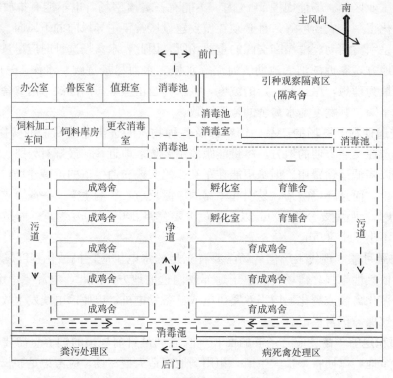

图 1-2　规模化养鸡场平面布局

2. 生产区的布局与要求

（1）生产区的布局。生产区包括各种禽舍，是禽场的核心。为保证防疫安全，无论是综合性养禽场还是专业性养禽场，禽舍的布局应根据主风方向与地势，按孵化室、幼雏舍、中雏舍、后备禽舍、成禽舍顺序设置。即孵化室在上风向，成禽舍在下风向。

（2）生产区的要求。

①孵化室与场外联系较多，宜建在场前区入口处的附近。大型禽场可单设孵化场，设在整个养禽场专用道路的入口处；小型禽场也应在孵化室周围设围墙或隔离绿化带。

②育雏区或育雏分场与成禽区应隔一定的距离防止交叉感染。综合性禽场雏禽舍功能相同、设备相同时，可在同一区域内培育，做到全进全出。因种雏与商品雏培育目的不同，必须分群饲养，以保证禽群的质量。

③综合性禽场，种禽群和商品禽群应分区饲养，种禽区应放在防疫上的最优位置，两个小区中的育雏育成禽舍又优于成年禽的位置，而且育雏育成禽舍与成年禽舍的间距要大于本群禽舍的间距，并设沟、渠、墙、绿化带等隔离障。

④各小区内的运输车辆、设备和使用工具要标记，禁止交叉使用；饲养管理人员不允许互串饲养区。各小区间既要联系方便，又要有防疫隔离。一般情况下，育雏舍、育成舍和成禽舍三者的建设面积比例为 1∶2∶3。

3. 隔离区的功能与要求　隔离区包括病死禽隔离、剖检、化验、处理等房舍和设施，粪便污水处理及贮存设施等，应设在全场的下风向和地势最低处，且隔离区与其他区的间距不小于 50m；病禽隔离舍及处理病死禽的尸坑或焚尸炉等设施，应距禽舍 300m 以上，周围应有天然的或人工的隔离屏障，设单独的通路与出入口，尽可能与外界隔绝；贮粪场要设在全场的最下风处，对外出口附近的污道尽头，与禽舍间距不小于100m，既便于禽粪由禽舍运出，又便于运到田间施用。

（二）禽场的公共卫生设施

1. 消毒设施　禽场的大门口应设置消毒池，以便对进场的车辆和人员进行消毒。生活管理区进入生产区通道处设置消毒池、喷雾等立体消毒设施。每栋舍的门口也设置消毒池，用浸过消毒液的脚垫放在池内，供进出人员消毒鞋底。

2. 禽场道路　生产区的道路应设置净道和污道，利于卫生防疫。生产联系、运送饲料和产品使用净道，运送粪便污物、病死禽使用污道；净道和污道不得交汇。场前区与隔离区应分别设与场外相通的道路。场内道路材料可根据实际情况选用柏油、混凝土、砖、石或焦渣等均可。通行载重汽车并与场外相连的道路需3.5～7m，通行电瓶车、小型车、手推车等场内用车辆需1.5～5m。

3. 禽场排水　禽场排水应做到雨污分离。一般可在道路一侧或两侧设排水沟，沟壁、沟底可砌砖石，也可将土夯实做成梯形或三角形断面。排水沟最深处不应超过30cm，沟底应有1‰～2‰的坡度，上口宽30～60cm。隔离区要有单独的下水道将污水排至场外的污水处理设施。

4. 场区绿化　进行禽场规划时，必须规划绿化地，其中包括防风林、隔离林、行道绿化、遮阳绿化、绿地等，以防病原微生物在场内传播，场区内除道路及建筑物之外全部铺种草坪，也可起到调节场区内小气候、净化环境的作用。

禽场的规划
设计

任务二　禽舍的建筑要求

任务描述

　　禽舍的类型与结构影响舍内小气候状况。本任务通过介绍开放式、密闭式禽舍的特点，以做到正确选择禽舍类型，并设计鸡舍的外形结构和内部布局。

任务实施

一、鸡舍的总体建筑要求

（一）鸡舍的基本要求

1. 保温防暑　鸡舍建筑上要考虑隔热能力和散热能力，特别是屋顶结构，要设法减少夏季太阳辐射热的进入和冬季冷风的渗透，克服昼夜温差和季节变动对舍内环境的影响。

2. 通风良好　开放式鸡舍一般靠门窗通风，如果鸡舍跨度大，可在屋顶安装通风管，管下部安装通风控制闸门。鸡舍窗户的面积与鸡舍地面面积的比一般为1：6。密闭式鸡舍用风机强制通风。

3. 保持干燥　鸡舍要保持干燥，一般雏鸡舍要求相对湿度控制在60%～65%，育成舍及蛋鸡舍要求相对湿度55%～65%。为此，鸡舍应建在地势较高的地方，地面最好是水泥地面。

4. 阳光充足 阳光充足主要是对开放式鸡舍而言，鸡舍应尽量选择朝南向阳方位，并保证窗户达到一定的有效采光面积。鸡舍同时应设计辅助照明设备，保证光照充足。

5. 密度适宜 鸡舍内如果饲养密度过大，会降低增重，减少产蛋，增加鸡群的死亡率；如果密度过小，鸡舍利用率会降低。所以应保持适宜密度。

6. 便于防疫 鸡舍必须清洗、消毒。为保证消毒效果，要求鸡舍墙面光滑，地面抹上水泥并设墙裙。鸡舍的入口处应设有消毒池。窗户应有防兽防鼠功能。

(二) 鸡舍的类型

1. 开放式鸡舍 这种类型鸡舍有窗户，全部或大部分靠自然的空气流通换气；由于自然通风的换气量较小，若鸡舍不添置强制通风设备，一般饲养密度较低。鸡舍内的采光是靠窗户进行自然采光，昼夜的时间长短随季节的转换而变化，故舍内温度基本也是随季节的转换而升降。

开放式鸡舍按屋顶结构的不同，通常分为单坡式鸡舍、平顶式、双坡式鸡舍、钟楼式鸡舍、半钟楼式鸡舍、拱式鸡舍和双坡歧面式等（"人"字形）鸡舍等（图1-3）。

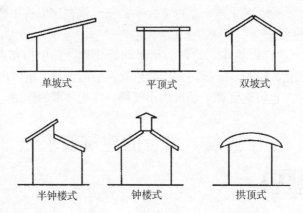

图 1-3 鸡舍屋顶式样示意

单坡式鸡舍跨度小，多带运动场，适合小规模养鸡，环境条件易受自然条件的影响；双坡式鸡舍跨度大，适宜大规模机械化养鸡，舍内采光和通风条件较差；钟楼式和半钟楼式鸡舍通风和采光较双坡式好，但造价稍高；拱式鸡舍造价低，用材少，屋顶面积小，适宜缺乏木材、钢材的地方；双坡歧面式鸡舍采光条件好，弥补了双坡式的不足，适用于北方寒冷地带。

开放式鸡舍的优点：造价较低，投资较少，在设有运动场和喂给青饲料的条件下，对饲料的要求不十分严格，比较适用于气候较为暖和、全年温差不太大的地区。

开放式鸡舍的缺点：鸡的生理状况与生产性能均受外界自然条件变化的影响，生产的季节性极为显著；同时，由于开放式管理，鸡通过昆虫、野禽、土壤、空气等各种途径感染疾病的机会较多；且占地面积大，用工较多，不利于均衡生产和保证市场的正常供给。

2. 密闭式鸡舍 密闭式鸡舍的屋顶及墙壁都采用隔热材料密封，有进气孔和排风机，无窗户。舍内采光常年靠人工光照控制，安装有轴流风机，机械负压通风。通过变换通风量大小和气流速度的快慢来调控舍内的温、湿度。在鸡舍的进风端设置空气冷却器等方式降温。

密闭式鸡舍的优点：能够减弱或消除不利的自然因素，使鸡群能在较为稳定、适宜的环境下充分发挥品种潜能，稳产高产；可以有效地控制和掌握育成鸡的性成熟，较为精确地监控营养和耗料情况，提高饲料利用率；因鸡舍几乎处于密闭状态下，降低了自然媒介传播疫病的风险，有利于卫生防疫控制；由于机械化程度高，饲养密度大，降低了劳动力强度；同时由于采用了机械通风，鸡舍之间的间隔可以缩小，节约了生产区的建筑面积。

密闭式鸡舍的缺点：要求较高的建筑标准和较多的附属设备，投资费用高；鸡群由于得不到阳光的照射，且接触不到土壤，所以必须供给全价饲料，以保证鸡获得全面的营养物质，否则鸡群会出现某些营养缺乏症；由于密度大、鸡群大，隔离、消毒及投药都比较困难，鸡彼此互相感染疾病的概率大大增加，必须采取极为严密、效果良好的消毒防疫设施，确保鸡群健康；由于通风、照明、饲喂、饮水等全部依靠电力，必须有可靠的电源，否则遇到停电，特别是在炎热夏季，会对养鸡生产造成严重的影响。

（三）鸡舍的建筑要求

1. 鸡舍朝向　鸡舍朝向以坐北朝南最佳，这种朝向的鸡舍，冬季采光面积大，吸热保温好；夏季又不受太阳直晒，通风好，具有冬暖夏凉的特点，有利于鸡的产蛋和生长发育。在找不到朝南的合适场址时，朝东南或朝东的也可以考虑，但不能在朝西或朝北的地段建造鸡舍，因为这种西北朝向的鸡舍，夏季迎西晒太阳，使舍内闷热，不但影响生长和产蛋，而且还会造成鸡中暑死亡；冬季招迎西北风，舍温低，鸡的耗料多，产蛋少。

2. 鸡舍间距　生产区内的鸡舍应根据地势、地形、风向等合理布局，各鸡舍应平行整齐排列，鸡舍与鸡舍之间留足采光、通风、消防、卫生防疫间距。若距离过大，则会占地太多、浪费土地，并会增加道路、管线等基础设施投资，管理也不便。若距离过小，则会加大各鸡舍间的干扰，对鸡舍采光和通风防疫等都不利。一般情况下，鸡舍间的距离以不小于鸡舍屋檐高度的3～5倍可满足要求。

3. 鸡舍长度　鸡舍长度取决于整批转入鸡舍的鸡数、鸡舍的跨度、机械化的水平与设备质量。机械化程度高、设备良好的鸡舍，长度可长些，但鸡舍过长则机械设备的制造和安装难度较大；鸡舍太短，则机械效益比较低，房舍的利用也不经济；同时，鸡舍的长度也要便于实行定额管理，适合于饲养人员的技术水平。按建筑规模，鸡舍长度一般为66m、90m、120m，中小型普通鸡舍长度为36m、48m、54m。

4. 鸡舍跨度　鸡舍跨度一般要根据屋顶的形式、内部设备的布置及鸡舍类型等决定。通常双坡式、钟楼式等形式的鸡舍要比单坡式及拱式的鸡舍跨度大一些。笼养鸡舍要根据鸡笼排的列数，并留有适宜的走道后，方可决定鸡舍的跨度。开放式鸡舍，其跨度不能太大，否则对鸡舍的通风和采光都带来不良的影响，一般以6～9m为宜；典型的鸡舍跨度为12m，长116m，高2.4m。以产蛋鸡舍为例计算公式为：

$$鸡舍净跨度＝鸡笼宽度×鸡笼列数＋通道宽度×通道数$$

5. 鸡舍高度　鸡舍高度应根据饲养方式、清粪方法、跨度与气候条件而决定。跨度不大、平养、气候不太热的地区，鸡舍不必太高，一般从地面到屋檐口的高度为2.5m左右；而跨度大、夏季气温高的地区，又是多层笼养，可增高到3m左右。

6. 鸡舍屋顶　屋顶是鸡舍最上层的屋盖。屋顶的形式有多种，除平养跨度不大的鸡舍用单坡式屋顶外，一般常用的是双坡式。在气温较高、雨量较多的地区，屋顶的坡度宜大些，但任何一种屋顶都要求防水、隔热和具有一定的负重能力。在南方气温较高、雨量多的自然环境下，鸡舍屋顶更应注意防水和隔热，最好设置顶棚，在顶棚与屋面之间可用玻璃棉、聚苯乙烯泡沫塑料、聚氨酯板等填充，起到保温隔热作用。屋顶两侧的下缘留有适当的檐口，以便于遮阳挡雨。

7. 鸡舍墙壁　墙壁是鸡舍的围护结构，要求防御外界风雨侵袭、隔热性能良好，为舍内创造适宜的环境。墙壁的有无、多少或厚薄，主要决定于当地的气候条件和鸡舍的类型。在气温高的地区，可建造四面无墙壁的简易大棚式鸡舍，四周无壁，只建屋顶，但四周必须围以网眼较细的铁丝网，以防野兽的侵入，也可建南侧敞开的三面墙鸡舍。气候温和的地区，墙壁的厚度可薄一些；气温寒冷地区，墙体适当加厚。墙外侧用水泥抹缝，内墙用水泥或白石灰盖面，以便防潮和利于冲刷。现代化鸡场均采用封闭式鸡舍，墙壁结构除满足保温隔热等要求外，要有足够的强度，鸡舍两侧墙上留进风口并安装湿帘，一端墙上安装风机。风机和进风口的大小根据存栏鸡数的多少确定。

8. 鸡舍地面　地面要求高出舍外地面 30cm，防潮、平坦。面积大的永久性鸡舍，一般地面与墙裙均应敷抹水泥，并设有下水道，以便冲刷和消毒。在地下水位高及比较潮湿的地区，应在地面下铺设防潮层（如石灰渣、炭渣、油毛毡等）。在北方的寒冷地区，如能在地面下铺设一层空心砖，则更为理想。对于农村简易鸡舍，如为沙质或透气性良好的土壤，也可用于其自然地面养鸡，以减少投资，但在鸡群转出后，应铲除一层旧土，重新垫上新土并消毒。

9. 鸡舍门窗　鸡舍门窗应以所有设施和工作车辆都能顺利进出为度。一般单扇门高 2m、宽 1m；双扇门高 2m、宽 1.6m（2m×0.8m）。为方便车辆进出，门前可不留门槛，有条件的可安装弹簧推拉门，鸡舍的窗户要考虑到鸡舍的采光系数和通风。窗户面积若过大，冬季保温困难，夏季通风性能虽良好，但受反射热也较多，加之光照度偏高，使鸡烦躁不安，容易发生啄癖。窗户面积若太小，会造成夏季通风量不足，舍内积热难散，气体难闻，鸡群极为不适。同时，窗户太小也会影响鸡群的光照。总之，必须合理地确定窗户的大小。窗户的位置，笼养宜高，平养宜低。网上或棚状地面养鸡，在南北墙的下部一般应留有通风窗，窗的尺寸为 30cm×30cm，并在内侧蒙以铁丝网和设有外开的小门，以防禽兽入侵和便于冬季关闭。

10. 鸡舍通道　鸡舍通道的宽窄，必须考虑到行人和操作方便。通道过宽会减少房舍的饲养面积，过窄则给饲养管理工作造成不便。通道的位置也与鸡舍的跨度大小有关，跨度小的平养鸡舍，常将通道设在北侧，其宽约 1m；跨度大的鸡舍，可采用两走道，甚至四走道。

二、水禽场的设计与建筑

（一）水禽舍的设计

水禽舍普遍采用房屋式建筑，一般分为育雏舍、育成舍、种禽舍或产蛋禽舍 3 类。

1. 育雏舍　育雏舍要求保温性能良好、干燥透气。房屋顶高 6m，宽 10m，长 20m，房舍檐高 2~2.5m，窗与地面面积之比一般为 1：（8~10）。南窗离地面 60~70cm，设置气窗，便于空气调节，北窗面积为南窗的 1/3~1/2，离地面 100cm 左右，窗户与下水道的出口要装上铁丝网，以防野兽害虫。育雏舍地面最好用水泥或砖铺成，以便消毒。

2. 育成舍 育成舍要求能遮风挡雨，夏季通风、冬季保暖、屋内干燥。规模较大的鸭鹅场，育成舍可参照育雏舍建造。

3. 种禽舍或产蛋禽舍 种禽舍分为舍内和运动场两部分。成年水禽怕热不怕冷，因此，对成年水禽舍的要求不严格。水禽舍通常有单列式和双列式两种，单列式水禽舍冬暖夏凉，较少受地区和季节的限制，是一种较好的设计。种水禽舍一般屋檐高2.6~2.8m，窗与地面面积比要求1:8以上，南窗大一些，离地面60~70cm，北窗可小一些，离地面100~200cm，在水禽舍北侧设有过道。舍内地面用水泥或砖砌成，并有适当的坡度。周围设置产蛋箱，每4只产蛋母鸭（鹅）设置一个产蛋箱。

4. 陆上运动场 陆上运动场是鸭鹅休息和运动的场所，要求沙质壤土地面，渗透性强，排水良好。若条件允许可铺上三合土地面、红砖地或水泥地面。运动场的地面为鸭鹅舍的1.5~2倍，坡度以20%~25%为宜，既基本平坦，又不易积水。运动场面积的1/2应搭设凉棚或栽种葡萄等形成遮阳棚，以利于冬晒夏阴及供给饲喂之用。

5. 水上运动场 水上运动场供鸭鹅洗毛、纳凉、采食水草、饮水和配种用，可利用天然沟塘、河流、湖泊，也可利用人工浴池。周围用1~1.2m高的竹篱笆或用水泥或石头砌成围墙，以控制鸭鹅群的活动范围，人工浴池一般宽2.5~3m，深1m以上，用水泥砌成。水上运动场的排水口要有沉淀井，排水时可将泥沙、粪便等沉淀下来，避免堵塞排水道。

（二）水禽养殖场的建筑要求

水禽养殖场的建筑应以简单实用为原则，满足水禽的基本要求，即冬暖夏凉、空气流通、光线充足、便于饲养管理、有利于防疫卫生消毒、经济耐用。一般来说，一个完整的平养舍应包括禽舍、陆上运动场和水上运动场3个部分（图1-4、图1-5）。三者的比例一般为1:（1.5~2）:（1.5~2）。

图1-4 种鸭舍布局外观
1. 鸭舍 2. 陆上运动场 3. 斜坡
4. 水上运动场 5. 围篱

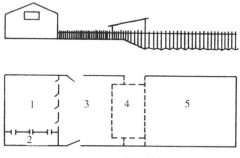

图1-5 种鹅舍侧面和平面
1. 鹅舍 2. 产蛋间 3. 陆上运动场
4. 凉棚 5. 水上运动场

任务三 养禽设备的选择

任务描述

根据禽场的生产规模、饲养方式、饲养阶段、饲养品种等为新建、扩建或改建的企业选择合适的禽舍设备。适宜的禽舍设备可以提升饲养管理水平、减少劳动力、提高生产率、降低生产成本，为企业带来经济效益。

任务实施

一、孵化设备

整套孵化设备包括孵化机、出雏机及其他配套装置，对于小型孵化设备也可将孵化机与出雏机合二为一。

（一）孵化机

孵化机的类型有很多，虽然自动化程度和容量大小有所不同，但其构造原理基本相同。目前，大中型孵化场使用的主要是箱体式孵化机和巷道式孵化机，其中又以箱体式孵化机应用较多。

1. 箱体式孵化机 箱体式孵化机外观呈箱式，根据蛋架结构可分为蛋架车式（图1-6）和蛋盘架式（图1-7）。蛋盘架式又包括滚筒式和八角式，它们的蛋盘架均固定在箱内不能移动，入孵和操作管理不方便。目前多采用蛋架车式电孵箱，蛋架车可以直接到蛋库装蛋，消毒后推入孵化机，减少了种蛋装卸次数。箱体式孵化机要求单箱整批入孵，卫生消毒彻底，多采用变温孵化。

图1-6 蛋架车式孵化机

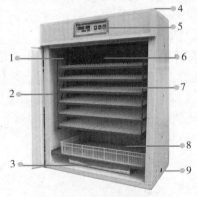

图1-7 蛋盘架式孵化机

1. 翻蛋系统 2. 蛋架，可以放各种蛋盘 3. 加湿系统 4. 铝合金包角、包边 5. 多模式控制器 6. 传感器 7. 耐高温高压蛋盘 8. 出雏部分 9. 通风透气调节孔

2. 巷道式孵化机 由多台箱体式孵化机组合连体拼装，配备有空气搅拌和导热系统，种蛋容量大，一般在7万枚以上，占地面积小，温度稳定，能自动实现恒温孵化、气动翻蛋、喷雾消毒，但对孵化室环境要求严格，一般在22～26℃才能发挥最佳潜能。

巷道式孵化机（图1-8）采取分批入孵，机内新鲜空气由进气吸入，经加

图1-8 巷道式孵化机

热、加湿后，从上部的风道经多个高速风机吹到对面的门上，大部分气体被反射下去进入巷道，通过蛋架车后又返回进气室，形成 O 形气流，将孵化后期胚蛋生产的热量带给加热前期种蛋，从而为机内不同胚龄的种蛋提供适宜的温度条件。另外，这种独特的气流循环充分利用了胚蛋的代谢热，较其他类型的孵化机省电。

（二）出雏机

图 1-9　出雏机

出雏机（图 1-9）是与孵化机配套的设备，鸡蛋入孵 18d 后要转到出雏机完成出壳。出雏机内不需进行翻蛋，不设翻蛋系统。出雏时进气口、排气口应全部打开。

（三）其他设备

1. 蛋架车和种蛋盘　蛋架车为全金属结构，蛋盘架固定在四根吊杆上可以活动，常有 12～16 层，每层间距为 12cm。孵化盘和出雏盘多采用塑料盘，便于洗刷消毒，且坚固不易变形，出雏盘四周要有一定高度，底面网格密集，其优点是占地面积小，劳动效率高（图 1-10）。

2. 照蛋器　照蛋器用于孵化时照蛋。采用镀锌铁皮制造，尾部有灯泡，前面有反光罩，前端为照蛋孔，孔边缘套塑料管，还可缩小尺寸，并配有 12～36V 的电源变压器，使用时更方便、安全（图 1-11）。

图 1-10　蛋架车和种蛋盘

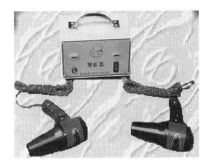

图 1-11　照蛋器

二、供暖设备

1. 煤炉　多用作地面育雏或笼育雏时的室内加温设施（图 1-12），保温性能较好的育雏室每 15～25m² 放一只煤炉。煤炉内部结构因用煤不同而有一定差异，在生产中，煤炉应接排气管通到室外，以免造成煤气中毒。

2. 火墙　用作地面育雏或笼育雏鸡时的室内加温设施，即在舍内砌设火墙，也称地上烟道。其具体砌法是：将加温的地炉砌在育雏舍的外间，炉子走烟的火口与烟道直接相连。舍内烟道靠近墙壁 10cm，距地面高 30～40cm，由热源向烟筒方向稍有坡度，使烟道向上倾斜。烟道上方设置保温棚（如搭设塑料棚），在棚下离地面 5cm 处悬挂温度计，测量育雏室温度。这种育雏方式设备简单，取材方便，但有时会漏烟。

3. 电热育雏伞　电热育雏伞呈圆锥塔或方锥塔形（图 1-13），上窄下宽，直径分别为 30cm 和 120cm，高 70cm。伞内有一圈电热丝，伞壁与地面 20cm 左右处挂温度计测量育雏温度，通过调整伞离地面的高度控制育雏温度。每伞可育雏 300～500 只雏鸡或 300～400 只雏鸭。

4. 红外线灯 红外线灯分亮光和没有亮光两种。目前，生产中用的大部分是亮光的，每只红外线灯为 250～500W，灯泡悬挂离地面 40～60cm 处。离地的高度应根据育雏需要的温度进行调节。通常 3～4 只为 1 组，轮流使用，饲料槽（桶）和饮水器不易放在灯下，每只灯可保温雏鸡 100～150 只（图 1-14）。

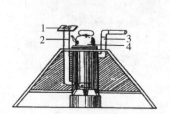

图 1-12 煤 炉
1. 玻璃板 2. 进气管
3. 出气管 4. 水壶

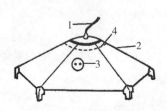

图 1-13 电热育雏伞
1. 电源线 2. 保温伞
3. 调节器 4. 电热丝

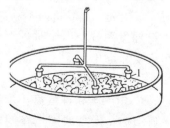

图 1-14 红外灯育雏器
1. 灯泡

5. 环保节能热风炉 热风炉有燃油热风炉、燃煤热风炉和燃气热风炉 3 种。但环保节能型热风炉主要用原煤作燃料，比普通火炉节煤 50%～70%（图 1-15）。工作过程中内燃升温，烟气自动外排，配备自动加湿器，室内升温和加湿同步运行。同时，能自动压火控温，煤燃尽时自动报警。

在生产中，育雏舍内除以上供暖设备外，还有暖气、地下烟道、燃气加热器、电热育雏笼供热等。

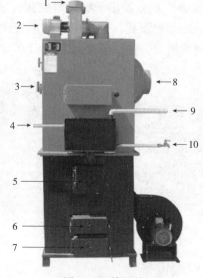

图 1-15 热风炉
1. 烟囱口 2. 引烟机 3. 青灰拉杆 4. 加水口 5. 进煤门
6. 点火门 7. 除渣门 8. 热风出口 9. 加湿出口 10. 热水出口

三、笼养设备

（一）鸡笼的组成形式

鸡笼组成主要有以下几种形式，即层叠式、全阶梯式、半阶梯式、阶梯层叠综合式和单层平置式等，又有整架、半架之分。无论采用哪种形式，都应考虑以下几个方面：有效利用鸡舍面积，提高饲养密度；减少投资与材料消耗；有利于操作，便于鸡群管理；各层笼内的鸡都能得到良好的光照和通风。

1. 全阶梯式 上、下层笼体相互错开，基本上没有重叠或稍有重叠，重叠的尺寸最多不超过护蛋板的宽度。全阶梯式鸡笼的配套设备是：喂料多用链式喂料机或轨道车式定量喂料机，小型饲养多采用船形料槽，人工给料；饮水可采用杯式、乳头式或水槽式饮水器。如果是高床鸡舍，鸡粪用铲车在鸡群淘汰时铲除；若是一般鸡舍，鸡笼下面应设粪槽，用刮板式清粪机清粪。

全阶梯式鸡笼的优点是鸡粪可以直接落进粪槽，省去各层间承粪板；通风良好，光照幅面大。缺点是笼组占地面较宽，饲养密度较低（图1-16）。

2. 半阶梯式 上、下层笼部分重叠，重叠部分有承粪板。其配套设备与全阶梯式相同，承粪板上的鸡粪使用两翼伸出的刮板清除，刮板与粪槽内的刮板式清粪器相连。

半阶梯式笼组占地宽度比阶梯式小，舍内饲养密度高于全阶梯式，但通风和光照不如全阶梯式。

图1-16 阶梯式蛋鸡笼

3. 层叠式 上、下层鸡笼完全重叠，一般为3～4层。喂料可采用链式喂料机；饮水可采用长槽式或乳头式饮水器；层间可用输送带式清粪机，将鸡粪刮至每列鸡笼的一端或两端，再由横向螺旋刮粪机将鸡粪刮到舍外；小型的层叠式鸡笼可用抽屉式清粪器，清粪时由人工拉出，将粪倒掉（图1-17）。

层叠式鸡笼的优点是能够充分利用鸡舍地面和空间，饲养密度大，冬季舍温高。缺点是各层鸡笼之间光照和通风状况差异较大，各层之间要有承粪板及配套的清粪设备，最上层与最下层的鸡管理不方便。

图1-17 层叠式鸡笼

4. 阶梯层叠综合式 最上层鸡笼与下层鸡笼形成阶梯式，而下两层鸡笼完全重叠，下层鸡笼在顶网上面设置承粪板，承粪板上的鸡粪需用手工或机械刮粪板清除，也可用鸡粪输送带代替承粪板，将鸡粪输送到鸡舍一端。配套的喂料、饮水设备与阶梯式鸡笼相同（图1-18）。

图1-18 阶梯层叠综合式鸡笼

（二）鸡笼的种类及特点

鸡笼按其用途可分为产蛋鸡笼、育成鸡笼、育雏鸡笼、种鸡笼和肉用仔鸡笼。

1. 产蛋鸡笼 我国目前生产的蛋鸡笼有适用于轻型蛋鸡的轻型鸡笼和适用于中型蛋鸡的中型蛋鸡笼，多为3层全阶梯或半阶梯组合方式。

（1）笼架。是承受笼体的支架，由横梁和斜撑一般用厚2.0～2.5mm的角钢或槽钢制成。

(2) 笼体。鸡笼是由冷拔钢丝经点焊成片，然后镀锌再拼装而成，包括顶网、底网、后网、隔网和笼门等。一般前网和顶网压制在一起，后网和底网压制在一起，隔网为单网片，笼门作为前网或顶网的一部分，有的可以取下，有的可以上翻。笼底网要有一定坡度（即滚蛋角），一般为 6°～10°，伸出笼外 12～16cm 形成集蛋槽。笼体的规格，一般前高 40～45cm，深度为 45cm 左右，每个小笼养鸡 3～5 只。

(3) 附属设备。有护蛋板、料槽及水槽等。护蛋板为一条镀锌薄铁皮，放于笼内前下方，下缘与底网间距 5.0～5.5cm，间距过大，鸡头可伸出笼外啄食蛋槽中鸡蛋，间距过小，蛋不能滚落。

2. 育成鸡笼 也称青年鸡笼，主要用于饲养 60～140 日龄的青年母鸡，一般采用群体饲养。其笼体组合方式多采用 3～4 层半阶梯式或单层平置式。笼体由前网、顶网，后网、底网及隔网组成，每个大笼隔成 2～3 个小笼或者不分隔，笼体高度为 30～35cm，笼深 45～50cm，大笼长度一般不超过 2m。

3. 育雏鸡笼 适用于养育 1～60 日龄的雏鸡，生产中多采用层叠式鸡笼。一般笼架为 4 层 8 格，长 180cm，深 45cm，高 165cm。每个单笼长 87cm、高 24cm、深 45cm。每个单笼可养雏鸡 10～15 只（图 1-19）。

图 1-19 育雏笼

4. 种鸡笼 多采用 2 层半阶梯式或单层平置式。适用于种鸡自然交配的群体笼，前网高度 720～730mm，中间不设隔网，笼中公、母鸡按一定比例混养；适用于人工授精的种鸡笼，分为公鸡笼和母鸡笼，母鸡笼的结构与蛋鸡笼相同。公鸡笼中没有护蛋板底网，没有滚蛋角和滚蛋间隙，其余结构与蛋鸡笼相同。

5. 肉鸡笼 多采用层叠式，多用金属丝和塑料加工制成。目前以无毒塑料为主要原料制作的鸡笼，具有使用方便、节约垫料、易消毒、耐腐蚀等优点，特别是消除了胸囊肿病，价格比同类铁丝降低 30% 左右，寿命延长 2～3 倍。

四、饮水设备

1. 真空饮水器 真空式饮水器由水罐和饮水盘两部分组成（图1-20）。饮水盘上开个水槽。使用时将水罐倒过来装水，再将饮水盘倒覆其上，扣紧后一起翻转180°放置地面。水从出水孔流出，直到将孔淹没为止。这时外界空气不能进入水灌，使灌内水面上空的气压小于大气压，水就不再流出。当雏鸡从饮水盘饮去一部分水后，盘内水面下降，当水面低于出水孔时，外界空气又从出水孔进入水罐，使水罐内的气压增大，水又自动流出，直到再次将孔淹没为止。这样，饮水盘中始终能保持一定量的水。真空饮水器如需吊挂使用，水槽与水盘需要用螺扣连接或用其他方式固定。

图1-20 真空饮水器

2. U形长水槽

（1）长流水式饮水槽。在水槽的一端安装一个经常开着的水龙头，另一端安装一个溢流塞和出水管，用以控制液面的高低。清洗时，卸下溢流塞即可。

（2）浮子阀门式饮水槽。水槽一端与浮子室相连，室内安装一套浮子和阀门。当水槽内水位下降时，浮子下落将阀门打开，水流进入水槽；当水面达到一定高度后，浮子又将阀门关闭，水就停止流入。

（3）弹簧阀门式饮水槽。整个水槽吊挂在弹簧阀门上，利用水槽内水的重量控制阀门启闭。

3. 吊塔式饮水器 吊挂在鸡舍内，不妨碍鸡的活动，多用于平养鸡，其组成分饮水盘和控制机构两部分（图1-21）。饮水盘是塔形的塑料盘，中心是空心的，边缘有环形槽供鸡饮水。控制出水的阀门体上端用软管和主水管相连，另一端用绳索吊挂在天花板上。饮水盘吊挂在阀门体的控制杆上，控制出水阀门的启闭。当饮水盘无水时，重量减轻，弹簧克服饮水盘的重量，使控制杆向上运动，将出水阀门打开，水从阀门体下端沿饮水盘表面流入环形槽。当水面达到一定高度后，饮水盘重量增加，加

图1-21 吊塔式饮水器

大弹簧拉力，使控制杆向下运动，将出水阀门关闭，水就停止流出。

4. 乳头式饮水器 由阀芯和触杆构成，直接同水管相连。由于毛细管的作用，触杆部经常悬着一滴水，鸡需要饮水时，只要啄动触杆，水即流出。鸡饮水完毕，触杆将水路封住，水即停止外流。这种饮水器安装在鸡头上方处，让鸡抬头喝水。目前养鸡生产中使用较多。安装时要随鸡的大小变化高度，可安装在笼内，也可安装在笼外（图1-22）。

5. 杯式饮水器 杯式饮水器形状像一个小杯，与水管相连。杯内有一触板，平时触板上总是存留一些水，在鸡啄动触板时，通过联动杆将阀门打开，水流入杯内，借助于水的浮力使触板恢复原位，水就不再流出（图1-23）。

图 1-22　乳头式饮水器

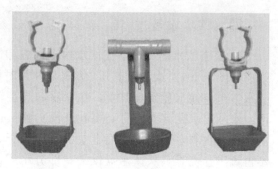

图 1-23　杯式饮水器

五、饲喂设备

1. 贮料塔　贮料塔一般用 1.5cm 厚的镀锌薄钢板冲压组合而成，上部为圆柱形，下部为圆锥形，以利于卸料。贮料塔放在鸡舍的一端或侧面，里面贮装该鸡舍两天的饲料量。给鸡群喂食时，由输料机将饲料送往鸡舍内的喂食机，再由喂食机将饲料送到饲槽，供鸡自由采食。

2. 输料机　生产中常见的有螺旋搅龙式输料机和螺旋弹簧式输料机等。螺旋搅龙式输料机的叶片是整体的，生产效率高但只能作直线输送，输送距离也不能太长。因此，将饲料从贮料塔送往各喂食机时，需分成两段，即使用两个螺旋搅龙式输料机。螺旋弹簧式输料机可以在弯管内送料，不必分成两段，可以直接将饲料从贮料塔输送到喂食机。

3. 饲槽　饲槽是养鸡生产中的一种重要设备，因鸡的大小、饲养方式不同，对不同饲槽的要求也不同，但无论哪种类型的饲槽，均要求平整光滑、采食方便、不浪费饲料、便于清洗消毒。制作材料可选用木板、镀锌铁皮及硬质塑料等。

（1）开食盘。用于 1 周龄前的雏鸡，大都是由塑料和镀锌铁皮制成。用塑料制成的开食盘，中间有点状乳头，使用卫生，饲料不易变质和浪费。其规格为长 54cm，宽 35cm，高 4.5cm。

（2）船形长饲槽。这种饲槽无论是平养还是笼养均普遍采用。其形状和槽断面，根据饲养方式和鸡的大小而不尽相同。一般笼养产蛋鸡的料槽多为船形，底宽 8.5～8.8cm，深 6～7cm（用于不同鸡龄和供料系统，深度不同），长度依鸡笼而定。

（3）干粉料桶。其构造是由一个悬挂着的无底圆桶和一个直径比圆桶略大些的底盘相连，并可调节桶与底盘之间的距离。料桶底盘的正中有一个圆锥体，其尖端正对吊桶中心，这是为了防止桶内的饲料积存于盘内。因此，这个圆锥体与盘底的夹角一定要大。另外，为了防止料桶摆动，桶底可适当加重些。

（4）盘筒式饲槽。有多种形式，适用于平养，其工作原理基本相同。我国生产的 9WT-60P 型螺旋弹簧喂食机所配用的盘筒式饲槽由料筒、栅架、外圈、饲槽组成。粉状饲料由螺旋弹簧送来后，通过锥形筒与锥盘的间隙流入饲盘。饲盘外径为 80cm，用于转动外圈可将饲盘的高度从 60mm 调到 96mm。每个饲盘的容量可在 1～4kg 的范围内调节，可供 25～35 只产蛋鸡自由采食。

4. 链式喂食机　由驱动器通过链轮带动链片在长饲槽中循环移动，链片的一边有斜面可以推动饲料，把饲料均匀地送往四周饲槽，同时将饲槽中剩余的饲料和鸡毛等杂物带回，通过清洁器时，可把饲料与杂物分离，被清理后的饲料送回料箱、杂物掉落地面。链式喂食机可用于平养或笼养（图1-24）。

5. 螺旋弹簧式喂食机 多用于平养的商品蛋鸡、种鸡和育成鸡的喂料作业，主要由料箱、

图1-24 快速链式平养喂料机

螺旋弹簧、输料管、盘筒形饲槽、带料位器的饲槽和传动装置等组成。其中，螺旋弹簧是主要输送部件，具有结构简单，能做水平、垂直和倾斜输送等特点。工作时，由电机经一级皮带传动，将动力传至驱动轴，带动螺旋弹簧旋转，将料箱中的粉料沿输料管螺旋式推进，顺序向每个盘桶式饲槽加料。当最末端的带料位器的饲槽被加满后，料位器自动控制电机使之停转，从而停止供料。当带料位器饲槽中的饲料被鸡采食后，饲料高度下降到料位器控制的位置以下时，电路重新接通，电机又开始转动，螺旋弹簧又依次向每个盘筒形饲槽补充饲料，如此周而复始地工作（图1-25）。

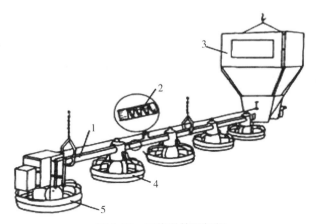

图1-25 螺旋弹簧喂饲机
1.输料管 2.弹簧螺旋 3.料箱 4.盘筒形饲槽 5.带料位器的饲槽

6. 轨道车式喂食机 多用于笼养鸡舍，是一种跨在鸡笼上的喂料车，沿鸡笼上或旁边的轨道缓慢行走，将料箱中的饲料分送到各层饲槽中，根据料箱的配置形式可分为顶料箱式和跨笼料箱式。顶料箱式喂料机只有一个料桶。料箱底部装有搅龙，当喂料机工作时搅龙随之运转，将饲料推出料箱沿输料管均匀流入食槽。跨笼料箱喂料机根据鸡笼配置，每列食槽上都跨设一个矩形小料箱，料箱下部锥形扁口通向食槽中，当沿鸡笼移动时，饲料便沿锥面下滑落入食槽中。饲槽底部固定一条螺旋形弹簧圈，可防止鸡采食时选择饲料和将饲料抛出槽外（图1-26）。

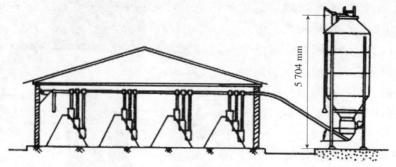

图 1-26 轨道车式喂食系统

六、其他设备

1. 断喙设备 断喙器型号较多，其用法不尽相同。电热断喙器一般是采用红热烧切，既断喙又止血，断喙效果好。主要由调温器、变压器及上刀片、下刀口组成，它用变压器将 220V 的交流电变成低压大电流，使刀片工作温度在 650℃ 以上，刀片红热时间不大于 30s，消耗功率 70～140W，其输出的电流可调，以适应不同鸡龄断喙的需要。

2. 降温设备 当舍外气温高于 30℃ 时，通过加大通风换气量已不能为禽体提供一个舒适的环境，必须采用机械降温。常用的降温设备有高、低压喷雾系统，湿帘—风机系统（图 1-27），由于饲养规模较大的禽舍多采用纵向通风设备，湿帘降温系统最适用。湿帘常安装在两侧墙上，采用纵向负压通风。这种设备运行费用较低，温度与风速较均匀，降温效果好。在高温高湿地区高、低压喷雾系统不宜采用。

图 1-27 湿　帘

3. 控湿设备 由于家禽的呼吸、排粪和舍内作业用水，禽舍的湿度除育雏前 10d 外多超出所需要的卫生标准。因此，养禽生产中常用控湿设备来调节舍内的湿度。最常用的降湿设备是风机（图 1-28），还可以通过减少舍内作业用水、及时清粪、使用乳头式饮水器来辅助控制。在炎热的季节增湿可以降温。常用的增湿设备是湿帘，寒冷的季节用热风炉取暖，既能保证舍内温度，又能通风降湿。

图 1-28 风　机

4. 采光设备 实行人工控制光照或补充照明是现代养禽生产中不可缺少的重大技术措施之一。目前禽舍人工采光的灯具比较简单，主要有白炽灯、荧光灯和节能灯三种。白炽灯具有灯具成本低、耗损快的特点，一般 25W、40W、60W 灯泡能使舍内光照度均匀，饲养场使用白炽灯较多。荧光灯的灯具虽然成本高，但光效率高且光线比较柔和，一般使用40W的荧光灯较多。实践中按15m²面积安装一个60W灯泡或一个40W荧光灯就能得到10lx的有效光照度。节能灯具有节电节能的优点，一般使用8W、15W、25W的较多。安装这些灯具时要分设电源开关，以便能调节育雏舍、育成舍和产蛋舍所需的不同光照度（图1-29）。

5. 通风设备　禽舍安置通风机的目的是进行强制性通风换气，即供给禽舍新鲜空气，排除舍内多余的水汽、热量和有害气体。气温高时还可以增大舍内气体流动量，使鸡有舒适感。

通风机分轴流式和离心式两种。在采用负压通风的禽舍里，使用轴流式排风机，在正压通风的禽舍里，主要使用离心式风机。轴流式风机由叶轮、外壳、电机及支座组成。叶轮由电机直接驱动。叶轮旋转时，叶片推动空气，将舍内的污浊空气不断地沿轴向排出，使舍内呈负压状态。此时舍外气压比舍内气压高，新鲜空气在压力差的作用下，从进气口进入（图1-30）。

图1-29　采光设备

图1-30　轴流式风机

6. 集蛋设备　鸡舍内的集蛋方式分为人工捡蛋和机械集蛋。小规模平养鸡和笼养鸡均可采取人工捡蛋，将蛋装入手推车运走。网上平养种鸡，产蛋箱靠墙安置在舍内两侧，在产蛋箱前面安装水平集蛋带，将蛋运送到鸡舍一端，再由人工装箱；也可在由纵向水平集蛋带将鸡蛋送到鸡舍一端，再由横向水平集蛋带将两条纵向集蛋带送来的鸡蛋汇合在一起运向集蛋台，由人工装箱。高床笼养鸡，鸡蛋可从鸡笼底网直接滚落到蛋槽，这样只需将纵向水平集蛋带放在蛋槽上即可。集蛋带宽度通常为95～110mm，运行速度为0.8～1.0m/min，由纵向水平集蛋带将鸡蛋送到鸡舍一端后，再由各自垂直集蛋机将几层鸡笼的蛋集中到一个集蛋台，由人工或吸蛋器装箱（图1-31）。

图1-31　自动集蛋输送带

7. 清粪设备

（1）刮板式清粪机。刮板式清粪机是用刮板清粪的设备，由电动机、减速器、绞盘、钢丝绳、转向滑轮、刮粪器等组成。刮粪器又由滑板和刮粪板组成。工作时，电动机驱动绞盘，通过钢丝绳牵引刮粪器。向前牵引时，刮粪器的刮粪板呈垂直状态，紧贴地面刮粪，到达终点时刮粪器碰到行程开关，使电动机反转，刮粪器也随之返回。此时刮粪器受背后的钢丝绳牵引，将刮粪板抬起越过粪堆，因而后退不刮粪。刮粪器往复走一次即完成一次清粪工作，通常刮粪板式清粪机用于双列鸡笼，一台刮粪时，另一台处

图 1-32　刮板式清粪机

于返回行程不刮粪，使鸡粪都被刮到鸡舍同一端，再由横向螺旋式清粪机送出舍外。刮粪机的工作速度一般为 0.17～0.2m/s（图 1-32）。

（2）带式清粪机。带式清粪要由主动辊、被动辊、托辊和输送带组成。每层鸡笼下面安装一条输送带，上下各层输送带的主动辊可用同一动力带动。鸡粪直接落到输送带上，定期启动输送带，将鸡粪送到鸡笼的一端，由刮板将鸡粪刮下，落入横向螺旋清粪机，再排出舍外。输送带的速度为 5～10m/min，一般 50m 长的 4 层层叠式鸡笼用的带式清粪机约需功率 0.75kW（图 1-33）。

图 1-33　传送带式清粪机

任务四　禽舍的环境调控

任务描述

禽舍环境控制是指对家禽生活小环境的控制，主要包括禽舍内的温度、湿度、通风、有害气体及光照等条件的控制。环境控制的目的在于减少或消除不利环境因素对家禽的危害和影响，保持健康，预防疾病，提高生产力和降低生产成本。为家禽提供一个适宜的生活空间，已是现代化养禽生产中必不可少的科学管理内容之一。

任务实施

一、温度的控制

温度的控制包括两方面：一方面，在舍内温度过高情况下为减弱高温对家禽的危害，采取降温措施，以维持适宜的温度，缓和高温的影响；另一方面，在寒冷的情况下设法保持温暖的生活环境，避免遭受寒冷的刺激。

高温环境对家禽极为不利，严重影响家禽的健康和生产力，甚至危及生命。为了

减少高温的影响和危害，必须采取有效的降温措施。

1. 禽舍结构　环境控制禽舍更适合于环境温度 31℃以上时的温度控制。环境控制禽舍墙壁、屋顶的隔热性能要求较高。禽舍的外墙和屋顶涂成白色或覆盖其他反射热量的物质，以利于降温。

2. 绿化降温　绿化具有缓和太阳辐射和降低气温的作用。绿化的降温作用主要在于：植物通过蒸腾作用和光合作用，吸收太阳能而降低空气温度；通过遮阳以降低太阳辐射；通过植物根部所保持的水分，可从地面吸收大量热能而降温。因此，通过绿化使禽舍周围的空气"冷却"，降低地面的温度，并通过树木的遮阳，阻挡阳光透入舍内而降低舍温。

3. 低压喷雾降温　喷嘴安装在舍内，以常规压力实行喷雾。借助汽化吸热效应而达到禽体散热和降温的作用。采取喷雾降温时，水温越低、空气越干燥，则降温效果越好。采用此种降温方法应注意的是：喷雾能使空气湿度提高，在湿热天气不宜使用。否则，不但起不到应有的降温效果，反而更加重炎热的程度。

4. 湿帘-风机系统　又称湿帘或水帘通风系统。进入舍内的空气须经过湿帘，由于湿帘的蒸发吸热，使空气温度下降，是防暑降温的一种有效形式。在生产上较多采用，主要由湿帘、风机、水循环系统及控制系统组成。湿帘是采用耐水性好的材料而制成的波纹多孔形状，有较大蒸发表面积。其种类主要有白杨木蒸发垫、甘蔗渣蒸发垫（涂水泥）和纸板（波纹沟槽）蒸发垫等，其中纸板（波纹沟槽）蒸发垫目前使用最广。

水循环系统包括水泵、集水池（箱）、供水管路、滤污网、泄水管、回水拦污网、浮球阀等。浮球阀自动补水并稳定控制水位。水循环系统的主要作用是保证适宜的水流量，维持湿帘的降温效果（图 1-34）。

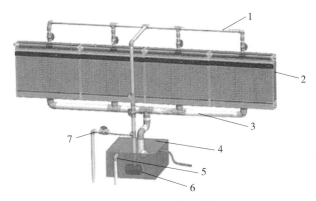

图 1-34　湿帘降温系统
1. 给水管　2. 镀锌板　3. 排水管　4. 过滤水池
5. 溢水管　6. 管道泵　7. 进水管

二、湿度的控制

1. 水汽的来源　蒸发量的多少，决定于物体表面潮湿度和舍内空气温度。一般来讲，封闭式禽舍中的水汽，有 70%～75% 来自家禽机体，10%～25% 来自地面、墙壁等物体表面，10%～15% 来自大气。封闭式禽舍空气中的水汽含量常比室外大气中高出很多。因此，在饲养管理中要特别注意控制舍内的水汽，以保持舍内空气的干燥。

2. 湿度的控制　湿度对家禽的影响只有在高温或低温情况下才明显，在适宜温度下无大的影响。高温时，鸡主要通过蒸发散热，如果湿度较大，会阻碍蒸发散热，造成高温应激。低温高湿环境下，鸡失热较多，采食量加大，饲料消耗增加，严寒时会降低生产性能。低湿容易引起雏鸡的脱水反应，羽毛生长不良。鸡适宜的湿度为60％～65％，但是只要环境温度不偏高或偏低，湿度在40％～72％也能适应。

（1）增加湿度。在空气干燥的情况下，可向禽舍内喷雾或洒水，既可以增加湿度，又可以降低舍内的温度。

（2）降低湿度。为了防止舍内湿度过大，可采用的综合措施是：

①确定场址时应选择地势高燥，通风向阳的地方，所用材料应具有较好的保温防湿效果。

②在饲养管理中，应尽量减少用水，防止水槽溢水、漏水。

③加强通风换气，保持通风良好，排除舍内过多的水汽，以维持适宜的湿度。

④必要时可使用垫草，经常更换。垫草具有良好的吸水性，只要勤垫、勤换，保持地面干燥，并且吸收空气中水分，从而减少空气中的水汽，有利于降低舍内的湿度。

三、通风的控制

通风换气是禽舍环境控制的重要措施之一，其目的有两个：一是在气温高时，通过加大气流，使家禽感到舒适，缓和高温对家禽的不良影响；二是在禽舍密闭的情况下，引入新鲜空气，排除舍内的污浊空气，以改善舍内空气环境。近年来，大规模、集约化养禽生产多采用高密度饲养，为改善其环境条件，对通风换气更加重视，在管理上应更加严格。

（一）通风换气应注意的问题

1. 保持适宜湿度　通风换气可排除舍内过多的水汽，使空气中的相对湿度保持在适宜状态，防止水汽在物体表面上凝结。在干燥地区或季节，通风换气起到的排湿作用较大，但在雨季大气中水汽含量高时，通风换气起不到或只能起到很少的排湿作用。

2. 维持适宜温度　通过控制通风量的大小及通风时间的长短，保持适宜的温度。舍内外温差越大，通风效果越明显。但通风前后不能使舍温发生剧烈的变化。

3. 保持气流速度　通风使舍内空气加速流动，可保证舍内环境状况的均匀一致，换气作用的顺利进行要求气流均匀，无死角，避免形成贼风。

4. 保持空气清新　通风换气可起到排污的作用，排除舍内空气中的微生物、灰尘以及氨、硫化氢、二氢化碳等有害气体和恶臭，使空气中有害物质浓度不致过高而对家禽造成危害。

（二）通风换气的方式

鸡舍通风按通风的动力可分为自然通风、机械通风2种，机械通风又主要分为正压通风、负压通风、正负压混合通风。

1. 自然通风　自然通风是指不需要机械设备，借助于自然界的风压和热压，产生空气流动，通过禽舍外围护结构空隙所形成的空气交换。自然通风可分为无管道和有管道两种形式。无管道自然通风是靠门、窗进行通风换气，它仅适用于温暖地区或寒冷地区的温暖季节；而在寒冷地区为了保温，须将门、窗紧闭，要靠专门通风管道进行换气。

2. 机械通风　为建立良好的禽舍环境，以保证家禽健康及生产力的充分发挥，在高密度饲养的禽舍中应实行机械通风。

（1）负压通风。利用排风机将舍内污浊空气强行排出舍外，在舍内造成负压，新鲜空气便从进风口自行进入鸡舍。负压通风投资少，管理比较简单，进入鸡舍的气流速度较慢，鸡体感觉比较舒适，是广泛应用于封闭禽舍的通风方式。

（2）正压通风。风机将空气强制输入禽舍，而出风口作相应调节，以便出风量稍小于进风量而使鸡舍内产生微小的正压。空气通常是通过纵向安置等于禽舍全长的管子而分布于禽舍内的，全重叠多层养鸡通常要使用正压通风。热风炉加热的禽舍也是正压通风，不过送入禽舍的是经过加热的空气。

（3）正压负压混合通风。在禽舍的一面墙体上安装输风机，将新鲜空气强行输入舍内，对面墙上安装抽风机，将污浊废气、热量强行排出禽舍。高密度饲养禽舍有时需要使用此法。

根据鸡舍内气流运动方向，可分为横向通风和纵向通风。

3. 纵向通风 风机全部安装在鸡舍一端的山墙或山墙附近的两侧墙壁上，进风口在对面山墙或靠山墙的两侧墙壁上，禽舍其他部位无门窗或门窗关闭，空气沿禽舍的纵轴方向流动。封闭禽舍为防止透光，进风口设置遮光罩，排风口设置弯管或用砖砌遮光洞。进气口风速一般要求夏季 2.5～5m/s，冬季 1.5m/s。

4. 横向通风 横向通风的风机和进风口分别均匀布置在鸡舍两侧纵墙上，空气从进风口进入禽舍后横穿禽舍，由对侧墙上的排风扇抽出。采用横向通风方式的禽舍，舍内空气流动不够均匀，气流速度偏低，死角多，因而空气不够清新，现在较少使用。

在生产上，应根据实际需要而选用合适的通风方式。随着畜牧业的发展，对环境要求越来越高，为改善禽舍的空气环境，多采用纵向通风。纵向通风是一种有效的通风方式，不仅舍内气流速度大，平稳无死角，降温效果好，而且避免了禽舍间疾病的相互交叉传染，改善了生产区内的空气环境，保证了空气清新。同时，采用低压大流量节能型轴流式风机，可大大减少风机的安装数量，且运行效果更好、省电、噪声低。

四、有害气体的控制

大气中各种气体组成的成分相当稳定，其主要成分是氮（占 78.08%）和氧（占 20.95%），二氧化碳数量很少（占 0.03%）。禽舍内由于禽群的呼吸、排尿以及粪便、饲料等有机物分解，使原有的成分比例有所变化，同时还增加了一些有害气体，如氨、甲烷、硫化氢、粪臭素等。其中危害最大的是氨和硫化氢。

1. 氨气 氨气主要是含氮物质，如粪便与饲料、垫草等腐烂，由厌气菌分解而产生，尤其是高热、潮湿环境会促其大量产生。管理不善、通风不良可使舍内氨气含量大大增加。氨的溶解度很高，故常被吸附于禽的黏膜、结膜上。即使是低浓度的氨，也对黏膜有刺激作用，而引起结膜和上呼吸道黏膜充血、水肿，分泌物增多，甚至发生喉头水肿、坏死性支气管炎、肺出血等。我国农业行业标准规定，成年禽舍内空气中氨气含量不超过 15mg/m³，雏禽舍内不得超过 10mg/m³。

2. 硫化氢 禽舍空气中的硫化氢，是由含硫有机物分解而来。硫化氢毒性很强，与黏膜接触后，与组织中的碱化合生成硫化钠，对黏膜有强烈的刺激作用，引起眼睛发炎、流泪、角膜混浊。同时引发鼻炎、气管炎、咽部灼伤、咳嗽，甚至肺水肿。在低浓度硫化氢的长期影响下，家禽体质变弱，抗病力下降，同时，容易发生肠胃炎、心脏衰弱等，给生产造成损失。禽舍内硫化氢浓度以不超过 $10\mu L/L$ 为宜。

3. 二氧化碳 禽舍中的二氧化碳主要由家禽呼吸而排出，舍内浓度可达 0.5%。二氧化碳本身无毒，其主要危害是造成缺氧，引起慢性毒害。禽表现为精神萎靡、食欲不振、增重迟缓、体质下降。因此，通常舍内二氧化碳含量以不超过 0.15% 为宜。实际上禽舍中的二氧化碳很少能达到中毒程度，但是不代表舍内空气不污浊和存在其他有害气体的可能。

控制的措施：及时清除粪便，防止粪尿潴留而腐败分解，加强禽舍的保温防潮，以防氨和硫化氢溶于水汽中；加强通风换气，将有害气体及时排出，以保证舍内空气清新。

五、光照的控制

光照可分为自然光照和人工光照。开放式禽舍或半开放式禽舍，充分利用自然光照是最经济的，但受很多因素的影响，不便于控制；人工光照是在禽舍内安装一些照明设施，其优点是可以人工控制，受外界因素影响小，但造价大，投资多，主要用于环境控制。实行人工控制光照是现代养禽生产中不可缺少的重要技术措施之一。

（一）光照的原则

（二）光照设备的安装

1. 灯的高度 为使地面获得 10lx 的光照度，灯泡的高度可参照表 1-1。

（一）光照
的原则

表 1-1　白炽灯安装的高度

白炽灯功率/W	安装高度/m	
	无灯罩	有灯罩
15	0.7	1.1
25	0.9	1.4
40	1.4	2.0
60	2.1	3.1
100	2.9	4.1

通常在灯高 2.0m、灯距 3.0m 左右，每平方米鸡舍面积 2.7W 光照即可得到相当于 10lx 的光照度。多层笼养的禽舍为使低层有足够的光照度，设计时，光照度应稍提高些，一般为 $3.3\sim3.5W/m^2$。

2. 灯的分布原则 为使光照均匀、尽量降低灯的功率数，增加灯的数量；灯与灯之间的距离应为灯高的 1.5 倍，两排以上，应交错排列，靠近墙的灯与墙壁的距离，应为内部灯距的一半。

应注意的问题：不可使用软线悬吊灯泡；最好使用灯罩；保持灯泡表面的清洁，灯泡功率不可过大；设置可调节变压器。

（三）光照的控制方法

1. 有窗和开放式禽舍 应根据具体情况，充分利用自然光照和人工控制光照，在生长期以控制家禽的性腺发育，使其适时开产，在产蛋期保持较高产蛋性能。

（1）生长期的光照控制。可分为饲养的禽群生长期处于日照渐短和日照渐长两个时期的光照控制。

（2）产蛋期的光照控制。在生产实践中，产蛋期每天光照时间至少要保持14～

16h，稳定在这一水平上，一直到产蛋期结束。在这一光照制度下，若自然光照时间不足，则需利用人工光照补足，为简便管理方法，可采用人工控制和自动控制。

人工控制就是根据光照制度确定的光照时间，规定每天补充光照时效，按时开关灯。采用早、晚两次补充光照，如每天 5：00 开灯至天亮关灯，傍晚开灯至 21：00 关灯，保持每天光照 16h。自动控制就是利用自动控光仪，根据光照制度确定光照时数，设计光照和黑暗的时间程序，输入控制器，就会根据需要自动启闭电灯。此法方便、准确，适用于大型禽场。

2. 密闭式禽舍 密闭式条件下饲养家禽光照的原则是：舍内必须黑暗；种禽必须至少 10 周内每日给予不超过 8h 的光照，以便禽对遮黑育成后期的光刺激反应有效；育成的禽群，光刺激不应早于 19 周龄进行，由密闭式禽舍转到开放式禽舍饲养时，应从 15 周龄开始补加光照与自然光照时间相同为止。

此外，对于肉仔鸡光照的控制，光照的目的是延长采食时间，促进生长。但光照强度不可太强，在生产中常采用间歇光照制度，间歇光照应用于肉仔鸡的效果是肯定的，可以提高饲料利用率、节约大量电能和提高肉仔鸡饲养效果。光照控制具体方法可参考表 1-2。

表 1-2　肉仔鸡光照程序

日龄/d	光照度/lx	光照时数/h	非光照时数/h
1～3	10～15	23～24	0～1
4～15	5～10	12	12
16～22	5～10	16	8
23～	5～10	18～23	1～6

为满足肉用仔鸡对光照强度的要求，鸡舍内灯具安装要均匀，以灯距不超过 3m，灯高距地面 2m 为宜。第 1 周每平方米 3.5W，以后至出栏，把光照强度减少到最低，每平方米 0.75～1.3W，即每 20m² 将 40W 的灯泡改换为 15W 的灯泡。对于有条件鸡合，最好安装光照强弱调节器，按照不同时期的要求控制光照度。

禽舍环境参数
的控制

技能训练

技能 1-1　中小型规模蛋鸡场的规划设计

【技能目标】 了解拟建鸡场的地形、熟悉鸡场管理区、生产区、隔离区的布局，能运用所学知识绘制中小型规模蛋鸡场总平面图。

【实训材料】 所需资料：某蛋鸡场（年存栏蛋鸡 5 万只）；鸡场的地形为长方形；产蛋鸡舍饲养 1 万只蛋鸡，饲养方式是全阶梯式笼养，每个笼位饲养 4 只产蛋鸡；该养殖场建在华东地区。所需用具：绘图纸、铅笔、橡皮、尺等。

【方法步骤】

1. 场区规划和确定建筑总面积

（1）根据鸡场组织机构、鸡舍用房、附属用房设计管理区用房数量和建筑总面积。

（2）根据饲养规模、饲养方式、饲养密度求得生产区的鸡舍建筑面积。

（3）根据蛋鸡发病规律设计隔离区，并计算其建筑面积。

2. 确定蛋鸡场的工艺流程和总体布局　根据饲养规模和设备类型，确定蛋鸡场的工艺流程和鸡舍配套比例，通常按照 1 栋育雏室配套 2 栋青年鸡舍和成年鸡舍的比例进行规划。育雏室的规格设计需要考虑 12 周龄时的育雏量，略大于每栋产蛋鸡舍内笼位的数量（高出 5% 左右）。根据场地的大小和形状布局鸡舍的位置，场地宽的可以每排设 2 栋（列）鸡舍，中间作为净道，两侧作为污道；场地窄的可以只设 1 列，一端设净道，另一端设污道。

3. 绘制该蛋鸡场的总平面图　要求管理区、生产区和隔离区各建筑物布局合理，建筑物之间密切联系，图题或指北针要规范标注，尺寸线要标记规范，图题下面的图注要清楚无误。

4. 确定鸡舍具体设计方案　鸡舍均坐北朝南，双坡式屋顶结构，顶层加保温隔热层，内部吊顶，舍内地面距离吊顶 2m，建筑外檐高 2.5m。育雏育成舍长 45m，跨度 11.4m。产蛋鸡舍长 65m，跨度 11.4m，单栋饲养量可达 10 080 只。鸡舍净道端外部的南侧设料塔，北侧设贮蛋间，每间准备房 9m²。

【提交作业】　提交 1 份按比例绘制的该蛋鸡场规划布局图。

【考核标准】

考核方式	考核项目	评分标准		考核方法	考核分值	熟悉程度
		分值	扣分依据			
学生互评		20	根据小组代表发言、小组学生讨论发言、小组学生答辩及小组间互评打分情况而定			
考核评价	三区位置和建筑面积	10	管理区、生产区和隔离区各建筑物有缺漏，1 处扣 1 分；建筑位置不符合地势和主风向扣 2 分；建筑总面积设计有较大误差扣 2 分	小组操作考核		基本掌握/熟练掌握
	鸡舍布局	10	鸡舍排列不整齐扣 1 分；场区地形利用有浪费扣 1 分；鸡舍朝向不合理扣 1 分；舍间距不合理 2 分			基本掌握/熟练掌握
	附属用房	10	附属用房位置不合理扣 2 分；面积不合理扣 2 分			基本掌握/熟练掌握
	道路	10	主干道或小路设计不合理扣 2 分；净道和污道未分设扣 2 分			基本掌握/熟练掌握
	绿化	10	绿化类别不合理扣 2 分；选择苗木或花卉不合理扣 2 分			基本掌握/熟练掌握
	绘制总平面图	20	围墙和场区大门及各区小门未设计扣 5 分；建筑物之间的联系不合理扣 3 分；消毒卫生房舍未设计扣 3 分；图题或指北针未标出或不正确扣 3 分；尺寸线不规范扣 3 分；图注表述不清楚扣 3 分			基本掌握/熟练掌握
	完成时间	10	要求在 90min 内完成总体设计。每增加 5min 扣 1 分，直至 5 分止			
总分		100				

技能 1-2　养禽场饲养设备的构造及使用

【技能目标】　通过技能训练，了解禽场常用设备的结构，掌握禽场常用设备的评价和使用技能。

【实训材料】　供料设备、饮水设备、环境控制设备、孵化设备、防疫设备、鸡粪处理设备和人工智能设备等。

【方法步骤】

1. 禽场常用设备的识别及参数的测量　以小组为单位，认识禽场内饲养设备，包括供料设备、饮水设备、环境控制设备、孵化设备、防疫设备、鸡粪处理设备、人工智能设备等，详细识别饲养设备的构造，完成部分基本参数的测量与统计。

2. 禽场常用设备的评价　各组根据养禽场的现有设备，结合所学的养禽设备知识，对认识的禽场设备作出评价。

【提交作业】　仔细识别养禽设备，将评价结果填入表 1-3、表 1-4。

表 1-3　禽场主要的常用设备

设备种类	主要设备的名称	产地	型号	主要技术参数
饲养设备	育雏笼 育成笼 蛋鸡笼 种鸡笼			
供料设备	料塔 输料机 喂料设备			
饮水设备	乳头式饮水器 杯式饮水设备 水槽式饮水设备 吊塔饮水设备 真空式饮水器			
孵化设备	箱式孵化机 巷道式孵化机 出雏机			
防疫设备	多功能清洗机 固定管道喷雾消毒设备			
其他设备	鸡粪处理设备 人工智能设备 照明设备 采暖设备 通风设备 清粪设备			

表 1-4　禽场常用设备的评价

设备种类	理论要求设备的名称及性能	实有设备的名称及性能	评　价
饲养设备			
供料设备			
饮水设备			

（续）

设备种类	理论要求设备的名称及性能	实有设备的名称及性能	评 价
孵化设备			
防疫设备			

【考核标准】

考核方式	考核项目	评分标准		考核方法	考核分值	熟悉程度
		分值	扣分依据			
学生互评		20	根据小组代表发言、小组学生讨论发言、小组学生答辩及小组间互评打分情况而定	小组操作考核		
考核评价	设备的选择	12	根据所在企业的现状，列出所需的各种环境控制设施、养殖设施数量和规格。设备选择漏 1 项扣 2 分；设备规格不清楚 1 项扣 2 分			基本掌握/熟练掌握
	设备的使用	13	掌握仪器设备的工作模式，操作错误 1 处扣 3 分			基本掌握/熟练掌握
	设备的安装	15	根据设备使用说明书，会进行设备的简单安装，安装错误 1 处扣 3 分			基本掌握/熟练掌握
	设备的维护	12	能对设备进行正确的维护，维护不当 1 次扣 2 分			基本掌握/熟练掌握
	环境参数控制	13	禽舍设备与利用时需要考虑的环境参数不全面扣 3 分；参数指出错误 1 处扣 1 分			基本掌握/熟练掌握
	完成时间	15	要求在 90min 内完成设备的认识与评价。每增加 5min 扣 1 分，直至 5 分止			
总分		100				

某肉鸡标准化养殖场
投资估算

自测练习

项目二

家 禽 的 繁 育

【知识目标】 掌握家禽的外貌特征、品种类型，了解种禽选择的方法和良种繁育体系。熟练掌握家禽的人工授精技术，理解种蛋的形成过程，掌握种蛋的选择、保存、消毒和运输等要点。掌握家禽胚胎发育特征、孵化条件和孵化管理技术。掌握初生雏禽的分级、雌雄鉴别和免疫与接种。

【能力目标】 能正确识别常见家禽品种。能结合品种的主要经济性状进行种禽的选择。能确定适宜的选种时间及选留比例，熟练开展笼养种鸡的人工授精。熟练操作种蛋的选择、保存与消毒，会操作和管理孵化机。能熟练进行胚胎发育生物学检查和孵化效果的检查与分析。能顺利完成初生雏禽的分级、初生雏的雌雄鉴别和初生雏的免疫与接种。

【思政目标】 增强民族自豪感和自主创新能力，推进家禽种业振兴。勤于思考，遵循事物发展的规律，珍爱生命。培养吃苦耐劳、团队协作和认真细致的工作作风。

任务一　家禽品种识别

任务描述

　　掌握家禽的外部特征，熟悉各个部位，掌握品种类型、代表品种，了解品种外貌特征和生产性能，才能在实际生产中选择合适的家禽品种。本任务主要介绍常见的家禽品种。

任务实施

一、家禽外貌及生理特征

二、家禽品种分类

（一）按形成过程和特点分类
家禽品种按其形成过程和特点分为地方品种、标准品种和现代禽种 3 类。

家禽外貌及
生理特征

1. 地方品种 我国是家禽地方品种最多的国家。迄今为止，已报道的家禽地方品种有近 180 个。《国家畜禽遗传资源品种名录》（2021 年版）中收录了我国现有的地方禽种，其中鸡品种 115 个、鸭品种 37 个、鹅品种 30 个。地方品种适应性强，肉质鲜美，具有某项或某些突出特点，但生产性能普遍较低，商品竞争力差，不适宜集约化饲养。

2. 标准品种 20 世纪 50 年代以前育成，并得到世界家禽协会或家禽育种委员会承认的品种。其主要特点是具有较好的外貌特征和生产性能，遗传性能稳定，生产性能比地方品种高，需要良好的饲养管理条件和经常的选育工作来维持其特性。

3. 现代禽种 是专门化的商品品系或配套品系的杂种禽，不能纯繁复制。在配套杂交种中，按其经济用途分为蛋用品系和肉用品系。蛋用品系有白壳蛋系、褐壳蛋系、粉壳蛋系和绿壳蛋系；肉用品系在我国有快大型和优质型之分。现代禽种多以育种场或公司的名字与编号命名，具有优异的生产性能和较强的生活力，能适应商品竞争的需求。

（二）标准品种分类法

标准品种分类法将家禽分为类、型、品种、品变种和品系（表 2-1）。

表 2-1 家禽主要标准品种分类

禽种	类	型	品种	品变种
鸡	地中海	蛋用	来航	单冠白、玫瑰冠褐等
	美洲	兼用	洛岛红	单冠、玫瑰冠
	美洲	兼用	洛克	白洛克、芦花洛克等
	亚洲	肉用	狼山	黑狼山、白狼山
	英国	肉用	科尼什	白科尼什、红科尼什
鸭	中国	肉用	北京鸭	卡基·康贝尔鸭等
	英国	蛋用	康贝尔鸭	
鹅	中国	肉用	中国鹅	中国白鹅、中国灰鹅
	欧洲	肥肝	朗德鹅	
火鸡	美洲	肉用	火鸡	青铜色火鸡

1. 类 按家禽的原产地划分为亚洲类、美洲类、地中海类和欧洲大陆类等。

2. 型 按家禽的用途分为蛋用型、肉用型、兼用型和观赏型。

（1）蛋用型。以产蛋数量多为主要特征，如来航鸡。

（2）肉用型。以生长快、体重大、饲料转化率高为主要特征，如白科尼什鸡。

（3）兼用型。其体型外貌和生产性能介于蛋用型和肉用型之间，如洛岛红。

（4）观赏型。以羽毛羽色特异、体态特殊或性情凶狠好斗为特征，属专供人们观赏和娱乐的鸡种，如丝羽乌骨鸡、斗鸡、长尾鸡等。

3. 品种 家禽品种是指在一定的社会经济和自然条件下，通过人类的长期培育所形成的血源来源相同、性状一致、性能相似及遗传稳定，有一定结构和足够数量的纯合类群。

4. 品变种 在品种中根据羽色、冠形等的不同划分为不同的品变种，如来航鸡按冠形（单冠、玫瑰冠）、羽色（白色、黄色、褐色、黑色等）有12个品变种。

5. 品系 在品种或品变种下按照性状特点和选育方法的不同划分为品系。凡在生产利用方面有突出经济价值的品系称为专用品系，如肉用品系、蛋用品系、兼用品系和药用品系等；而在一个繁育体系中配套位置固定，具有专门特点的品系，则称为专门化品系。配套系指用于配套杂交的专门化品系。现代家禽生产多采用四系配套杂交，充分利用了杂种优势。

三、认识鸡的品种

（一）鸡的标准品种

1. 白来航鸡 蛋用型品种，原产于意大利，现分布世界甚广。

2. 洛岛红鸡 肉蛋兼用型品种，原产于美国洛德岛州，现遍布世界各地。

3. 澳洲黑鸡 肉蛋兼用型品种，原产于澳大利亚。

4. 狼山鸡 肉蛋兼用型品种，原产于中国江苏省，全国各地均有饲养。

5. 科尼什鸡 大型肉用品种，原产于英国康瓦耳。

6. 白洛克鸡 肉蛋兼用型品种，原产于美国。

7. 横斑洛克鸡 蛋肉兼用型品种，原产于美国。

8. 新汉夏鸡 蛋肉兼用型品种，原产于美国新汉夏州，对地方鸡种的杂交改良效果较好。

9. 丝羽乌骨鸡 兼用品种，具有一定的药用价值，原产于中国江西省泰和县和福建省泉州市、厦门市和闽南沿海等县。

鸡的标准品种

（二）鸡的地方品种

1. 北京油鸡 兼用型地方品种，原产于北京市。

2. 仙居鸡 蛋用型品种，原产于浙江省仙居、临海、天台等地。

3. 东乡绿壳蛋鸡 蛋肉兼用型品种，原产于江西省东乡区。

4. 白耳黄鸡 蛋用型品种，原产于江西省广丰区。

5. 固始鸡 蛋肉兼用型地方品种，原产于河南省固始县。

6. 寿光鸡 蛋肉兼用型地方品种，原产于山东省寿光市稻田镇一带。

7. 清远麻鸡 肉用型地方品种，原产于广东省清远市。

8. 浦东鸡 原产于上海黄浦江以东地区的肉用型鸡，以体大、肉多、皮下脂肪丰满而著称。

鸡的地方品种

（三）鸡的现代品种

1. 现代蛋鸡 根据蛋壳颜色可分为白壳蛋鸡、褐壳蛋鸡、粉壳蛋鸡和绿壳蛋鸡。

（1）白壳蛋鸡。主要是在来航鸡品种的基础上培育而成，是蛋用型鸡的典型代表。

（2）褐壳蛋鸡。是由肉蛋兼用型品种培育而来。

（3）粉壳蛋鸡。粉壳蛋鸡是通过洛岛红鸡品种和白来航鸡品种之间正交或反交所产生的鸡种。

（4）绿壳蛋鸡。

鸡的现代品种

①五黑绿壳蛋鸡。江西东乡黑羽绿壳蛋鸡原种场以东乡绿壳蛋鸡黑羽、白羽、黄羽和麻羽为素材，经过十多年选育而成。

②三凤绿壳蛋鸡。利用我国地方品种培育而成，有黄羽、黑羽两个品系。

③三益绿壳蛋鸡。该配套组合是以黑羽绿壳蛋鸡公鸡做父本，国外引进的粉壳蛋鸡做母本。

2. 现代商用肉鸡　现代商用肉鸡是家禽育种公司根据市场需求，在原品种基础上，经过配合力测定而筛选出的最佳杂交组合。其商品代鸡生活力强、生产性能高且整齐，适于大规模集约化饲养。现代商用肉鸡强调的是群体的生产性能，对外貌特征要求不是很高。可分为快大型和优质型。

四、认识鸭的品种

（一）肉鸭品种

认识鸭的品种

1. 北京鸭　原产于北京西郊玉泉山一带，是世界著名的肉用鸭标准品种。

2. 瘤头鸭　又名番鸭、麝香鸭、疣鼻栖鸭。原产于南美洲和中美洲热带地区；引进后主要分布于长江中下游地区。

3. 樱桃谷鸭　是由英国樱桃谷公司用北京鸭改良而成。

（二）蛋鸭品种

1. 绍兴鸭　又称绍鸭、绍兴麻鸭，属蛋用型地方品种，原产于浙江旧绍兴府所辖的绍兴、萧山、诸暨等县。

2. 金定鸭　属蛋用型品种，原产于福建省龙海市。

3. 卡基-康贝尔鸭　原产于英国，是世界著名的蛋鸭品种。

（三）兼用鸭品种

1. 高邮鸭　又称高邮麻鸭，属蛋肉兼用型品种，原产江苏省高邮市。

2. 靖西大麻鸭　属蛋肉兼用型品种，原产地为广西壮族自治区靖西市。

3. 建昌鸭　原产于四川，是肉蛋兼用型品种，以产肥肝性能好而著称。

五、认识鹅的品种

认识鹅的品种

1. 籽鹅　原产于东北松江辽平原，以产蛋高著称，是杂交配套系的优良母体。

2. 豁眼鹅　又名五龙鹅，原产于山东莱阳地区，集中产区在五龙河流域。因眼睑中有个小豁口而得名。

3. 太湖鹅　原产于江苏、浙江的太湖流域各县，是蛋肉兼用型白鹅。

4. 乌鬃鹅　属于小型鹅种。原产于广东省清远县，主要产区在该县北江河两岸，因羽毛大部分呈乌棕色而得名。

5. 雁鹅　原产于安徽省西部六安地区，主要分布于霍邱、寿县、六安、舒城、肥西及河南的固始等县。

6. 皖西白鹅　原产于安徽西部丘陵山区的霍邱和寿县。

7. 四川白鹅　属于中型鹅种，主产于四川省温江、乐山、宜宾、永川和达县等地，是无就巢性的优良产蛋品种。

8. 狮头鹅　是世界上少数大型鹅品种之一，也是我国体形最大的鹅种。

9. 朗德鹅　原产于法国西南部的朗德地区，是最适于生产鹅肥肝的鹅种。

10. 莱茵鹅　莱茵鹅原产于德国的莱茵河流域，在 20 世纪 40 年代就以产蛋量高、繁殖力强而著称。后经法国克里莫公司培育，形成了优良的肉用品种。

任务二　家禽的繁育技术

了解家禽主要经济性状，理解家禽良繁体系的结构和作用。学会家禽的配种方法，熟悉配偶比例和使用年限，掌握家禽人工授精的操作技术。

一、家禽主要经济形状

（一）蛋用性能

1. 产蛋量　产蛋量的遗传受多基因控制，且遗传力较低，一般在 0.1～0.25。

（1）产蛋量的计算。产蛋量指母鸡在统计期内的产蛋数量。育种场为了对每只鸡产蛋量进行计算和测定，常采用个体笼养或散养，使用自闭产蛋箱，可以准确地测定每只种鸡的产蛋量。通常统计开产后 60d 产蛋量、300 日龄产蛋量和 500 日龄产蛋量。在繁殖场和商品场，只测定鸡群平均产蛋量，可用饲养日产蛋量和入舍母鸡产蛋量表示，计算公式如下：

$$饲养日产蛋量（个）= \frac{统计期内总产蛋量×统计日数}{统计期内总饲养日}$$

1 只母鸡饲养 1d 为一个饲养日。

例如：5 月 8 日，鸡舍存栏 500 只鸡，这天的饲养日为 500 个饲养日。5 月 9 日，死亡 2 只，存栏数为 498 只，这天的饲养日为 498 个饲养日。5 月 10 日，淘汰一只，存栏（数）为 497 只，这天的饲养日为 497 个饲养日。

这 3d 的总饲养日为：500＋498＋497＝1 495

$$入舍母鸡产蛋量（个）= \frac{统计期内产蛋总数}{入舍母鸡数}$$

从饲养日产蛋量的计算公式得知：饲养日产蛋量不受死亡、淘汰的影响，反映实际存栏鸡的平均产蛋能力。

而入舍母鸡产蛋量的计算公式得知：如果不考虑影响总产蛋量多少的其他因素，在入舍母鸡相同时，死亡和淘汰得越多，总产蛋量必然越少，入舍母鸡的平均产蛋量数值会越低。所以，死亡和淘汰数量也是制约统计期内总产蛋量的因素。入舍母鸡产蛋量则综合体现了鸡群的产蛋能力及存活率和淘汰率的高低。目前，普遍使用 500 日龄（72 周龄）入舍母鸡产蛋量来表示鸡的产蛋数量，不仅客观准确地反映了鸡群的实际产蛋水平和生存能力，还进一步反映了鸡群的早熟性。计算公式如下：

$$500 日龄（72 周龄）入舍母鸡产蛋量（个）= \frac{500 日龄（72 周龄）总产蛋量}{入舍母鸡数}$$

（2）影响产蛋量的因素。

①开产日龄。个体记录以产第一个蛋的日龄计算，群体记录蛋鸡、蛋鸭按日产蛋率达50％的日龄计算，肉鸡、肉鸭、鹅按日产蛋率达5％的日龄计算。新母鸡开始产第一个蛋称开产，也称为性成熟。一般开产早的鸡全程产蛋数也多，但过于早熟的鸡产的蛋小，产蛋持续性差，其全程产蛋量也低。因此，必须适时开产，才能保证高的产蛋能力。开产日龄的长短，因品种不同而不同。

②产蛋强度。用产蛋率表示，母鸡开产后，头几个月的产蛋强度与全年产蛋量有关。

③产蛋持久性。指鸡开产至停产换羽的产蛋期长短。持久性越好，其产蛋量越高。

④就巢性。就巢性也称为抱窝或抱性，是家禽繁殖后代的一种生理现象。在就巢期间，母鸡卵巢逐渐萎缩，以至停止产蛋，因此就巢性强的鸡产蛋少。

⑤冬休性。又称为"冬歇""冬季休产性"。在冬季，如果休产在7d以上，而又不是抱性时，称为产蛋冬休性。冬休的时间越长，冬休性越强；反之则弱。冬休性强的家禽年产蛋量就低。应指出，现代工厂化养鸡采用人工控制环境，四季如春，应该不存在冬休现象。

2. 蛋重　蛋重指蛋的质量大小，单位以克计。现代养鸡生产十分注重这一指标，产蛋量相同的鸡，蛋重大，总蛋重也多。蛋重用平均蛋重和总蛋重表示。

（1）平均蛋重。从300日龄开始计算，以克为单位。育种场称测个体蛋重，通常称测初产蛋重、300日龄蛋重和500日龄蛋重。方法是在上述时间连续称测3枚，求其平均数；群体记录时，则应按照日产蛋量的5％抽测，连续称取3d或间隔相同的天数称测3次求其平均数。

（2）总蛋重。指个体或群体在一定时间范围内产蛋的总重量。

$$总蛋重（kg）＝平均蛋重（g）×产蛋量÷1\ 000$$

3. 蛋的品质　测定蛋数每次不应少于50枚，每次测定的蛋应在其产出后24h内进行。通常用蛋形指数、蛋壳强度、蛋壳厚度、蛋的密度、蛋壳颜色、蛋黄色泽、蛋白浓度、血斑、肉斑率等指标来衡量蛋的品质。

（1）蛋形指数。即蛋的长径与短径的比值。蛋的正常形状为椭圆形，蛋形指数为1.30～1.35，大于1.35的蛋为长形蛋，小于1.30的蛋为圆形蛋。如果鸡蛋的蛋形指数偏离标准太大，不但影响种蛋的孵化率和商品蛋的等级，而且也不利于机械集蛋、分级和包装。该性状的遗传力为0.25～0.5。

（2）蛋壳强度。指蛋壳耐受压力的大小。一般用蛋壳强度测定仪进行蛋壳强度测定。蛋壳结构致密，则耐受压力大，蛋不易破碎。禽蛋的纵轴比横轴耐压力大，装运时以竖放为好。

（3）蛋壳厚度。测定蛋壳的厚度用蛋壳厚度测定仪，分别测定蛋的钝端、锐端和中腰三处蛋壳（除去壳膜）厚度，求其平均值。优质鸡蛋蛋壳厚度为0.33～0.35mm，鸭蛋的蛋壳厚度为0.43mm左右。

（4）蛋的密度。蛋的密度不仅表明蛋的新鲜程度、蛋壳厚度和蛋壳强度。测定蛋的密度用盐水漂浮法。

（5）蛋壳色泽。蛋壳色泽是品种的重要特征，蛋壳颜色有白、粉、褐、浅褐和绿色等。褐壳蛋鸡蛋颜色的遗传力较高，在 0.3 左右。

（6）蛋白浓度。蛋白浓度的程度表示蛋的新鲜度的高低，国际上用哈氏单位表示蛋白浓度。哈氏单位越大，表示蛋白黏稠度越大，蛋白品质越好。蛋白浓度的表示方法如下：

$$哈氏单位＝100lg（H－1.7W^{0.37}＋7.57）$$

式中，H 为浓蛋白高度（mm）；W 为蛋重（g）。

（7）蛋黄色泽。国际上按罗氏比色扇的 15 个等级进行比色分级。蛋黄色泽越浓，表示蛋的品质越好。蛋黄色泽与饲料所含叶黄素有关，如饲喂胡萝卜、黄玉米等含叶黄素较多的饲料，蛋黄的色泽更浓艳。

（8）血斑和肉斑。蛋内存在血斑和肉斑的蛋称为血斑蛋和肉斑蛋。血斑蛋和肉斑蛋占总蛋数的百分比，称血斑蛋率和肉斑蛋率。血斑和肉斑率越高，蛋品质越差。

4. 料蛋比 即每生产 1kg 蛋所消耗饲料的千克数。

$$料蛋比＝\frac{产蛋期内总耗料量}{产蛋期内总产蛋量}$$

(二) 肉用性能

评定家禽产肉性能主要有生长速度、体重、屠宰率和屠体品质等。

1. 生长速度 生产肉用仔禽主要是利用早期生长快的特点，生长速度快可缩短饲养时间，减少饲料消耗，节省人工，提高设备利用率，减少感染疾病的概率，加速资金周转，提高经济效益。生长速度与家禽的种类、品种、初生重、年龄、性别以及饲养管理条件等因素有关。

2. 体重 在一般情况下，体重越大产肉越多。对于肉用家禽要求有较大的体重。但体重大则消耗的饲料多，饲养不经济。因此，在生产中，为了提高经济效益，应把体重与饲料报酬二者结合起来考虑。体重与品种、年龄、性别、饲养条件等有关。在日常饲养管理中，需要经常抽测体重，以检查饲养效果，决定喂料量。

3. 屠宰率 屠宰率反映肉禽肌肉丰满的程度，屠宰率越高，产肉越多，对于肉用家禽要求有较高的屠宰率。

（1）屠宰率。

$$屠宰率＝\frac{屠体重}{活重}×100\%$$

屠体重是指活体重减去放血、净毛、剥去脚皮、爪壳、喙壳后的重量。活重是指屠宰前停食 12h 后的体重。

（2）半净膛率。

$$半净膛率＝\frac{半净膛重}{活重}×100\%$$

半净膛重指屠体重的基础上除去食管、气管、嗉囊、肠、脾、胰和生殖器官，保留心、肝（去胆囊）、肺、肾、腺胃和肌胃（除去内容物和角质层）以及腹脂的重量。

（3）全净膛率。

$$全净膛率＝\frac{全净膛重}{活重}×100\%$$

全净膛重是屠体（胸、腹腔内只留下肺和肾，其余器官全部去掉）去头和脚（跗关节以下）的体重（鸭、鹅保留头和脚）。

4. 屠体品质　评定屠宰品质主要有胸部肌肉、肉质嫩度及屠体美观等指标。胸部肌肉是肉用仔禽的重要经济指标，关系到市场的需要。肉质嫩度是测量肌纤维的粗细和拉力。通过测量可判断肉质的细嫩程度，如肌纤维细、拉力小则说明肉质细嫩。屠体美观方面要求外观丰满、光泽、洁净、无伤痕及无胸囊肿，屠体皮肤以肉白色或黄色为佳。

（三）繁殖性能

主要评定种蛋合格率、受精率、孵化率、健雏率等指标。

1. 种蛋合格率　剔除过大过小、过长过圆、沙皮、过薄、皱纹、钢壳等不合格种蛋的蛋数占总蛋数的百分比。种蛋合格率一般应达90%以上。

$$种蛋合格率 = \frac{合格种蛋数}{产蛋总数} \times 100\%$$

2. 受精率　受精率是指受精蛋数占入孵蛋数的百分比。受精率是反映繁殖力的直接指标，与家禽的品种、生理状态和饲养管理水平有关，同时与公母禽的配比也有关系。

$$受精率 = \frac{受精蛋数}{入孵蛋数} \times 100\%$$

3. 孵化率　孵化率又称出雏率。孵化率有受精蛋孵化率和入孵蛋孵化率两种方式表示。

（1）受精蛋孵化率。是指出雏数占受精蛋数的百分比。一般要求90%以上。

$$受精蛋孵化率 = \frac{出雏数}{受精蛋数} \times 100\%$$

（2）入孵蛋孵化率。指出雏数占入孵蛋数的百分比。

$$入孵蛋孵化率 = \frac{出雏数}{入孵蛋数} \times 100\%$$

4. 健雏率　健雏率指健康雏禽数占出雏数的百分比。健雏指适时清盘时绒毛蓬松光亮，脐部愈合良好、没有血迹，腹部大小适中，蛋黄吸收良好，精神活泼，叫声响亮，反应灵敏，手握时有饱满和温暖感、有挣扎力，无畸形的雏禽。

$$健雏率 = \frac{健雏数}{出雏数} \times 100\%$$

（四）生活力性状

生活力性状是家禽的一个重要经济性状。其遗传力较低，一般为0.05～0.1。在育种中注意生活力的选择和禽群疫病净化以及杂种优势的利用，可以大大提高育雏和育成期的成活率。

1. 雏禽成活率　雏禽成活率也称育雏率，指育雏期末成活雏禽数占入舍雏禽数的百分比。一般情况下各种家禽的育雏期为：雏鸡0～6周龄，蛋用雏鸭0～4周龄，肉用雏鸭0～3周龄，雏鹅0～4周龄。一般要求育雏率达到90%以上。

$$育雏率 = \frac{育雏期末成活雏禽数}{入舍雏禽数} \times 100\%$$

2. 育成禽成活率　是指育成期末成活育成禽数占育雏期末入舍雏禽数的百分比。

育成期成活率反映家禽的生活力、饲养管理水平。

$$育成禽成活率 = \frac{育雏期末成活雏禽数}{育成期末成活育成禽数} \times 100\%$$

3. 产蛋期母禽成活率 是指产蛋期末母禽存栏数占入舍母禽数的百分比。一般要求达到 88% 以上。

$$母禽成活率 = \frac{入舍母禽数 - (死亡数 + 淘汰数)}{入舍母禽数} \times 100\%$$

（五）饲料转化率

饲料在现代化养禽业中占总支出的 70%～80%，饲料转化率高，就可降低成本，提高经济效益。

1. 产蛋期料蛋比 指产蛋期消耗的饲料量与总产量的比值，即每产 1kg 蛋所消耗的饲料量。

$$产蛋期料蛋比 = \frac{产蛋期耗料量（kg）}{总产蛋量（kg）}$$

2. 肉用仔禽料肉比 通常用每增重 1kg 体重所消耗的饲料量来表示。

$$肉用仔禽料肉比 = \frac{全程耗料量（kg）}{总活重（kg）}$$

二、家禽的配种技术

（一）种公禽的选择

种公禽的质量对种蛋的受精率有很大的影响，无论是自然交配还是人工授精都非常重要。因此，必须加强对种公禽的选择，在实际生产中，种公禽的选择一般分三次进行。

1. 第一次选择 鸡在 6～8 周龄时进行。具体要求是：在符合本品种外貌特征的前提下，选择体重大和发育良好者，淘汰外貌有缺陷者，如喙、胸部和腿部弯曲，嗉囊大而下垂，关节畸形，胸部有囊肿等；对体重过轻和雌雄鉴别有误的也应予以淘汰。选留以公母比例 1:（7～8）为宜。

鸭应饲养至 8～10 周龄时进行。选留生长发育状况良好者。鹅应在育雏结束后进行选择，重点选留体型大、符合品种特征、羽毛生长快、无生理缺陷的个体。选留的公母比例小型鹅 1:（4～5），中型鹅 1:（3～4），大型鹅 1:2。

2. 第二次选择 鸡在 17～18 周龄结合转群进行。具体要求是：应选择身体健壮，发育均称，体重符合标准，雄性特征明显，外貌符合本品种特征要求。用于人工授精的公鸡，还应考虑公鸡性欲是否旺盛，性反射是否良好。选留比例，平养自然交配以公母比 1:（9～10），人工授精公母比 1:（15～20）为宜。需要强调的是，被选留的公鸡，若用于人工授精，应采取单笼饲养；用于平养自然交配，应于母鸡转群后、开始收集种蛋前一周放入母鸡群中。

鸭选择的时间应在 24～28 周龄进行，选留健康结实、体重符合标准、头大颈粗、背平直而宽、两翼紧贴躯体，尤其是第二性征明显、配种能力强者。公鸭经过第二次选择后，即可留作种用。

鹅应在 10～12 周龄进行，选留体重符合标准、发育良好而无残疾者，淘汰生长缓慢、体型较小和腿部有伤残的个体。

3. 第三次选择 鸡在28周龄左右进行（肉用型种鸡可推迟1~2周）选留。对于平养方式，应在公母混群交配后10~20d时进行。此时应淘汰性欲差、交配能力低以及常常呆立一旁的公鸡。用于人工授精的公鸡，主要根据精液的品质和体重选留。初步按摩选性反射良好、乳状突充分外翻、大而鲜红、有一定精液量的公鸡。若经过几次训练按摩，精液量少、稀薄如水或无精液、无性反射的公鸡应予以淘汰。留种比例，自然交配蛋用型鸡为1∶（10~15），肉用型鸡为1∶（6~8）；人工授精为1∶（20~30）。

鹅应在开产前进行，要求具有本品种特征、发育良好、体重较大、体型结构匀称、无残疾、雄性特征明显的留作种用。公母比例以品种不同而异，小型鹅1∶（5~6），中型鹅1∶（4~5），大型鹅1∶（3~4）。

（二）家禽配偶比例与利用年限

1. 配偶比例 家禽的配偶比例应适当，在养禽生产中，公禽过多或过少都会降低受精率。在自然交配中，公母禽配偶比例见表2-2。

表2-2 公母禽自然交配比例

品 种	公母比例	品 种	公母比例
轻型鸡	1∶（12~15）	蛋用型鸭	1∶（10~20）
中型鸡	1∶（10~12）	兼用型鸭	1∶（10~15）
肉用种鸡	1∶（8~10）	肉用型鸭	1∶（8~10）
鹅	1∶（4~6）	火鸡	1∶（10~12）

2. 种禽利用年限 家禽的繁殖性能与年龄有直接的关系，种禽的利用年限因种类和禽场的性质而不同。鸡和鸭都属于性成熟后第1个产蛋年产蛋量和受精率最高。第2个产蛋年比第1个产蛋年下降15%~20%。因此，商品场和繁殖场饲养的禽群，一般利用1个产蛋年。育种场的优秀禽群，可利用3~4年。

鹅的生长期较长，性成熟较晚，第1个产蛋年产蛋量较少，而第2个产蛋年比第1个产蛋年产蛋量增加15%~20%，第3个产蛋年比第2个产蛋年产蛋量增加15%~20%，以后逐年降低。所以，产蛋母鹅可利用3~4年。

（三）家禽的自然交配

1. 大群配种 即在较大的母禽群中放入一定比例的公禽，与母禽随机交配。禽群的大小，应根据家禽的种类、品种及禽舍大小而定。如鸡根据具体情况为100~1 000只，鸡群公母配比可大些，但最大不能超过1∶15，否则，影响种蛋受精率。太湖鹅以每群500只左右为宜，公母配比为1∶（4~6）。

这种配种方法管理方便，可实现双重配种，种蛋的受精率高。但种蛋来源不明确，不能辨认后代的血缘，不能作谱系记录。因此，仅适用于种禽繁殖场。

2. 小群配种 又称单间配种，即在一小群母禽中放入一只公禽与其配种。要求有小间配种台和自闭产蛋箱，公母禽均佩带脚号，群的大小根据品种的差异而定，一般为 10～15 只。

这种配种方法管理麻烦，常因公禽对母禽配种有偏爱，种蛋的受精率往往低于大群配种。但种蛋来源明确，能辨认后代的血缘，可作谱系记录。因此，此种配种方法适用于育种场。

（四）家禽人工授精的优点

1. 扩大公母配比　自然交配，每只公鸡只能配 10～15 只母鸡，而人工授精一只公鸡可以配 30～50 只母鸡。这样可以少养公鸡，节省饲料和鸡舍，降低生产成本。

2. 提高受精率　自然交配时，种蛋的受精率前期比较高，受精率在 90％以上，但是后期受精率降低为 70％～80％。而采用人工授精技术，无论在配种的前期或后期，种蛋受精率均保持在 90％以上，高者可达 96％。

3. 克服公鸡的择偶问题　在公母交配活动中，无论公鸡对母鸡的偏爱或母鸡对公鸡的偏爱，都将影响受精率，特别是小群配种受精率低，只有人工授精才能解决择偶问题，从而提高种蛋的受精率。

4. 利用优秀种源，克服配种困难问题　对腿部损伤的优秀公鸡，或公母鸡体重相差悬殊，以及不同品种间的鸡杂交造成的困难，无法进行自然交配时，人工授精可以继续发挥该公鸡的作用。

5. 便于净化和清洁卫生　人工授精要定期对公鸡体况进行检查，对造成疾病传播的公鸡应加强治疗，若无效果应立即淘汰。种蛋不与地面接触，对鸡白痢、大肠杆菌的净化工作也便于开展。因此，避免了疾病传播和保持种蛋清洁，可提高孵化率及初生雏的质量。

6. 扩大基因库　若采用冷冻保存精液，则不受种公鸡年龄、地区、时间的限制，即使某些优秀的种公鸡死后仍可使用其精液繁殖后代。

7. 简单易行、便于推广　人工授精技术操作简单，不需要精密的仪器及复杂的设备。操作人员具有一定的文化知识，经过 1～2 周时间的学习与实际操作训练就能基本掌握。

家禽的良种
繁育体系

任务三　家禽的孵化

根据孵化场的地形、地势和主导风向以及孵化场的生产工艺流程对孵化场内建筑物进行合理的布局；认识孵化设备的构造并熟悉其使用方法；熟知种蛋的选择标准和方法；能正确地对种蛋进行消毒和保存；能做好孵化前的准备工作；学会人工孵化的基本操作技术；掌握孵化条件，熟知鸡的若干胚龄胚胎发育的主要特征；充分理解雌雄鉴别和初生雏分级的意义并掌握其常用的方法；能根据给定的孵化成绩进行孵化效益分析。

任务实施

一、孵化场的建筑与布局

（一）孵化场的总体布局

1. 孵化场的规模 孵化场的规模大小可根据入孵批次、每批入孵蛋数、出雏数以及相应配套的入孵器与出雏器数量来决定。规划孵化场的占地面积时，要计算孵化室、出雏室以及附属的操作室和淋浴间等建筑面积。此外，还要考虑废杂物污水处理、场内道路、停车场和花坛等占地面积。

2. 孵化场地址选择 孵化场必须与外界保持可靠的距离，要求地势高、交通方便、水电齐全。孵化场应是一个独立的隔离场所，有专用的出入口，与禽场各自分立门户。场址应远离交通干线 500m 以上、居民点不少于 1km、鸡场 1km 以上和粉尘较大的工矿区。种禽场内的孵化场必须建在禽舍的上风向，与禽舍至少要保持 150m 距离，以免来自禽舍病原微生物的横向传播。

3. 孵化场的设计与布局 场区规划与布局须严格遵守孵化场生产工艺流程，不能逆转，从接收种蛋到雏鸡出场，仅一个进口，一个出口，即一边运进种蛋，另一边运出雏鸡，遵循"种蛋进场在下风，雏鸡出场在上风"的原则，以便做到生产流程一条线，操作方便，工作效率高，交叉污染少。孵化室和出雏室内要留有一定的操作面积，保证孵化时装盘、照蛋、凉蛋、移盘、出雏的操作。一般小型孵化场可采用长条形流程布局；大型场则以孵化室和出雏室为中心，根据流程要求及服务项目加以确定孵化场的布局（图 2-1）。合理的孵化场布局应满足运输距离短，人

孵化场的
建造与设备

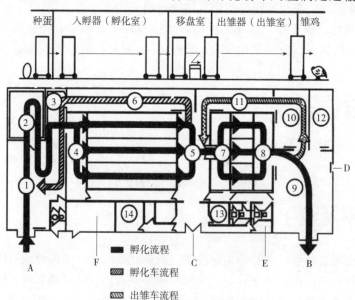

图 2-1 孵化场工艺流程及平面布局

1. 种蛋处置室 2. 种蛋贮存室 3. 种蛋消毒室 4. 孵化室入口 5. 移盘室 6. 孵化用具清洗室 7. 出雏室入口 8. 出雏室 9. 雏鸡处置室 10. 洗涤室 11. 出雏设备清洗室 12. 雏盒室 13、14. 办公用房
A. 种蛋入口 B. 雏鸡出口 C. 工作人员入口 D. 废弃物出口 E. 淋浴更衣室 F. 餐厅

员往来少，有利防疫和建筑物利用率高，不妨碍通风换气等要求。

（二）孵化场的建筑要求

孵化场的建筑要求主要包含了土建要求、孵化室吊顶、种蛋存放室、孵化室、雏禽存放室、洗涤室、孵化场供水系统和孵化场供电系统等。

孵化场的
建筑要求

（三）孵化场各类房间的面积和空气流量

二、种蛋的形成与管理

孵化场各类
房间的面积
和空间流量

（一）种蛋的形成与构造

1. 母禽的生殖器官 蛋的胚胎学名称为卵，在母禽的生殖系统内形成。母禽的生殖系统由卵巢和输卵管组成，左右各有一个卵巢和输卵管，在发育过程中右侧的发育退化，左侧的发育成熟。

（1）卵巢。卵巢由许多半透明的颗粒组成，像一串葡萄，每个颗粒里含有一枚卵。一只母禽（鸡、鸭）一生大约产生 10 000 个成熟的卵。成熟的卵大约直径 40mm，从卵巢排出落入输卵管伞部。

（2）输卵管。产蛋期的输卵管长约 65cm，血管明显，管道长，体积大。平滑肌发达，有较大的伸展能力。非产蛋期的输卵管长度、体积都比产蛋期的小。输卵管包括伞部、膨大部、峡部、子宫部、阴道部。伞部呈漏斗状，长约 7cm，开口处宽大，充分张开时口径可达 4cm，下接卵白分泌部；膨大部又称为蛋白分泌部，为输卵管中最长的一段，长约 33cm，色白、壁厚，含有大量的腺泡，代谢能力较强，能分泌稀薄和黏稠的蛋白；峡部是蛋白分泌部末端一段，长约 10cm，黏膜呈棕黄色，黏膜中的腺体能分泌少量的蛋白；子宫部也称壳腺部，长约 10cm，管腔口径达到 4cm，黏膜中腺体发达，能分泌钙质，形成蛋壳；阴道部是指括约肌至泄殖腔这一段，长约 12cm，此部有较发达的平滑肌黏膜，较薄，能分泌油质发亮的外蛋壳膜。

2. 蛋的形成 禽蛋是在母禽的生殖道内形成的。性成熟的母禽卵巢上有不同发育阶段的卵泡，其中成熟卵泡破裂后排出卵黄，立即被输卵管的伞部所接纳，并在此与进入输卵管的精子受精形成受精卵，在此约停留 30min。随着输卵管的蠕动，卵黄旋转进入膨大部，首先分泌浓蛋白并扭成系带，再分泌内稀蛋白、外浓蛋白和外稀蛋白。形成中的蛋在膨大部停留约 3h，之后靠膨大部蠕动而进入峡部，在此形成内外壳膜，同时渗入少量的水分。在峡部停留约 75min 后，进入子宫，通过壳膜渗入子宫分泌的子宫液（其主要成分为水分和盐分），使蛋的重量增加近一倍，此时，蛋壳膜鼓胀成蛋形。随后在蛋壳膜上沉积蛋壳和色素，又在蛋壳外面形成一层胶护膜。蛋在子宫部停留时间最长，可达 18～20h。最后到达阴道部，停留约 30min 后，在神经和激素共同作用下，将蛋产出。

种蛋的构造与
品质鉴定

3. 蛋的结构 禽蛋的结构如图 2-2 所示。

（1）蛋壳。蛋壳厚度 0.2～0.4mm，锐端略厚于钝端。蛋壳是由 3%～4% 的蛋白质和 94% 的碳酸钙组成。蛋壳能承受一定的压强，蛋壳的表面有许多很细的气孔，钝端较锐端多。细的气孔可使空气自由出入，发育中的胚膜血管紧贴在蛋白膜上，可与外界进行气体交换，对发育中的胚胎生长极为重要。

（2）蛋壳膜。可分为内壳膜和外壳膜。内壳膜直接与蛋白接触，也称为蛋白膜。

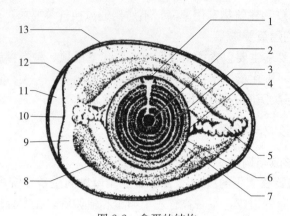

图 2-2 禽蛋的结构
1. 胚盘　2. 蛋黄心　3. 黄蛋黄　4. 白蛋黄　5. 系带
6. 蛋黄膜　7. 内稀蛋白　8. 外浓蛋白　9. 外稀蛋白
10. 内壳膜　11. 气室　12. 外壳膜　13 蛋壳

蛋壳表面有一层像油脂一样的物质，又称为外壳膜，可阻止细菌和其他微生物的进入。

（3）气室。刚产下的蛋并没有气室，当蛋产下后冷却，蛋白收缩、蛋内壳膜下陷，在蛋的钝端出现一个很小的气室，随着存放时间的延长，水分的蒸发，气室越来越大。所以气室的大小也是判断蛋鲜度的标准之一。

（4）蛋白。蛋白是带黏性的半流动透明胶体，占整个蛋重的 57%～62%，紧紧包裹着蛋黄，按其成分和黏性，由内向外分为内浓蛋白（卵黄系带）、内稀蛋白、外浓蛋白、外稀蛋白 4 层。各层蛋白的比例不固定，蛋存放越长，稀蛋白比例越高。蛋白中含有 3 种类型的蛋白：白蛋白、球蛋白、黏蛋白。另外蛋白中还含有多种维生素、盐类和对胚胎生长发育不可缺少的酶，其中溶菌酶能使蛋长期保存不腐败。

（5）系带。是一团能旋转的蛋白，与蛋的长轴平行，一端黏住蛋黄膜，一端游离于蛋白中。其作用是使悬浮在蛋白中的蛋黄能保持一定的方位。蛋放置时间过长，系带和蛋黄会脱离，最后消失。

（6）蛋黄。为一团黏稠的黄、红色的圆形物质，外面包有一层极薄的蛋黄膜，并富有弹性。占整个蛋重的 33%～37%，蛋黄内集中了蛋的大多数营养物质，含有 8 种氨基酸和脂肪，为胚胎的生长发育提供营养。

（7）胚盘。是卵黄上的一个淡白色的圆点，直径 3～4mm，由于家禽的体温高达 41.5℃，卵子受精不久就开始体内的早期发育，蛋产出后胚盘已经过多次分裂，胚胎发育到具有内外层的原肠期。没受精的为胚珠，直径约 1mm。

（二）种蛋的选择

1. 种蛋选择的原则

（1）种蛋应来源于健康禽群。健康种禽所产的种蛋，可以减少由于疾病中死胚增多所导致的孵化率降低，同时可以提高禽群的种用价值。有些疾病可以通过种蛋垂直传播，如鸡白痢、支原体等疾病，危害家禽后代个体的健康。所以种蛋选择时要调查种禽管理、饲料营养全价、禽群健康等情况。

（2）种蛋应来源于高产禽群。产蛋率高与种蛋受精率、孵化率和雏鸡生活力呈遗传正相关。因此，要注意母禽的产蛋率，尽量选择产蛋高峰期的，避开产蛋末期的，同时避开炎热的夏季所产的种蛋。

（3）种蛋新鲜度。种蛋的品质必须新鲜，蛋壳完整，具有外壳膜，灯光透照时气室高度小于6mm，整个蛋的内容物呈均匀一致的微红色，蛋黄略见红色阴影，内容物有浓稠感。如将蛋迅速转动可以略见蛋黄也随之缓缓转动。若把蛋打开，可以清楚看出蛋白为青白色，明显地分为稀薄和浓稠两种。倾倒时有黏稠的团块状蛋白液，蛋黄呈球形，在蛋黄的两端附有淡白色的系带，并有韧性，胚胎没有发育和扩大的特征。

2. 种蛋选择的方法

（1）外观选择法。

①选择蛋重。种蛋选择要符合本品种的要求，一般蛋用型鸡蛋重为50～65g，肉用型鸡蛋重为52～68g；蛋用型鸭蛋重65～75g，肉用型鸭蛋重80～100g；鹅蛋重为160～200g，可通过称重法确定。超过平均重量10％的种蛋为大蛋，孵化期延长，孵化率下降，雏禽蛋黄吸收力差；低于平均重量10％的种蛋为小蛋，出雏期提前，雏禽体重小，生长速度慢，育雏率低。

②选择清洁度。入孵的种蛋，蛋壳上不应有粪便、破蛋液、血液等污染物。为了提高清洁度降低污染，种禽场应该增加捡蛋次数。对于表面有污染的种蛋可以用纸张或毛巾干擦，不可以用水洗。污染时间不长的种蛋，可用消毒水清洗，然后用干毛巾擦干。窝外蛋、水槽边的种蛋不易孵化。

③选择蛋形。种蛋以卵圆形为最好。必须剔除过长、过圆、腰凸、橄榄形的蛋和蛋中蛋、双黄蛋等畸形蛋。衡量蛋形好坏常用蛋形指数来表示，即蛋的纵径和横径之间的比率。鸡蛋的蛋形指数为1.33～1.35，鸭蛋的蛋形指数为1.36～1.38，鹅蛋的蛋形指数为1.4～1.5。

蛋壳质量
不合格种蛋

④选择蛋壳质地。种蛋的蛋壳厚度影响孵化率和出雏率，要求鸡蛋在0.33～0.35mm、鸭蛋在0.35～0.40mm、鹅蛋在0.45～0.62mm，同时剔除破损蛋、霉蛋、钢壳蛋、沙壳蛋、油壳蛋和软壳蛋等蛋壳质量不合格种蛋。

（2）敲击听音选择法。两手各拿3枚蛋，转动五指，使蛋与蛋互相轻轻敲击，手小者可一手拿2枚蛋，听其声音。完整无损的蛋其声清脆，破损蛋可听到沙哑声。另外，蛋壳薄，声音也变小。

照蛋器透视的
不合格种蛋

（3）照蛋器透视法。用照蛋器在灯光下观察蛋壳、气室、蛋黄、血斑、肉斑等内容物，可以剔除热伤蛋、胚胎发育蛋、黏壳蛋、散黄蛋、绿色蛋白蛋、异物蛋、水泡蛋、气室移动蛋等不合格种蛋。

（三）种蛋的保存

种蛋的保存温度和保存时间直接影响到孵化率和健雏率。种蛋保存温度过高，胚胎不断消耗蛋内营养物质，造成胚胎中途死亡。种蛋长期保存后，蛋内水分蒸发过多，蛋黄膜变脆，系带松弛，蛋内各种酶活力下降，降低胚胎生命活力。

1. 准备蛋库 蛋库应通风良好，卫生干净，隔热性能好，能防蚊蝇老鼠，能防阳光直晒或穿堂风。大型现代化孵化场应设有专用的蛋库，并备有空调机，可自动控温。蛋库内温度保持在12～18℃，保存一周内时，采用上限温度18℃，超过一周采用下限温度12℃。相对湿度保持在70％～80％。湿度高可通过通风降低湿度，湿度低可在地面放置水盘。

2. 种蛋保存方法 种蛋保存的地方应保持空气新鲜，通风良好，不应有特殊气味。种蛋的保存期在 7d 以内为好，夏季保存 1～3d 为好，最长不超过 14d。种蛋贮存 7d 内，种蛋大头向上，可不翻蛋，蛋托叠放，盖上一层塑料膜；若保存时间超过一周，小头向上，每天翻蛋 1～2 次，或将种蛋箱一侧轮流垫高。种蛋入库后，要按来源、产蛋日期分别放置，先入库的种蛋要先出库孵化，并做好记录。

（四）种蛋的消毒

蛋通过泄殖腔产出时，蛋壳表面会沾染上很多细菌，虽然蛋壳内外有蛋壳膜和蛋白膜，但阻止能力有限，这些细菌在适宜的条件下能大量繁殖，有些病菌会直接导致胚胎死亡，使种蛋发臭、腐败。因此，种蛋必须经过消毒后才能孵化。

1. 甲醛熏蒸消毒法 这是目前普遍的一种消毒方法，消毒效果好，每立方米用福尔马林溶液 30mL 加 15g 高锰酸钾，熏蒸半小时即可。消毒室温度要控制在 25～28℃，相对湿度 70%～80%。消毒后要打开门窗通风，或用排风机排出毒气。甲醛与高锰酸钾反应剧烈，瞬间即能产生大量有毒的气体，熏蒸器具最好用瓷盆或陶瓷盆。操作时动作要迅速，防止操作人员吸入有毒的气体。甲醛熏蒸只能杀灭种蛋表面的病菌，沾有脏物的种蛋要先清洗再消毒；种蛋表面有水珠，应自然晾干后再进行熏蒸消毒，否则会影响消毒效果。

2. 新洁尔灭喷雾消毒法 将种蛋事先码放在蛋盘上，用喷雾器把 0.1% 的新洁尔灭溶液喷洒在蛋面上。喷雾时注意要把种蛋和蛋盘全部喷湿，不要留有死角，消毒后要放在室内自然晾干或用大的风扇吹干，不要晒干。要等种蛋表面干透后再放到孵化机里进行孵化。使用新洁尔灭时，不要与碱类、碘类、高锰酸钾混合使用，以免药物产生化学反应，影响消毒效果。

3. 过氧乙酸熏蒸消毒法 过氧乙酸是高效、快速广谱消毒剂。消毒时每立方米空间用 16% 的过氧乙酸溶液 40～60mL，加高锰酸钾 4～6g，密闭熏蒸 15min。注意：过氧乙酸遇热不稳定，如 40% 以上的过氧乙酸加热至 50℃ 易引起爆炸，应低温保存；过氧乙酸腐蚀性强，使用过程中不要伤着皮肤。

4. 三氧化氯泡沫消毒剂消毒法 近年来，国外开始采用三氧化氯泡沫消毒剂消毒种蛋，效果很好。用 40mg/kg 三氧化氯泡沫消毒剂消毒种蛋 5min 即可。三氧化氯泡沫在使用时，不破坏蛋壳胶膜，而且省药、安全、省力、无气雾、无回溅。三氧化氯泡沫呈重叠状，附着于蛋壳表面时间长，杀菌彻底而对种蛋无伤害。三氧化氯泡沫消毒对减少蛋壳及蛋内细菌效果极佳，特别适合容易受污染的水禽类种蛋的消毒。

5. 烟雾缉毒弹消毒法 烟雾缉毒弹是一种新型消毒剂，白色粉末，主要成分为三氯异氰脲酸粉，具有广谱、高效、强效、速效的特点，可以采用烟熏、喷雾、浸泡、饮水等多种方式，主要用于畜禽饲养场地、器具、环境和种蛋等消毒。用于种蛋消毒时可以采用熏蒸法，按每立方米空间 1.3～3g 计算使用剂量，将本品均匀分放于种蛋库或者孵化机内不同部位，点燃后迅速离开，密闭 30min，再通风换气即可。

（五）种蛋的包装与运输

1. 种蛋的包装 首先要选择好包装材料，包装材料应当力求坚固耐用、经济方便，可以采用木箱、纸箱、塑料箱、蛋托和与之配套用的蛋箱。蛋托是一种塑料制成的专用蛋盘，将蛋放在其中，蛋的小头朝下，大头朝上，呈倒立状态，每盘30枚。蛋托可以重叠堆放而不致将蛋压破。蛋箱是蛋托配套使用的纸箱或塑料箱。利用此法包装鲜蛋能节省时间，便于计数，破损率小，蛋托和蛋箱可以经消毒后重复使用。

2. 种蛋的运输 种蛋在运输过程中要注意：一要避免阳光暴晒，防止种蛋温度升高，影响孵化效果，特别是夏季更应注意。二要防止雨淋受潮，被雨淋过后的种蛋，蛋壳上的胶护膜就被破坏，细菌就会侵入到蛋的内部，引起种蛋腐败变质。三要做到装运时轻装轻放轻卸，严防装蛋用具变形损坏，装入运输工具后，严禁挤压。四要防止运输过程中颠簸，强力震动后的种蛋可能导致气室移动，蛋黄膜破裂，系带断裂等严重情况，如果道路高低不平，颠簸厉害，应在种蛋箱底下多铺富有弹性的垫料，运输过程中一定不能急刹车。

种蛋的选择与管理

三、人工孵化技术

（一）孵化器的分类

1. 平面孵化器 平面孵化器有单层和多层之分，设有电热管供温、自动控温、自动转蛋、匀速风扇等设施。此类型孵化器孵化量少，容量一般在150～4 200枚，适用于珍禽种蛋孵化或教学科研。

2. 立体孵化器 根据箱体结构可分箱式孵化机和巷道式孵化机两大类。大型孵化场多使用。

（1）箱式立体孵化机。有蛋盘架式和蛋架车式两种形式。蛋盘架式因蛋盘、架固定在箱内不能移动，入孵和操作管理不方便。蛋架车式电孵箱，蛋架车可以直接到蛋库装蛋，消毒后推入孵化机，减少了种蛋装卸次数，目前采用较多（图2-3）。

（2）巷道式孵化机。由多台箱式孵化机组合连体拼装，配备有空气搅拌和导热系统，容蛋量一般在7万枚以上。使用时将种蛋码盘放在蛋架车上，经消毒、预热后按一定轨道逐一推进巷道内，18d后鸡胚转入出雏机。机内新鲜空气由进气口吸入，经加热加湿后从上部的风道由多个高速风机吹到对面的门上，大部分气体被反射下去进入巷道，通过蛋架车后又返回进气室。这种循环模式利用胚蛋的代谢热，箱内温度均匀，没有死角，较其他类型的孵化机省电，并且孵化效果好（图2-4）。

图2-3 箱式立体孵化机

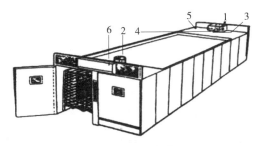

图2-4 巷道式孵化机
1. 进气孔 2. 出气孔 3. 冷却水入口
4. 供温孔 5. 压缩空气 6. 电控部分

（二）孵化器的结构

1. 主体结构

（1）箱体。孵化器的箱体由框架、内外板和中间夹层组成，壁厚约50mm。金属结构箱体框架一般为薄形钢结构，外层用涂塑钢板或彩板，也有用PVC板的。内板多采用铝合金板，夹层中填充聚苯乙烯或聚氨酯保温材料，整体坚固美观。

（2）蛋架车和蛋盘。蛋架车为全金属结构，蛋盘架固定在四根吊杆上可以活动。用于鸡蛋孵化的蛋架车常有12～16层，每层间距为120mm。孵化盘和出雏盘多采用塑料蛋盘，既便于洗刷消毒，又坚固不易变形。也可采用铁丝木栅式孵化盘，即用木条钉成框，中间栅条用数目相等的上下两层铁丝制成。出雏盘要求四周有一定高度，底面网格密集。

（3）活动翻蛋架。按蛋架形式分为圆桶式、八角式和架车式3种，都以纵或横中轴为圆心，用木材或金属制蛋盘托架，将蛋盘插入并固定，以板闸或手动蜗杆使蛋盘架翻转。翻蛋时以蛋盘托中心为支点，向右、向左各倾斜45°～55°。

2. 自动控制系统

（1）微电脑控制系统。在孵化机正面控制箱门上安装有微电脑控制系统，可设置和显示孵化所需的温度、湿度、翻蛋次数、风门控制、报警、自动控制反应、蛋架位置、照明系统及安全装置等信息。

（2）控温系统。控温系统由电热管（或红外线棒）及温度调节器两部分组成。

（3）控湿系统。加湿系统由加湿盘、加湿盆和加湿电机组成。

（4）翻蛋系统。有手动翻蛋、电动翻蛋、气动翻蛋。

（5）通风换气系统。由进、出气孔、电动机和风扇叶组成。

（6）报警系统。由温度调节器、电铃和指示灯组成，温度调节器作感温原件。

自动控制系统

（三）孵化条件

1. 温度

温度是胚胎发育的重要条件，只有在适宜的温度条件下，才能保证胚胎的生长发育。温度过高过低对胚胎发育都有很大的影响，温度低胚胎发育迟缓，出雏期推迟，雏禽出现大肚皮、脐部愈合不好俗称大肚脐等不正常现象，出雏后死亡率高、育雏率低。温度高胚胎发育快，成熟早，出雏期提前，雏禽瘦小，羽毛发红色，脐部有血。

胚胎发育时期不同，对温度的需求也不同。可分为发育前期和发育后期。发育前期（鸡1～10d，鸭1～13d，鹅1～15d）孵化前期胚胎处于细胞分裂和生长发育的初级阶段，自身产生的热量很少，孵化时所需的温度都是由外界提供，是供温孵化阶段。发育后期（鸡11～21d，鸭14～28d，鹅16～31d），随着日龄的增长，胚胎运动力增强，产生的代谢热增大，胚胎完全可以靠自身的代谢热进行自然生长发育，这个过程也称自温孵化。

家禽孵化可分为恒温孵化和变温孵化。变温孵化是种蛋一次性入孵，根据胚胎孵化日龄，进行分阶段施温。恒温孵化是指种蛋分批入孵，整个孵化过程中温度基本一致。恒温孵化胚胎前期发育的温度不够，而孵化后期温度又偏高。所以恒温孵化的孵化率相对要比变温孵化的孵化率略低。

禽蛋的两种孵化制度温度的设定见表2-3。

表 2-3　鸡、鸭、鹅蛋的孵化温度（℃）

种类	室温	恒温孵化	变温孵化 ①	变温孵化 ②	变温孵化 ③	变温孵化 ④	出雏机内温度
鸡		1~17d	1~5d	6~12d	13~17d		18~20.5d
	18	38.3	38.9	38.3	37.8		37 左右
	24	38.1	38.6	38.1	37.5		
	30	37.8	38.3	37.8	37.2		
	32~35	37.2	37.8	37.2	36.7		
蛋鸭		1~23d	1~5d	6~11d	12~16d	17~23d	24~28d
	24~29	38.1	38.3	38.1	37.8	37.5	37.2
	29~32	37.8	38.1	37.8	37.5	37.2	36.7
肉鸭	24~29	37.8	38.1	37.8	37.5	37.2	36.9
	29~32	37.5	37.8	37.5	37.2	36.9	36.7
鹅		1~23d	1~7d	8~16d	17~23d		24~30.5d
	18	37.5	38.1	37.5	36.9		36 左右
	24	37.2	37.8	37.2	36.7		
	30	36.9	37.5	36.9	36.4		
	32~35	36.3	36.9	36.4	35.8		

注：表头中"恒温孵化"与"变温孵化"同属"孵化机内温度"。

孵化过程中，胚胎每天都有不同的发育特征，这种特征在灯光下通过光线被清晰看到，根据胚胎的发育特征，给予适当的温度供其生长发育，这就称作看胎施温。孵化人员应熟悉掌握胚胎发育的逐日特征，正确判断胚胎的孵化日龄，根据日龄调整温度，使胚胎达到符合日龄的特征。看胎施温必须从种蛋入孵第一天就开始严格控制孵化温度，要随时观察孵化温度是否确当，孵化过程中施温应掌握前期高、中期平稳、后期低的原则，胚胎发育初期，胚胎的代谢强度低，施温高一些。随着日龄的增加，特别是胚胎发育至封门后会产生大量的代谢热量，蛋的中心温度要比蛋的表面温度高，施温就要略低一些。

2. 湿度　在家禽胚胎发育过程中虽然没有温度那样严格要求，但是湿度掌握不好，对胚胎的生长发育都有较大的影响，湿度过大会阻碍胚胎尿囊液的蒸发，影响胚胎的气体交换。孵出来的雏禽水分大，会出现大肚皮，整个身体显得笨重，反应迟钝。湿度过低，会引起蛋内水分蒸发量大，孵出来的雏禽干瘦，肌肉不丰满，体形小。在孵化过程中，种蛋内的水分蒸发量为 8~10g，占整个种蛋水分的 25% 左右。因此，为了使胚胎发育期间水分的平衡，孵化过程中保持一定的相应湿度是孵化过程中不可缺少的条件。分批入孵时，孵化机内的相对湿度应保持在 50%~60%，出雏器内为 60%~70%。整批入孵时，孵化过程中应保持两头高、中间低的原则，即：鸡胚胎 1~7d 为 60%~65%，8~18d 为 50%~55%，19d 到出雏为 65%~70%。湿度还要根据季节、种蛋的品种不同而不同，春、冬季节空气干燥，孵化时相对湿度要大一些，种蛋蛋壳薄，水分蒸发量大，相对湿度要大一点。夏季、梅雨季节及蛋壳较厚的种蛋，湿度要小一点。

湿度有利于孵化初期胚胎受热均匀，孵化后期有利于胚胎蛋的散热，出雏期能使蛋壳的碳酸钙转变为碳酸氢钙，蛋壳变脆有利于雏禽啄壳。所以出雏期湿度要比正常生长发育时要大一些。

3. 翻蛋 孵化过程中在温度的作用下，蛋内水分不断蒸发，如长期不翻蛋，就会出现蛋黄膜和蛋壳膜粘连，使正在发育的胚胎黏在蛋壳上，造成胚胎死亡；翻蛋能促使胚胎运动，保持胎位正常；促使胚胎血液循环，保持正常的生长发育，还能使胚胎受热均匀。

孵化前期胚胎处于细胞分裂状态，要增加翻蛋次数，一般设定每 2h 翻蛋 1 次；孵化中期胚胎处于生长阶段，胚胎在蛋内已经活动，不存在蛋黄膜和蛋壳膜粘连，胚胎活动会产生一定的代谢热量，也不可能出现受热不均匀现象，所以这个发育阶段可减少翻蛋次数，可设定每 4～6h 翻蛋 1 次；18d 至出雏可不翻蛋。

翻蛋角度的大小会影响胚胎的血液循环，正常情况下，鸡胚胎的翻蛋角度为±45°，鸭胚胎的翻蛋角度为±50°，鹅胚胎的翻蛋角度为±55°。因为鹅蛋体积大，入孵时都是平放在电孵箱的蛋盘中，鹅蛋的蛋白黏稠，所以要加大翻蛋的角度。

4. 通风 通风的作用是调节孵化器内的空气质量，使孵化器内温度平衡。胚胎在生长发育过程中，需不断吸入氧气，排出二氧化碳。随着胚龄的增长，特别是胚胎发育后期，胚胎开始肺呼吸，需氧量更大。且后期产热量大，如果热量散不出去，孵化箱内温度过高，会造成大量的胚胎死亡，所以通风也要相应加强。种鸭蛋整批入孵时，第 1～2 天风门设置为 0；第 3～8 天，风门为 1～2；第 9～15 天，风门为 3；第 16～20 天，风门为 4～5；第 21～24 天，风门为 5～6；出雏风门设置为 6～7。

5. 凉蛋 胚胎发育到中后期产生大量的热能，蛋内的温度明显高于蛋表面温度，长时间处于高温，胚胎死亡率上升，所以要进行凉蛋。凉蛋可以完成新鲜空气的快速更换，同时用较低的温度来刺激胚胎，可以提高种蛋孵化率。凉蛋的时间根据室温和蛋温而定，夏天室温高，凉蛋时间可以延长，春、冬季节室温低，可缩短凉蛋时间，一般凉蛋 20～30min 即可，蛋温不要低于28℃。凉蛋效果可用眼皮来试温，即用蛋贴眼皮，稍感微凉就应该停止凉蛋。

孵化条件的设定与调整

水禽（鸭、鹅）种蛋的蛋壳比鸡蛋的蛋壳厚，所以水禽在孵化后期需要在胚胎蛋表面喷水，一般鸭蛋孵化到第 20 天，鹅蛋孵化到第 23 天，每天 16：00 左右给孵化机内的胚蛋适当喷水直至出雏。喷水的方法，根据孵化器具的不同而不同。以立体式孵化机为例，先将孵化机的翻蛋调整到水平，等蛋车翻动到处于水平状态时，将蛋车拖出电孵箱外，然后用喷雾器在蛋车的顶层往下喷水，等蛋车顶层底部向下滴水时，开始喷第二层，喷水时要均匀，不留死角。喷水的水温在25～30℃为宜，也可用手指测温，手放在水中感到不冷不热为宜，喷水所用的水一定要清洁无污染，喷水所用的喷雾器不能与打农药的喷雾器混用，防止造成胚胎中毒，影响孵化效果。

（四）家禽胚胎发育特征

1. 家禽的孵化期 受精蛋从入孵至出雏所需的天数即为孵化期。各种家禽有较固定的孵化期见表2-4。

表 2-4　各种家禽的孵化期（d）

种类	鸡	鸭	瘤头鸭	鹅	火鸡	珍珠鸡	鸽子	鹌鹑
孵化期	21	28	33～35	31	28	26	18	17～18

2. 蛋形成过程中胚胎的发育　由于家禽的体温高达 41.5℃，卵子受精不久就开始体内胚胎的早期发育。成熟的卵细胞由输卵管漏斗部受精至产出体外，约需 25h。受精后的卵细胞经 3～5h 在输卵管峡部进行第一次分裂，20min 内又发生第二次分裂。经过 4 次分裂后产生 16 个细胞。在卵细胞进入子宫部后的 4h 内，经 9 次分裂后达 512 个细胞。蛋排出体外时，胚胎发育到具有内外胚层的原肠期。由于外界温度低于 21℃，胚胎细胞分裂停止而暂停发育。如果外界的温度高于胚胎发育生理临界温度（23.9℃），胚胎立刻发育。

3. 孵化期胚胎的发育　鸡胚 21d 发育特征如图 2-5 所示。

（1）孵化第 1 天。在胚盘的明区形成原条，前方是原节，孵化 12～18h 结束原条的扩大，头突逐渐发达发育形成脊索、神经管。在神经管左右两侧出现 4～5 对体节，胚盘面积扩大，中胚层进入暗区，在胚盘的边缘出现环形的直径 1cm 的血管环，俗称"血岛"。因胚胎外形似珍珠在卵黄表面，俗称"白光珠"。鸭 1～1.5d，鹅 1～2d。

（2）孵化第 2 天。卵黄囊、羊膜、浆膜开始形成。胚胎头部与蛋黄分离，"血岛"合并形成外形似樱桃的卵黄囊血管区，俗称"樱桃珠"。心脏开始跳动，由于心脏跳动，可以看见针尖大小的血点时隐时现。鸭 1.5～3d，鹅 3～3.5d。

家禽胚胎
发育观察

（3）孵化第 3 天。尿囊开始长出，胚胎的头、眼特别大，眼睛色素开始沉着，胚胎与蛋的长轴垂直，趴在蛋黄表面。胚胎形成四个不具有呼吸功能的鳃弓。开始形成前后肢芽，胚体呈弯曲状态。照蛋时，由于胚胎的体躯和周围纤细的卵黄囊血管形成似蚊子的外形，俗称"蚊虫珠"。鸭 4d，鹅 4～4.5d。

（4）孵化第 4 天。卵黄囊血管包围蛋黄达 1/3，由于中脑的迅速发育，头部显著增大。肉眼可以看到尿囊膜、舌开始形成。照蛋时，蛋黄不易转动，胚胎与卵黄囊血管形成外形似蜘蛛，俗称"小蜘蛛"。鸭 5d，鹅 4.5～5d。

（5）孵化第 5 天。胚胎生殖腺开始发育分化，身体极度弯曲，整个胚体呈 C 形，头尾几乎相连，眼大量黑色素沉着，可以见到趾（指）原基。胚胎的外神经系统、性腺、肝、脾等明显发育。蛋白渐少，蛋黄膨大。照蛋时，可以看到明显的黑色眼睛，时隐时现，俗称"单珠"或"黑眼"。鸭 6d，鹅 7d。

（6）孵化第 6 天。尿囊到达蛋壳膜表面，卵黄囊分布在蛋黄表面 1/2，奠定肺的基础，由于具有平滑肌的羊膜收缩，胚胎可以有节律地运动。蛋黄由于蛋白水分的渗入达最大，胚胎开始伸直，喙开始发育，翅和脚已经明显区分。照蛋的时候膨大的头部和发达的体躯形成两个不透光的小圆团，俗称"双珠"。鸭 7～7.5d，鹅 8～8.5d。

（7）孵化第 7 天。胚胎喙的前端出现突起小白点的卵齿，胚胎已经显现鸟类的特征，在胚胎的背部出现细小的小丘状突起-羽毛原基，胚胎已经有体温。照蛋时候，半个蛋的表面布满血管，可以看到从气室边缘向下成"瀑布"样的血管分布，有比较清晰粗壮的 2~3 根血管，可以看到胚胎有一根血管连接着尿囊血管，明显看到胚胎运动。鸭 8~8.5d，鹅 9~9.5d。

（8）孵化第 8 天。上下喙明显分出，颈、背、四肢出现羽毛突起，母禽右侧的卵巢和输卵管系统开始停止发育退化。肋骨、肝、肺、胃明显，四肢形成，腹腔愈合。照蛋时，在蛋的背面由于两侧有血管的发育，中间没有血管的发育，不易转动，俗称"边口发硬"。鸭 9~9.5d，鹅 10~10.5d。

（9）孵化第 9 天。喙伸长稍弯曲、角质化，鼻孔明显，眼睑已达虹膜。食道、胃、肾形成。背面蛋转动时卵黄容易转动，尿囊越过卵黄囊几乎包围整个蛋的内容物，俗称"窜筋"。鸭 10.5d，鹅 11.5~12.5d。

（10）孵化第 10 天。尿囊血管到达蛋的锐端，除整个气室外几乎布满血管，龙骨突形成。照蛋时，除气室外，整个蛋布满血管，俗称"合拢"。鸭 13d，鹅 15d。

（11）孵化第 11 天。胚胎背部出现绒毛，冠已经长出冠齿，背面的血管加粗。尿囊液达到最大量。照蛋时，血管加粗，颜色加深，透光降低。鸭 14d，鹅 16d。

（12）孵化第 12 天。眼睑遮蔽眼，身体覆盖绒毛，胃肠功能出现，蛋白通过浆羊膜通道进入羊膜腔内，胚胎开始用喙吞噬蛋白质，蛋白代谢加快。鸭 15d，鹅 17d。

（13）孵化第 13 天。头部被毛覆盖，胫部出雏出现鳞片。尿囊的蛋白进入羊膜腔加速。照蛋时，蛋的锐端发亮部分渐少。鸭 16~17d，鹅 18~19d。

（14）孵化第 14 天。全身覆盖绒毛，头朝向气室，胚胎身体与蛋的长轴平行。鸭 18d，鹅 20d。

（15）孵化第 15 天。喙接近气室，翅已经完全成形，眼睑闭合，喙靠近气室。鸭 19d，鹅 21d。

（16）孵化第 16 天。冠和肉髯明显，蛋白质几乎吸收干净，胚胎增大，此时蛋的透光部分减少，血管变粗，颜色变暗。鸭 20d，鹅 22~23d。

（17）孵化第 17 天。胚胎肺血管形成，但是没有血液循环，也没有开始肺呼吸，羊水、尿囊液减少。眼和头部显小，双腿抱紧头部，喙的破壳器占据上喙的尖端。照蛋时，蛋的锐端看不到透光，俗称"封门"。鸭 20~21d，鹅 23~24d。

（18）孵化第 18 天。由于羊水、尿囊液的减少，胚胎逐渐长大，胚胎转身，胚胎的头部曲在右翅下，双腿曲在腹下，形成正常胎位，气室向一侧倾斜，俗称"斜口"。鸭 22~23d，鹅 25~26d。

（19）孵化第 19 天。尿囊动静脉开始退化枯萎，卵黄囊开始收缩，蛋黄开始进入腹腔，眼睛睁开，颈部顶压气室，照蛋时，可见气室有黑影闪动，俗称"闪毛"。鸭 24.5~25d，鹅 27.5~28d。

（20）孵化第 20 天。尿囊完全枯萎，卵黄囊入腹腔，开始用肺呼吸，此时可以听到鸡的鸣叫声，开始破壳。用破壳器破开蛋壳，成逆时针方向反转啄壳，伸展头颈，破壳而出。鸭 25.5d，鹅 28.5~30d。

（21）孵化第 21 天。雏鸡出雏。鸭 27.5~28d，鹅 30.3~32d。

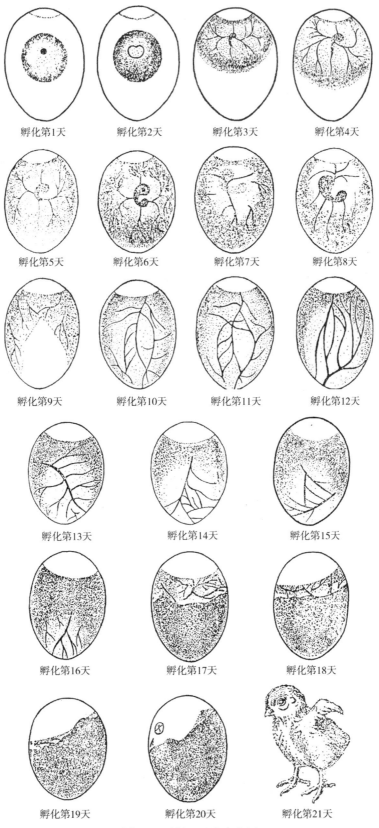

孵化第1天　　孵化第2天　　孵化第3天　　孵化第4天

孵化第5天　　孵化第6天　　孵化第7天　　孵化第8天

孵化第9天　　孵化第10天　　孵化第11天　　孵化第12天

孵化第13天　　孵化第14天　　孵化第15天

孵化第16天　　孵化第17天　　孵化第18天

孵化第19天　　孵化第20天　　孵化第21天

图 2-5　鸡胚 21d 发育特征

（五）孵化操作技术

1. 孵化前的准备

（1）制订计划。孵化前，根据孵化与出雏能力、种蛋数量及雏鸡销售情况，制订孵化计划。每批入孵种蛋装盘后，将该批种蛋的入孵、照检、移盘和出雏日期填入孵化进程表，以便于孵化人员了解入孵的各批种蛋情况，提高工作效率，使孵化工作顺利进行。

（2）验表试机。种蛋入孵前，全面检查孵化机各部分配件是否完整无缺，通风运行时，整机是否平稳；孵化机内的供温、鼓风部件及各种指示灯是否都正常；各部位螺丝是否松动，有无异常声响；特别是检查控温系统和报警系统是否灵敏。待孵化机运转1~2d未发现异常情况，才可入孵。电机在整个孵化季节不停地转动，最好多准备一台，一旦发生问题即可替换，保证孵化的正常进行。

（3）孵化机温差测试。蛋架车装满空的蛋盘，用27支校对过的体温表固定在机内的上、中、下、左、中、右、前、中、后9个部位，每个部位3支体温表。然后将蛋架翻向一边，通电使风机正常运转，机内温度控制在37.8℃左右，恒温0.5h后，取出温度表，记录各点的温度，再将蛋架翻转至另一边去，如此反复各2次，了解孵化机内的温差及其与翻蛋状态间的关系。要保证孵化机的设定温度、测定温度和温度表温度一致。

（4）孵化室消毒。彻底消毒孵化室的地面、墙壁、天棚。每批孵化前机内必须清洗，并用福尔马林熏蒸，也可用药液喷雾消毒。

（5）种蛋预热。入孵前将种蛋移至孵化室内，使种蛋初步升温，在22~25℃的环境中放置6~8h，其目的是使胚胎发育从静止状态中逐渐"苏醒"过来；减少孵化器里温度下降的幅度；除去蛋表面凝水，以便入孵后能立刻消毒种蛋。

（6）码盘入孵。种蛋预热后，按计划于16：00上架孵化。整批孵化时，将装有种蛋的孵化盘依次放入蛋架车推入孵化器内；分批入孵，装新蛋与老蛋的孵化盘应交错放置。在孵化盘上贴上标签，并对蛋盘（车）进行编号、填写孵化进程表。天冷时，上蛋后打开入孵机的辅助加热开关，使加速升温，待温度接近要求时即关闭辅助电热器。入孵结束后，对剔除蛋剩余的种蛋及时处理，然后清理工作场地。

（7）种蛋消毒。种蛋入孵后在升温之前再熏蒸消毒一次。

2. "看胎施温"技术

（1）温度的观察与调节。孵化机的温度调节器在种蛋入孵前已经调好定温，一般不要随意改动。在孵化过程中应随时留心观察机上温度计显示的温度，一般每小时检查一次，看温度是否保持平稳，如有超温或降温时及时检查控温系统，消除故障。在正常情况下，温度偏低或偏高0.5~1℃时，才进行调节。如果孵化机内各处温差±0.5℃，则每日要调盘一次，即上下蛋盘对调，蛋盘四周与中央的蛋对调，以弥补温差的影响。

（2）湿度的观察与调节。每2h观察记录一次湿度。对于非自动控湿装置的孵化机，定时往水盘内加温水，并根据不同孵化期对湿度的要求，调整水盘的数目，以确保胚胎发育对湿度的需求。湿度偏低时，可增加水盘扩大蒸发面积、提高水温、降低水位加快蒸发速度。还可在孵化室地面洒水，必要时可用温水直接喷洒胚蛋。湿度过高时，要加强室内通风，使水散发。自动调湿使用的水应经滤过或软化，以免堵塞喷头。湿度计的纱布必须保持清洁，每孵化一批种蛋更换1次。

3. 翻蛋 全自动翻蛋的孵化机，每隔1～2h自动翻蛋一次（图2-6）；半自动翻蛋的，需要按动左、右翻按钮键完成翻蛋全过程，每隔2h翻蛋一次。注意每次翻蛋时间和角度。对不按时翻蛋和翻蛋速度过大或过小的现象要及时处理解决，停电时按时手动翻蛋。

图 2-6 种蛋的翻蛋

4. 通风 定期检查出气口开闭情况，根据胚龄决定开启大小。整批入孵的前3d（尤其是冬季），进、出气孔可不打开，随着胚龄的增加，逐渐打开进出气孔，出雏期间进、出气孔全部打开。分批孵化，进、出气孔可打开1/3～2/3。

5. 照蛋 在孵化过程中对胚蛋进行2～3次透视检查（图2-7）。鸡在孵化5胚龄（鸭、火鸡在孵化6～7胚龄；鹅蛋在孵化7胚龄）进行头照，检出无精蛋、死精蛋、破壳蛋，观察胚胎发育情况，调整孵化条件。鸡在10～11胚龄（鸭、火鸡在13～14胚龄，鹅在15～16胚龄）进行抽检，主要看鸡胚尿囊的发育情况。鸡18～19胚龄（鸭、火鸡25～26胚龄，鹅28胚龄）移盘前进行二照。取出死胚蛋，然后把胚蛋移到

图 2-7 照 蛋

出雏机。鸭蛋入孵24h后，可以照蛋，受精蛋胚盘中央有一个珍珠大小的白点（俗称白光珠），剔除无精蛋，因无精蛋孵化时间不长，仍然可以用于加工咸鸭蛋或松花蛋。

照蛋前先提高孵化室温度（气温较低的季节），将蛋架放平稳，抽取蛋盘摆放在照蛋台上，迅速而准确地用照蛋器按顺序进行照检，并将无精蛋、死胚蛋、破蛋捡出，空位用好胚蛋填补或拼盘。最后记录无精蛋、死精蛋及破蛋数，登记入表，计算种蛋的受精率和头照的死胚率。

6. 凉蛋 整批入孵的鸡蛋在封门前，鸭蛋从孵化第13～14天起，鹅蛋从第15天起开始凉蛋。采用孵化机内凉蛋，凉蛋时关闭加温电源，开动风扇，打开机门。水禽蛋一般从孵化的第20～25天起，采用孵化机外凉蛋。将蛋架推出机外凉蛋，每日定时凉蛋1次，时间15～20min（根据环境温度确定凉蛋时间的长短），并且每天在16：00左右给孵化机内的种蛋适当喷水一次，适宜水温是25～30℃，也可用手指测温，以手放在水中，不冷不烫为宜。

胚蛋的修补与嘌蛋的运输

7. 移盘 移盘就是将胚蛋从孵化机内移入出雏机内继续孵化的过程。一般鸡蛋在孵化的第18～19天、鸭蛋在第24～25天、鹅蛋在第27～28天时进行移盘。当观察到胚蛋中10%出现"起嘴"，80%处于"闪毛"时开始移盘。移盘时速度要快，动

作要轻，尽量减少碰破胚胎蛋。移盘后停止翻蛋，提高湿度，准备出雏。

8. 出雏

（1）出雏。发育正常的鸡胚满 20d 就开始出雏，孵化的 20.5d 出雏进入高峰，21d 出雏全部结束。出雏前准备好装雏箱，在出雏期间关闭出雏器内的照明灯，使出壳雏鸡保持安静，以免影响出雏效果。在出雏高峰期，每 4h 左右捡雏一次，也可出雏 30%～40%时捡第一次，出雏 60%～70%捡第二次，最后再捡一次并"扫盘"。捡雏时动作要快、轻，取出的雏鸡放入箱内，置于 25℃下存放。出雏期间不可经常打开出雏器门，以免温、湿度降低而影响出雏。捡出绒毛已干的雏鸡同时，捡出空壳蛋壳，以防蛋壳套在其他胚蛋上闷死雏鸡。大部分出雏后，将已啄壳的胚蛋并盘集中，放在上层，以促进弱胚出雏。此时仍未破壳的胚胎蛋绝大部分是死胎蛋，但要进行挑选，将冷蛋拿出，手感发冷的蛋都是死胚蛋。有温度的蛋放在出雏箱内继续孵化。

（2）助产。对已经啄壳但无力出壳的胚胎蛋进行人工助产。正常时间内出雏的，一般不需要助产，但是出雏到后期，要把内膜已橘黄、绒毛发干、在蛋壳内无力挣扎的胚胎蛋剥开，分开黏膜和壳膜，轻轻地把幼雏的头、颈拿出，让其自然出壳。对啄壳处蛋壳膜发白的不能剥壳助产，这时胚胎的尿囊血管还没有完全脱落，如果助产会出现血液流出，导致胚胎死亡。

9. 雏禽的暂存　刚出壳的雏禽暂时放在存雏室内，存雏室在捡雏时要提前升温，温度要保持在 26～28℃，达不到温度时，可以用棉被或棉毯覆盖在雏禽篮上面进行保温，每隔 2～3h 要查看一次，看雏的状况，雏禽的嘴张开，说明温度偏高；雏禽堆在一起，说明雏禽温度低。出雏结束后一起送育雏室或销售，出雏时有部分雏出壳比较早，这些雏应先销售或先送育雏室进行开水开食，这部分雏放置时间长了就会出现干枯失水现象，与大批的雏一起开水开食，就不再吃食，俗称"老口"，然后逐渐死亡、造成损失。

10. 清洗消毒　出雏完毕，抽出出雏盘、水盘，检出蛋壳，彻底打扫出雏器内的绒毛、污物和碎蛋壳，再用蘸有消毒水的抹布或拖把对出雏器底板、四壁清洗消毒。出雏盘和水盘洗净、消毒、晒干，彻底清洗干湿球温度计的湿球纱布及湿度计的水槽，纱布最好更换。全部打扫、清洗彻底后，再把出雏用具全部放入出雏器内，熏蒸消毒备用。

11. 停电措施的管理　孵化场应备有发电机，以供停电时使用。孵化过程中如果停电，应立即打开电孵箱左右门，但门开的距离不要太大，然后用棉被放在左右门中间，门的顶部留一个空间出气。如果停电时间过长，可在电孵箱水盘中不断加入开水，确保电孵箱内温度。每隔 2h，电孵箱内蛋盘要上下调换，保证电孵箱内胚胎蛋温度上下平衡。

12. 填写孵化记录　整个孵化期间，每天须认真做好孵化记录和统计工作，有助于孵化工作顺利有序进行和对孵化效果的判断。孵化结束，要统计受精率、孵化率和健雏率。孵化室日常管理记录见表 2-5，孵化生产记录见表 2-6。

表 2-5　孵化室日常管理记录

机号＿＿＿＿　第＿＿＿＿批　　胚龄＿＿＿＿d　　　　＿＿＿＿年＿＿＿＿月＿＿＿＿日

时间	机器情况					孵化室		停电	值班员
	温度	湿度	通风	翻蛋	凉蛋	温度	湿度		

表 2-6 孵化记录

批次机号	入孵日期	种蛋来源	品种	入孵数量	头照			二照		出雏				受精率（%）	受精蛋孵化率（%）	入孵蛋孵化率（%）	健雏率（%）
					无精	死胚	破损	死胚	破损	落盘数	毛蛋数	弱死雏	健雏数				

技能训练

技能 2-1　家禽外貌部位识别、性别和年龄鉴定

【技能目标】　学会家禽保定的方法，认识家禽外貌部位和羽毛的名称；识别家禽性别和年龄。

【实训材料】　成年公鸡、母鸡、公鸭、母鸭、公鹅、母鹅各 1 只；鸡骨骼标本；禽体外貌部位名称图；鸡冠型、翼羽图谱或幻灯片。

【方法步骤】

1. 抓禽和保定禽　以鸡为例，用右手大拇指将鸡右翼压在鸡右腿上，其他四指抓住鸡右大腿基部，将鸡从鸡笼中取出。注意不能抓鸡的尾巴、单个翼或鸡颈。用左手大拇指和食指夹住鸡的右腿，无名指与小指夹住鸡的左腿，使鸡胸腹部置于左掌中，完成从抓鸡向鸡保定的转换，将鸡的头部朝向鉴定者。这样鸡被保定在左手上，无法随意乱动，同时还可以通过转动左手，将鸡不同部位呈现在鉴定者面前。

鸭、鹌鹑、鸽的保定法与鸡略同。鹅和火鸡因体躯较大且重，可放置笼中或栏栅里进行观察。

2. 禽体外貌部位的识别　按鸡体各部位，一般从头、颈、肩、翼、背、鞍（腰）、胸、腹、臀、腿、胫、趾和爪等部位仔细观察，并熟悉各部位名称。

在观察过程中，需注意各部位特征及羽毛与家禽的健康（包括是否存在歪嘴、胸骨弯曲和曲趾等缺陷）、性别的联系以及不同家禽之间的主要区别。头部观察包括冠、喙、脸、眼、耳叶、肉垂、胡须等部位。健康的家禽，羽毛光泽油润，精神饱满，好动，鸡冠及肉垂鲜红。鸭的喙扁、宽，边缘有锯齿、喙豆，头宽大圆形，无冠、肉垂和耳叶。公鸭覆尾羽有 2～4 根上卷，称"性羽"。有蹼、无距。鹅喙扁平，边缘有锯齿、喙豆，上喙基部有肉瘤，颌下有垂皮（俗称"咽袋"）。母鹅腹部皮肤皱褶成肉袋，俗称"蛋窝"。有蹼、无距。中国鹅的头部有凸起的肉瘤，或称额疣，有些鹅颌下有垂皮或称咽袋。

3. 鸡各部位羽毛的观察和认识

（1）羽毛种类的识别。正羽、绒羽和纤维羽。

（2）各部位羽毛的名称。羽毛名称与外貌部位名称相对应，如颈部的羽毛称为颈

羽，翼部的羽毛称为翼羽，尾部的羽毛称为尾羽等。另外，部分鸡种还有趾羽、跖羽。

颈羽、鞍羽、尾羽的识别，根据羽毛的形状特征、颜色可以鉴别公母。如公鸡的覆尾羽如镰刀状称为镰羽，母鸡的鞍羽、颈羽末端呈钝圆形，公鸡的鞍羽、颈羽较长，末端呈尖形，公鸡鞍羽特称为蓑羽，颈羽特称为梳羽。

（3）翼羽各部位名称。翼肩、翼前、轴羽、主翼羽、副翼羽、覆主翼羽、覆副翼羽、覆翼羽。

鸭翼较小，在副翼羽上比较光亮的羽毛，称为镜羽。公鸭在尾的基部有 2～4 根覆尾羽向上卷成钩状，称为卷羽或性指羽。母鸭则无。

4. 家禽的性别识别　家禽的性别识别见表 2-7。

表 2-7　家禽的性别鉴定

项目	鸡	鸭	鹅
体形、神态	公禽体大，脚高，好斗，体态轩昂；母禽体小清秀，温顺，体态文雅		
头颈	公鸡冠高大，头颈较粗大		
羽毛	公鸡颈羽（梳羽）、鞍羽（蓑羽）和尾羽（镰羽）均细长，末端尖细；母鸡颈羽、鞍羽、覆尾羽较短，末端呈钝圆形	公鸭覆尾羽有 2～4 根上卷的性羽	母鹅腹部皮肤皱褶成"蛋窝"
鸣声	公鸡啼声洪亮，"喔喔"长鸣。母鸡产蛋后，会"咯咯"叫声	公鸭鸣声低短、嘶哑；母鸭鸣声洪亮，作"嘎嘎"声	公鹅鸣声洪亮，母鹅鸣声低细而短平
距	公鸡距部粗大，上有发达的距；母鸡距部较细，距小或无距		
耻骨状态	成年母禽耻骨薄而柔软，耻骨间距大。公禽耻骨厚而硬，耻骨间距小		

5. 家禽的年龄鉴定　家禽最准确的龄期，只有根据出雏日期来断定。但也可根据其生长阶段的外形特点来估计。

青年鸡的羽毛结实光润，胸骨直，其末端柔软，胫部鳞片光滑细致、柔软。小公鸡的距尚未发育完成。小母鸡的耻骨薄而有弹性，两耻骨间的距离较窄，泄殖腔较紧而干燥。

老鸡在换羽前的羽毛枯涩凋萎，胸骨硬，有的弯曲，胫部鳞片粗糙，坚硬。老公鸡的距相当长。老母鸡耻骨厚而硬，两耻骨间的距离较宽，泄殖腔肌肉松弛。

【提交作业】　描述所观察实验禽外貌各部位特征，并记入表 2-8。

表 2-8　家禽外貌部位特征

鉴定人：　　　　　　　　　　　　　　　　　记录人：

编号	种类	品种	性别	头部	颈部	胸部	腹部	翼羽	腿部	尾部	年龄

【考核标准】

序号	考核项目	评分标准		考核方法	考核分值	熟悉程度
		分值	扣分依据			
1	抓禽	15	是否用对手，不对扣5分。是否压翼，不压扣5分，不规范扣2分。是否抓腿，不抓腿扣5分，不规范扣2分	单人操作考核		基本掌握/熟练掌握
2	禽的保定	15	是否用左手，不对扣3分。是否抓腿，不抓腿扣8分。手法是否规范，不规范扣2分。鸡的腹部是否置于掌心，不对扣2分			基本掌握/熟练掌握
3	外貌部位识别	30	观察是否有顺序，无顺序扣3分。部位识别是否正确，错1个扣1分。各部位观察内容是否全面，缺1项扣1分			基本掌握/熟练掌握
4	羽毛的识别和判断	20	羽毛种类识别是否正确，错1个扣1分。各部位羽毛名称识别是否正确，错2个扣1分。翼羽部位名称识别是否正确，错1个扣2分			基本掌握/熟练掌握
5	性别识别	15	性别是否项目是否正确，缺1扣2分。最终判断是否正确，错误扣5分			基本掌握/熟练掌握
6	年龄识别	5	大致年龄判断是否正确，错误扣5分			基本掌握/熟练掌握
总分		100				

家禽外貌部位
识别、性别和
年龄鉴定

技能 2-2　家禽的体尺测量

【技能目标】　熟悉家禽骨骼和关节的正确位置，掌握家禽体尺测量的概念和具体操作。

【实训材料】　家禽骨骼标本、各种禽类公母家禽若干只、卷尺、卡尺。

【方法步骤】

1. 体尺指标测量　测量家禽的体尺，目的是为了更精确地记载家禽的体格特征和鉴定家禽体躯各部分的生长发育情况，在家禽育种和地方禽种调查工作中常用到。具体体尺测量部位和方法见表2-9。

表 2-9　体尺测量部位和方法

项目	测量工具	测定部位及单位	意　义
体斜长	皮尺	锁骨前上关节到异侧坐骨结节的距离/cm	了解禽在长度方面的发育情况
胸宽	卡尺	两肩关节间的距离/cm	了解禽胸腔发育情况
胸深	卡尺	第一胸椎到胸骨前缘的距离/cm	了解胸腔、胸骨和胸肌发育状况
胸角	胸角器	在龙骨前缘测量两侧胸部角度/°	了解禽胸部肌肉发育情况
胸骨长	皮尺	胸骨前后两端间的距离/cm	了解体躯和胸骨长度的发育情况
胫长	卡尺	跗骨上骨节到第三趾与第四趾间的垂直距离/cm	了解体高和长骨的发育情况
胫围	皮尺	用棉线绕胫骨中部1周，用皮尺测量周长/cm	了解跗骨的发育情况

（续）

项目	测量工具	测定部位及单位	意　义
髋宽	卡尺	两髋关节间的距离/cm	了解禽腹腔发育情况
半潜水长	皮尺	从喙尖到髋骨连线中点的距离/cm	了解水禽颈部发育情况

2. 家禽的体型指数计算　常用的家禽体型指数及其计算公式如表 2-10 所示：

家禽的体尺测量

表 2-10　家禽体型指数计算公式

指数名称	计算公式	指数说明
体躯指数	胸围×100/体斜长	体质的发育
第一胸指数	胸宽×100/胸深	胸部相对的发育
第二胸指数	胸宽×100/胸骨长	胸肌的发育
髋胸指数	胸宽×100/髋宽	背的发育（到尾部是宽的、直的或者是狭窄的）
高脚指数	胫长×100/体长	脚的相对发育

【提交作业】　将体尺测量的结果记入表 2-11。

表 2-11　家禽体尺测量记录

测定人：　　　　　　　　　　　　　　　　记录人：

编号	种类	品种	性别	体斜长/cm	胸宽/cm	胸深/cm	胸角/°	胸骨长/cm	胫长/cm	胫围/cm	髋宽/cm	半潜水长/cm

【考核标准】

序号	考核项目	评分标准		考核方法	考核分值	熟悉程度
		分值	扣分依据			
1	材料准备	10	试验工具挑选是否得当，错一个扣 2 分	单人操作考核		基本掌握/熟练掌握
2	体尺测定	70	测定工具是否使用得当，测定位置是否正确，错一个扣 10 分			基本掌握/熟练掌握
3	数据记录	10	测定数据记录是否正确，错一个扣 1 分			基本掌握/熟练掌握
4	体型指数计算	10	计算是否正确，错一个扣 2 分	单人计算		基本掌握/熟练掌握
总分		100				

技能 2-3　鸡的人工授精技术

【技能目标】　初步掌握人工授精的方法，为今后养鸡生产中广泛应用人工授精技术打下基础。

【实训材料】　繁殖期公鸡、母鸡；人工授精用具见表 2-12。

表 2-12　人工授精用具

名　称	用　途	规格/mL
集精杯	收集精液	0.05～0.5
刻度吸管	输精用	
保温杯	为精液保温	
刻度试管	贮存精液用	5～10
消毒盒	消毒采精及输精用具	
注射器	备用	20
注射针头	吸取蒸馏水及稀释液用	
温度计	测水温用	
生理盐水	稀释用	
蒸馏水	冲洗器械用	
显微镜	检查精液	
药棉	消毒用	

【方法步骤】

(一) 种公鸡的采精

1. 采精前的准备　在配种前 3～4 周，种公鸡应单笼饲养，便于熟悉环境和管理人员。在配种前 2～3 周开始进行采精训练，每天或隔天一次。有的公鸡初次按摩训练时就有性反射，可采到精液，而大部分公鸡要经过 3～4 次训练，才能建立性条件反射，采集到精液。一旦训练成功，则应坚持隔日采精，对经多次训练不能建立性反射的公鸡应淘汰。

为防止污染精液，开始训练之前，应将公鸡泄殖腔周围的羽毛剪掉，以不妨碍采精及污染精液为宜。尾基部的鞍羽也应剪去一部分。在采精前 3～4h 禁食，以防采精时排出粪便。采精用具都应清洗、消毒、烘干。如无烘干设备，清洗干净后，用蒸馏水煮沸消毒，再用生理盐水冲洗 2～3 次后方可使用。

2. 采精方法　采精方法有多种，目前在生产中常用按摩采精法。按摩法采精操作如下 (图 2-8)：

(1) 双人采精。保定人员双手握住鸡的双腿同时固定两翅，使公鸡头部向后，尾部向前，平放于腹上侧部。采精者右手中指和无名指夹采精杯，杯口向外，右手拇指和食指分开，放于泄殖腔下方的腹部柔软处。左手拇指与其他四指分开，自鸡的背部向后至尾根按摩，当按摩到尾根处时稍施加压力，按摩数次，观察公鸡是否有性反射，若出现性反射 (呈交尾动作) 时，左手迅速按压尾羽，拇指和食指放于泄殖腔上方做好挤压准备，右手协同左手进行高频率的抖动按摩，使泄殖腔充分外翻，此时做好挤压准备的左手适当用力挤压，夹采精杯的右手迅速反转，协同左手将精液收集入杯。

(2) 单人采精。采精人员坐在约 35cm 高的小凳上，左右腿交叉，将公鸡双路夹于两腿之间。右手夹采精杯，放于公鸡后腹部柔软处，左手由背部向尾根按摩数次，即可翻尾、挤肛、收集精液。

图 2-8　公鸡的采精

3. 采精频率　正常情况下可采用隔日采精制度，也可连续采 2d 休息 1d，使公鸡有充足的恢复时间。若配种任务大时，在一周之内可连续采精 3～5d，休息 2d，但应注意公鸡的营养状况和体重变化。若实行连续采精制度，最好是在 30 周龄之后进行为宜。每次采集精液量为 0.2～0.5mL，有的多达 1～2mL。

4. 采精注意事项

（1）公鸡的调教。采精前必须对公鸡进行调教训练。首先剪去泄殖腔周围的羽毛，以防污染精液，每天训练 1～2 次，经 3～4d 后即可采到精液。多次训练仍没有条件反射或采不到精液的公鸡应予以淘汰。

（2）公鸡的隔离。公鸡最好单笼饲养，以免相互斗殴，影响采精量，采精前 2 周将公鸡上笼，使其熟悉环境，以利采精。

（3）采精前要停食。公鸡当天采精前 3～4h 停水停料，以防排出粪、尿，污染精液。

（4）固定采精员。采精的熟练程度、手势和压迫力的不同都会影响采精量和品质，在采精过程中使用的手法尽可能与训练时的手法保持一致；从笼内取出公鸡保定好后应立即进行，以免摆布时间过长而出现麻木，导致精液量少。

（5）卫生要求。整个采精过程中应遵守卫生操作，每次工作前用具要严格消毒，工作结束后也必须及时清洗消毒。工作人员手要消毒，衣服定期消毒。遇到公鸡排粪要及时擦掉，如果粪便污染精液则不要接取；遇到有病的公鸡要标记、隔离，不要采精。

（6）精液的保存和使用。采集的精液应保存在 30～35℃ 的环境中；采集精液应在 20～30min 内用完为好。

（二）精液品质检查与稀释

1. 常规检查

（1）外观检查。正常精液为乳白色、不透明液体，略带腥味。混入血液为粉红色，被粪便污染者为黄褐色；尿酸盐混入时，呈粉白棉絮状。

（2）精液量的检查。可用刻度吸管或带刻度的集精杯检查精液量。公鸡一次射精量随品种、季节、年龄、饲养条件及操作技术而不同，一般而言，肉用型种公鸡每次射精量为 0.5～0.8mL，蛋用型种公鸡每次射精量为 0.3～0.5mL。

（3）精子活力检查。精子的活力是指精液中直线前进运动精子数的多少。于采精后 20～30min 进行，方法是取等量的精液和生理盐水各一滴，置于载玻片一端混匀，放上盖玻片。在 37～38℃ 条件下，用 200～400 倍显微镜检查。

按下面 3 种活动方式估计评定：直线前进运动精子，具有受精能力，以其所占比例多少评定为 0.1 级、0.2 级、……0.9 级；圆周运动和摆动的精子均无受精能力。

（4）密度检查。可采取以下两种方法进行。

①估测法。密：在显微镜下，可见整个视野布满精子，精子间几乎无间隙，鸡每毫升精液有精子 40 亿个以上。中等：在一个视野中精子之间的距离明显，有 1～2 个精子的间隙，鸡每毫升精液有精子 20 亿～40 亿个。稀：精子间空隙较大，每毫升精液的精子为 20 亿个以下。

②血细胞计数法。用血细胞计数板来计数精子密度较为准确。

（5）精液的酸碱度。使用紧密试纸或酸度计便可测出。鸡新鲜精液的 pH 为 6.2～7.4。

2. 精液稀释与保存 一般情况下，如果精液够用，可直接用原精输精，不必稀释，效果较好。如需稀释，室温（18～22℃）保存不超过 1h，稀释比例以 1：（1～2）为宜。稀释液目前常用温生理盐水。

采精后应尽快稀释，将精液和稀释液分别装于试管中，并同时放入 30℃ 保温瓶或恒温箱内，使两者的温度相等或相近。稀释时稀释液应沿装有精液的试管壁缓慢加入，轻轻转动，使均匀混合。在稀释操作时，特别注意有害气体或粉尘的危害，绝对不能吸烟、打喷嚏，严禁采精人员酒后操作。

（三）输精技术

1. 准备工作

（1）母鸡的选择。输精母鸡应是营养中等、泄殖腔无炎症的母鸡。输精前对母鸡进行白痢检疫，检疫阳性者应淘汰。开始输精的最佳时间应为产蛋率达到 70% 的种鸡群。

（2）器具及用品准备。准备输精枪数支、原精液或稀释后的精液、注射器、酒精棉球等。

2. 输精要求

（1）输精操作要求。当给母鸡腹部施加压力时，一定要着重于腰部左侧；插入输精器时，应对准输卵管开口中央，且动作要轻，防止损伤输卵管壁；助手与输精员要密切配合，当输精管插入输卵管开口，挤压输精管橡皮头的同时，助手应立即解除对母鸡腹部的压力，保证精液全部输入；注意不要输入空气或气泡；为防止交叉感染，最好采用一次性输精器。

（2）输精量与输精次数。在正常情况下，未加稀释的原精液每次输精量 0.025～0.03mL 或有效精子数为 8 000 万至 1 亿个，才能保证有效的受精率。

为了保证种蛋较高的受精率，输精量的多少应根据精液的品质、种鸡利用时间等因素而定。精液的精子活力好、密度大，输精量可少些；对精液稀薄、活力差的精液，应适当增加输精量，每次输精量每只鸡以 0.03～0.04mL 为宜。随种鸡（公鸡）周龄的增加，体重和腹脂也增加而导致精液品质差，为保证有效精子数，提高受精率，应适当增加输精量。蛋用型鸡在盛产期 0.025mL，中、后期 0.05mL；肉用型初期 0.03mL，中、后期 0.05～0.06mL。生产中每 4～5d 输精 1 次，就能保持较高的受精率。

（3）输精时间。鸡的产蛋时间集中在上午，在 14：00 以后很少产蛋。因此，一般在当天的 14：00～18：00 输精，即便是输精时间推迟到 20：00 也不影响种蛋受精率。

3. 输精操作　翻肛员右手打开笼门，左手伸入笼内抓住母鸡双腿，把鸡的尾部拉出笼门口外，右手拇指与其他四指分开横跨于肛门两侧的柔软部分向下按压，当给母鸡腹部施加压力时，泄殖腔便可外翻，露出输卵管口（图 2-9）。此时，输精员手持输精枪对准输卵管开口中央，插入 1～2cm 注入精液。在输入精液的同时，翻肛员立即松手解除对母鸡腹部的压力，输卵管口便可缩回而将精液吸入。

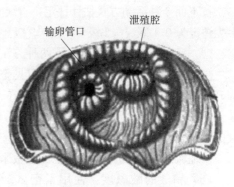

图 2-9　输卵管口示意

4. 注意事项

（1）精液采出后应尽快输精，未稀释（或用生理盐水稀释）的精液要求在 30min 内输完；精液应无污染凡是被污染的精液必须丢弃，不能用于输精。

（2）输精前 2～3h 禁食禁水。

（3）抓取母鸡和输精动作要轻缓，尽量减少母鸡的恐惧感，防止引起鸡群骚动，插入输精管不可用力过猛，勿使空气进入。

（4）在输入精液的同时要放松对母鸡腹部的压力，防止精液回流。在抽出输精管之前，不要松开输精管的皮头，以免输入的精液被吸回管内，然后轻缓地放回母鸡。输精时防止滴管前端有气柱而在输精后成为气泡冒出。

（5）输精时遇有硬壳蛋时动作要轻，而且要将输精管偏向一侧缓缓插入输精。

（6）输精深度要适当，一般轻型蛋鸡采用浅阴道输精，即插入阴道 1～2cm；中型蛋鸡或肉种鸡，应插入阴道 2～3cm 输精；母鸡产蛋率下降或精液品质较差时，插入阴道 4～5cm 输精。

（7）每只母鸡输一次应更换一支输精管，以防交叉感染。如采用滴管类输精器，必须每输一只母鸡用消毒棉球擦拭一次输精器，输 8～10 只母鸡后更换一支输精器。

（8）不要对母鸡后腹部挤压用力太大，由于产蛋鸡腹腔内充满消化器官和生殖器官，如果用力太大会造成这些器官的损伤。

（9）母鸡在产蛋期间，输卵管开口易翻出，每周重复输精一次，可保证较高的受精率。

【提交作业】　将公鸡采精和母鸡输精过程和要领记入表 2-13。

鸡的人工
授精技术

表 2-13　鸡的人工授精情况记录

操作人员：　　　　　　　　　　　　　　　　　　　记录人：

编号	品种	年龄	采精要领	采精量	颜色	气味	云雾状	输精要领	肛门观察	稀释情况	输精量

【考核标准】

水禽的人工
授精技术

考核方式	考核项目	评分标准		考核方法	考核分值	熟悉程度
		分值	扣分依据			
学生互评		10	根据小组代表发言、小组学生讨论发言、小组学生答辩及小组间互评打分情况而定	小组操作考核		
考核评价	公鸡精液采集	20	公鸡采精前泄殖腔周围剪毛及酒精棉球擦拭消毒5分；公鸡保定及采精手法正确5分；采精过程的配合及熟练程度5分；采精所需时间5分			基本掌握/熟练掌握
	精液品质的肉眼检查	15	采集精液的量5分；精液的色泽是否正常5分；用精密试纸测定精液的pH及是否正常5分			基本掌握/熟练掌握
	母鸡的人工授精	20	母鸡保定姿势及翻肛手势5分；母鸡人工授精过程的配合及熟练程度5分；母鸡人工授精的部位及深度是否正确5分；母鸡人工授精所需时间5分			基本掌握/熟练掌握
	精液浓度及精子活力的评定	20	显微镜操作的准确性与娴熟度5分；精液浓度及精子活力估测法的操作5分；估测法评定精液浓度情况并做记录5分；利用十级制方法评定精子活力等级5分			基本掌握/熟练掌握
	精子密度的测定	15	血细胞计算器测定精子密度的操作7分；血细胞计数器测定精子密度的结果8分			基本掌握/熟练掌握
总分		100				

技能 2-4　种蛋的构造和品质鉴定

【技能目标】　熟悉蛋的构造和品质鉴定的方法。

【实训材料】　新鲜蛋、陈蛋、熟鸡蛋、照蛋器、天平、液体密度计、蛋白蛋黄分离器、游标卡尺、蛋壳厚度测定仪或千分尺、蛋壳强度测定仪、罗氏比色扇、蛋白高度测定仪、放大镜、培养皿、玻璃缸、小镊子、小剪刀、吸管、滤纸或纱布、亚甲蓝或高锰酸钾、酒精棉、食盐、软尺。

【方法步骤】

1. 蛋重　用电子天平或粗天平称测各种家禽的蛋重。鸡蛋的质量为40～70g，鹅蛋为120～200g，鸭蛋和火鸡蛋重为70～100g。

2. 蛋形指数　蛋形由蛋的长径（纵径）和短径（横径）的比例即蛋形指数来表示，长径和短径用游标卡尺测定。蛋形指数通常是长径/短径的比值来表示。正常形鸡蛋的蛋形指数为1.32～1.39，1.35为标准形。鸭蛋形指数在1.20～1.58，标准形为1.30。

3. 蛋的密度　蛋的密度不仅能反映蛋的新鲜程度，也与蛋壳厚度有关。测定方法是在每3L水中加入不同数量的食盐，配制成不同密度的溶液，用密度计校正后分盛于搪瓷筒或玻璃缸内。每种溶液的密度依次相差0.005，详见表2-14。由于食盐是非化学纯，成分也不精确且环境温度不同，按下表加入食盐后，密度可能偏高或偏低，要适当加水或加温来校正。

表 2-14 盐水密度配方

溶液密度/（g/cm³）	加入食盐量/g	溶液密度/（g/cm³）	加入食盐量/g
1.060	276	1.085	390
1.065	298	1.090	414
1.070	320	1.095	438
1.075	342	1.100	463
1.080	365		

测定时先将蛋浸入清水中，然后依次从低密度到高密度食盐溶液中通过。当蛋悬浮在溶液中即表明其密度与该溶液的密度相等。良好蛋的密度在 1.080 以上。

4. 蛋的照检 用照蛋器检视蛋的构造和内部品质。可检视气室大小、蛋壳质地和系带的完整与否等。蛋的内容物由于水分蒸发（通过蛋壳上的气孔）而逐渐减少，故气室随保存时间而逐渐变大。照检时要注意观察蛋壳组织及其致密程度。也要判断系带的完整性，如系带完整，蛋黄的阴影由于旋转鸡蛋而改变位置，但又能很快回到原来位置；如系带断裂，则蛋黄的阴影在蛋壳下面晃动不停。

5. 蛋壳强度 蛋壳强度是指蛋对碰撞和挤压的承受能力，为蛋壳致密坚固性的指标。用蛋壳强度测定仪测定，单位为 kg/cm²。

6. 蛋的剖检

（1）观察胚盘与胚珠。为便于观察位于蛋黄上的胚盘或胚珠，应在剖检前将蛋横放于水平位置 10min。用小剪刀尖端在蛋壳中央开一个小洞，然后小心地剪出一个直径为 1~1.5cm 的洞口，胚盘或胚珠就位于这个洞口下面。受精蛋胚盘的直径 3~5mm，并有稍透明的同心边缘结构，形如小盘。未受精蛋的胚珠较小，为一不透明的灰白色小点，直径 1mm 左右。

（2）观察蛋壳膜。为进一步研究蛋的构造，将洞口的直径扩大到 2~2.5cm，蛋壳的碎片不要扔掉，还要称蛋壳重。将内容物小心倒在培养皿中，注意不要弄破蛋黄膜。在蛋壳的里面有两层蛋白质的膜，可用镊子将它们与蛋壳分开。这两层壳膜在蛋壳的钝端、气室所在处最容易看清楚。紧贴蛋壳的称蛋壳膜，也称外蛋壳膜；包围蛋内容物的称蛋白膜，也称内蛋壳膜。

（3）称蛋壳重。将蛋壳称重，包括碎片。

（4）观察蛋壳上的气孔。为观察和统计蛋壳上的气孔和数量，应将蛋壳膜剥下，用滤纸吸干，并用乙醚或酒精棉去除油脂。在蛋壳内面滴上一小滴亚甲蓝或高锰酸钾溶液。经 15~20min，蛋壳表面即显出许多小的蓝点或紫红点，即是气孔所在处。注意：染料不宜多，否则，蛋壳表面全部染上色，不便于气孔计数。借助放大镜来统计蛋壳上的气孔数（锐端和钝端要分别统计）。统计面积为 1cm² 或其 1/4。

（5）观察蛋白构造。在等待气孔染色时，可进一步观察蛋的内部构造和内容物。新鲜蛋内容物层次分明。为暴露内层稀蛋白层，可用剪刀剪穿浓蛋白层（注意不要弄破蛋黄膜），稀蛋白从剪口处流出。注意观察系带的状况。

（6）蛋的内容物重量。用蛋白蛋黄分离器或吸管（或铁纱窗）使蛋黄和蛋白分开，将蛋壳、蛋黄分别称量后，由蛋的总重减去这两部分的重量即可获得蛋白的重量（减重法）。因蛋白易黏附在别的容器上，故由减重法获得蛋白重较为准确。

（7）观察蛋黄构造。为观察蛋黄的层次和蛋黄心，可用快刀将熟蛋黄沿长轴切开。

蛋黄由于鸡日夜新陈代谢的差异，形成深浅两层，深色层为黄蛋黄，浅色层为白蛋黄。

7. 蛋壳厚度　用蛋壳厚度仪或千分尺分别测定蛋的锐端、钝端和中部三个部位的壳厚度，然后加以平均。蛋壳质量好的平均厚度在 0.33mm 以上。

8. 蛋壳色泽　按白、浅褐、褐、深褐和青色表示。

9. 蛋白高度和哈氏单位　用蛋白高度测定仪测定新鲜蛋（产出当天或第二天中午前）和陈蛋各 1~2 枚，先称蛋重，然后破壳倾在蛋白高度测定仪的水平玻板上，测定浓蛋白的高度。取蛋黄边缘与浓蛋白边缘之中点，测量三个点的蛋白高度平均值，单位以毫米计。测出蛋白高度后连同蛋重的数据，按下列公式算出哈氏单位值，或查哈氏单位表。

$$哈氏单位（Haug\ Unit）=100lg\ (H-1.7W^{0.37}+7.57)$$

式中，H 为浓蛋白高度（mm）；W 为蛋重（g）。

10. 蛋黄色泽　主要比较蛋黄色泽的深浅度。用罗氏比色扇的 15 个蛋黄色泽等级比色，统计该批蛋各级数量和所占的百分比。

哈氏单位
速查表

生产中测定蛋品质时，可以采用全自动蛋品质测定仪测定蛋重、蛋白高度、哈氏单位、蛋黄颜色和等级。

【提交作业】　分别鉴定几枚蛋的各项品质填入表 2-15，并对新陈蛋的各项品质进行分析比较。

表 2-15　蛋品质鉴定记录

编号		1	2	3
保存期/d				
气室直径/mm				
系带完整性				
蛋重/g				
蛋形指数（长径/短径）				
蛋壳颜色				
蛋的密度				
蛋壳强度/（kg/cm²）				
蛋壳厚度/um				
蛋壳重/g				
蛋白高度/mm				
蛋黄比色				
蛋黄重/g				
蛋白重/g				
蛋壳比例/%				
蛋黄比例/%				
蛋白比例/%				
哈氏单位				
气孔数/（个/cm²）	钝端			
	锐端			

【考核标准】

考核方式	考核项目	评分标准		考核方法	考核分值	熟悉程度
		分值	扣分依据			
学生互评		10	根据小组代表发言、小组学生讨论发言、小组学生答辩及小组间互评打分情况而定			
考核评价	蛋重、蛋形指数、蛋的密度测定	20	使用粗天平或电子天平称量蛋重 5 分；使用游标卡尺测量蛋的纵径和横径 10 分；盐漂浮法按级别测定蛋的密度 5 分	小组操作考核		基本掌握/熟练掌握
	蛋的照检、剖检	25	用照蛋器照检蛋的气室大小、蛋壳质地和系带的完整与否等 5 分；剖检蛋的胚盘与胚珠，观察蛋壳膜、蛋壳气孔、蛋白构造、蛋黄构造，称量蛋白和蛋黄重量 20 分			基本掌握/熟练掌握
	蛋壳强度、厚度、色泽	20	用蛋壳强度仪测量蛋壳强度 8 分；用螺旋测微仪测量蛋壳厚度 8 分；观察蛋壳色泽 4 分			基本掌握/熟练掌握
	蛋白高度、哈氏单位	20	用蛋白高度仪或全自动蛋品质测定仪测量蛋白高度 12 分；会计算或查表得到哈氏单位 8 分			基本掌握/熟练掌握
	蛋黄颜色	5	用罗氏比色扇测量蛋黄颜色 5 分			基本掌握/熟练掌握
总分		100				

技能 2-5 家禽胚胎发育的生物学检查

【技能目标】 通过照检、剖检了解家禽胚胎发育的外形特征，区别受精蛋、无精蛋、弱精蛋和死精蛋的蛋相。胚胎中、后期发育情况，从而掌握孵化全过程的"看胎施温"技术。

【实训材料】 照蛋器、培养皿、放大镜、手术剪刀、镊子、滤纸、电子天平、鸡胚胎发育标本及挂图等；5、10、17、18 和 19 胚龄的发育正常鸡胚和无精蛋、死胚蛋、弱胚蛋、死胎蛋的实物和幻灯片。

【方法步骤】

（一）孵化的生物学检查

1. 照蛋时间及胚胎发育特征

（1）头照。鸡蛋在孵化 5 胚龄（鸭、火鸡蛋在孵化 6～7 胚龄；鹅蛋在孵化 7 胚龄）。检出无精蛋、死精蛋、破壳蛋，观察胚胎发育情况，调整孵化条件。

正常：1/3 蛋面布满血管，可见到明显的胚胎黑眼（图 2-10）。

异常：①受精率正常，发育略快，死胚蛋增多，血管出现充血，一般温度偏高。②受精率正常，发育略慢，死胚少，一般温度偏低。③气室大，死胚多。多出现血线、血环，有时黏于壳上，散黄蛋、白蛋多，一般是种蛋储存时间过长。④胚胎发育参差不齐。机内温差大，种蛋贮存时间明显不一或种蛋来源于不同种鸡。

（2）抽检。鸡在 10～11 胚龄（鸭、火鸡在 13～14 胚龄，鹅在 15～16 胚龄）进

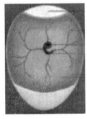 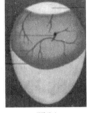 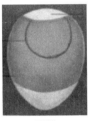 

正常　　　　　　　弱胚　　　　　　　死胚　　　　　　无精蛋

图 2-10　头　照

行，主要看鸡胚尿囊的发育情况。

正常：入孵后的第 10 天，尿囊必须在种蛋背面合拢（图 2-11），俗称"合拢"。尿囊血管应到达蛋的小端，这是判断胚胎发育是否正常的关键胚龄和特征。

异常：①尿囊血管提前"合拢"，死亡率提高。孵化前期温度偏高。②尿囊血管"合拢"推迟，死亡率较低。温度偏低，湿度过大或种鸡偏老。③尿囊血管未"合拢"，小头尿囊血管充血严重，部分血管破裂，死亡率高。温度过高。④尿囊血管未"合拢"，但不充血。温度过低，通风不良，翻蛋异常，种鸡偏老或营养不全。⑤胚胎发育快慢不一，部分胚蛋血管充血，死胎偏多。机内温差大，局部超温。⑥胚胎发育快慢不一，血管不充血。贮存时间明显不一。⑦头位于小头。一般是大头向下。⑧孵蛋爆裂，散发恶臭气味。脏蛋或孵化环境污染。

  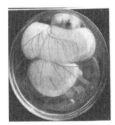

正常　　　　　　　弱胚　　　　　　　死胚

图 2-11　10 胚龄抽检

（3）二照。在移盘前进行，鸡 18～19 胚龄（鸭、火鸡 25～26 胚龄，鹅 28 胚龄）。取出死胚蛋，然后把胚蛋移到出雏机。

正常：发育正常的胚蛋，可在气室交界处见到粗大的血管，第 18 天可见到气室出现倾斜。第 19 天雏鸡喙部已啄破壳膜向气室，胚蛋气室处有黑影闪动，俗称"闪毛"。

异常：弱胚气室小、未倾斜，蛋小头淡白；死胚气室小、不倾斜且边缘模糊。未见"闪毛"，无胎动，蛋身发凉（图 2-12）。

正常　　　　　　　弱胚　　　　　　　死胚

图 2-12　二　照

（二）蛋重变化的测定

孵化过程中，气体交换，水分蒸发，蛋的重量减轻。测量蛋重减轻比例，可以判断胚胎发育是否正常。在入孵前称测一个盘的蛋重，得出平均蛋重。孵化过程中，清出无精蛋和中死蛋，称量所剩活胚蛋的重量，得出平均活胚蛋重，然后算出各阶段的减重百分率并与正常减重率比较，以了解减重情况是否正常。鸡蛋孵化正常减重率如表 2-16 所示。

表 2-16　鸡蛋孵化过程中的减重率

孵化日龄/d	6	12	19
减重率/%	2.5～4	7～9	12～14

（三）死胚剖检

解剖历次照蛋剔出的中死蛋和孵化结束后清除的死胎蛋，观察其死亡日龄和病理变化，借以分析孵化不良的原因。死胚剖检应以第三次照检的中死蛋和最后的死胎蛋为重点。观察时按下列程序进行。

（1）用镊子轻轻敲破气室的蛋壳并撕去内壳膜，首先注意胚胎的位置及尿囊和羊膜的状态，然后用镊子取出胚胎，判定胚胎日龄。

（2）先按皮肤、绒毛、头、颈、脚的顺序，观察胚胎的外部形态，然后用小剪刀剖开体腔，观察肠、胃、肝、心、肺、肾等内部器官的病理变化。观察时注意有无充血、贫血、出血、水肿、肥大、萎缩、变性、畸形等，判定胚胎死亡的原因。

孵化不良原因
分析表

（四）啄壳、出壳和初生雏的观察

孵化满 19d 后，结合移蛋观察破壳情况，满 20d 以后，每 6h 观察一次出壳情况，判断啄壳出壳时间是否正常，并注意啄壳部位，有无粘连雏体或雏鸡绒毛湿脏的现象。

雏鸡孵出后，观察雏鸡的活动和结实程度、体重的大小、蛋黄吸收情况、绒毛色素、雏体整洁程度和毛的长短。此外，还应注意有无畸形、眼疾、蛋黄未吸入、脐带开口而流血、骨骼短而弯曲、脚和头麻痹等。

【提交作业】

1. 写出不同时期照检胚胎发育的特征填入表 2-17。

表 2-17　不同时期胚胎发育照蛋特征

照检时期	无精蛋	中死蛋	健胚	弱胚
第一次（5d）				
第二次（10d）				
第三次（19d）				

2. 将死雏或死胎的剖检结果填入表 2-18 中，再结合出雏观察、死雏或胚蛋外观和照蛋透视等结果，综合判断做出结论。

表 2-18 死雏或死胎剖检记录

入孵时间：　　　　　　　　　　　　　　　　记录人：

观察部位		死雏或死胎编号		
		1	2	3
外表观察	蛋黄与卵黄囊			
	蛋白状态			
	尿囊或尿囊绒毛膜			
	羊膜			
	羽毛乳头突起			
	喙、眼、颅			
	颈部			
	跖与趾			
	皮肤			
	胸腹腔愈合状态			
	脐部愈合状态			
体腔内部观察	心			
	肝			
	肺			
	肾			
	胃			
	肠			
	卵黄囊状态			
	胚龄			

【考核标准】

考核方式	考核项目	评分标准		考核方法	考核分值	熟悉程度
		分值	扣分依据			
学生互评		10	根据小组代表发言、小组学生讨论发言、小组学生答辩及小组间互评打分情况而定			
考核评价	观察胚胎发育外部特征	30	通过观看视频、动画和 PPT，能够辨别胚胎发育早期外部特征 10 分；能辨别中期外部特征 10 分；能辨别后期外部特征 10 分	小组操作考核		基本掌握/熟练掌握
	观察胚胎发育照蛋特征	40	照蛋器使用方法正确 5 分；掌握头照的时间、目的和照蛋特征 10 分；掌握抽检的时间、目的和照蛋特征 10 分；掌握二照的时间、目的和照蛋特征 10 分；能描绘不同状态胚蛋的图谱 5 分			基本掌握/熟练掌握
	观察胚胎发育内部特征	20	能正确打开胚蛋，并进行剖检 5 分；能描述胚胎发育的典型特征 5 分；能区别胚胎的内部器官 10 分			基本掌握/熟练掌握
总分		100				

技能 2-6　初生雏禽的处理

【技能目标】　掌握初生雏的分级，理解初生雏鸡羽速雌雄鉴别法和羽色雌雄鉴别法，掌握雏鸡、雏鸭（鹅）翻肛雌雄鉴别法；熟悉初生雏鸡的免疫与断喙等工作。

【实训材料】　初生雏鸡（羽速、羽色自别雌雄及其他雏鸡）若干只。操作台、雏鸡笼（或纸箱）、翅标（或脚标）、台灯（60W 乳白色光灯泡）。有关初生雏鉴别操作手法和判别标准的图片（或幻灯片、视频等）。

【方法步骤】

（一）初生雏的挑选与分级

雏禽孵出后稍经休息，就应根据雏禽的生产目标，按不同禽群或禽舍，结合雏禽强弱、出雏时间进行分级。分级时，轻轻地用手掠过雏禽头、颈部，马上抬起头的多是健雏，再结合一看、二摸、三听进行判断（图 2-13）。

图 2-13　初生雏鸡的挑选与分级

一看，就是看雏禽的精神状态。健雏一般站立有力，活泼好动，反应机敏，眼大有神，羽毛覆盖完整、有光泽，腹部柔软，卵黄吸收良好；弱雏则缩头闭眼，羽毛蓬乱残缺，特别是肛门附近的羽毛多被粪便黏污，腹大、松弛，脐口愈合不良、带血、发黑、钉脐、线脐等。残雏则是外观有明显的残疾，如："剪子嘴"、脑壳愈合不完全、颈部扭曲呈"观星"姿势、脚趾弯曲、卵黄或肠在腹腔外等，这部分雏鸡是被淘汰的对象。

二摸，就是摸雏鸡的脐部、膘情、体温等。用手抓雏禽时手指贴于脐部，若感觉平整无异物则为强雏，若手感有钉子帽或丝状物存在则为弱雏。同时手握雏禽感到温暖、有膘，体态匀称，有弹性，挣扎有力的是强雏；弱雏手感身凉、瘦小、轻飘，挣扎无力。

三听，就是听雏禽的叫声。强雏叫声洪亮、清脆、短促；弱雏叫声微弱、嘶哑，或鸣叫不停、有气无力。

（二）初生雏的雌雄鉴别

1. 翻肛鉴别法　最适宜的鉴别时间是在出雏后 2～12h，以不超过 24h 为宜。

（1）初生雏鸡的鉴别。

①抓雏、握雏。有两种握雏的方法（图 2-14），一种是夹握：右手掌心贴雏背将雏抓起，然后将雏鸡迅速移交放在排粪缸附近的左手，使雏背贴于左掌心，肛门向上，雏颈轻夹于中指与无名指之间，双翅夹在食指与中指之间，无名指与小指弯曲，

将两脚夹在掌面；另一种是团握法：左手将鸡抓起，掌心贴雏背，雏鸡的肛门朝上，将雏鸡团握在左手中，雏的颈部和两脚任其自然。

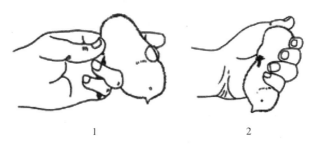

图 2-14 握雏手法
1. 夹握法 2. 团握法

②排粪、翻肛。鉴别观察前，先将粪便排出，左手拇指轻压腹部左侧髋骨下缘，借助雏鸡呼吸将粪便挤入排粪缸中。翻肛操作：左手握雏，左拇指从前述排粪的位置移至肛门左侧，左食指弯曲贴于雏鸡背侧，与此同时右食指放在肛门右侧，右拇指侧放在雏鸡脐带处（图 2-15 左），右拇指沿直线往上顶推，右食指往下拉，左拇指也往里挤，三指共同往肛门处收拢，在肛门处形成一个小三角区，三指凑拢一挤，肛门即可翻开（图 2-15 右）。

③鉴别、放雏。在带有反光罩的 40～60W 的乳白灯泡下根据生殖隆起（图 2-16）的有无和形态差别，便可判断雌雄。如看到很小的粒状阴茎突起，就是雄鸡，无突起的就是雌鸡。准确率可达 95% 以上。遇生殖隆起一时难以分辨时，也可用左拇指或右食指触摸，观察其充血和弹性程度。

④判别标准。初生雏鸡有无生殖隆起是鉴别雌雄的主要依据；但部分初生雌雏的生殖隆起仍有残迹，这种残迹与雄鸡的生殖隆起，在组织上有明显的差异，见表 2-19。

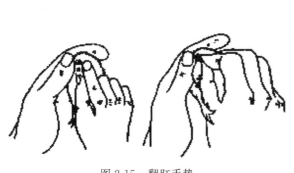

图 2-15 翻肛手势

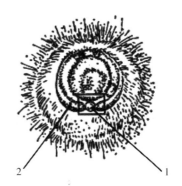

图 2-16 雏鸡的生殖隆起
1. 生殖突起 2. "八"字形皱襞

表 2-19 初生雏鸡生殖突起形态特征

性别	类型	生殖突起	八字皱襞
	正常型	无	退化
雌性	小突起	突起较小，隐约可见，不充血，突起下有凹陷	不发达
	大突起	突起稍大，不充血，突起下有凹陷	不发达

（续）

性别	类型	生殖突起	八字皱襞
雄性	正常型	突起饱满，大且圆，轮廓明显，充血	很发达
	小突起	小而圆	比较发达
	分裂型	突起分为两部分	比较发达
	肥厚型	比正常型大	发达
	纵平型	突起扁平，大且圆	发达且不规则
	纵型	突起直立，尖而小	不发达

（2）初生雏鸭（鹅）的雌雄鉴别。初生公雏鸭（公鹅）的泄殖腔处有呈螺旋形的阴茎雏形，可通过翻肛法辨别雌雄，翻肛的操作要领同初生雏鸡的翻肛鉴别法，翻开初生雏鸭（鹅）的肛门，如果在泄殖腔下方见到螺旋形的阴茎雏形，即为雄雏；若看不到螺旋形阴茎雏形，仅呈八字状的皱襞，则为雌雏。除此之外，生产中常用的方法有以下两种：

①捏肛鉴别法。左手握住雏鸭（鹅），肛门朝上；右手拇指、食指捏住肛门两侧，上下或前后稍一揉搓，感到有一芝麻粒大小的突起，尖端可以滑动，根端相对固定，即为雄雏。

②顶肛鉴别法。用左手捉住鸭（鹅），以右手的中指在鸭（鹅）的肛门部位轻轻往上一顶（食指与无名指则左右夹住体侧），如感觉有小突起，即为雄雏。

2. 羽速鉴别法 随着科学技术的发展，家禽育种科学家们根据伴性遗传的原理，培育出了自别雌雄的新品种、新品系。其原理是利用了羽速的伴性遗传知识，雏鸡的翼羽生长速度由位于性染色体上的慢羽基因（K）和快羽基因（k）控制，而且慢羽基因（K）对快羽基因（k）为显性。用慢羽母鸡（ZKW）与快羽公鸡（ZkZk）杂交所产生的子一代雄雏全部是慢羽（ZKZk），而雌雏全部是快羽（ZkW），如中国农业大学培育的节粮型蛋鸡。

（1）鉴别原理。将雏鸡翅膀打开，可以看到两排羽毛，靠近翅膀尖端的羽毛为主翼羽，靠近翅膀根部覆盖在主翼羽上的羽毛称为覆主翼羽，主翼羽比覆主翼羽长的称为快羽；其余情况为慢羽，有4种情形：①主微长型：主翼羽跟覆主翼羽的羽干等长，但主翼羽的羽干毛略长于覆主翼羽；②等长型：主翼羽与覆主翼羽长度相等；③主未出型：无主翼羽，只有覆主翼羽；④倒长型：主翼羽短于覆主翼羽。

（2）鉴别方法。左手握住雏鸡，右手将雏鸡的翅膀展开，用拇指和食指捻开雏鸡翼羽，从上向下进行观察。通过观察主翼羽和覆主翼羽的长短、形态，就能够对雏鸡的雌雄进行鉴别。快羽是雌雏，慢羽是雄雏（图2-17）。

羽速鉴别相对翻肛鉴别来说，操作比较方便，容易辨别，提高了鉴别的准确率，缩短了鉴别的时间，还减少了对雏鸡的应激，从而保证了雏鸡的质量。

3. 羽色鉴别法

（1）鉴别原理。鸡苗的羽毛颜色与羽毛生长速度一样也是受一对伴性遗传基因所控制的。雏鸡银白色绒羽的是雄雏（Ss），金黄色绒羽的是雌雏（s-）。根据雏鸡羽毛

图 2-17 快慢羽
1. 雌雏 2. 雄雏

颜色鉴别雌雄，准确率更高，更加一目了然。

（2）鉴别方法。将雏鸡放在操作台上观察其羽毛颜色，以海兰褐为例：具有金黄色羽毛雏鸡为母雏，具有银白色羽毛的雏鸡为公雏。由于鉴别方法简单，效率也高多了。当然这种方法也不能适用于所有的品种，我国引进的褐壳蛋系品种的商品蛋鸡，大部分都能根据雏鸡羽色鉴别雌雄，常见的有海兰褐、罗曼褐、依莎褐、罗斯褐等商品代雏鸡都可以采用羽色鉴别法。

（三）初生雏的免疫

1. 初生雏鸡的免疫 为预防鸡马立克氏病，初生雏 24h 内接种马立克氏病疫苗，每只雏鸡用连续注射器将稀释后的疫苗在颈部皮下注射 0.2mL。注射时用拇指和食指在颈部后 1/3 处捏起皮肤，使针头由前向后呈 30°角斜插入隆起的皮下，待疫苗注入后再松开拇指和食指。稀释后的疫苗须在 0.5h 内用完（图 2-18）。

图 2-18 初生雏的免疫

2. 初生雏鹅的免疫 初生雏鹅在 24h 内，出售前皮下注射抗雏鹅新型病毒性肠炎-小鹅瘟二联高免血清或卵黄抗体。

（四）初生雏的红外断喙

近年来，1 日龄雏鸡断喙因断喙均匀性好，断喙后雏鸡不出血、不会造成细菌感染等优势，逐渐被越来越多的饲养管理者接受和选择。主要是采用一种 PSP 红外断喙器操作，可同时给 4 只鸡断喙。每个操作人员同时可将两只雏鸡的头部卡在机器温柔安全的断喙面罩上，机器连续不断地在旋转，旋转到断喙部位时机器发出高强红外线光束，穿透鸡喙硬角质层，直至喙部的基础组织，2～3 周以后，随着鸡只正常采食和饮水，喙部外层发黑坏死，变软脱落，露出逐渐硬结的内层。这种 1 日龄雏鸡断喙的方法，不需要工作人员花费额外时间用于鸡舍抓鸡，减少了应激，生物安全性也有所提高，为提高后期鸡群生产性能奠定了基础。

（五）初生雏的剪冠与断趾

1. 剪冠　在出壳 24h 内剪冠，先用碘酒棉球将鸡冠部羽毛消毒处理，同时使鸡冠充分暴露，便于剪冠操作。左手握鸡，固定好头部，右手用眼科剪刀贴冠基部从前向后将冠叶一次全部剪掉。剪完后用碘酒棉球再次消毒创口。

2. 断趾　在 1～3 日龄或断喙时切趾，操作时左手握鸡，右手的拇指和食指固定鸡爪，用切趾器或断喙器切去第 1、2 趾的趾爪，把趾尖的外关节切去。如果为了做标记，可根据需要切趾。

（六）雏禽的包装与发运

雏鸡出壳后，经过一段时间绒毛干燥、选择、鉴别、标号处理后就可以接运了。接运的时间越早越好，即使是长途运输也不要超过 48h，最好在 24h 内将雏鸡送入育雏舍内。雏鸡在孵化厅内，存放的室内温度应为 22℃。运雏时盒之间温度应保持在 20～22℃，每摞盒子不要超过 5 个，否则盒内的温度应在 30℃ 以上，时间过长对鸡的生长发育有较大的影响。雏鸡的运输也是一项重要的技术工作，稍不留心就会造成较大的经济损失。实践证明，要安全和符合卫生条件地运输雏鸡，必须做好以下几方面的工作。

1. 运输前的准备工作

（1）选择好运雏人员。运雏人员必须具备一定的专业知识和运雏经验，还要有较强的责任心。能针对不同情况及时采取措施，避免雏鸡被热死、闷死、挤死、压死、冻死等情况的发生。

（2）准备好运雏工具。运雏用的工具包括交通工具、装雏箱及防雨保温用品等。交通工具（车、船、飞机等）视路途远近、天气情况和雏鸡数量灵活选择，但无论采用何种交通工具，运输过程都要求做到稳而快。长途运雏最好选择带有通风装置或冷暖空调的改装客车或运货卡车，以保证将雏鸡散发的大量热量排散出去，同时无论冬夏均能给雏鸡舒适的温度。装雏用具要使用专用雏鸡箱（图 2-19），运输箱的规格及容雏数量见表 2-20。

图 2-19　雏鸡专用包装箱

表 2-20　运输箱的规格及容雏数

规格（长×宽×高）/cm	容雏数/只
15×13×18	12
30×23×18	25
45×30×18	50

（续）

规格（长×宽×高）/cm	容雏数/只
60×45×18	100（常用）
120×60×18	300

雏鸡专用包装盒的四周及上盖要有若干个直径为2cm的通风孔，盒的长、宽、高尺寸合适，肉种鸡盒要比蛋种鸡盒略大，内分4格，底部铺防滑纸垫，每格放20～25只鸡雏，炎热的夏季可每格放20只，每盒装80只，其他季节每格放25只，每盒装100只。这样既有利于保温和通风，还可以避免鸡雏在盒内相互挤压、践踏或摇荡不安。

装车前要认真清点雏鸡数量、检查雏鸡质量并将车厢内温度调至25～28℃，车厢底部铺上利于通风的板条之类的装置，装车时将鸡盒按顺序码放，鸡盒与车厢体之间、鸡盒的排与排之间一定要留有空隙，同时留出人员能够进出的过道，以便路途上观察雏鸡状态并根据状态调整车内温度和鸡盒位置。

（3）车辆及用具的消毒。对运雏所用的车辆、包装盒、工具以及运雏需要的服装、鞋帽等进行认真彻底地清洗和消毒。

2. 运输方法

（1）选择适宜的运雏时间。初生雏鸡体内还有少量未被利用的蛋黄，可以作为初生阶段的营养来源，所以雏鸡在48h内可以不饲喂。这是一段适宜运雏的时间。此外还应根据季节和天气确定启运时间。夏季运雏宜在日出前或傍晚凉快时间进行，冬天和早春则宜在中午前后气温相对较高的时间启运。

（2）保温与通风。装车时要将雏鸡箱错开摆放，箱周围要留有通风空隙，重叠高度不要过高，每摞盒子不要超过5个。气温低时要加盖保温用品，但注意不要盖得太严。装车后要立即启运，运输过程中应尽量避免长时间停车。运输人员要经常检查雏鸡的情况，通常每隔0.5～1h观察一次。如见雏鸡张嘴抬头、绒毛潮湿，说明温度太高，要掀盖通风，降低温度；如见雏鸡挤在一起、吱吱鸣叫，说明温度偏低，要加盖保温。当因温度低或是车子震动而使雏鸡出现扎堆挤压的时候，还需要将上下层雏鸡箱互相调换位置，以防中间、下层雏鸡受闷而死。

（3）车辆运行要平稳。尽量避免颠簸、急刹车、急转弯；起动和停车时，速度宜缓慢，以利于雏鸡适应车速的变化；上下坡宜慢行，以利于雏鸡保持重心，避免挤到一起而造成损伤；路面不平时宜缓慢，避免因速度快而加大震动；在平直和车辆较少的路段，应尽量快些。

（4）运输途中随时观察雏鸡的情况。如果发现雏鸡张嘴呼吸、叫声尖锐，表明车厢内温度过高，要及时通风；如果发现雏鸡扎堆、吱吱乱叫，表明车厢内温度过低，要及时做好保温工作。运输途中，最适宜温度是25℃左右。运输过程中勿停车，随车人员应准备一些方便食物在车内就餐。

（5）雏鸡到达目的地后，应对车体消毒后再进入场内。卸车过程速度要快，动作要轻、稳，并注意防风和防寒。如果是种鸡，应根据系别、性别分别放入各自的育雏舍，做好隔离。打开盒盖，检查雏鸡状况，核实数量，填写运雏交接单。

（6）进舍后雏鸡的合理放置。先将雏鸡数盒一摞放在地上，最下层要垫一个空盒或其他东西，静置30min左右，让雏鸡从运输的应激状态中缓解过来，同时适应一

初生雏鸡
的处理

下鸡舍的温度环境，然后再分群装笼。分群装笼时，按计划容量分笼安放雏鸡。最好能根据雏鸡的强弱大小，分开安放，弱的雏鸡要安置在离热源最近、温度较高的笼层中。少数俯卧不起的弱雏，放在 35℃ 的温热环境中特别饲养。这样，弱雏会较快缓过劲来，经过 3~5d 单独饲养护理，康复后再置入大群内，笼养时首先可以将雏鸡放在较明亮、温度较高的中间两层，便于管理，以后再逐步分群到其他层去。

【提交作业】 将鉴别雏鸡雌雄的结果填入表 2-21。

表 2-21 雏鸡雌雄鉴别结论

雏鸡编号	羽色（或羽速、生殖突起）特征	鉴别结论
1		
……		

【考核标准】

考核方式	考核项目	评分标准		考核方法	考核分值	熟悉程度
		分值	扣分依据			
学生互评		10	根据小组代表发言、小组学生讨论发言、小组学生答辩及小组间互评打分情况而定			
考核评价	初生雏鸡的选择与分级	30	通过看的方法准确区分健雏、弱雏和残雏 10 分；通过摸的方法准确区分健雏、弱雏和残雏 10 分；通过听的方法准确区分健雏、弱雏和残雏 10 分	小组操作考核		基本掌握/熟练掌握
	雏鸡的雌雄鉴别	30	采用翻肛法：抓雏，握雏方法正确 10 分；排粪、翻肛操作符合要求 10 分；根据肛门特征准确鉴别 10 分。或采用羽色、羽速快速准确鉴别雌雄			基本掌握/熟练掌握
	剪冠、断趾	20	剪冠时间选择适宜，操作方法正确，并能进行较好的消毒 10 分；断趾时间选择适宜，操作方法正确，断趾部位正确 10 分			基本掌握/熟练掌握
	雏鸡的暂存	10	掌握暂存位置环境要求 5 分；掌握暂存用具的选择和雏鸡的观察 5 分			基本掌握/熟练掌握
总分		100				

孵化效果的
检查与分析

自测练习

项目三

家禽饲料的选用与调配

【知识目标】 家禽对营养物质需要量受到许多因素的影响，包括品种、性别、周龄、营养状况、日粮及环境等。在最终确定家禽对各种养分的需要量时，必须综合分析各种影响因素，并结合生产实践经验。

【能力目标】 培养学生制订一个合理的家禽营养供给程序的能力。

【思政目标】 养成珍惜资源、勤俭节约的美德和科学严谨的职业素养。遵循标准和适度原则，明白过而不宜的道理。

任务一 家禽的营养需要

 任务描述

营养需要即营养需要量，是指每日每只家禽对能量、蛋白质、矿物质和维生素等营养物质的需要量。家禽在生存和生产过程中必须不断地从外界摄取营养物质，家禽品种、生理状态、生产水平以及饲养的环境条件不同对养分的需要量也不同。因此，需要对各阶段营养需要量作出规定，以便指导生产。

任务实施

根据家禽所需营养物质的功能和化学性质，家禽所需的营养物质主要有 5 种，分别是能量、蛋白质、维生素、矿物质和水。

一、能量需要

家禽的能量需要通常用代谢能来表示，代谢能指饲料中能被机体利用的能量，为食入的饲料总能减去粪能、尿能及消化道可燃气体能后剩余的能量。

家禽的一切生理过程，包括运动、呼吸、循环、吸收、排泄、神经活动、繁殖、体温调节等，都需要消耗能量。饲料能量主要来源于糖类、脂肪和蛋白质。禽饲料能量的主要来源是糖类。脂肪在饲料中含量较少，不是主要能量来源。蛋白质必须先分解为氨基酸，氨基酸脱氨基后再氧化释放能量，一方面在动物体内不能完全氧化，另

一方面在脱氨基过程中产生的氨对动物有害，因此蛋白质不宜作为主要能源使用。糖类的主要作用是供给热能并能将多余部分转化为体脂肪。糖类由碳、氢、氧3种元素组成，是机体活动能源的主要来源，也是体组织中糖蛋白、糖脂的组成部分。饲料的中糖类释放的能量与其元素组成有关，1g氢氧化为水，放出144.3kJ热量，1g碳氧化为二氧化碳，放出33.81kJ热量。鸡、鸭、鹅相比，鹅对粗纤维的消化能力较强，粗纤维可供给鹅所需要的部分能量。鸡日粮中粗纤维素含量以2.5%~3.5%为宜。雏鸭日粮粗纤维含量不超过3.0%，生长肥育肉鸭日粮不超过6.0%。肉用仔鹅日粮中纤维素含量可达5%~7%。糖类的主要来源是植物性饲料如谷实类、糠麸类、多汁饲料等。一般雏鸡饲料能量需要为11.9~12.4MJ/kg，2~8周龄肉仔鸡为11.7~13.0MJ/kg，产蛋鸡日粮中代谢能通常为10~12MJ/kg。

脂肪在家禽体内的作用是提供能量，其热能比相同重量的糖类高2.25倍。饲料中1g脂肪含能量为39.29kJ。如果脂类物质缺乏将导致代谢紊乱，表现为皮肤病变、羽毛无光泽且干燥、生长缓慢和繁殖力下降等。通常肉鸡日粮中添加5%~8%、产蛋鸡日粮添加3%~5%的饲用脂肪。在鸭和鹅的日粮中添加1%~3%的油脂可满足其高能量的需要，同时也能提高能量的利用率和抗热应激的能力。亚油酸和a-亚麻酸是家禽的必需脂肪酸，幼禽日粮中亚油酸的含量通常应维持在1.2%~2.0%的水平，而为了获得较高的产蛋率、蛋的受精率和孵化率，日粮中亚油酸含量应为1.0%~1.5%。

二、蛋白质需要

蛋白质是构成禽体所有组织、器官、羽毛、骨骼、内脏、抗体、激素等的重要物质，家禽对蛋白质的需要量通常用粗蛋白的百分数表示。家禽对蛋白质的需要量取决于家禽的种类、日龄、产蛋率、产肉性能等。各国饲养标准对动物蛋白质、氨基酸需要的规定不尽相同，原因是各国用于研究蛋白质、氨基酸需要的典型饲粮的不同以及实验条件和氨基酸分析测定的差异。我国标准推荐的粗蛋白质需要量一般比NRC（1988）标准高5%左右，而赖氨酸却低20%左右；与NRC（1998）标准相比，粗蛋白质需要低10%，赖氨酸低30%左右。动物对蛋白质的需要实际上是对氨基酸的需要，家禽已开始采用可消化（可利用）氨基酸体系，动物年龄越小，所需粗蛋白质与氨基酸比例越高。

产蛋家禽的蛋白质需要量可分为维持需要、体成熟前的生长需要、羽毛生长与更新需要、产蛋需要等。饲粮蛋白质、氨基酸长期缺乏，产蛋量下降，蛋重减轻，严重缺乏时则产蛋停止。饲粮中氨基酸或蛋白质过量导致其他养分需要增加。同时尿酸生成增多，能量利用率降低。1枚蛋50~60g，蛋中含蛋白质12%，那么1枚鸡蛋含蛋白质6.0~7.2g，饲料蛋白转化为鸡蛋蛋白的效率为50%，这样，每产1枚蛋需饲料蛋白质12~14.4g。若前期体重为1.5kg，每天内源氮蛋白质排出量按$0.2/W^{0.75} \times 6.25$计，每天排出粗蛋白质1.7g，产蛋鸡对饲料蛋白质的利用效率为55%，每天维持需要3.1g，这样鸡所需的蛋白质为16.5g。产蛋后期体重按1.8kg计，需蛋白质18g。所以，一般轻型产蛋鸡日需蛋白质17~18g。火鸡、北京鸭、日本鹌鹑产蛋期蛋白质的需要分别为14%、15%和24%。当饲粮蛋白质不足或氨基酸受到限制时，蛋中氨基酸的比例不变，但产蛋量和饲料利用率下降。

家禽的必需氨基酸有11种，包括赖氨酸、蛋氨酸、色氨酸、苏氨酸、组氨酸、亮氨酸、异亮氨酸、苯丙氨酸、精氨酸、缬氨酸和甘氨酸，通常把胱氨酸、酪氨酸也列为家禽的必需氨基酸。饲料中胱氨酸需要量不足会使蛋氨酸的需要量增加。酪氨酸不足时对苯丙氨酸需要量增加。甘氨酸在雏鸡体内含量较少，必须由饲料供给。在生产实践中，添加合成氨基酸（蛋氨酸、赖氨酸）时，粗蛋白质水平可降低2％～3％。对于家禽，一般是蛋氨酸较赖氨酸更易缺乏，常为第一限制性氨基酸，但使用机榨菜籽饼时需注意可利用赖氨酸可能不足，补充第一和第二限制性氨基酸是提高饲料蛋白质和氨基酸利用率最有效的途径。非必需氨基酸是家禽体内能够合成的氨基酸，包括丙氨酸、谷氨酸、丝氨酸、天门冬氨酸、脯氨酸等。

三、矿物质需要

矿物质是骨骼、血红蛋白、甲状腺激素的重要组成成分，它具有调节渗透压、保持酸碱平衡的作用，是家禽生长不可或缺的重要物质。根据其在机体内含量的不同，通常分为常量元素和微量元素两大类，常量元素是占体重0.01％以上的元素，包括钙、磷、氯、钠、钾、硫。微量元素是占体重0.01％以下的元素，主要有铜、铁、锰、硒、钴、碘、钼等。在机体生命活动过程中起十分重要的调节作用，尽管占体重很小，且不供给能量，但缺乏时动物生长或生产受阻，甚至死亡。

（一）常量矿物质元素

1. 钙与磷 动物体灰分的70％为钙和磷，大约99％的钙和80％的磷存在于骨及牙齿中，剩余部分分布在其他组织和体液中。蛋中的钙来自饲料和体组织中，但家禽因骨量小、骨壁薄，体内贮存钙的能力有限。所以产蛋家禽对钙的需要特别高。一枚蛋约含2.2g钙，饲料钙的利用率以50％～60％计，每产1枚蛋需要3～4g钙。1个鸭蛋含钙2.9～3.02g，蛋鸭对钙的利用率约为65％，因此产1个蛋需钙4.8～5.12g。中等体型年产蛋300枚的蛋鸡由蛋排出的钙约680g，碳酸钙约1.7kg，相当于母鸡全身钙的30倍。合理补钙能减少蛋的破损率，如果饲料中钙不足，就会动用骨骼中的钙形成蛋壳，骨骼中的钙被动用形成蛋壳的时间越长，蛋壳强度越差，不但会出现软壳蛋或无壳蛋，而且会促进吃料，增加饲料消耗，促进肝与肌肉中脂肪沉积，严重影响产蛋率。反之，供钙过多，则使蛋禽食欲减弱，明显影响产蛋量。正常情况下，蛋鸭钙的合理需求量为：产蛋率在65％以下时，钙为2.5％；产蛋率在65％～85％时，钙为3％；产蛋率达80％以上时，钙为3.21％～3.5％。禽对钙磷比的耐受力较大，正常比值在（1～2）：1，产蛋鸡也不超过4：1。产蛋母鸡颗粒状的钙源性饲料在其腺胃和肌胃贮留的时间主要取决于其颗粒的大小，大的时间长，小的时间短。产蛋母鸡石灰石颗粒标准为3.35mm，而小母鸡的颗粒为1.4～2mm，均比粉状钙源性饲料的生物学价值高。据研究，0.3％的有效磷和4.0％的钙可使蛋鸡获得最大产蛋量和最佳蛋壳质量；我国蛋鸡和种鸡总磷的需要为0.6％，与饲粮钙的需要量3％～4％结合考虑，钙磷比为（5～6）：1。饲粮中的维生素D可促进钙、磷的吸收，产蛋家禽接触阳光，可增加维生素D的合成量。笼养鸡由于不能从排泄物中获得磷，所以对磷的需要量高于平养鸡。

2. 钠、钾、氯 钠、钾、氯能够维持体内酸碱平衡和促进蛋壳形成。在不含食盐的饲粮中加入0.5％的食盐，产蛋鸡每日氮沉积由4g增至4.4g，且获得最大产蛋率。饲粮微量元素能否满足需要，应根据饲料微量元素含量和利用率进行考虑。缺钠可降低能量和蛋白质的利用，动物表现为体重减轻，生产率下降。产蛋鸡缺钠，易出现啄羽、啄肛现象，同时也伴随着产蛋率下降和蛋重减轻，但不同品种鸡生产力下降程度不同。较长时间缺乏食盐的动物，任食食盐可导致中毒，在限制饮水或肾功能异常时，动物采食过量的食盐，也会出现中毒症状。其中毒表现为腹泻、极度口渴、产生类似于脑膜炎的神经症状。鸡饮水量少，适应能力差，日粮中含3%的食盐即可发生水肿，再多可致死亡。高氯会引起代谢性酸中毒，从而抑制碳酸酐酶活性，妨碍碳酸盐形成，促使碳酸氢盐从肾排出；也可抑制肾中1α-羟化酶活性，妨碍25-羟-维生素D_3转变成活性形式1，25-二羟维生素D_3，影响钙磷代谢。

3. 硫 硫以含硫氨基酸的形式参与被毛、羽毛、蹄爪等角蛋白的合成，饲粮中添加一定量的无机硫能减少家禽对含硫氨基酸的需要量。禽类缺硫易发生啄食癖，影响羽毛质量。动物日粮中的硫一般都能满足需要，不需要另外补饲，但在动物脱毛、换羽期间，为加速脱毛、换羽的进行，以尽早地恢复正常生产，可补饲硫酸盐。

4. 镁 机体中70%的镁存在于骨骼中，镁也是构成骨骼的成分，同时也作为酶的活化剂，低镁时神经肌肉兴奋性提高，高镁时抑制，当鸡饲粮中镁高于1%时，鸡的生长速度减慢、产蛋率下降、蛋壳变薄。在生产中使用含镁添加剂混合不均时也可能发生中毒。

（二）微量矿物质元素

1. 铁 铁在畜体内的含量为体重的0.003%～0.005%，其中2/3存在于血红蛋白中。雏鸡严重缺铁时心肌肥大，铁不足直接损伤淋巴细胞的生成，影响机体内含铁球蛋白类的免疫性能。

2. 铜 铜是形成血红蛋白时必要的催化剂，铜缺乏时铁的吸收不能正常进行，因此缺铜的主要症状是贫血。铜与被毛色素的沉积以及脑细胞和骨髓的质化等有关；铜可发挥类似抗生素的作用，对鸡有促进生长作用。铜过量可危害动物健康甚至中毒，雏鸡达300mg会引起中毒。过量铜会使红细胞溶解，出现血尿和黄疸症状，组织坏死，甚至死亡。

3. 锰 动物缺锰时，采食量下降，生长发育受阻，骨骼畸形，关节肿大，骨质疏松。生长鸡患"滑腱症"，腿骨粗短，胫骨与跗骨接头肿胀，后腿腱从髁状突滑出，鸡不能站立，难以觅食和饮水，严重时死亡。产蛋母鸡缺锰，种蛋孵化时，鸡胚软骨退化，死胎多，孵化率下降，蛋壳不坚固。锰缺乏，影响蛋壳膜的形成、蛋壳的形态、厚度和鸡蛋产量。每千克日粮中添加30～90mg锰，可显著提高蛋壳中氨基己糖和糖醛酸含量，有效改善蛋壳质量。

4. 锌 锌分布于机体的所有组织中，其中以肌肉、肝、毛等组织中锌的浓度较高，锌的作用就是参与体内多种酶的合成，间接参与蛋白质、核酸、糖类的代谢。缺锌影响生长速度、食欲减退，缺锌影响碳酸酐酶活性而影响蛋壳质量，也使雏鸡羽毛生长不良并常发生皮炎。缺锌的母鸡所产的蛋的孵化率降低。

四、维生素需要

维生素分为脂溶性维生素（维生素A、维生素D、维生素E、维生素K）和水溶性维生素（B族维生素和维生素C）。维生素是维持动物正常生理功能所必需的低分子的有机化合物（3-1）。

表3-1　各种产蛋禽的维生素需要量

维生素种类	产蛋鸡	种鸡	种火鸡	北京鸭	日本鹌
维生素A/（IU/kg）	4 000	4 000	5 000	4 000	3 300

（续）

维生素种类	产蛋鸡	种鸡	种火鸡	北京鸭	日本鹌
维生素 D/（IU/kg）	500	500	1 100	900	900
维生素 E/（mg/kg）	5	10	25	10	25
维生素 K/（mg/kg）	0.5	0.5	1	0.5	1
维生素 B_1/（mg/kg）	0.8	0.8	2	4	2
维生素 B_2/（mg/kg）	2.2	3.8	4	11	4
泛酸/（mg/kg）	2.2	10	16	55	15
烟酸/（mg/kg）	10	10	40	3	20
维生素 B_6/（mg/kg）	3	4.5	4		3
生物素/（mg/kg）	0.10	0.15	0.20		0.15
胆碱/（mg/kg）	500	500	1 000		1 500
叶酸/（mg/kg）	0.25	0.35	1		1
维生素 B_{12}/（mg/kg）	0.003	0.003	0.003		0.003

（一）脂溶性维生素

1. 维生素 A 维生素 A 能使家禽眼睛保持健康且视力正常、促进机体与骨骼生长、调节三大代谢等功能，并能增强家禽抗病能力、提高产蛋、产肉能力、受精、孵化及成活率。缺乏维生素 A 时家禽会发生上皮组织干燥、角化、出现流泪、眼睛发红症状，严重时眼睛会流出黄色液体，甚至失明。

2. 维生素 D 维生素 D 能促进钙、磷吸收和骨骼、蛋壳形成。缺乏时家禽出现生长缓慢、羽毛蓬乱、骨化不良、腿脚无力，严重时腿弯曲、关节肿大、脚软不能站立、蛋壳变薄或产软壳蛋，产蛋率和孵化率下降。

3. 维生素 E 维生素 E 也称生育酚，它能促使家禽睾丸发育、精液量增加，具有抗氧化作用，能保持多种不饱和脂肪酸不被氧化，保持核酸的正常代谢，维持骨骼肌、心肌、平滑肌及外周血管系统的功能，能促进甲状腺激素、促肾上腺皮质激素和促性腺激素的产生，缺乏时雏鸡产生肌肉营养不良与渗出性素质，脑质软化；鸡群出现产蛋率、受精率下降，胚胎死亡率升高、孵化率降低。

4. 维生素 K 维生素 K 能增加家禽体内血液的凝固性，能治疗家禽的某些原因不明的贫血。缺乏维生素 K 可导致家禽凝血时间延长；皮下和肌肉间隙呈出血现象，家禽可能由于擦伤引起出血死亡，雏鸡表现出颈、翅、腹腔等部位呈现大片出血斑点。

（二）水溶性维生素

1. B 族维生素 B 族维生素理化特性、主要生理功能及主要缺乏症见表 3-2。

表 3-2 B 族维生素理化特性、主要生理功能及主要缺乏症

维生素名称	理化特性	主要生理功能	主要缺乏症
维生素 B_1（硫胺素）	在干热条件下及酸性溶液中颇为稳定，在碱性溶液中易被氧化	以羧化辅酶的成分参与丙酮酸的氧化脱羧反应；维持神经组织和心脏正常功能；维持胃肠正常消化机能；为神经介质和细胞膜组分，影响神经系统能量代谢和脂肪酸合成	心脏和神经组织机能紊乱，心肌坏死，雏鸡患"多发性神经炎"，头部仰，神经变性和麻痹；鸡和火鸡缺乏维生素 B_1 表现为食欲差、消化不良、肌肉及外周神经受损（如多发性神经炎、角弓反张、强直和频繁的痉挛）

（续）

维生素名称	理化特性	主要生理功能	主要缺乏症
维生素 B_2（核黄素）	对光和碱均不稳定，极易溶于碱性溶液，对酸相对稳定	以辅基形式与特定酶结合形成多种黄素蛋白酶，参与蛋白、脂类、糖类及生物氧化；与色氨酸、铁的代谢及维生素 C 合成有关；与视觉有关；强化肝功能，为生长和组织修复所必需	缺乏可能导致多系统功能障碍，主要包括神经肌肉疾病、贫血和心血管疾病。鸡缺乏维生素 B_2 的典型症状为足爪向内弯曲（卷趾瘫痪）、用跗关节行走、腿麻痹、腹泻、产蛋量和孵化率下降等，火鸡缺乏维生素 B_2 出现严重的皮炎
维生素 B_3（烟酸、维生素 PP）	对氧化还原剂稳定，不易被光、热、酸、碱破坏	是辅酶 A 的成分，参与三大营养物质代谢，促进脂肪代谢和抗体合成，是动物生长所必需	缺乏可出现皮疹、消化系统及神经系统异常。鸡表现为食欲不振、生长缓慢、上消化道炎症、腿部皮炎、羽毛生长减慢和骨短粗病。雏火鸡可发生跗环节扩张
维生素 B_5（泛酸）	稳定，遇酸、碱、热及氧化剂均不易被破坏	以辅酶I、II的形式参与三大营养物质代谢；参与视紫红质的合成；维持皮肤的正常功能和消化腺分泌；参与蛋白质和 DNA 合成	禽缺乏时，表现为生长受阻、羽毛生长不良、皮炎、脂肪肝、口角结痂、严重缺乏时可引起死亡
维生素 B_6（吡哆醇、吡哆醛、吡哆胺）	酸性溶液中稳定，碱性溶液中极易被破坏，怕光。	以转氨酶和脱羧酶等多种酶系统的辅酶形式参与氨基酸、蛋白质、脂肪和糖类代谢；参与抗体合成；促进血红蛋白中原卟啉的合成	维生素 B_6 缺乏在动物中表现为对称性剥脱性皮炎，鸡表现为异常兴奋、癫狂、无目的运动和倒退、痉挛
维生素 B_7（生物素）	耐酸、碱和热，氧化剂可破坏	以各种羧化酶的辅酶形式参与三大营养物质代谢	生长迟缓、食欲不振、羽毛干燥、变脆，趾爪、喙底和眼周围皮肤炎症，类似泛酸缺乏症。胫骨粗短是家禽缺乏生物素的典型症状
维生素 B_{11}（叶酸）	对空气和热稳定，能被可见光和紫外线辐射分解，在酸性溶液中加热易分解，室温保存易损失	以辅酶形式通过一碳基团的转移，参与蛋白质和核酸的合成及某些氨基酸的代谢，促进红细胞、白细胞的形成与成熟	缺乏可导致 DNA 和 RNA 的生物合成受损，从而减少了细胞分裂，大多数动物叶酸缺乏主要表现为巨幼红细胞性贫血、食欲降低、消化不良、腹泻、生长缓慢、皮肤粗糙、脱毛、白细胞和血小板减少。雏鸡表现为羽毛形成受阻、有色羽毛褪色，幼龄火鸡后期出现特征性颈部瘫痪，母鸡产蛋减少、孵化率低、胚胎畸形
维生素 B_{12}	遇强酸、强碱、氧化剂及日光照射均可破坏	是几种酶系统中的辅酶，参与核酸、胆碱、蛋白质的合成与代谢；促进红细胞的形成与发育；维持肝和神经系统的正常功能	食欲下降，营养不良，贫血，神经系统损伤，皮炎，抵抗力下降，繁殖机能降低。雏鸡羽毛不丰满，肾损伤，出壳雏鸡骨骼异常，胚胎最后 1 周死亡

2. 维生素 C 维生素 C 参与机体多种代谢，能增强鸡对寒冷和疾病的抵抗力，减少传染病的发生，提高产蛋率。每 100kg 饲料中添加 5g 维生素 C，饲料消耗可降

低 8%，产蛋率可提高 7.6%。维生素 C 具有抗感染、解毒与抗应激等作用，可增强鸡对热应激和疾病的抵抗力，提高鸡的耐热性，增进食欲，提高产蛋率。在高温时节，每千克日粮中添加维生素 C 200～300mg，产蛋率可提高 6%～8%。雏鸡每日添喂维生素 C 100mg，有改善鸡代谢的作用，能增强体质、增进食欲，促进生长发育，提高成活率。

五、水的营养需要

水是家禽体内含量最多的组成成分，在新陈代谢中起着重要作用，是营养物质吸收、代谢和代谢物运输所必需的溶剂。水能调节家禽体温，能使家禽骨骼的关节保持润滑和活动自由。1 周龄的雏鸡体内含水 85%，成年鸡含水 55%。动物绝食期间，几乎消耗体内全部脂肪，半数蛋白质或失去 40% 的体重时，仍能生存。但是，动物体水分丧失 10% 就会引起代谢紊乱，失水 20% 时会死亡。

据研究，家禽出雏后 24h 消耗体内水分 8%，48h 消耗 15%。因此，初生雏及时饮水非常重要。缺水时，雏鸡体重减轻，脚爪干瘪，抽搐，羽毛无光泽，眼睛下陷。缺水过多时，雏鸡会因缺水而死亡。缺水 12h 以上对青年鸡的生长和产蛋鸡的产蛋有不良影响。缺水 24h，蛋鸡产蛋率下降 30%，蛋变小、变形，甚至产软壳蛋。恢复供水后，经 25～30d 后才能恢复正常。缺水 36h 以上时，家禽的死亡率明显增加。缺水 36～40h 后恢复供水可能会引起水中毒，并引起死亡。

根据环境温度变化，应合理调节家禽的供水量，以料水比计算，产蛋母鸡的需水量应为 1∶2，当环境温度达 35℃时需水量应为 1∶47。

任务二　家禽的常用饲料

家禽的常用饲料

任务描述

饲料是指在合理的饲养条件下能对家禽提供营养物质、调控生理机制、改善动物产品品质，且不产生有毒有害作用的物质。饲料种类繁多，养分组成和营养价值各异。本任务主要了解家禽的常用饲料原料的种类及其营养特点。

任务实施

（一）能量饲料

能量饲料是饲料干物质中含纤维<18%、蛋白质含量<20%的饲料。在家禽饲料中常用的能量饲料为禾本科籽实、糠麸类饲料和其他类等。

1. 禾本科籽实　常用的禾本科籽实主要包括玉米、高粱、大麦和燕麦等。

2. 糠麸类饲料　一般谷实的加工分为制米和制粉两大类。制米的副产物称作糠，制粉的副产物则为麸。主要是由籽实的种皮、糊粉层与胚组成。营养价值的高低随加工方法而异。几种常用的糠麸类饲料包括稻糠、小麦麸、高粱麸、玉米皮等。

3. 其他能量饲料　其他能量饲料如油脂、糖蜜等。

（二）蛋白质饲料

蛋白质饲料是指天然含水量<45％，干物质中粗纤维含量<18％、粗蛋白质含量>20％的饲料。家禽常用蛋白质饲料主要包括植物性蛋白质饲料、动物性蛋白质饲料两大类。这两类饲料对于提高动物的生产性能具有十分重要的作用。

1. 植物性蛋白质饲料 植物性蛋白质饲料主要包括大豆、豌豆等豆类籽实，大豆饼（粕）、花生仁饼粕、棉籽饼（粕）、菜籽饼（粕）、葵花籽饼、芝麻饼和亚麻饼（粕）等饼粕类及加工副产品。

2. 动物性蛋白质饲料 动物性蛋白质饲料主要有鱼粉、肉骨粉、乳清粉、血粉、羽毛粉、蚕蛹粉等。

（三）矿物质饲料

矿物质饲料是指用来提供常量元素与微量元素的天然矿物质及工业合成的无机盐类，也包括来源于动物的贝壳粉和骨粉。

1. 补充钙的饲料 主要有石灰石粉、贝壳粉、蛋壳粉等。

2. 补充钙、磷的饲料 主要有骨粉、磷酸钙盐等。

3. 补充钠、氯的矿物质饲料 主要有食盐、碳酸氢钠等。

4. 其他矿物质饲料 主要有沸石、麦饭石、海泡石、膨润土等。

家禽常用饲料的营养成分见表3-3。

表 3-3 家禽常用饲料的营养成分

饲料类别	饲料名称	水分/%	粗蛋白质/%	粗脂肪/%	粗纤维/%	代谢能/（MJ/kg）	钙/%	磷/%
谷实类	玉米	11.4	8.84	4.0	1.68	14.30	0.085	0.31
	高粱	11.5	8.95	4.2	3.93	13.35	0.06	0.26
	稻谷	12.2	8.2	1.78	9.04	8.12	0.23	0.83
	碎米	15.03	8.53	3.5	1.32	12.55	0.12	0.02
	秕谷	11.5	5.6	2.0	23.9			
	小麦	13.29	9.86	1.85	1.77	12.63	0.05	0.79
	大麦	11.6	10.45	1.9	5.0	12.13	0.14	0.35
糠麸类	麸皮	14.05	12.68	3.75	10.11	7.45	0.17	0.61
	米糠	12.4	14.05	17.6	7.35	11.38	0.23	1.14
	统糠	11.2	8.75	8.6	21.7			
	大麦糠	13.0	15.40	3.20	5.70	9.54	0.03	0.48
	玉米皮	11.41	9.5	4.55	7.74	7.37	0.09	0.17
动物性蛋白质饲料	鱼粉	8.14	48.59	8.77	0.7	13.82	5.48	2.84
	蚕蛹	79.62	11.27	0.66	0		0.02	1.1
	虾糠	10.84	19.14	1.41				
	骨肉粉	9.1	47.1	7.88	2.2	6.99	10.14	4.63
植物性蛋白质饲料	大豆	11.36	44.27	12.92	8.42	8.57	0.25	0.56
	蚕豆	13.72	24.51	1.36	8.02	8.44	0.24	0.43
	豌豆	13.50	22.90	1.20	6.10	10.88	0.08	0.40
	豆饼	13.87	43.76	5.46	5.17	10.46	1.43	0.84
	菜籽饼	11.4	35.79	8.12	9.24	6.78	1.007	0.347
	棉仁饼	12.9	42.6	4.86	9.77	8.99	0.27	0.8
	棉籽饼	12.9	20.65	1.22	20.59	7.42	0.75	0.63

（续）

饲料类别	饲料名称	水分/%	粗蛋白质/%	粗脂肪/%	粗纤维/%	代谢能/（MJ/kg）	钙/%	磷/%
矿物质饲料	骨粉						28.98	13.59
	贝壳粉						39.23	0.23
	蛋壳粉						40.08	0.11
	碳酸钙						36.59	1
	磷酸氢钙						24.3	13.8
	石粉						32.7	0.10

（四）青绿多汁饲料

青绿饲料营养成分全面，蛋白质较好，富含各种维生素，钙和磷的含量也较高，适口性好，消化率较高，来源广，成本低。青绿多汁饲料包括青绿饲料和多汁饲料两大类。常见青绿饲料营养成分见表 3-4。

表 3-4　常用青绿多汁饲料营养成分

饲料	水分/%	代谢能/（MJ/kg）	粗蛋白质/%	粗纤维/%	钙/%	磷/%
白菜	95.1	0.25	1.1	0.7	0.12	0.04
苦荬菜	9.03	0.54	2.3	1.2	0.14	0.04
苋菜	88.0	0.63	2.8	1.8	0.25	0.07
甜菜叶	89.0	1.26	2.7	1.1	0.06	0.01
莴苣叶	92.0	0.67	1.4	1.6	0.15	0.08
胡萝卜秧	80.0	1.59	3.0	3.6	0.40	0.08
甘薯	75.0	3.68	1.0	0.9	0.13	0.05
胡萝卜	88.0	1.59	1.1	1.2	—	—
南瓜	90.0	1.42	1.0	1.2	0.04	0.02
三叶草	88.0	0.71	3.1	1.9	0.13	0.04
苕子	84.2	0.84	5.0	2.5	0.20	0.06
紫云英	87.0	0.63	2.9	2.5	0.18	0.07
黑麦草	83.7		3.5	3.4	0.10	0.04
狗尾草	89.9		1.1	3.2	—	—
苜蓿	70.8	1.05	5.3	10.7	0.49	0.09
聚合草	88.8	0.59	5.7	1.6	0.23	0.06

（五）饲料添加剂

饲料添加剂是指在配合饲料中添加的各种少量或微量成分的总称。

饲料添加剂种类很多，一般分为两大类，一类是给畜禽提供营养成分的物质，称为营养性添加剂，主要是氨基酸、矿物质与维生素等；另一类是促进畜禽生长、保健及保护饲料养分的物质，称为非营养性添加剂，主要有抗生素、酶制剂、防霉剂等。

家禽的常用
饲料

任务三 家禽的饲料配合

任务描述

了解不同生长与生理时期家禽的营养需要特点，选择某一生理时期的家禽，为其制订合理的饲养标准。掌握家禽日粮配合的原则，了解常用的饲料原料及营养成分含量，学会配制饲料配方。

任务实施

一、饲养标准

饲养标准是指根据畜禽不同种类、性别、年龄、体重、生理阶段、生产目的、生产性能与饲养管理的水平等预期要求达到的某种生产能力，科学地规定每头畜禽每天应该给予的能量和各种营养物质的数量，这种为畜禽规定的标准，称为饲养标准。

（一）鸡的饲养标准

1. 蛋鸡的饲养标准 1988年我国首次颁布了《中国家禽饲养标准（试行）》，此后经过大量的实验研究和应用探索不断完善，于2004年再次颁布了《中国家禽饲养标准》，其中蛋鸡的饲养标准介绍如下。

（1）生长期蛋鸡饲养标准。见表3-5、表3-6。

表3-5 生长期蛋鸡的饲养标准（能量、蛋白质、氨基酸、亚油酸）

营养指标	0～8周龄	9～18周龄	19周龄至开产
代谢能/MJ/kg	11.91	11.7	11.50
粗蛋白质/%	19.0	15.5	17.0
蛋白能量比/（g/MJ）	15.95	13.25	14.78
赖氨酸能量比/（g/MJ）	0.84	0.58	0.61
赖氨酸/%	1.0	0.68	0.70
蛋氨酸/%	0.37	0.27	0.34
蛋氨酸＋胱氨酸/%	0.74	0.55	0.64
苏氨酸/%	0.66	0.55	0.62
色氨酸/%	0.20	0.18	0.19
精氨酸/%	1.18	0.98	1.02
亮氨酸/%	1.27	1.01	1.07
异亮氨酸/%	0.71	0.59	0.60
苯丙氨酸/%	0.64	0.53	0.54
组氨酸/%	0.31	0.26	0.27
脯氨酸/%	0.50	0.34	0.44

（续）

营养指标	0～8 周龄	9～18 周龄	19 周龄至开产
缬氨酸/%	0.73	0.60	0.62
亚油酸/%	1.0	1.0	1.0

本标准以中型蛋鸡计算；开产指产蛋率达到5%的日龄（下同）。

表 3-6 生长期蛋鸡的饲养标准（矿物质、维生素）

营养指标	0～8 周龄	9～18 周龄	19 周龄至开产
钙/%	0.9	0.8	2.0
总磷/%	0.73	0.60	0.55
非植酸磷/%	0.4	0.35	0.32
钠/%	0.15	0.15	0.15
铁/（mg/kg）	80.0	60.0	60.0
铜/（mg/kg）	8.0	6.0	8.0
锌/（mg/kg）	60.0	40.0	80.0
锰/（mg/kg）	60.0	40.0	60.0
碘/（mg/kg）	0.35	0.35	0.35
硒/（mg/kg）	0.3	0.3	0.3
维生素 A/（IU/kg）	4 000	4 000	4 000
维生素 D/（IU/kg）	800	800	800
维生素 E/（IU/kg）	10.0	8.0	8.0
维生素 K/（mg/kg）	0.5	0.5	0.5
硫胺素/（mg/kg）	1.8	1.3	1.3
核黄素/（mg/kg）	3.6	1.8	2.2
泛酸/（mg/kg）	10.0	10.0	10.0
烟酸/（mg/kg）	30.0	11.0	11.0
吡哆醇/（mg/kg）	3.0	3.0	3.0
生物素/（mg/kg）	0.15	0.10	0.10
叶酸/（mg/kg）	0.55	0.25	0.25
维生素 B_{12}/（mg/kg）	0.01	0.003	0.004
胆碱/（mg/kg）	1 300	900	500

（2）产蛋鸡的饲养标准。见表 3-7、表 3-8。

表 3-7 产蛋鸡的饲养标准（能量、蛋白质、氨基酸、亚油酸）

营养指标	开产至产蛋高峰（产蛋率>85%）	产蛋高峰后（产蛋率<85%）	种鸡
代谢能/（MJ/kg）	11.29	10.87	11.29
粗蛋白质/%	16.5	15.5	18.0
蛋白能量比/（g/MJ）	14.61	14.26	15.94

（续）

营养指标	开产至产蛋高峰 （产蛋率＞85％）	产蛋高峰后 （产蛋率＜85％）	种鸡
赖氨酸能量比/（g/MJ）	0.44	0.61	0.63
赖氨酸/％	0.75	0.70	0.75
蛋氨酸/％	0.34	0.32	0.34
蛋氨酸＋胱氨酸/％	0.65	0.56	0.65
苏氨酸/％	0.55	0.50	0.55
色氨酸/％	0.16	0.15	0.16
精氨酸/％	0.76	0.69	0.76
亮氨酸/％	1.02	0.98	1.02
异亮氨酸/％	0.72	0.66	0.72
苯丙氨酸/％	0.58	0.52	0.58
组氨酸/％	0.25	0.23	0.25
缬氨酸/％	0.59	0.54	0.59
亚油酸/％	1.0	1.0	1.0

表 3-8 产蛋鸡的饲养标准（矿物质、维生素）

营养指标	开产至产蛋高峰 （产蛋率 ＞ 85％）	产蛋高峰后期 （产蛋率 ＜ 85％）	种鸡
钙/％	3.5	3.5	3.5
总磷/％	0.60	0.60	0.60
非植酸磷/％	0.32	0.32	0.32
钠/％	0.15	0.15	0.15
铁/（mg/kg）	60	60	60
铜/（mg/kg）	8	8	6
锌/（mg/kg）	80	80	80
锰/（mg/kg）	60	60	60
碘/（mg/kg）	0.35	0.35	0.35
硒/（mg/kg）	0.3	0.3	0.3
维生素 A/（IU/kg）	8 000	8 000	10 000
维生素 D/（IU/kg）	1 600	1 600	2 000
维生素 E/（IU/kg）	5	5	10
维生素 K/（mg/kg）	0.5	0.5	0.5
硫胺素/（mg/kg）	0.8	0.8	0.8
核黄素/（mg/kg）	2.5	2.5	3.8
泛酸/（mg/kg）	2.2	2.2	10
烟酸/（mg/kg）	20	20	30
吡哆醇/（mg/kg）	3	3	4.5
生物素/（mg/kg）	0.10	0.10	0.15

（续）

营养指标	开产至产蛋高峰 （产蛋率 > 85%）	产蛋高峰后期 （产蛋率 < 85%）	种鸡
叶酸/（mg/kg）	0.25	0.25	0.35
维生素 B_{12}/（mg/kg）	0.004	0.004	0.004
胆碱/（mg/kg）	500	500	500

2. 肉鸡的饲养标准 在 2004 年，我国发布的《鸡饲养标准》（NY/T 33—2004）中部分肉鸡的饲养标准见表 3-9～表 3-12。

表 3-9 我国肉仔鸡饲养标准（能量、蛋白质、氨基酸、亚油酸）

营养指标	0～3 周龄	4～6 周龄	7 周龄后
代谢能/（MJ/kg）	12.54（3.00）	12.96（3.10）	13.17（3.15）
粗蛋白质/%	21.5	20.0	18.0
蛋白能量比/（g/MJ）	17.14（71.67）	15.43（64.52）	13.67（57.14）
赖氨酸能量比/（g/MJ）	0.92（3.83）	0.77（3.23）	0.67（2.81）
赖氨酸/%	1.15	1.0	0.87
蛋氨酸/%	0.5	0.4	0.34
蛋氨酸＋胱氨酸/%	0.91	0.76	0.65
苏氨酸/%	0.81	0.72	0.68
色氨酸/%	0.21	0.18	0.17
精氨酸/%	1.20	1.12	1.01
亮氨酸/%	1.26	1.05	0.94
异亮氨酸/%	0.81	0.75	0.63
苯丙氨酸/%	0.71	0.66	0.58
组氨酸/%	0.35	0.32	0.27
脯氨酸/%	0.58	0.54	0.47
缬氨酸/%	0.85	0.74	0.64
亚油酸/%	1.0	1.0	1.0

表 3-10 我国肉仔鸡的饲养标准（矿物质、维生素）

营养指标	0～3 周龄	4～6 周龄	7 周龄后
钙/%	1.0	0.9	0.80
总磷/%	0.68	0.65	0.60
非植酸磷/%	0.45	0.40	0.35
钠/%	0.20	0.15	0.15
铁/（mg/kg）	100	80	80
铜/（mg/kg）	8.0	8.0	8.0
锌/（mg/kg）	100	80	80
锰/（mg/kg）	120	100	80

（续）

营养指标	0～3 周龄	4～6 周龄	7 周龄后
碘/（mg/kg）	0.70	0.70	0.70
硒/（mg/kg）	0.3	0.3	0.3
维生素 A/（IU/kg）	8 000	6 000	2 700
维生素 D/（IU/kg）	1 000	750	400
维生素 E/（IU/kg）	20.0	10.0	10.0
维生素 K/（mg/kg）	0.5	0.5	0.5
硫胺素/（mg/kg）	2.0	2.0	2.0
核黄素/（mg/kg）	8.0	5.0	5.0
泛酸/（mg/kg）	10.0	10.0	10.0
烟酸/（mg/kg）	35.0	30.0	30.0
吡哆醇/（mg/kg）	3.5	3.0	3.0
生物素/（mg/kg）	0.18	0.15	0.10
叶酸/（mg/kg）	0.55	0.55	0.50
维生素 B_{12}/（mg/kg）	0.01	0.01	0.007
胆碱/（mg/kg）	1 300	1 000	750

表 3-11　肉种鸡饲养标准（能量、蛋白质、氨基酸、亚油酸）

营养指标	0～6 周龄	7～18 周龄	19 周龄至开产	开产至产蛋高峰期	高峰期后
代谢能/（MJ/kg）	12.12	11.91	11.70	11.70	11.70
粗蛋白质/%	18.0	15.0	16.0	17.0	16.0
蛋白能量比/（g/MJ）	14.85	12.59	13.68	14.53	13.68
赖氨酸能量比/（g/MJ）	0.76	0.55	0.64	0.68	0.64
赖氨酸/%	0.92	0.65	0.75	0.80	0.75
蛋氨酸/%	0.34	0.30	0.32	0.34	0.30
蛋氨酸＋胱氨酸/%	0.72	0.56	0.62	0.64	0.60
苏氨酸/%	0.52	0.48	0.50	0.55	0.50
色氨酸/%	0.20	0.17	0.16	0.17	0.16
精氨酸/%	0.90	0.75	0.90	0.90	0.88
亮氨酸/%	1.05	0.81	0.86	0.86	0.81
异亮氨酸/%	0.66	0.58	0.58	0.58	0.58
苯丙氨酸/%	0.52	0.39	0.42	0.51	0.48
组氨酸/%	0.26	0.21	0.22	0.24	0.21
脯氨酸/%	0.50	0.41	0.44	0.45	0.42
缬氨酸/%	0.62	0.47	0.50	0.66	0.51
亚油酸/%	1.0	1.0	1.0	1.0	1.0

表 3-12 肉种鸡饲养标准（矿物质、维生素）

营养指标	0～6 周龄	7～18 周龄	19 周龄至开产	开产至产蛋高峰期	高峰期后
钙/%	1.0	0.9	2.0	3.3	3.5
总磷/%	0.68	0.65	0.65	0.68	0.65
非植酸磷/%	0.45	0.40	0.42	0.45	0.42
钠/%	0.18	0.18	0.18	0.18	0.18
铁/ (mg/kg)	60.0	60.0	80.0	80.0	80.0
铜/ (mg/kg)	6.0	6.0	8.0	8.0	8.0
锌/ (mg/kg)	80.0	80.0	100.0	100.0	100.0
锰/ (mg/kg)	60.0	60.0	80.0	80.0	80.0
碘/ (mg/kg)	0.7	0.7	1.0	1.0	1.0
硒/ (mg/kg)	0.3	0.3	0.3	0.3	0.3
维生素 A/ (IU/kg)	8 000	6 000	9 000	12 000	12 000
维生素 D/ (IU/kg)	1 600	1 200	1 800	2 400	2 400
维生素 E/ (IU/kg)	20.0	10.0	10.0	30.0	30.0
维生素 K/ (mg/kg)	1.5	1.5	1.5	1.5	1.5
硫胺素/ (mg/kg)	1.8	1.5	1.5	2.0	2.0
核黄素/ (mg/kg)	8.0	6.0	6.0	9.0	9.0
泛酸/ (mg/kg)	12.0	10.0	10.0	12.0	12.0
烟酸/ (mg/kg)	30.0	20.0	20.0	35.0	35.0
吡哆醇/ (mg/kg)	3.0	3.0	3.0	4.5	4.5
生物素/ (mg/kg)	0.15	0.10	0.10	0.20	0.20
叶酸/ (mg/kg)	1.0	0.5	0.5	1.2	1.2
维生素 B_{12}/ (mg/kg)	0.01	0.006	0.008	0.012	0.012
胆碱/ (mg/kg)	1 300	900	500	500	500

（二）鸭的饲养标准

1. 肉鸭饲养标准 美国 NRC（1994）建议的北京白鸭日粮中营养物质需要量（干物质为 90%），见表 3-13。

表 3-13 美国 NRC（1994）建议的北京白鸭日粮中营养物质需要量（干物质为 90%）

营养指标	0～2 周龄	2～7 周龄	种鸭
代谢能/ (MJ/kg)	12.13	12.55	12.13
粗蛋白质/%	22.0	16.0	15.0
精氨酸/%	1.1	1.0	
异亮氨酸/%	0.63	0.46	0.38
亮氨酸/%	1.26	0.91	0.76

（续）

营养指标	0～2周龄	2～7周龄	种鸭
赖氨酸/%	0.90	0.65	0.60
蛋氨酸/%	0.40	0.30	0.27
蛋氨酸＋胱氨酸/%	0.70	0.55	0.50
色氨酸/%	0.23	0.17	0.14
缬氨酸/%	0.78	0.56	0.47
钙/%	0.65	0.60	2.75
氯/%	0.12	0.12	0.12
镁/（mg/kg）	500	500	500
非植酸磷/%	0.40	0.30	—
钠/%	0.15	0.15	0.15
锰/（mg/kg）	50.0	—	—
硒/（mg/kg）	0.20	—	—
锌/（mg/kg）	60.0		
维生素 A/（IU/kg）	2 500	2 500	4 000
维生素 D/（IU/kg）	400	400	900
维生素 E/（IU/kg）	10.0	10.0	10.0
维生素 K/（mg/kg）	0.5	0.5	0.5
烟酸/（mg/kg）	55.0	55.0	55.0
泛酸/（mg/kg）	11.0	11.0	11.0
吡哆酸/（mg/kg）	2.5	2.5	3.0
核黄素/（mg/kg）	4.0	4.0	4.0

2. 蛋鸭饲养标准

（1）绍兴蛋鸭营养需要。见表 3-14。

表 3-14　绍兴鸭的营养需要

营养指标	0～4周龄	5周龄至开产	产蛋期
代谢能/（MJ/kg）	11.7	10.0	11.4
粗蛋白质/%	19.5	14.0	18.0
蛋氨酸＋胱氨酸/%	0.7	0.6	0.7
赖氨酸/%	1.0	0.7	0.9
钙/%	0.9	0.8	3.0
磷/%	0.5	0.5	0.5

（2）我国台湾地区畜牧学会（1993）建议的产蛋鸭对能量、蛋白质和氨基酸的需要量，见表 3-15。

表 3-15　台湾地区畜牧学会（1993）建议的产蛋鸭对能量、蛋白质和氨基酸的需要量

营养指标	育雏期（0～4 周龄）		生长期（4～9 周龄）		育成期（9～14 周龄）		产蛋期（14 周龄后）	
	最低需要量	推荐量	最低需要量	推荐量	最低需要量	推荐量	最低需要量	推荐量
能量/（MJ/kg）	11.51	12.09	10.88	11.42	10.35	10.88	10.88	11.42
粗蛋白质/%	17.0	18.7	14.0	15.4	12.0	12.0	17.0	18.7
精氨酸/%	1.02	1.12	0.84	0.95	0.72	0.79	1.04	1.14
异亮氨酸/%	0.60	0.66	0.49	0.54	0.52	0.57	0.73	0.80
亮氨酸/%	1.19	1.31	0.98	1.08	1.00	1.09	1.41	1.55
赖氨酸/%	1.00	1.10	0.82	0.90	0.55	0.61	0.89	1.00
蛋氨酸＋胱氨酸/%	0.63	0.69	0.52	0.57	0.47	0.52	0.67	0.74
苯丙氨酸＋酪氨酸/%	1.31	1.44	1.08	1.19	0.95	1.04	1.34	1.47
羟丁氨酸/%	0.63	0.69	0.52	0.57	0.45	0.49	0.64	0.70
色氨酸/%	0.22	0.24	0.18	0.20	0.14	0.16	0.20	0.22
缬氨酸/%	0.73	0.80	0.60	0.66	0.55	0.61	0.78	0.86

3. 瘤头鸭饲养标准

（1）福建农业大学提供的瘤头鸭饲养标准，见表 3-16。

表 3-16　种用瘤头鸭饲养标准（福建农业大学提供）

营养指标	育雏期（0～3 周龄）	发育期（4～10 周龄）	生长期（11～24 周龄）	产蛋期（22 周龄以后）
代谢能/（MJ/kg）	12.12～11.9	11.70～11.91	10.24～10.66	10.87～11.29
粗蛋白质/%	19～20	16～17	13～15	17～18
钙/%	1.0	0.9	1.3	3.5
总磷/%	0.75	0.7	0.7	0.72
有效磷/%	0.45	0.45	0.45	0.45
蛋氨酸/%	0.50	0.40	0.30	0.40
蛋氨酸＋胱氨酸/%	0.85	0.70	0.60	0.70
赖氨酸/%	1.0	0.75	0.60	0.70

（2）法国的瘤头鸭饲养标准，见表 3-17。

表 3-17　种用瘤头鸭饲养标准（法国）

营养指标	育雏期（0～3 周龄）	发育期（4～10 周龄）	生长期（11～24 周龄）	产蛋期（22 周龄以后）
代谢能/（MJ/kg）	12.1～12.3	11.70～11.90	10.9～11.1	11.5～11.7
粗蛋白质/%	19.5～22	17～19	15.5～17	16.5～18
钙/%	1.0～1.2	0.9～1	1.3～1.5	3.0～3.2
总磷/%	0.75	0.7	0.7	0.72
有效磷/%	0.45	0.45～0.5	0.45～0.5	0.45～0.5
蛋氨酸/%	0.50	0.45	0.33	0.35
蛋氨酸＋胱氨酸/%	0.85	0.75	0.63	0.65

（续）

营养指标	育雏期 （0～3 周龄）	发育期 （4～10 周龄）	生长期 （11～24 周龄）	产蛋期 （22 周龄以后）
赖氨酸/%	1.0	0.80	0.65	0.75
维生素 A/（IU/kg）	15 000	15 000	15 000	15 000
维生素 D/（IU/kg）	3 000	3 000	3 000	3 000
维生素 E/（IU/kg）	20.0	20.0	20.0	20.0

（三）鹅的饲养标准

1. 美国 NRC 鹅的饲养标准 见表 3-18。

表 3-18 美国 NRC 鹅的饲养标准

营养指标	0～4 周	4 周以上	种鹅
代谢能/（MJ/kg）	12.13	12.55	12.15
粗蛋白质/%	20.0	15.0	15.0
赖氨酸/%	1.0	0.85	0.6
蛋氨酸＋胱氨酸/%	0.60	0.50	0.50
色氨酸/%	0.17	0.11	0.11
苏氨酸/%	0.56	0.37	0.4
精氨酸/%	1.00	0.67	0.8
甘氨酸＋丝氨酸/%	0.7	0.47	0.5
组氨酸/%	0.26	0.17	0.22
异亮氨酸/%	0.6	0.4	0.5
亮氨酸/%	1.6	0.67	1.2
苯丙氨酸/%	0.54	0.36	0.4
缬氨酸/%	0.62	0.41	0.5
维生素 A/IU	1 500	1 500	4 000
维生素 D/IU	200	200	200
维生素 E/IU	10.0	5.0	10.0
维生素 K/（mg/kg）	0.5	0.5	0.5
维生素 B_1/（mg/kg）	1.8	1.3	0.8
维生素 B_2/（mg/kg）	3.8	2.5	4.0
泛酸/（mg/kg）	15.0	10.0	10.0
烟酸/（mg/kg）	65.0	35.0	20.0
维生素 B_6/（mg/kg）	3.0	3.0	4.5
生物素/（mg/kg）	0.15	0.1	0.15
胆碱/（mg/kg）	1 500	1 000	500
叶酸/（mg/kg）	0.55	0.25	0.35
维生素 B_{12}/（mg/kg）	0.009	0.003	0.003

（续）

营养指标	0～4周	4周以上	种鹅
钙/%	0.65	0.6	2.25
有效磷/%	0.3	0.3	0.3
铁/（mg/kg）	80.0	40.0	80.0
镁/（mg/kg）	600	400	500
锰/（mg/kg）	55.0	25.0	33.0
硒/（mg/kg）	0.1	0.1	0.1
锌/%	40.0	35.0	65.0
铜/（mg/kg）	4.0	3.0	0.4.0
碘/（mg/kg）	0.35	0.35	0.3
亚油酸/%	1.0	0.8	1.0

2. 法国鹅饲养标准 见表3-19。

表 3-19 法国鹅饲养标准

营养指标	0～3周	4～6周	7～12周	种鹅
代谢能/（MJ/kg）	10.87～11.70	11.29～12.12	11.29～12.12	9.20～10.45
粗蛋白质/%	15.80～17.00	11.60～12.50	10.2～11.00	13.0～14.80
赖氨酸/%	0.89～0.95	0.56～0.60	0.47～0.50	0.58～0.66
蛋氨酸+胱氨酸/%	0.79～0.85	0.56～0.60	0.48～0.52	0.42～0.47
色氨酸/%	0.17～0.18	0.13～0.14	0.12～0.13	0.13～0.15
苏氨酸/%	0.58～0.62	0.46～0.49	0.43～0.46	0.40～0.45
钙/%	0.75～0.80	0.75～0.80	0.65～0.70	2.60～3.00
有效磷/%	0.42～0.45	0.37～0.40	0.33～0.35	0.32～0.36
氯/%	0.13～0.14	0.13～0.14	0.13～0.14	0.12～0.14
钠/%	0.14～0.15	0.14～0.15	0.14～0.15	0.12～0.14

3. 我国鹅的饲养标准 见表3-20。

表 3-20 我国鹅的饲养标准推荐

营养指标	0～3周	4～6周	6～10周	后备鹅	种鹅
代谢能/（MJ/kg）	11.0	11.7	11.72	10.88	10.45
粗蛋白质/%	20.0	17.0	16.0	15.0	16.0～17.0
赖氨酸/%	1.0	0.7	0.6	0.6	0.8
蛋氨酸/%	0.75	0.6	0.55	0.55	0.6
钙/%	1.2	0.8	0.76	1.65	2.6
有效磷/%	0.6	0.45	0.4	0.45	0.6
食盐/%	0.25	0.25	0.25	0.25	0.25

二、日粮配合

(一) 日粮及饲粮概念

畜禽在一昼夜内所食的各种饲料总量称之为日粮，生产实践中通常是根据畜禽饲养标准所规定的能量和各种营养物质的需要量，选用适当饲料为各种不同生理状态和生产水平的畜禽配合日粮。日粮中各种营养物质的种类、数量及其相互比例如能充分满足畜禽营养需要时，这样的日粮一般称为平衡日粮或者全价日粮。生产中实际为畜禽配合日粮，并非是一头畜禽一天的日粮，而是根据日粮中各种饲料的百分比含量配成一个时期的一个畜群饲粮，故把此混合饲料称为饲粮。

(二) 日粮配合原则

1. 首先要以饲养标准为科学依据 考虑家禽对能量、蛋白质、矿物质和维生素的需要，结合本场的生产水平和生产实践中积累的经验，并进行适当的调整。

2. 选择饲料要注意经济原则 要选用营养价值高、饲料价格低、饲料成本在畜禽生产费用中占比很大，本着节约的原则，配合日粮时，充分利用当地能生产的和来源方便的饲料，这样有利于保证饲料的供应并节约成本。

3. 饲料必须保证品质优良、新鲜不变质、适口性好 发霉的饲料不能使用。

4. 选用的饲料种类要尽可能多，使日粮含家禽所需要的各种营养素 各饲料配合的大致比例为：谷食饲料（2~3种）45%~70%；糠麸类5%~15%，植物性蛋白质饲料15%~25%，动物性蛋白质饲料3%~7%；矿物质饲料5%~7%；微量矿物质饲料和维生素添加剂（加辅料）1%；青饲料（按精料总量加喂）30%~35%。

5. 根据畜禽生理特点，选用适合的饲料 如家禽因消化粗纤维能力差，需要控制粗纤维的含量，特别是对于生产性能高的畜禽，更要注意此点，否则就会降低日粮的消化率，增加饲料消耗，一般鸡日粮中粗纤维应控制在4%以下。

6. 日粮的体积要与畜禽消化道容积相适应 日粮体积过大，畜禽消化器官容纳不了要采食的饲料，相应降低了各营养物质的进食量，影响畜禽生产性能的发挥；体积太小，畜禽达不到饱腹感，则引起不安，增加代谢消耗。因此，在配合日粮时要考虑日粮应含有一定量的干物质。

7. 注意日粮的适口性 日粮的适口性直接影响畜禽的采食量和采食速度，采食量降低势必达不到增加生产、保证营养供应的目的。

(三) 日粮配合方法

1. 对角线法 也称四角形法、四边形法、十字交叉法、方块法，此法简单易于掌握，适用于饲料原料种类及营养指标较少的情况，生产中最适合于求浓缩饲料与能量饲料的比例。

2. 试差法 又称凑数法，是根据经验和饲料营养成分含量，先大致确定一下各类饲料在日粮中所占的比例，然后通过计算与饲养标准对此，再进行调整的配方设计方法。试差法的具体步骤如下：

第一步：查饲养标准，计算动物的营养需要。

第二步：确定选用各种饲料原料的各种营养成分的含量。

第三步：根据设计者经验初拟配合饲料的配方。能量饲料一般占75%~80%，蛋白质饲料占15%~30%，矿物质饲料占1%~10%（产蛋禽占比例更高些，10%

左右），而添加剂预混料占 1%～5%。

第四步：调整配方。根据初拟配方营养成分含量与饲养标准要求之差额，适当调整部分原料配合比例，使配方中各种营养成分含量逐步符合饲养标准。方法是：用一定比例的某一原料替代同比例的另一原料。通常首先考虑调整能量和粗蛋白质的含量，其次再考虑钙、磷以及其他指标。如果蛋白质低、能量高，就减少能量饲料的比例，相应地增加蛋白质饲料的比例；相反则增加能量饲料，减少蛋白质饲料比例。如果蛋白质和能量同时偏高或偏低，可能是糠麸类饲料不足或过多。

第五步：列出最终配方，并附加说明。最终配方一般包括两部分，一是含量配方，即以百分数（配合率）表示的配方；二是生产配方，即为了方便工人加工生产，列出单批配合时各种饲料原料重量的配方。

第六步：进行成本核算。生产成本是养殖企业、饲料企业赖以生存和发展的关键，设计配方时在满足动物营养需要的情况下，应该尽可能地降低生产成本。

三、配合饲料分类

配合饲料是根据动物的营养需要，按照多种饲料原料按照饲料配方和加工工艺的要求，依一定比例均匀混合，经工厂化生产的饲料。发展配合饲料，可以最大限度地发挥动物生产能力，提高饲料报酬，降低饲养成本，使饲养者取得良好经济效益。配合饲料按照营养成分、饲喂对象、饲料的料型不同来进行分类。

（一）按饲料中营养成分分类

1. 全价配合饲料　全价配合饲料是由能量饲料和浓缩饲料按一定比例混合搭配而制成的均匀混合料。该混合料除水分外，能满足动物所需要的全部营养物质（包括蛋白质、能量、维生素、矿物质等）。其特点是使用方便，营养齐全。

2. 浓缩饲料　由蛋白质饲料、矿物质饲料、维生素饲料、饲料添加剂等按照一定比例组成的均匀混合料，属于半成品，饲喂时应混合一定比例的能量饲料。由于浓缩饲料中蛋白质饲料含量占多数，所以又称蛋白质浓缩饲料。其特点是由于不含占全价饲料中比例最大的能量饲料，所以便于运输、节约成本。

3. 添加剂预混合饲料　简称添加剂预混料，是指将一种或一种以上的饲料添加剂按照一定比例与载体或稀释剂混合在一起的配合饲料。属于配合饲料的半成品，不能单独作为饲料直接饲喂，一般在全价配合饲料中占 0.5%～5%。

（二）按照饲喂对象的种类分类

1. 蛋鸡用配合饲料

（1）生长期鸡料。有 0～6 周龄、7～14 周龄、15～20 周龄等三个阶段饲料；

（2）产蛋鸡及种母鸡料。有 21～35 周龄、36～48 周龄、49～72 周龄（或三种产蛋率：>80%、65%～80%、<65%）等三个阶段饲料。

2. 肉鸡配合饲料　一般分 0～4 周龄及 5 周龄以上或 0～3 周龄、4～5 周龄、6 周龄以上。

（三）按饲料的料型分类

1. 粉状饲料　粉状饲料是各种饲料原料经过粉碎后直接进行混合而得到的，可以是全价配合饲料，也可以是浓缩饲料或是添加剂预混合饲料。其特点是加工方便，成本较低。

2. 颗粒饲料 颗粒饲料是粉状配合饲料经过颗粒压制后所形成的，一般为全价配合饲料。其特点是营养分布均匀，动物采食方便，长途运输及搬运过程不出现自动分级现象。

3. 破碎饲料 破碎饲料是颗粒饲料再经加工破碎，便成了破碎料。破碎料具有颗粒料的优点，而采食时间又比颗粒料的采食时间长，不至于过食过肥，适用于各种年龄的家禽使用，尤其是雏禽。

技能训练

技能 3-1 产蛋鸡饲料配方的设计

【技能目标】 通过设计产蛋鸡饲料配方学会全价日粮配合方法。

【实训材料】 产蛋率65%～80%的蛋鸡配合全价日粮。现有饲料种类为：玉米、高粱、麦麸、大豆粕、鱼粉、骨粉、贝壳粉、食盐、添加剂等。

【方法步骤】

1. 查蛋鸡饲养标准表 列出产蛋率为65%～80%蛋鸡营养需要量（表 3-21）。

表 3-21 产蛋率为 65%～80% 蛋鸡的营养需要

营养指标	代谢能/(MJ/kg)	粗蛋白质/%	蛋白能量比/(g/MJ)	钙/%	总磷/%	有效磷/%	食盐/%	蛋氨酸/%	赖氨酸/%
营养需要	11.51	15.0	13.0	3.4	0.60	0.32	0.37	0.33	0.66

2. 查饲料营养成分及价值表 列出所用各种饲料的营养成分含量（表 3-22）。

表 3-22 所用饲料成分及营养价值

营养指标	代谢能/(MJ/kg)	粗蛋白质/%	蛋白能量比/(g/MJ)	钙/%	总磷/%	有效磷/%	食盐/%	蛋氨酸/%	赖氨酸/%
玉 米	14.06	8.6	—	0.04	0.21	0.06	—	0.13	0.27
高 粱	13.01	8.7	—	0.09	0.28	0.08	—	0.08	0.22
小麦麸	6.57	14.4	—	0.18	0.78	0.23	—	0.15	0.47
大豆粕	10.49	47.2	—	0.32	0.62	0.19	—	0.51	2.54
鱼 粉	10.25	55.1	—	4.59	2.15	2.15	—	1.44	3.64
骨 粉	—	—	—	36.4	16.4	16.4	—	—	—
贝壳粉	—	—	—	33.4	0.14	0.14	—	—	—

3. 初试配方 初步拟定各种饲料在配方中的质量百分比，列表计算求配方中各项营养指标合计值，并与饲养标准比较。一般先按代谢能和蛋白质的需要量试配（表 3-23）。

表 3-23 试配日粮及主要营养指标的计算

饲料种类	配比/%	代谢能/(MJ/kg)	粗蛋白质/%
玉 米	54.0	14.06×0.54=7.59	8.6×0.54=4.64
高 粱	7.0	13.01×0.07=0.91	8.7×0.07=0.609
小麦麸	5.5	6.57×0.055=0.36	14.4×0.055=0.792

（续）

饲料种类	配比/%	代谢能/（MJ/kg）	粗蛋白质/%
大豆粕	19.0	10.29×0.190＝1.96	47.2×0.190＝8.968
鱼 粉	5.0	10.25×0.05＝0.51	55.1×0.05＝2.755
空 白	9.5		
合 计	100	11.33	17.744
饲养标准	100	11.50	15.00
与标准比较	0	−0.17	＋2.744

4. 调整配方 首先，调整代谢能和粗蛋白质的需要量。与饲养标准比较的结果是能量略低于标准，粗蛋白质高于标准需要进行调整。可增加玉米比例，减少粗蛋白质含量高的大豆粕比例。标准规定粗蛋白需要量为15％。上述混合饲料可提供粗蛋白质17.744％，较标准高出2.744％，如用玉米进行调整，1kg玉米代替1kg大豆粕，可净减粗蛋白质0.386kg（0.472−0.086＝0.386）。因此，可用7.1％（2.744/0.386＝7.1）的玉米代替等量比例的大豆粕，调整后营养成分计算见表3-24。

表3-24　调整后日粮中营养成分计算

饲料种类	配比/%	代谢能/（MJ/kg）	粗蛋白质/%	钙/%	磷/%	有效磷/%
玉 米	61.0	14.06×0.61＝8.58	8.6×0.61＝5.246	0.04×0.61＝0.024	0.21×0.61＝0.128	0.06×0.61＝0.037
高 粱	7.0	13.01×0.07＝0.91	8.7×0.07＝0.609	0.09×0.07＝0.006	0.28×0.07＝0.02	0.08×0.07＝0.006
小麦麸	5.5	6.57×0.055＝0.36	14.4×0.055＝0.792	0.18×0.055＝0.010	0.78×0.055＝0.043	0.23×0.055＝0.013
大豆粕	12.0	10.29×0.12＝1.23	47.2×0.120＝5.664	0.32×0.120＝0.038	0.62×0.120＝0.074	0.19×0.120＝0.023
鱼 粉	5.0	10.25×0.05＝0.51	55.1×0.05＝2.755	4.59×0.05＝0.23	2.15×0.05＝0.108	2.15×0.05＝0.108
预 留	9.5					
合 计	100	11.59	15.066	0.309	0.374	0.187
与标准比较		＋0.09	＋0.066	−3.09	−0.226	−0.133

其次，调整钙、磷的需要量。与饲养标准相比，磷的含量低0.226％，每增加1％骨粉，可使磷的含量提高0.164％。因此，可加1.38％（0.226/0.164＝1.38）骨粉。与此同时，钙的含量净增加了0.502％（0.364×1.38＝0.502），这样与饲养标准相比，钙的含量低2.589％（3.4−0.309−0.502＝2.589），用贝壳粉来补充钙，则需要7.75％（2.589/0.334＝7.75）的贝壳粉。另外，加0.37％食盐。

最后，调整微量元素、维生素和氨基酸的需要量。

上述日粮经计算，赖氨酸、色氨酸、胱氨酸都符合标准需要，且都较标准略高些，只有蛋氨酸较标准低0.104％，蛋氨酸又是鸡的第一限制性氨基酸。因此，须补加蛋氨酸0.104％，用98％的蛋氨酸添加剂来补充，每100kg日粮需要添加106.12g（0.104/98％×1 000＝106.12）。

至此，产蛋率65％～80％的蛋鸡平衡日粮已配成。

【提交作业】 将做好的饲料配方列入表3-25。

表 3-25 产蛋率 65％～80％ 蛋鸡饲料配方

饲料	比例/％	饲料	比例/％	营养指标	提供量
玉米		骨粉		代谢能/（MJ/kg）	
高粱		贝壳粉		粗蛋白/（g/kg）	
小麦麸		食盐		钙/（g/kg）	
大豆粕		添加剂		总磷/（g/kg）	
鱼粉					

【考核标准】

考核方式	考核项目	评分标准		考核方法	考核分值	熟悉程度
		分值	扣分依据			
学生互评		10	根据小组代表发言、小组学生讨论发言、小组学生答辩及小组间互评打分情况而定			
考核评价	选择饲料原料	30	能识别饲料的种类及营养特点10分；会充分利用当地的饲料资源10分；能正确选用合适的饲料原料及大概配比10分	小组操作考核		基本掌握/熟练掌握
	设计饲料配方	30	会查家禽的饲养标准10分；会查饲料成分及营养价值表10分；熟悉饲料原料在禽饲料配方中的大致用量10分			基本掌握/熟练掌握
	营养水平合理	20	设计出的饲料配方营养水平与饲养标准基本一致10分；设计过程严谨、认真，计算结果准确10分			基本掌握/熟练掌握
	考虑经济成本	10	选购成本较低、质量较优的饲料原料和饲料添加剂10分			基本掌握/熟练掌握
总分		100				

日粮配方示例

自测练习

项目四

蛋 鸡 生 产

【知识目标】 了解雏鸡、育成鸡、产蛋鸡和种鸡的生理特点；掌握产蛋鸡的产蛋规律和各阶段的饲养管理要点；理解育成鸡性成熟的控制要点和强制换羽的意义、方法。

【能力目标】 能够对蛋鸡各阶段、蛋种鸡生产进行饲养管理操作；能够根据生产实际对雏鸡进行断喙；开展育成鸡体重与均匀度的控制；会根据蛋鸡产蛋曲线进行分析与应用；能够正确拟定蛋鸡的光照制度。

【思政目标】 细节决定成败，质量决定出路。加强精细化管理，关注动物福利，自主学习探究，强化严谨规范的职业精神。

任务一　雏鸡的培育

 **任务描述**

雏鸡培育是指雏鸡在0～6周龄育雏期间的饲养管理与疾病防控。重点工作任务是加强育雏饲养管理，为雏鸡提供适宜的环境条件，培育优质健康雏鸡。

在育雏培育阶段里，必须了解雏鸡的生理特点，掌握育雏准备和雏鸡的挑选与运输工作，掌握雏鸡的断喙、培育技术，还要了解雏鸡日常管理、日常记录，能够对育雏成绩正确判断和分析。

任务实施

雏鸡具有体温调节机能差，生长发育迅速，代谢旺盛，消化器官容积小、消化能力弱，抗病力差，敏感性强，群居性强、胆小等生理特点，生产中一般针对不同特点采取相应措施来提高饲养水平。

一、育雏前的准备

（一）制订育雏计划

为提高养殖效益，防止盲目生产，育雏前要制订周密的育雏计划，包括育雏时间、饲养品种、供苗单位、进苗数量等。一是分析市场行情，通过对鸡蛋市场价格变化的预测，能够使鸡群的产蛋高峰期与立项价格期相吻合；二是考虑鸡舍和设备条件、全年生产计划和经营目标；三是评估主要负责人的经营能力及饲养管理人员的技术水平，初步确定劳动定额和预算劳动力成本；四是分析饲料成本，计算所需饲料费用；五是分析水、电、燃料及其他物资保证并初步预算各项开支与采购渠道等；六是具体确定进雏周转计划、饲料及物资供应计划、防疫计划、财务收支计划、育雏阶段应达到的技术经济指标及详细的值班表和各项记录表格等。

雏鸡的生理
特点

（二）确定育雏方式

常用的人工育雏方式可分平面育雏和立体育雏两类，生产中可根据情况选择。

1. 地面育雏　地面育雏要求舍内为水泥地面，再铺撒 5～10cm 垫料，垫料可以是刨花、麦秸、谷壳、稻草等，应因地制宜，但要求干燥、卫生、柔软。地面育雏的优点是简单易行、管理方便，但雏鸡与垫料接触易感染疾病，如鸡白痢、球虫病等，垫料更换和清理耗费人工。这种育雏方法适用于中小型鸡场。

2. 网上育雏　网上育雏就是用网面来代替地面育雏，网面离地高度 50～60cm。网面的材料有铁丝网、塑料网，也可用木板条或竹竿。网眼大小为 1.25cm×1.25cm。网上育雏最大的优点是解决了粪便与鸡直接接触而造成感染疾病的问题，不足之处是投资较高，饲养管理要求较高。

3. 立体育雏　立体育雏是将雏鸡饲养在 3～4 层的育雏笼内。育雏笼一般用镀锌或涂塑铁丝制成，网底可为塑料网。笼四周外侧挂有料槽和水槽，每层之间有接粪板，有自动控温系统。优点：提高了饲养密度和劳动生产率，适宜大规模育雏；易于保温，降低了饲料和垫料的消耗；雏鸡采食均匀，发育整齐，利于防病。缺点：投资大；上下层温差大；对饲料和通风要求严格。

（三）准备育雏舍

1. 育雏舍准备　育雏舍应做到保温良好，不透风，不漏雨，不潮湿，无鼠害。笼养时要准备好笼具，平养时要备好垫料。

2. 育雏舍的清洁消毒　在进雏前 2 周，按"扫、冲、喷、熏、空"步骤实施。即首先彻底清扫地面、墙壁和天花板，然后洗刷地面、鸡笼和用具等，待干后，再用 2% 火碱溶液或过氧乙酸等喷洒消毒，每立方米空间用福尔马林（40% 甲醛）30mL，高锰酸钾 15g 熏蒸消毒；如果鸡舍长时间不用或鸡场发生过烈性传染病可用福尔马林 40mL，高锰酸钾 21g 熏蒸消毒。熏蒸在舍温 20～24℃，相对湿度 60%～80% 效果最佳。一般密闭熏蒸 24h 后，打开门窗彻底换气。

3. 预温　在进雏前 1～3d，对育雏舍升温预热，使室内温度达到 32～35℃。试温时，为避免污染已消毒的房屋及用具，要严格按照卫生防疫要求进行。

（四）准备育雏设备

根据育雏方式、育雏数量选择适合的供暖设备、饲喂与饮水器具；白炽灯、节能灯或荧光灯等照明光源；风机、湿帘等通风降温设备；消毒、清粪环境卫生控制设备；电动断喙器，体重称量电子台秤或天平；体尺指标测量用卷尺、游标卡尺；免疫器具、运输雏鸡和饲料的车辆、周转鸡笼等。所有选用的育雏设备器具，进雏前 2～3d 要备齐、检查、维护、试用好，并严格进行清洗、消毒。

（五）准备饲料、药品

根据雏鸡品种和数量，准备好足够最初 1 周的饲料。准备好育雏常用的药品、消毒药以及防疫程序所涉及的全部疫苗等。

（六）确定育雏人员，备好记录表

为确保育雏质量，选用责任心强、有育雏经验或进行过培训的育雏人员，并进行分工，明确责任。准备好育雏饲养管理过程中所有记录表格，以便统计分析饲养效果，总结育雏经验，为下次育雏打好基础。

二、接雏工作

接雏是雏鸡培育的一项重要的技术工作，稍不留心就会给养鸡场带来较大的经济损失。因此，必须做好以下几方面的工作。

（一）选好运雏人员

为了确保雏鸡安全抵达育雏室，选择责任心强、具有运雏经验的人员。用汽车运送雏鸡要配备两名司机，以便沿途兼程不停车，尽快将雏鸡送至育雏舍。

（二）准备好运雏用具

运雏用具包括运雏箱及防雨、保温用品等。运雏时最好用专用运雏箱，常用运雏箱的规格为 $60cm \times 45cm \times 18cm$，箱内分 4 格，每箱装雏鸡 100 只，每格装雏鸡 25 只，箱子四周有孔洞，便于通风换气。用这种纸箱运雏，可以避免相互拥挤，不致造成损失。没有专用雏鸡箱的，也可用厚纸箱、筐子等，但要留有一定数量的通气孔。冬季和早春运雏要带防寒用品，如棉被、毛毯等。夏季运雏要带遮阳、防雨用具。所有运雏用具在装运雏鸡前均应进行严格的消毒。

交通工具可以是汽车、火车或飞机，可根据路途远近、天气情况、雏鸡数量、当地交通条件等选择。运雏车辆最好带空调，具有保温、通风换气、防雨等设施。

（三）掌握适宜的运雏时间

雏鸡应尽快运到育雏舍，以雏鸡出壳后 $8 \sim 12h$ 达到最佳，最迟不能超过 $24 \sim 36h$。出壳后，雏鸡在孵化室停留过久，或运输途中时间过长，易引起脱水，严重时将造成死亡。

（四）解决好保温和通风

新生雏鸡体温调节机能差，需要较高的外界环境温度，温度低时易使雏鸡受凉引起感冒等疾病，所以冬季、早春运雏时一定做好保温工作，最好用专用运雏车在中午运送。运输途中要定时检查雏鸡状态，根据雏鸡状况注意通风换气，防止雏鸡因通风不良而窒息死亡。如果发现雏鸡频频张嘴喘气，雏盒中雏鸡绒毛湿漉漉的，说明温度过高，通风不良，应适当加大通风量；若雏鸡扎堆，发出短促低沉叫声，说明温度低，要注意保温。

（五）做到稳而快

运输途中防止剧烈摇晃、颠簸、倾斜和震动。运输人员应经常检查雏鸡状态，防止挤压。

（六）合理安放雏鸡

雏鸡达到育雏舍休息片刻后，即可把雏鸡从运雏箱中取出放入雏舍。具体应做如下工作。

1. 称初生重　随机抽取 $50 \sim 100$ 只雏鸡，逐只称量，计算雏鸡群体平均体重和体重均匀度，了解雏鸡情况，为确定育雏温度、湿度等提供依据。

2. 分群 根据雏鸡体格大小、强弱进行选择分群，将大雏、小雏、健雏和弱雏分开养育。弱雏另笼单养，给予优厚条件，以便雏鸡群体生长整齐、成活率高。及早处理掉过小、过弱及病残雏。捡放雏鸡时动作要轻，不要用力扔，否则会影响雏鸡日后的生长发育。

3. 合理安放雏鸡 立体笼养时，可将雏鸡集中放在温度较高又便于观察的育雏笼的上面一、二层，以后随日龄增加再将雏鸡逐步匀到下面笼层。平养时，将雏鸡直接分放到热源（如育雏伞、红外线灯、煤炉等）附近，周围最好用围栏围上，以便使雏鸡能得到所需的育雏温度。

三、雏鸡的饲养管理

雏鸡饲养管理的目标：鸡群健康，无疾病发生，育雏期末存活率在98.0%以上。体重周周达标，均匀度在85%以上，体型发育良好。

（一）环境条件

为雏鸡创造适宜的环境条件，可以保证雏鸡健康生长发育，提高雏鸡的成活率和雏鸡质量。育雏期的环境条件主要包括温度、湿度、通风换气、光照和饲养密度等。

1. 温度 温度是育雏成败的关键因素。温度适宜，有利于雏鸡运动、采食和饮水，雏鸡生长发育好；温度过高，雏鸡食欲下降，饮水量增加，体质衰弱，容易出现弱雏，并且容易诱发啄癖及一些呼吸系统疾病；温度过低，雏鸡运动减少，体热散发过快，影响雏鸡增重，严重时还将诱发白痢等疾病。因此，应严格控制育雏温度。育雏温度要求可参见表4-1。

表4-1 育雏适宜温度

周龄	1	2	3	4	5	6
育雏温度/℃	33～35	29～32	27～29	24～27	21～24	18～21

看鸡施温
关键技术

考查温度是否适宜，除看温度计外，更重要的是观察雏鸡群的精神状态和活动表现，即"看鸡施温"。温度过高时，雏鸡远离热源，饮水量增加，张开翅膀，匍匐地面，伸颈，张口喘气。温度过低时，雏鸡靠近热源，运动量减少，羽毛耸起，为取暖常常拥挤扎堆，部分雏鸡有被压死的现象，夜间常常发出尖叫声，食欲减退。温度适宜时，雏鸡食欲旺盛，饮水量正常，羽毛生长良好，有光泽，活泼好动，鸡群疏散、分布均匀，呈满天星，互不挤压，休息和睡眠安静，很少发出叫声。有贼风吹入时，鸡群远离入风一侧，集中某一侧。不同温度条件下雏鸡的状态见图4-1。

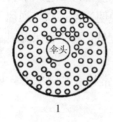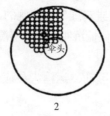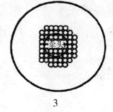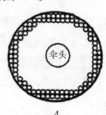

图4-1 不同温度条件下雏鸡的状态
1. 温度合适 2. 有贼风 3. 温度太低 4. 温度太高

在育雏过程中，应灵活掌握温度，一般原则是：大风、降温的天气要高些，雨雪天要高些，夜间比白天要高些，免疫、断喙后的1~2d要高些，发病时要高些，弱雏养育要高些；小群饲养要高一些；立体笼养比网上平养应稍高些。此外，中型褐壳蛋鸡因羽毛生长速度慢于轻型蛋鸡，前期温度要求略高，以后与轻型蛋鸡相同。

2. 湿度 湿度虽不如温度那样要求严格，但如果掌握不当，也会影响育雏的生长和健康。前几天湿度过低，对那些拖延出雏的雏鸡，可能造成脱水，脱水的雏鸡易患感冒，不利于恢复体温而增加死亡率。高湿时，雏鸡水分蒸发和体热散发受阻，会感到更加闷热不适，而且还能促进舍内病原性真菌、细菌和寄生虫的生长繁殖，对雏鸡生长发育不利。因此，育雏期间应保持适宜的湿度。一般相对湿度可控制在：1周龄65%~70%，2周龄60%~65%，3~4周龄55%~60%，育雏后期湿度降为50%~55%。增湿方法有火炉上放水盆产生水汽、室内挂湿帘，甚至直接在地面均匀洒水，还可以采用带鸡消毒。降湿的办法是开窗或机械通风，勤换垫料，勤清粪，减少饮水器漏水。

3. 通风换气 雏鸡生长快、代谢旺盛、呼吸快，需要较多的新鲜空气，加之舍内密集饲养，如果舍内有害气体不及时排除，就会影响鸡群健康。因此，一定要注意通风换气。开放式鸡舍主要通过开关门窗来通风换气，密闭式鸡舍主要靠动力通风换气。通风时应尽量避免冷空气直接吹入，可用布帘或过道的方法缓解气流。寒冷天气通风的时间最好选择在晴天中午前后，气流速度不高于0.2m/s，夏季可适当增加气流速度。通风换气要根据鸡日龄、体重、季节、温度变化等灵活掌握，在生产中一定要解决好通风与保温的关系。

育雏室内有害气体允许量：二氧化碳的含量要求控制在0.15%左右，不能超过0.5%；氨的浓度应小于10 mg/m³，最多不能超过20 mg/m³；硫化氢的含量要求在6.6 mg/m³以下，最高不能超过15 mg/m³。室内通风是否正常，可通过仪器测定，无仪器时，主要以人的感觉，即是否闷气、呛鼻、辣眼睛、有无过分臭味等来判定。

4. 光照 光照影响雏鸡采食、饮水、活动、休息和性成熟，也便于操作管理。在育雏时掌握适宜的光照时间和光照度，是保证鸡体健康，防止早熟或晚熟的前提。光照分自然光照和人工光照。育雏期遵循的光照原则是：光照时间应逐渐减少，育雏结束时达到8h保持恒定，切勿延长，光照度只能降低不能增加。一般光照时间是：1~3日龄每天光照23~24h，光照度30lx；4~7日龄每天光照22h，光照度20lx；以后每周缩短2h光照，6周龄时达自然光照时间12h或缩短到每天光照时间8~9h恒定，光照度10lx。

5. 饲养密度 每平方米地面或笼底面积饲养的雏鸡数称为雏鸡的饲养密度。它与雏鸡的正常发育和健康有关。密度过大，会造成室内空气污浊，卫生条件差，易发生啄癖和感染疾病，鸡群拥挤，采食不均，发育不整齐；密度过小，房屋和设备利用率低，育雏成本高，同时也难保温。适宜密度见表4-2。

表4-2 雏鸡饲养适宜密度（只/m²）

周龄	地面平养	网上平养	笼养
1~2	30	40	60
3~4	25	30	40
5~6	20	25	30

密度大小还与品种、季节、通风条件等有关。轻型品种的密度要比中型品种大

些；冬天和早春天气寒冷，气候干燥，饲养密度可适当高一些；夏秋季节雨水多，气温高，饲养密度可适当低一些；弱雏经不起拥挤，饲养密度宜低些。鸡舍的结构若是通风条件不好，也应减少饲养密度。

（二）饲喂

1. 饮水 雏鸡到达育雏室稍事休息后要尽快先饮水后开食。雏鸡出壳后12～24h开始饮水为佳，雏鸡出壳后的第一次饮水称初饮。初饮可促进雏鸡排尽胎粪和体内剩余卵黄的吸收，也有利于增进食欲，维持体内水代谢的平衡，防止脱水死亡。开水的方法是：为让所有的雏鸡都能尽早饮水，应对其进行诱导。用手轻握住雏鸡，手心对着雏鸡背部，拇指和中指轻轻扣住颈部，食指按住头，把喙部按到水中，注意水不要漫过鼻孔，然后迅速拿起，雏鸡会把嘴里的水咽下，如此重复3～4次便可。每围栏或每层鸡笼至少要诱导5%的个体开饮，然后全群很快就会模仿学会饮水。

为帮助雏鸡消除疲劳，尽快恢复体力，加快体内有害物质的排泄，初饮水中最好加入0.01%高锰酸钾溶液、5%～6%的葡萄糖、多种维生素或电解质液。水温对雏鸡影响也很大，初饮水和育雏前1周的饮水最好用18～20℃的温水或凉开水，一周后饮用自来水。为提高雏鸡成活率，从第2天开始，可在水中添加抗菌药物3～5d进行疾病预防。

为便于雏鸡及时饮水，应有足够的光照，充足的饮水器具。每30～50只雏鸡可供有1个4.5kg容量的真空饮水器，每笼供用一个乳头饮水器。水槽供水时，每只雏鸡占有水槽位置1周龄2cm，2～6周龄2.0～2.5cm。雏鸡在不同气温和周龄下的饮水量见表4-3。

表4-3　100只蛋用雏鸡饮水量（L）

周龄	<21℃	32℃
1	2.27	3.90
2	3.97	6.81
3	5.22	9.01
4	6.13	10.60
5	7.04	12.11
6	7.72	12.32

另外，饮水器高度应随日龄变化及时调整。饮水质量要干净卫生，定期清洁消毒饮水器具。

2. 喂料 雏鸡出壳后的第一次喂料称开食。开食时间要适宜，应在初饮后2～3h，一般在出壳后24～36h进行，有1/3～1/2雏鸡有啄食表现时开食为宜，过早过晚开食对雏鸡都不利。开食料要求新鲜，颗粒大小适中，营养丰富，易于啄食和消化，常用玉米、小米、全价粉料、颗粒破碎料等，用开水烫软，吸水膨胀后直接撒在开食盘、消过毒的黑色塑料布、报纸蛋托上，让鸡自由采食，经1～3d后改喂配合日粮。大型养鸡场可直接使用雏鸡配合料，颗粒料优于粉料。4～7d后逐渐改用料槽或料桶喂饲配合饲料。饲料质量应营养均衡，卫生达标。喂料器具应保持清洁卫生，每天清理1～2次。

为便于雏鸡采食，应保证每只雏鸡占有5cm左右的食槽位置。喂料器的高度和数量应随日龄增大而调整。雏鸡喂料量依品种、日粮的能量水平、鸡龄大小、喂料方法和鸡群健康状况等不同而异，可参考表4-4。

表 4-4　美国 NRC（第九版）来航型蛋雏鸡、育成鸡的体重和耗料

周龄	白壳品系		褐壳品系	
	体重/g	耗料/（g/周）	体重/g	耗料/（g/周）
0	35	50	37	70
2	100	140	120	160
4	260	260	325	280
6	450	340	500	350
8	660	360	750	380
10	750	380	900	400
12	980	400	1 100	420
14	1 100	420	1 240	450
16	1 220	430	1 380	470
18	1 375	450	1 500	500
20	1 475	500	1 600	550

喂料时应掌握"少喂、勤添、八成饱"的原则，定时定量饲喂。一般第 1 天每隔 3h 喂 1 次，第 2 周龄 5～6 次/d；第 3～4 周龄 4～5 次/d，第 5～6 周龄 3～4 次/d。以每次喂食后 20～30min 吃完为好。

（三）管理

育雏是一项细致的工作，取得好的育雏效果应做到眼勤、手勤、腿勤、科学思考。

1. 观察鸡群　观察鸡群状况至关重要。通过观察雏鸡的采食、饮水、运动、睡眠及粪便等情况，可以及时了解雏鸡健康状况、饲料搭配是否合理、温度是否适宜等。一般早晚观察雏鸡对给料的反应、采食的速度、争抢程度；早晨查看粪便的形状与颜色；白天观察雏鸡的羽毛状况，雏鸡大小是否均匀，眼神和对声音的反应，有无打堆、溜边的现象；晚上注意听雏鸡的呼吸有无异音。1～20 日龄是死亡的高峰时期，要多观察育雏温度。一旦发现问题立即报告，及时采取紧急措施。

2. 定期称重　为掌握雏鸡的发育情况，每周龄或隔周龄末随机抽测 5%～10% 的雏鸡体重，与本品种的标准体重对比，如果有明显差别时，及时修订饲养管理措施。

称重时，取样要具有代表性：①采样布点位置合理、固定；②数量适宜，生产中一般抽测 50～100 只雏鸡；③每次称重时间固定，一般称量早晨空腹体重。对每只雏鸡逐只称重并记录，将称重结果与本品种的标准体重对比，若低于标准很多，应认真分析原因，必要时进行矫正。矫正的方法是：在以后的 3 周内慢慢加料，以达到正常值为止，一般的基准为 1g 饲料可增加 1g 体重。

3. 适时断喙　断喙是蛋鸡生产中必须进行的一项操作。生产中如果鸡群密度过大，舍温过高，光照过强或阳光直射，饲料配制不当，蛋白质不足，含硫氨基酸缺乏，或饲料中粗纤维含量过低，食盐不足，体表患寄生虫病等，都会引起啄癖，以雏鸡和育成鸡较多。为防止啄癖，节约饲料，提高养鸡效益，生产中常对雏鸡实行断喙。

（1）断喙时间。一般在 7～10 日龄时进行第一次断喙，如果有断喙不成功的可在 10～12 周龄进行第二次修整断喙。如购买的雏鸡在 1 日龄时已采用红外线断喙，此时期可不再重复断喙。

雏鸡的开水开食

（2）断喙方法。选择适宜的断喙器，准备好足够的刀片（一般3 000只雏换一次刀片）；加热刀片到暗樱桃红（650～700℃）时，抓握固定好雏鸡，右手拇指放在雏鸡头上，食指轻压雏咽部使其缩舌，将雏鸡头稍向下按，把喙插入适宜的刀片孔径中，上喙从喙尖到鼻孔切去1/2，下喙从喙尖到鼻孔切去1/3，灼烧2～3s，以利止血。

（3）断喙前后的注意事项。断喙应激太大，断喙前应检查鸡群健康状况，如健康状况不佳，或注射疫苗有反应时，不宜断喙；断喙前、后2～3d不喂磺胺类药物（会延长流血），应在料中或水中加维生素 K_3、维生素 C 及适量的抗生素；断喙后要仔细观察鸡群，对流血不止的鸡，要重新烧烙止血。断喙后要细致管理，饲槽中多加饲料，以减轻啄食疼痛。

4. 及时分群 每批鸡在饲养过程中必然会出现一些体质较弱、个体大小有差异的鸡，为提高群体整齐度，要及时做好大小、强弱分群饲养。可结合断喙、疫苗接种或转群时进行，将过大过小的鸡挑出单独饲养，不断剔除病、弱、残、次的鸡，随时创造条件满足鸡的生长需要，促进鸡群的整齐发育。

5. 疾病预防与免疫接种 雏鸡体小娇嫩、抗病力弱，加上高密度饲养，一般很难达到100%的成活。重点应做好以下几方面的防病工作。

（1）采用"全进全出"的饲养制度。转群后鸡舍彻底清扫、消毒，并空舍2～3周，切断各种传染病的循环感染。

（2）制订严格的消毒制度。经常对育雏舍内外打扫清理、消毒，搞好环境卫生。每日清扫、更换育雏舍门口消毒池用药。根据情况每周带鸡消毒2～4次，净化育雏舍空气。要经常开窗换气，及时清粪，合理处理鸡场的废弃物、鸡粪、死鸡及污水等，减少环境污染。工作人员更衣、换鞋、消毒后池进入鸡舍，饲养员不得在生产区内各鸡舍间串门，严格控制外来人员进入生产区。

（3）保证饲料和饮水质量。配合饲料要求营养全面、混合均匀，以防雏鸡发生营养缺乏症和啄癖；严防饲喂发霉、变质饲料。饲料中适当添加多种维生素，增加抗病力。饮水最好是自来水厂的水，使用深井水时，要加强过滤和净化，注意用漂白粉消毒，每周饮用0.01%的高锰酸钾水1次。育雏用具常清洁，饲槽、水槽要定期洗刷、消毒。

（4）投药防病。在饲料或饮水中添加适宜的药物，预防雏鸡白痢、球虫病等。一般在雏鸡3～21日龄期间，饲料或饮水中添加抗白痢药；15～60日龄时，饲料中添加抗球虫药。注意接种疫苗前后几天最好停药。

（5）接种疫苗。适时免疫接种是预防传染病的一项重要措施。雏鸡接种的疫苗很多，必须编制适宜的免疫程序。实践中没有一个普遍实用的免疫程序，要根据当地鸡病流行情况，雏鸡抗体水平与健康状况，以及疫苗的使用说明等制订自己实用的免疫程序。商品蛋鸡的免疫程序可参考表4-5。

表 4-5　商品蛋鸡的免疫程序（参考）

日龄	免疫项目	疫苗名称	接种方法
1	鸡马立克氏病	火鸡疱疹病毒苗	颈部皮下注射
4	传染性支气管炎	H_{120}	点眼或滴鼻、饮水
7	新城疫	Ⅱ系、Ⅳ系	点眼、滴鼻、饮水
14	法氏囊病	弱毒苗	饮水

（续）

日龄	免疫项目	疫苗名称	接种方法
21	新城疫	II系、IV系	点眼、滴鼻、饮水
28	法氏囊病	弱毒苗	饮水
30	鸡痘	鹌鹑化弱毒苗	翼下刺种
35	新城疫	II系、IV系	点眼、滴鼻、饮水
40	传染性支气管炎	H_{52}	点眼、滴鼻、饮水
45	传染性喉管炎	弱毒苗	点眼、滴鼻
70	新城疫	I系或油苗	肌内注射
120	产蛋下降综合征	油苗	肌内注射
130	新城疫	I系或油苗	肌内注射

接种时注意同周龄内一般不进行两次免疫，尤其是接种部位相同时；不可混合使用几种疫苗（多联苗除外），稀释开瓶后尽快用完；若有多联苗可减少接种次数，接种时间可安排在其分别接种的时间中间；对重点防疫的疾病，最好使用单苗。所有疫苗都要低温保存，弱毒苗一般−15℃冷冻，灭活油苗2～5℃保存。

（6）日常观察与看护。育雏期间，应经常检查环境温度、湿度、空气质量、光照等是否适宜；水槽或水线是否有水，料槽是否断料，饮水器与喂料器数量、高度是否适宜。笼养时应及时捉回跑鸡，挑出啄癖鸡，病鸡隔离治疗或淘汰，检查舍内有无鼠害出入等。

（7）做好记录工作。每天应记录雏鸡群的存栏数、死淘数、进出周转数或出售数、耗料量、投药、免疫、体重称量结果、天气及室内的温湿度变化情况、光照、清粪、消毒情况等资料，以便于及时了解育雏生产情况，汇总分析。记录表格见表4-6、表4-7。

表4-6　育雏育成记录

栋舍：_____　　　　品种：_____　　　　进雏鸡数：_____

日龄	周龄	耗料情况		鸡群情况						环境条件					卫生防疫			
		日总耗料量/kg	每只日耗料量/g	淘汰数/只	死亡数/只	转入数/只	转出数/只	存栏数/只	周平均体重/g	光照时间/h	光照度/lx	最高室温/℃	最低室温/℃	室内湿度/%	用药情况	免疫情况	消毒情况	清粪情况
1																		
2																		
3																		
小计																		

饲养员_____

表4-7　育雏汇总

批次	进雏日期	品种	育雏数/只	周龄成活率/%	转群日期	育雏天数	转群时成活率/%	饲养员姓名	备注
1									
2									

（续）

批次	进雏日期	品种	育雏数/只	周龄成活率/%	转群日期	育雏天数	转群时成活率/%	饲养员姓名	备注
3									
合计									

统计汇总_____ 审核_____ _____年_____月_____日

（四）育雏培育效果评价指标

1. 成活率 鸡群健康，死亡率低，育雏期末存活率在98.0％以上。

2. 体重 育雏期末鸡群体重发育适中，符合品种标准，鸡群均匀度高，在85％以上。

3. 体型 育雏期末鸡群生长发育正常，骨架发育好，胫长（即跖骨长）达到品种发育标准。

4. 饲料报酬合理 雏鸡每千克增重需要消耗的饲料少。

任务二 育成鸡的培育

任务描述

育成主要是指从育雏结束到产蛋前这段时间，育成鸡培育是指7周龄到产蛋前的后备鸡培育。这时期饲养管理的好坏，决定了鸡在性成熟后的体质、产蛋性能和种用价值。其重点工作任务是控制体重和性早熟，使体重与性成熟发育同步。因此，必须了解育成鸡的生理特点，掌握育成前的准备、转群、饲养管理及育成效果评价。

任务实施

育成鸡具有环境适应性好、消化机能逐渐增强、骨骼与体重增长迅速、生殖系统发育迅速、羽毛更换勤、抗病力增强等生理特点，了解其特点才能有效地提高育成鸡的培育效果。

一、育成鸡的转群

育成鸡的生理特点

1. 转群前的准备 转群是生产计划中的重要内容之一，转群工作与规模化鸡场的生产周期、设备检修计划、免疫程序、人员调配等工作密切相关。转群应与鸡场整体计划相统一，这样才能避免由于转群造成鸡场管理混乱，或给鸡群造成较大的应激。

转群前1周应对鸡舍进行彻底的清扫、消毒，并确保空置1周以上。准备转群后所需笼具等饲养设备，并将笼具等设备经严格消毒处理。转群所需的抓鸡、装鸡、运鸡用具等一并进行清洗消毒。调整转入鸡舍的料槽、水槽位置，备好饲料和饮水。待转鸡群应在原舍内事先进行带鸡消毒。转群前3d，饲料中添加多种维生素。转群前4～6 h应停料，让鸡群将剩料吃完，同时也可减轻转群引起的损伤。若是从育雏舍转到育成舍，则要尽量减少两舍间温差，尤其冬季或早春应在育成舍内备好取暖设备，使温度达到15℃

左右。同时要做好转群人员的安排，使转群在短时间内顺利完成。

2. 科学转群 为了减少对鸡群的惊扰，转群要求在光线较暗的时候进行。一般在晚上转群较好，这时鸡群较安静，而且便于操作。舍内应有小功率灯泡照明，以方便操作。为使鸡只有足够的时间采食和饮水，转群后当天给予 24h 光照，然后再恢复到正常的光照制度，可使鸡群尽快熟悉鸡舍内的环境。

为了防止转群人员带来交叉感染，转群时人员最好分 3 组，即抓鸡组、运鸡组、接鸡组。装鸡周转笼每立方米空间鸡密度为：6 周龄 15～20 只，17～18 周龄 8～10 只。

转群的同时应彻底清点鸡只数并登记。生产记录是建立生产档案、总结生产经验教训、改进饲养管理效果的基础。日常生产管理过程中，应每天记录鸡群的数量变动情况（死亡数、淘汰数、出售数、转出数等）、饲料情况（饲料类型、变更情况、耗料量）、卫生防疫情况（药物和疫苗名称、使用时间、剂量、生产单位、使用方法、抗体监测结果）和其他情况（体重抽测结果、调群、环境变化、人员调整等）。另外可结合转群进行疫苗接种，以减少应激次数。

3. 注意事项

（1）注意减少鸡只伤残。抓鸡时应抓鸡的双腿，不能抓单腿、头、颈或翅膀。每次抓鸡不宜过多，每只手 1～2 只。从笼中抓出或放入笼中时，动作要轻，最好两人配合，防止刮伤鸡的皮肤。装笼运输时，要控制好密度。

（2）笼养育成鸡转入产蛋鸡舍时，按原群组转入蛋鸡舍，防止打乱原已建立的群序，减少争斗现象的发生。

（3）在转群的同时对鸡群进行整理，将不同发育层次的鸡分栏或分笼饲养。将发育迟缓的鸡放在环境条件较好的位置（如上层笼），加强饲养管理，促进其发育，可提高整个鸡群的整齐度。

（4）结合转群对鸡群进行一次彻底地选择、淘汰。根据鸡的体格和体质发育情况进行选留，淘汰那些畸形、过肥、过瘦、体质太弱的个体。因为这样的鸡在将来也不会有好的产蛋率，尽早淘汰可降低饲养成本。一般淘汰率为 5% 左右。

（5）转群前在饲料或饮水中加入镇静剂，可使鸡群安静，减少转群时的应激。

（6）转群后要加强检查、巡视。看笼门是否关牢，鸡头、腿、翅有无被笼卡住，防止鸡只损伤，跑出的鸡及时抓回。

（7）转群后 3～5d，每吨饲料中添加 200g 的多种维生素和适量电解质，以缓解应激，同时增强鸡的抗病力。

（8）转群不能与断喙、免疫等其他应激同时进行。转群对鸡群来讲是较大的应激，若再同时进行其他容易引起应激的管理措施，则会产生应激的叠加效应，给鸡群造成更大的危害。

（9）做好生产记录。

二、育成鸡的饲养管理

育成期总目标是要培育出具备高产能力、有维持长久高产体力的青年母鸡群。育成鸡培育目标指标包括：体重的增长符合标准，具有强健的体质，能适时开产；骨骼发育良好，骨骼的发育应该和体重增长一致；鸡群体重均匀，要求有 80% 以上的均匀度；产前做好各种免疫，具有较强的抗病能力，保证鸡群能安全渡过产蛋期。

（一）环境控制

（1）温度。育成鸡最佳生长温度为21℃，适宜范围15～25℃。夏季做好防暑降温工作，冬季做好保温工作。

（2）湿度。适宜湿度50%～60%。

（3）通风。舍内空气质量影响育成鸡的生长发育和健康。深秋、冬季和初春，尽管天气较冷，在鸡舍保温的前提下尽量通风换气，减少舍内氨气、硫化氢等有害气体和粉尘的含量，减少呼吸道等传染性疾病发生，保证鸡群健康。

（4）光照。育成鸡在10～12周龄性器官开始发育，此期光照对育成鸡性成熟影响大，光照时间的长短影响性成熟的早晚。光照时间缩短，推迟性成熟；光照时间延长，加快性成熟。因此，育成期的光照原则是：绝对不能延长光照时间，每天8～10h为宜，光照度5～10Lx。密闭式鸡舍光照程序为从4日龄开始到20周龄，光照时间恒定为8～9h，从21周龄开始，使用产蛋期光照程序。开放式鸡舍受外界自然光影响较大，光照时间较复杂，光照程序应采用恒定法或渐减法（详见技能4-4）。

（5）密度。育成鸡生长发育快、代谢旺盛、活动量大。鸡只适宜的密度和占有足够的采食、饮水位置更有利于鸡群的生长发育，提高群体均匀度。鸡群饲养密度因不同季节、品种、生理阶段、饲养方式而异，通常夏天小于冬季，春秋天介于两者之间，笼养大于平养。可参考表4-8。育成鸡采食占有位置为：7～8周龄，6～7.5cm，9～12周龄7.5～10cm，13～18周龄9～10cm，19～20周龄12cm。7～18周龄，饮水占有位置为：2～2.5cm。

表4-8　育成鸡饲养适宜密度

	周龄	地面平养/（只/m²）	网上平养/（只/m²）	笼养/（只/m²）
中型蛋鸡	8～12	7～8	9～10	36
	13～18	6～7	8～9	28
轻型蛋鸡	8～12	9～10	9～10	42
	13～18	8～9	8～9	35

（二）饲养技术

1. 育成鸡的营养　育成鸡消化机能逐渐健全，采食量与日俱增，骨骼肌肉都处于旺盛发育时期。此时的营养水平应与雏鸡有较大区别，尤其是蛋白质水平要逐渐减少，7～14周龄15%～16%，15～17周龄降到14%。能量也要同时降低，7～14周龄日粮中代谢能11.49MJ/kg，15～17周龄降低到11.28MJ/kg。否则，鸡体会大量积聚脂肪，鸡体过肥，影响成年后的产蛋量。育成鸡饲料中矿物质的含量应当充分，钙磷比例保持（1.0～1.2）：1，同时各种维生素及微量元素比例适当。

2. 日粮过渡　从育雏期到育成期，饲料的更换是一个很大的转折，应逐渐过渡。从7周龄的第1～2d，用2/3的育雏期饲料和1/3育成期的饲料混合喂给；第3～4天，用1/2的育雏期饲料和1/2的育成期饲料混合喂给；第5～6天，用1/3育雏期饲料和2/3育成期饲料混合喂给，以后喂给育成期饲料。

饲料更换以体重和跖长指标为准，即在6周龄末分别检查雏鸡的体重及跖长是否达到标准，若符合标准，7周龄后开始更换饲料；如果达不到标准，可继续饲喂育雏料，直到达标为止。对于一些体重及跖长经常达不到指标的品种，要查明原因，排除疾病。

3. 限制饲养 限制饲养是指对育成鸡限制其饲料采食量或合理降低营养浓度达到控制育成鸡的体重、减少脂肪的沉积、保持青年鸡良好的开产体况。轻型品种蛋鸡沉积脂肪能力相对弱一些，一般不需要限制饲养。中型品种鸡特别是体重偏重的品种，鸡早期沉积脂肪的能力比较强，需要在育成阶段采取限制饲养的方法，才能保证将来有较高的产蛋能力和存活率。

（1）限制饲养的意义。①节约饲料。通过限饲可节省10%左右的饲料，及时淘汰病弱鸡，提高产蛋期鸡的成活率，还降低了饲养成本。②控制鸡的体重。育成鸡采食过多的饲料，容易出现体重超标，脂肪过于沉积，不仅造成浪费，还影响产蛋期的生产性能。③控制性成熟。控制育成鸡的性早熟，使体成熟与性成熟适时化和同期化，提高鸡群产蛋量和整齐度。

（2）限饲方法。①限质法。在育成阶段对某一种必需的营养物质进行限制，如降低代谢能、粗蛋白质和赖氨酸水平等。②限量法。限制饲喂量，可分为定量饲喂、停喂结合、限制时间等方法。定量饲喂是每天喂鸡群正常采食量的80%～90%，前提是要掌握鸡群正常采食量；停喂结合式把停喂日的饲料分摊给喂料日，根据限饲强度由弱到强分为以下5种类型（表4-9）。采用何种方法则依据品种、鸡群状况而定，轻型鸡要轻度限制。

表 4-9 限量法喂料方法

限饲法则	饲喂方式	1周喂料天数/d	停喂日期
每日限饲	每日饲喂正常采食量的80%～90%	7	无
六一法则	1周6d喂料，1d停喂	6	周日
五二法则	1周5d喂料，2d停喂	5	周四、周日
四三法则	1周4d喂料，3d停喂	4	周二、周五、周日
隔日限饲	把2d饲料在1d喂给	3～4	喂料后的第二天

（3）限饲起止时间。一般从6～8周龄开始实施限制饲养，至16～17周龄结束。

（4）限饲的注意事项。①限饲前要断喙，整理鸡群，挑出病弱鸡，清点鸡只数。②给足食槽位置，至少保证80%的鸡能同时采食。③每周在固定时间，随机抽取2%～5%的鸡只空腹称重。④育成鸡体重超过标准时才限饲。⑤限饲鸡群发病或处于接种疫苗等应激状态，应恢复自由采食。⑥限饲必须与控制光照相结合。

（三）管理要点

1. 转入育成舍初期的管理 从育雏期到育成期，饲养管理技术势必发生变化，应做好逐步过渡，减少应激。

（1）减少应激。转群后2～3d增加多种维生素1～2倍或饮电解质溶液。

（2）补充舍温。育成舍的温度应与育雏舍温度相同，否则就要补充舍温，补至原来水平或者高1℃。如果舍温在18℃以上，可以不加温。如早春或冬季气温较低，应延长供温，保证其温度在15～22℃，然后再逐步脱温。

（3）临时增加光照。转群的当天连续光照24h。

（4）整理鸡群。挑出残弱病鸡，清点鸡数，补满每一个鸡笼。

2. 正确饲喂

喂料量可参考本品种和相同体型鸡种的喂料量及其对应的标准体重表进行。整个限饲过程中，饲喂量不能减少，当体重超标时，保持上一次的饲喂量，直到恢复体重标准再增加饲喂量；当体重达不到标准时，加大饲料增幅，直到体重达标后，按正常增幅加料。育成鸡体重和耗料见表4-4。

3. 体重的控制　适宜的育成鸡体重是保证蛋鸡适时开产、蛋重大小合适、产蛋率迅速上升和维持较长产蛋高峰期时间的前提。育成鸡体重大小与产蛋期体重呈正相关，也影响开产蛋重和整个产蛋期蛋重。

（1）体重的测定。轻型鸡要求从6周龄开始每隔1~2周称重1次；中型鸡从4周龄后每隔1~2周称重1次，以便及时调整饲养管理措施。称测体重时数量在万只以上的鸡按1%抽样，小群按5%抽样，但不能少于50只。抽样要有代表性，平养时一般先把栏内的鸡徐徐驱赶，使舍内各区域鸡和大小不同的鸡能均匀分布，然后在鸡舍的任意地方随意用铁丝网围出大约需要的鸡数，并将伤残鸡剔除，剩余的鸡逐只称重登记，以保证抽样鸡的代表性。笼养时要在鸡舍内不同区域抽样，但不能仅取相同层次笼的鸡，因为不同层次的环境不同，体重有差异。每层笼取样数量也要相等。体重测定安排在相同的时间，如周末早晨空腹测定，称完体重后再喂料。

（2）体重的调控方法。

①若 $W_{平均}>W_{标准}$（1+10%）：下周继续喂本周的喂料量，切不可减少。

②若 $W_{平均}<W_{标准}$（1−10%）：下周的喂料量在标准喂料量的基础上再增加 2~3g/只，或饲喂下下周的料量。

③若 $W_{平均}$ 在 $W_{标准}$（1±10%）范围内：按标准料量执行。

总的原则是在育成期的任一时期均不允许出现体重下降的现象，对出现体重达不到标准的情况，要先查找原因（如营养、疾病等），处理之后再调整饲喂量。

4. 均匀度的控制

（1）均匀度的计算。均匀度＝体重在抽测禽群平均体重（1±10%）范围内的只数/抽测数×100%

例如，某鸡群规模为5 000只，10周龄时标准体重为760g，超过或低于标准体重10%的范围是684~836g。在鸡群中抽测100只，其中体重在684~836g的有82只，占称重鸡数的82%。

（2）均匀度的标准。均匀度≥85%表示优秀，鸡群开产整齐，产蛋高峰上得快，高峰明显且持续时间长；均匀度≥80%表示良好，同优秀；均匀度≥75%表示合格；均匀度≤70%表示均匀度差，鸡群不能同步开产，产蛋高峰不明显或即使出现高峰也表现高峰晚、持续时间短，脱肛、啄肛多，死淘率高。

（3）提高禽群均匀度的技术措施。

①实行公母分群饲养。公母分群饲养对提高均匀度至关重要，育成期全程实行公母分群饲养是最理想的。公母禽对营养的要求不同，生长速度也不同，分群饲养可以采取不同的饲养管理措施，有利于提高禽群的均匀度。

②饲养密度要合适。饲养密度也是决定均匀度高低的一个很重要的因素。密度大的禽群活动受限，生长发育缓慢，导致均匀度下降；密度过小，则饲养成本增加。具

体要根据禽舍和设备配置来决定。

③适时断喙，且断喙要准确。实施断喙的目的是避免相互啄斗，减少饲料浪费。断喙时，应将较弱小的鸡捡出，单独饲养，多喂给些饲料，并且每2～3d观察一次其体重的增长情况，一般经2～3周，这些鸡就可恢复到标准体重。

④挑拣分栏，改进饲养管理。挑拣分栏是一旦均匀度较低时所采取的一种补救措施。频繁挑拣分栏除了会增加工作量，也会对禽群造成较大应激，而且在大小栏调整的过程中，料量会有很大的变动。调栏后，家禽很快达到了所需要的体重标准，但并不符合种禽生长发育规律，仅靠分栏，即使均匀度很高，生产性能也不会很理想。分栏应尽量在12周龄以前完成，以期在14周龄达到体重标准。

⑤定期随机抽样称重。称重是正确评定禽群的平均体重和均匀度的有效方法，确保每周称重一次。3周龄前可采取群体称重，每个群体30只左右；3周龄后可采取个体称重，抽取的比例取决于禽群大小，5 000只以上的可抽取2%～3%，1 000～5 000只的可抽取5%。称量后的结果取其平均值与本周标准体重比较，然后调整下周的饲喂量，使其始终处于适宜的体重范围。

⑥保证禽群均匀适量的采食。育成期饲喂必须有充足的饲养面积、采食和饮水位置。饲料需均匀分配，尽可能减少家禽间的争食，维持体重和均匀度。对于笼养蛋鸡，食槽内加料要均匀，每次喂完后要匀料4～5次，保证鸡只采食均匀。网上平养和地面饲养，为确保每只家禽都有足够的料位，可根据情况增加辅助料桶。要确保饲料质量，根据体重变化情况，适当调整喂料量，体重超标时，下周可维持上一周的给料量，低于标准体重时，每低于1%，每只每日增加3～5g料量。

⑦做好防疫，及时整群。应及时淘汰那些鉴别错误、发育很差和明显有病的家禽，对死亡个体及时处理，对于笼养蛋鸡及时补充缺位，保持每笼鸡数一致。由于育成期防疫比较频繁，应完善免疫程序，科学使用疫苗，避免经常抓禽带来较大的应激，这样有利于保证禽群体重的均匀度。发病的家禽往往增重缓慢并且发育不良，搞好疫苗接种，做好消毒防疫工作，以减少疾病的发生，也有利于提高禽群的均匀度。

⑧提供适宜的环境。育成期要注意防止高温高湿、低温低湿现象出现，重视通风，控制光照度，光照时间宜短不宜长，光照度宜弱不宜强，防止性成熟过早。对地面饲养的家禽，要保持垫料清洁干燥，给禽群创造一个良好的生长环境。

5. 日常管理

(1) 观察鸡群。经常观察鸡群的精神、采食、运动、排粪、外观情况，发现病鸡，及时挑出，隔离饲养或淘汰处理。

(2) 喂料。定时喂料，喂料量要适当、均匀，避免饲槽内饲料长期蓄积。饲料要营养全面、干净卫生，不饲喂腐败变质饲料。换料不可突然变更，要逐渐过渡。经常清洁饲喂器具，保证足够的采食位置。

(3) 饮水。供应充足的饮水，饮水质量清洁、无毒、无病原微生物污染。经常清洁消毒饮水器具，保证足够的饮水位置。

(4) 卫生防疫。育成阶段，很容易发生球虫病、黑头病、支原体病和一些外寄生虫病，应定期接种疫苗。如地面平养鸡15～60日龄易患绦虫病，2～4月龄易患蛔虫病，应及时对这两种内寄生虫病进行预防，增强鸡体质和改善饲料效率。平常定期清理和消毒鸡舍、设备器械，定时清除舍外的杂草、垃圾堆，搞好环境卫生。每周最好带鸡消毒2～3次。定期灭鼠，减少鼠类、昆虫等疾病的传播和滋生。及时清粪，加强通风，严禁杜绝无关人员靠近鸡舍，饲养员严禁串舍。

（5）保持环境安静稳定，减少应激。饲养员固定，不随意更改饲料和作息时间，免疫捉鸡时动作要轻等。

任务三　产蛋鸡的饲养管理

任务描述

产蛋鸡的饲养管理实际上是蛋鸡产蛋期的饲养管理。产蛋鸡是指140日龄以后处于产蛋阶段的鸡。中心任务是尽可能消除与减少各种逆境，创造适宜的环境条件，充分发挥其遗传潜力，达到高产稳产的目的，同时降低鸡群的死淘率和蛋的破损率，尽可能地节约饲料，最大限度地提高蛋鸡的经济效益。

在产蛋鸡阶段里，必须了解蛋鸡的生理特点及产蛋规律，掌握蛋鸡饲养管理技术，熟悉蛋鸡日常管理和产蛋鸡饲养效果评价。

任务实施

蛋鸡对于营养物质的利用率不同，开产后体重仍在增加，生殖系统尚在发育，且富有神经质，到了产蛋后期存在换羽的现象，实际生产中要根据蛋鸡周龄和产蛋率实行阶段饲养和调整饲养。

一、产蛋曲线的应用与分析

（一）产蛋规律

母鸡产蛋具有规律性，就年龄而言，第一年产蛋量高，第二年和第三年每年递减15%～20%。就一个产蛋年来讲，产蛋随着周龄的增长呈"低—高—低"的产蛋曲线，可将产蛋期分为三个时期：产蛋前期、产蛋高峰期、产蛋后期。在产蛋期内，产蛋率和蛋重的变化呈现一定的规律性。

产蛋鸡的
生理特点

1. 产蛋前期　是指从开始产蛋到产蛋高峰的时期（21～26周龄）。这个时期产蛋率上升很快，每周12%～20%的比例上升，同时鸡的体重和蛋重也在增加。体重每天增加4～5g，蛋重每周增加1g左右。

2. 产蛋高峰期　产蛋率通常在85%以上，一般在28周龄产蛋率可达90%以上。正常情况下，产蛋高峰期可维持3～4个月。在此期间蛋重变化不大，体重略有增加。

3. 产蛋后期（43周龄后）　产蛋率逐渐下降，每周下降0.5%左右，蛋重相对较大，体重增加。直至72周龄产蛋率下降至65%～70%。

（二）产蛋曲线

1. 产蛋曲线的含义　在第一产蛋年，产蛋率呈现"低—高—低"的产蛋曲线。实际生产中可将种育公司发布的产蛋性能绘制标准曲线与根据鸡的实际产蛋情况绘制产蛋曲线进行比较分析。以产蛋周龄为横坐标，以该周龄对应的产蛋率为纵坐标，使用坐标纸或使用电脑 EXCEL 程序绘制。如图 4-2 为海兰褐壳商品蛋鸡的标准产蛋曲线和某鸡场产蛋高峰期发生新城疫的一个批次海兰褐壳商品蛋鸡群的实际产蛋曲线。

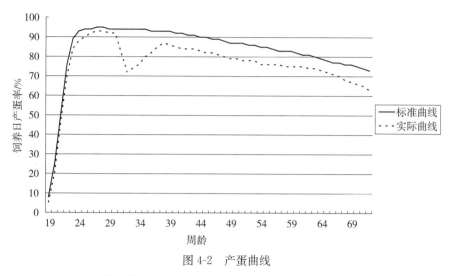

图 4-2　产蛋曲线

2. 现代商品蛋鸡的产蛋曲线的特点

①开产后产蛋率上升较快。正常饲养管理条件下，产蛋率的上升速率平均为每天 1%～2%，产蛋率初期上升阶段可达 3%～4%。从 23～24 周龄开产，29 周龄左右即可达到产蛋最高峰。褐壳蛋鸡一般在 20 周龄时，产蛋率达 5%；21 周龄时，产蛋率达 50%；25～27 周龄时，产蛋率达到 90% 以上，一直维持至 40 周龄左右。

②产蛋率达到高峰后，产蛋率的下降速度很缓慢且平稳。产蛋率下降的正常速率为每周 0.5%～0.7%，高产鸡群 72 周龄淘汰时，产蛋率仍可达 70% 左右。

③产蛋率下降具有不可完全补偿性。由于营养、管理、疾病等方面的不利因素，导致母鸡产蛋率较大幅度下降时，在改善饲养条件和鸡群恢复健康后，产蛋率虽有一定上升，但不可能再达到应有的产蛋率。产蛋率下降部分得不到完全补偿。越接近产蛋后期，下降的时间越长，越难回升，即使回升，回升的幅度也不大。如发现鸡群产蛋量异常下降，要尽快找出原因，采取相应措施加以纠正，避免造成更多的经济损失。

3. 产蛋曲线的意义分析　实际产蛋曲线与鸡品种标准产蛋曲线进行比较，可以衡量鸡群产蛋性能是否正常，预测下一步产蛋表现，分析导致产蛋异常的可能原因，及时纠正各项饲养管理措施，挖掘产蛋潜力。图 4-2 具体分析如下：

①标准产蛋曲线的特点：19 周龄饲养日产蛋率达到 8%，22 周龄产蛋率达 50% 以后，到 25 周龄时达到产蛋高峰，产蛋率达 93%，28 周龄达最高峰，产蛋率为 95%。90% 以上产蛋产蛋率保持 23 周，产蛋高峰过后，每周产蛋率平均下降 0.62% 左右。

②实际产蛋曲线的特点：19 周龄饲养日产蛋率达到 5%，22 周龄产蛋率达 50% 以后，到 26 周龄时达到产蛋高峰，产蛋率达 90%，28 周龄达最高峰，产蛋率为 93%。90% 以上产蛋产蛋率保持 6 周后至 32 周时，产蛋率发生异常，连续下降到 34 周龄，下降幅度达 18%。然后产蛋恢复，恢复到 38 周龄，达 87% 后产蛋率开始逐渐下降，平均下降 0.7% 左右。该批鸡因产蛋高峰发生新城疫而导致产蛋性能不理想，

即使鸡群恢复健康后，产蛋率也不能恢复到应有水平。

二、产蛋期的饲养管理

产蛋鸡饲养管理目标是：产蛋性能高、产蛋高峰维持时间长等特性，具有良好的适应性及较强的抗病能力，死淘率低，体格强健，饲料转化率高，蛋品质良好，并且具有耐热、安静、无神经质、易于管理等优秀品质，实现蛋鸡在产蛋期高产、稳产、高效生产。

（一）饲养方式

有笼养（阶梯式和重叠式）、平养（地面平养、网上平养）。大中型商品蛋鸡鸡场多采用阶梯笼养。阶梯笼养时 3～4 只/笼位，一般轻型蛋鸡 4 只/笼位，中型蛋鸡 3 只/笼位，每只鸡应占有笼底面积 470～500cm^2、8～10cm 饲料槽位、5cm 以上的水槽位或每笼配有一个乳头饮水器。地面、网上平养时，每 5 只鸡配一个产蛋箱，每平方米饲养 7～8 只鸡，每只鸡占有 8～10cm 饲料槽位、2.5～3.5cm 水槽位或每 30～40 只配有一个钟形饮水器或 10～15 只配有一个乳头饮水器。

（二）开产前后的饲养管理

1. 适时更换饲料 开产前 2～3 周母鸡体内贮钙能力增强，应从鸡群 17～18 周龄提高饲料钙含量到 2.0%～2.5%，群体产蛋率达到 0.5%时换成钙含量为 3.5%的产蛋鸡饲料，以满足蛋壳形成的需要。换料应有过渡期，减少应激。

2. 保证营养供给 开产是小母鸡一生中的重大转折，是一个很大的应激，在这段时间内小母鸡的生殖系统迅速发育成熟，青春期的体重仍在增长，大致要增重 400～500g，产蛋量也在增加，这些都需要营养增加。因此，开产前应停止限饲，更换开产前饲料，让鸡自由采食，保证营养需求，促进产蛋上升。

3. 增加光照 产蛋期的光照管理应与育成阶段光照具有连贯性。17～18 周龄开始，每周增加 1.0h 光照至 22～23 周龄，以后每周增加 0.5h 的光照，直至 16～16.5h 后维持恒定不变。若育成母鸡体重未达到该品种要求，可将补充光照时间推迟 1 周。

4. 称重 体重能保持品种所需要的增长趋势。体重适宜的鸡群，就可能维持长久的高产，为此在转入蛋鸡舍后，仍应掌握鸡群体重的动态，一般固定 50～100 只做上记号，1～2 周称测一次体重。

5. 保证饲料、饮水的供给 开产时，鸡体代谢旺盛，需水量大，采食增加，要保证充足饮水、饲料供应，让鸡自由采食饮水，不限饲。饮水、饲料质量要符合国家饲料、饮水卫生标准。

6. 加强卫生防疫工作 开产前根据实际情况进行免疫接种，防治产蛋期疫病的发生。对鸡群体表、肠道内寄生虫、球虫开展驱虫工作。平时做好鸡舍内外、场区的消毒工作。

7. 创造良好的生活环境 开产前鸡敏感性强，加上应激因素多，所以应合理安排作息时间，保持环境相对安静稳定。为缓解应激，也可在饲料或饮水中加入维生素 C、速溶多维、延胡素酸和镇静剂等抗应激剂。

（三）产蛋鸡的营养需要

1. 能量需要 产蛋鸡对能量的需要包括维持需要、体重增长的需要和产蛋的需要。据研究，产蛋鸡对能量需要的总量有 2/3 是用于维持需要，1/3 用于产蛋。影响维持需要的因素主要有鸡的体重、活动量、环境温度等。体重大、活动多的鸡维持需要的能量就越多。产蛋水平越高能量需要越大。鸡每天从饲料中摄取的能量首先要满足维持的需要，然后才能满足产蛋需要。因此，饲养产蛋鸡必须在维持需要水平上下功夫，否则就会影响鸡的产蛋性能。在适宜温度范围内蛋鸡的能量需要量可按下列公式进行估计：

①美国 NRC 提供的公式：ME [kcal*/（只·d）] $= W^{0.75}$ (173－1.95T) $+$ 5.5$\triangle W$$+2.07EE$

②吴庆鹍等提供的公式：ME [kcal/（只·d）] $= W^{0.75}$ (193－2.49T) $+$3.65 $\triangle W$$+2.1EE$

式中：W 为体重（kg），T 为温度（℃），$\triangle W$ 为日体重变化（g），EE 为日产蛋量（g）。

2. 蛋白质需要 蛋白质需要包括维持、产蛋和体组织、羽毛的生长等，主要与其产蛋率和蛋重有很大的正比关系，大约有 2/3 用于产蛋，1/3 用于维持。蛋白质的需要实质上是对必需氨基酸种类和数量的需要，也就是氨基酸是否平衡。产蛋鸡对蛋白质的需要不仅要从数量上考虑，也要注意质量。蛋白质需要量可按下列公式计算：

$$粗蛋白质需要量 [g/（只·d）] = \frac{1.1 \times 体重(kg) + 0.12 \times 日产蛋量(g)}{0.8 \times 0.6}$$

式中，1.1 为每千克体重的代谢蛋白质，0.12 为每克蛋中蛋白质的含量，0.8 为蛋白质的平均消化率，0.6 为饲料可消化蛋白质的体内利用率。

3. 矿物质需要 产蛋鸡对矿物质的需要最易缺乏的是钙和磷。产蛋鸡对钙需要特别多，而饲料中钙的利用率平均只有 50.8%，一枚重 57.6 g 鸡蛋蛋壳平均重 5.18g，含钙 2.02g，就需要饲料钙 3.98g，如果年平均产蛋率为 70%，则平均需供给钙 2.79g，加上维持需要的钙和蛋内容物的钙，日需钙约 3g，因此饲料中钙含量要达到 3.25%～3.5%。骨骼是钙的贮存场所，由于鸡体小，所以钙的贮存量不多，当日粮中缺钙时，就会动用贮存的钙维持正常生产，当长期缺钙时，则会产软壳蛋，甚至停产。

产蛋鸡有效磷的需要量为 0.3%～0.33%，以总磷计则为 0.6%，且总磷的 30% 必须来自无机磷，以保证磷的有效性。据研究，0.3% 的有效磷和 3.5% 的钙可使鸡获得最大产蛋量和最佳蛋壳质量。3.5% 的钙和 0.55% 的总磷可使来航鸡获得最高孵化率。热天血磷降低，饲料中的总磷可提高到 0.7%。蛋鸡饲料中含总磷高于 0.9% 对产蛋和蛋壳质量不利，血磷浓度达到一定水平时就会抑制骨钙的动员，影响蛋壳钙沉积，使蛋壳过薄。

饲料中应保证适宜的钠、氯水平，一般添加 0.3% 左右的食盐即可满足需要。产蛋鸡还需要补充充足的微量元素及多种维生素。实际配制鸡饲料时应考虑季节、周龄、产蛋水平、饲料原料价格等因素综合权衡，可使用配方软件程序筛选最低成本配方。

（四）科学的饲养方法

1. 阶段饲养法 阶段饲养法是根据鸡群的产蛋率和周龄将产蛋期分为几个阶段，

---

* kcal 为非国际标准单位，1kcal=4.18J。

并考虑环境温度因素按不同阶段喂给不同营养水平的蛋白质、能量和钙的日粮，使饲养更趋合理，并节约饲料。这种方法称阶段饲养法。阶段的划分一般有两种方法，即两段法和三段法。两段法是以 42 或 50 周龄为界，前期为产蛋高峰期，后期为产蛋下降期，日粮中粗蛋白质含量分别为 16%～17.5%，15%～15.5%，钙含量分别为 3.5%～3.7%，3.7%～4.0%。

生产中一般采取三段制饲养法，日粮中蛋白质等营养水平先高后低，符合鸡的产蛋规律和我国蛋鸡饲养标准，能更好地满足蛋鸡对营养的需要。产蛋高峰出现早，上升快，高峰期持续时间长，产蛋量多。产蛋后期采取低蛋白日粮，相当于限质饲养，在保证满足产蛋营养需要的基础上，还避免了蛋鸡沉积脂肪，体重增加，影响产蛋。

(1) 第一阶段为 21～42 周龄。该阶段产蛋率急剧上升到高峰并在高峰期维持，蛋重持续增加，同时鸡的体重仍在增加。为满足鸡的生长和产蛋需要，饲料营养浓度要高，自由采食，加强匀料促使鸡多采食。这一时期鸡的营养和采食量决定着产蛋率上升的速度和产蛋高峰维持期的长短。

(2) 第二阶段为 43～60 周龄。该阶段鸡的产蛋率缓慢下降，但蛋重仍在增加，鸡的生长发育已停止，但脂肪沉积增多。所以在饲料营养物质供应上，要在抑制产蛋率下降的同时防止机体过多的积累脂肪，可以在不控制采食量的条件下适当降低饲料能量浓度。

(3) 第三阶段为 61～72 周龄。该阶段产蛋率下降速度加快，体内脂肪沉积增多，饲养上在降低饲料能量的同时对鸡进行限制饲喂，以免鸡过肥而影响产蛋。母鸡淘汰前一个月可适当增加玉米用量，提高淘汰体重。

三个阶段日粮中粗蛋白质含量分别为 17.5%、16.0%～17.0%、15.0%～15.5%；钙含量分别为 3.5%、3.7%、4.0%。

2. 调整饲养法 调整饲养法是根据环境条件和鸡群状况的变化，及时调整饲料配方中各种营养物质的含量，使鸡群更好地适应生理及产蛋需要的饲养方法。调整饲养必须以蛋鸡的饲养标准为基础，保持饲料配方的相对稳定。应根据鸡的产蛋量、蛋重、鸡群健康状况、环境变化等适时调整，调整日粮时主要调整日粮的蛋白质和主要矿物质的水平。当产蛋率上升时，提高饲料营养水平要走在产蛋量上升之前；当产蛋率下降时，降低饲料营养水平要落在产蛋量下降的后面。也就是上高峰时要"促"，下高峰时要"保"。如 18 周龄换钙含量 2%、蛋白质 16.5% 的产蛋前日粮，产蛋率达到 5% 时，增加蛋白质含量到 17.0% 以上、钙 3.5%，以"促"高峰期的到来。高峰期后产蛋率下降 2 周后，再降低日粮营养水平，饲喂蛋白质 16%、钙为 3.7%～4.0% 的产蛋后期日粮，以"保"产蛋率每周以 0.5%～0.6% 的速率缓慢下降，提高蛋鸡产蛋量。日粮中钙含量的增加，有利于提高产蛋后期蛋壳的质量。这种方法就是按产蛋规律调整饲养。调整饲养后要注意观察效果，对效果不好的，应立即纠正。

调整饲养的方法有以下 5 种：

(1) 按体重调整饲养。当育成鸡体重达不到标准时，在转群后（18～20 周龄）提高饲料蛋白质和能量水平，额外添加多维素。粗蛋白质控制在 18% 左右，使体重尽快达到标准。

(2) 按产蛋规律调整饲养。当产蛋率达到 5% 时，饲喂产蛋高峰期饲料配方，促使产蛋高峰早日到来。达到产蛋高峰后，维持喂料量的稳定，保证每只鸡每天食入蛋白质，轻型鸡不少于 18g，中型鸡不少于 20g。在高峰期维持最高营养 2～4 周，以维持高峰期持续的时间。到产蛋后期，当产蛋率下降时，应逐渐降低营养水平或减少饲喂量，具体参考限制饲养技术。

（3）按季节气温变化调整饲养。鸡舍气温在10～26℃条件下，鸡按照自己需要的采食量采食。在能量水平一定的情况下，冬季由于采食量大，日粮中应适当降低粗蛋白质水平；夏季由于采食量下降，日粮中应适当提高能量和粗蛋白质水平，必要时添加1%的动植物油，以保证产蛋的需要。

（4）采取管理措施时调整饲养。接种疫苗后的7～10d，日粮中粗蛋白质水平应增加1%。

（5）出现异常情况时调整饲养。当鸡群发生啄癖时，除消除引起啄癖的原因外，饲料中可适当增加粗纤维、食盐的含量，也可短时间喂给石膏。开产初期脱肛、啄肛严重时，可加喂1%～2%的食盐1～2d。鸡群发病时，适当提高日粮中营养成分，如粗蛋白质增加1%～2%，复合维生素提高0.02%，还应考虑饲料品质对鸡适口性和病情发展的影响等。

调整饲养更为符合蛋鸡养殖的实际需要，是保证鸡群充分发挥遗传潜力、健康高产、降低成本、增加经济效益的有效措施。

3. 减少饲料浪费，节约成本　在养鸡生产中，饲料费用占养鸡成本的60%～70%。由于种种原因，常会导致饲料浪费。因此，节约饲料尤为重要。节约饲料开支可做好以下工作：选料蛋比低的品种；采用全价配合饲料，提高饲料报酬；料槽结构合理，高度适宜；饲喂方法要合理，采取少喂勤添，添料时不超过喂料器容量的1/3；饲料加工粒度合理，粉状料不能过细；妥善保管饲料，防虫害、变质；及时淘汰病弱残鸡；及时对鸡群进行蛔虫病或绦虫病等内寄生虫病的预防，增强鸡体质和改善饲料效率；对7～10日龄的雏鸡进行断喙。

（五）合理的饲喂工作

1. 补喂钙料　蛋鸡产蛋量高，需较多的钙质饲料，一般饲料中应含有一定量的颗粒直径为3～5mm的石粉或贝壳粉。将微量元素添加量增加1倍，对增强蛋壳强度、降低蛋的破损率效果较好。实践证明，蛋鸡日粮中钙源饲料采用1/3贝壳粉、2/3石粉混合应用的方式，对蛋壳质量有较大的提高作用。

2. 喂足饲料　产蛋鸡食物在消化道中的排空速度很快，仅4h就排空一次。因此，产前与熄灯前喂足料非常重要。一般5：00～7：00时必须喂足料，使鸡开产有足够体力。晚间熄灯前需补喂1～1.5h，为鸡夜间形成鸡蛋准备充足的营养。整个产蛋期以自由采食为宜，但每次喂料不宜过多，日喂2～3次，夜间熄灯之前无剩余饲料。

3. 饮水管理　褐壳蛋鸡产蛋高峰期喂料一般在120～130g，白壳蛋鸡一般在110～120g。鸡的饮水量一般是采食量的2～2.5倍，一般情况下每只鸡每天饮水量为200～300mL。饮水不足会造成产蛋率急剧下降。在产蛋及熄灯之前各有一次饮水高峰，尤其是熄灯之前的饮水与喂料往往被忽视。试验证明，在育成鸡阶段如断水6h，在产蛋后则影响产蛋率1%～3%；产蛋鸡断水36h，产蛋量就不能恢复到原来水平。因此，要保证无间断供水。水槽要每天清洗，使用乳头饮水器的应每周用高压水枪冲洗1次。

饲喂应掌握原则：①合理搭配各种饲料原料，提高饲料的适口性。不要饲喂霉变饲料、添加大蒜素等刺激鸡的食欲。②分次饲喂，经常匀料。当鸡看到饲养者进入鸡舍匀料，往往比较兴奋，采食量会增加。③饲料破碎的粒度大小应适中，玉米、豆粕等一般使用 5mm 筛片粉碎。④可以适当添加油脂或湿状微生物发酵饲料，减少料槽中剩余的粉末。

（六）产蛋期的管理

1. 环境管理

（1）温度。温度对蛋鸡的生长、产蛋、蛋重、蛋壳品质和饲料报酬等都有较大影响。产蛋鸡舍的适宜温度为 13～23℃，最适温度为 16～21℃；最低温度不能低于 5℃，最高温度不应超过 28℃。否则，对蛋鸡的产蛋性能影响较大。

（2）湿度。蛋鸡适应湿度范围为 40%～70%，最佳适宜湿度为 60%～65%。

（3）通风。通风换气是调控鸡舍内温度，降低湿度，排除污浊空气，减少有害气体、灰尘和微生物的浓度、数量的手段。产蛋鸡舍内二氧化碳浓度应低于 0.15%，氨气浓度小于 0.002%，硫化氢浓度不超过 0.001%。通风时气流能均匀流过全舍而无贼风，进行低流量或间断性通风，天冷时进入舍内的气流应由上而下不直接吹向鸡体。气流速度夏季低于 0.5m/s，冬季低于 0.2m/s。规模化鸡场一般采用纵向负压通风系统，结合横向通风可取得良好效果。

（4）光照。合理的光照对提高鸡的生产性能有很大作用，除了保证正常采食饮水和活动外，还能增强性腺机能，促进产蛋，产蛋期光照原则是每天光照时间只能延长，不能缩短。但光照时间过长，光照度过强，鸡会兴奋不安，并会诱发啄癖，严重时会导致脱肛；光照度过弱，时间过短，又达不到光照的目的。一般产蛋鸡的适宜光照度为 15～20lx，光照时间以每天 16h 为宜。每 15m² 的鸡舍面积，悬挂一个 40W 的加罩普通灯泡，高度 1.8～2.0m，灯芯间距 3m 左右，其光照度相当于 10lx。人工补光开灯时间保持稳定，忽早忽晚地开灯或关灯都会引起部分母鸡的停产或换羽。有条件鸡场光照时间控制最好用定时器，采取早晚两头补的方法更为适宜，光照度用调压变压器，并经常擦拭灯泡，保证其亮度。密闭式产蛋鸡舍 40 周龄后的产蛋鸡群可采用间歇光照方案提高饲料利用率。

（5）饲养密度。产蛋期的饲养密度因品种、饲养方式不同而异。适宜的密度和适宜的蛋鸡占有料位、水位长度，更利于鸡群产蛋性能的充分发挥。地面平养时，白壳蛋鸡 8 只/m²，褐壳蛋鸡 6 只/m²。网上平养时，白壳蛋鸡 12 只/m²，褐壳蛋鸡 10 只/m²。笼养时应根据所购买的鸡笼类型，按每个小笼的容量放鸡，每只鸡占笼底面积，白壳蛋鸡 380cm²，褐壳蛋鸡 465cm²。

2. 季节管理 鸡舍环境受季节变化的影响，尤其是开放式鸡舍受影响更大。生产中，应根据不同季节对鸡采取必要的管理措施。

（1）春季。春季气温逐渐变暖，光照时间延长，是产蛋量回升阶段，又是微生物大量繁殖的季节。所以，春季的管理要点是：提高日粮中的营养水平，满足产蛋的需要；产蛋箱要足够；逐步增加通风量；经常清粪；搞好卫生防疫和免疫接种；抓好鸡场的绿化工作。

（2）夏季。气温高，光照时间长。管理要点是：防暑降温，促进食欲。为了做好防暑降温工作，可采用下列方法：

①减少鸡舍所受到的辐射热和发射热。在鸡舍的周围植树，搭置遮阳凉棚或种植

藤蔓植物。鸡舍屋顶增加厚度，或内设顶棚，屋顶外部涂以白色涂料。在房顶上安装喷头，对房顶喷水。地面种植草皮，可减少辐射热。

②增加通风量。采取自然通风的开放性鸡舍应将门窗及通风孔全部打开，密闭式鸡舍要开动全部风机昼夜运转。当气温高，通过加大舍内的换气量，若气温仍不能下降时，应考虑纵向通风的问题，同时增加气流速度，以期达到降温的目的。一般的商品鸡饲养场可采用电风扇吹风，使鸡的体温尤其是头部温度下降。

③湿帘降温法。采取负压通风的鸡舍，在进风处安装湿帘，降低进入鸡舍的空气温度，可使舍温下降 5～7℃。

④喷雾降温法。在鸡舍或鸡笼顶部安装喷雾器械，当舍温高于 35℃时，直接对鸡进行喷雾。设备可选用高压隔膜泵，没有条件的也可用背负式或手压式喷雾器喷水降温。

⑤降低饲养密度。当气温较高、鸡舍隔热性能不良，为了减少鸡舍内部鸡的自身产热，可适当降低饲养密度。

⑥间歇光照。夏季当舍温达到 25℃以上时，采用间歇光照，利用夜间温度降低的时候安排 2h 光照，使产蛋母鸡白天高温环境中的采光不足在夜间得到补偿，可提高产蛋率 5％～10％。

⑦供给清凉的饮水。夏季的饮水要保持清凉，水温以 10～30℃为宜。水温 32～35℃时饮水量大减，水温达 44℃以上时则停止饮水。炎热环境中鸡主要靠水分蒸发散热，饮水不足或水温过高会使鸡的耐热性降低。让鸡饮冷水，可刺激食欲，增加采食，从而提高产蛋量和增加蛋重。笼养蛋鸡夏季高温时极易出现稀便，主要原因就是高温致使饮水量增加。防止稀便的根本方法就是改善鸡舍温度和通风状况。

⑧调整饲料配方。气温高的夏季，鸡的采食量减少，为了保证产蛋必须根据鸡的采食量调整饲料配方，如添加油脂，油脂容积小，热增耗少。在高温环境下，用 3％的油脂代替部分能量饲料，使鸡的净能摄入量增加，对提高母鸡的产蛋率有良好的作用。为了更好地防暑降温，可在饲料或饮水中添加 0.02％维生素 C，或其他一些抗热应激的添加剂。

我国长江中下游地区，通常每年六月中旬到七月上旬，是梅雨季节。天空连日阴沉，降水连绵不断，时大时小。持续连绵的阴雨、温高湿大对产蛋鸡极为不利，应加强通风，提供充足的维生素，预防好体表寄生虫病。

（3）秋季。秋季光照时间逐渐缩短，天气逐渐凉爽，鸡群产蛋一年开始休产、换羽，产蛋期延长 4 个月。如果老龄鸡不再饲养，并有新母鸡替换，最好在更新前一个月左右淘汰不产蛋或早期换羽的鸡。为提高产蛋量，光照时间要补充到 16～17h。早秋仍然天气闷热，再加上雨水大、湿度高，易发生呼吸道和肠道疾病，因此在白天要加大通风量，降低湿度；饲料中应经常投放药物，防止发病。秋季是鸡痘高发期，应做好刺种工作。

（4）冬季。天气寒冷，光照时间短。冬季管理的要点是：防寒保温，舍温不低于10℃。在入冬以前修整鸡舍，在保证适当通风的情况下封好门窗，以增加鸡舍的保暖性能，防止冷风直吹鸡体。北侧的窗口用塑料薄膜钉好（但不要完全封闭，可留小窗通风进气），或用草帘遮挡；地面平养的应加厚垫料、勤换垫料，尤其是饮水器周围的垫料，防止鸡伏于潮湿垫料上。如果采用机械通风，需减少通风量，通风量大小及时间长短应视鸡舍内气味和温度情况而定，一般通风时间不超过 0.5h。冬天气温低，鸡散热大，在保证鸡群采食到全价饲料的基础上，提高日粮代谢能的水平。早上开灯后，要尽快喂鸡，晚上关灯前要把鸡喂饱，以缩短鸡群在夜中空腹的时间。另外，冬天早晚要补加人工光照，保持与其他季节相同的光照时间。注意检查饮水系统，防止漏水打湿鸡体。

3. 日常管理

（1）观察鸡群。建立经常观察和定时检查鸡群的制度。每日观察鸡群的精神、食欲、饮水、粪便、有无啄癖、残鸡、死鸡、产蛋量、蛋壳质量有无变化。发现异常及时查找原因，对症处理，并随时淘汰残鸡、死鸡。

（2）减少应激。维持良好的相对稳定的环境条件，是产蛋鸡管理尤其是产蛋高峰期管理的重要内容。应激是指对鸡健康有害的一些症候群。应激可能是气候的、营养的、群居的或内在的（如由于某些生理机能紊乱，病原体或毒素的作用）。

任何环境条件的突然改变，都可能引起鸡发生应激反应。所以养鸡生产中应严格执行光照计划，按时开、关灯，尽量控制好蛋鸡所需的环境条件，温度、湿度、密度适宜，通风良好；定人定群饲养，日常作业程序一经确定，不轻易改变；严禁抓鸡、转群，免疫尽量安排在晚上进行；操作时动作要轻，严防噪声和大声喧哗，严禁人员串舍，严禁鸟、猫、狗等动物进入鸡舍，尽量避免应激因素发生。应激不可避免时，在饮水或饲料中添加一些抗应激物质，如维生素 A、维生素 E、维生素 C 等。

（3）定时喂料、供足饮水。产蛋鸡消化力强，食欲旺盛，每天喂料以 2～3 次为宜：3 次的时间安排为第一次 6：00～7：00、第二次 10：30～11：00、第三次 16：30～17：30，三次的喂料量分别占全天喂料量的 30%、30% 和 40%。也可将一天的总料量于早晚两次喂完，晚上喂的料量应在早上喂料时还有少许余料量，早上喂的料量应在晚上喂料时基本吃完。每天至少要匀料 3～4 次，以刺激鸡采食。

（4）勤拣蛋。每天至少进行两次拣蛋，第一次 11：00 左右；第二次 16：30 左右。每次拣蛋时要轻拿轻放，破蛋、脏蛋要单独放，并及时记录。正常情况下，鸡蛋的破损率应在 2%～3%。

（5）搞好环境卫生消毒。保持鸡舍内外环境清洁卫生，经常消毒。及时清除粪便，每日清理料槽，清洗消毒水槽 1 次。根据情况每周带鸡消毒 3～5 次。

（6）做好记录。每天记录鸡群的存栏量、鸡只变动数量及原因、耗料情况、产蛋情况、环境条件、卫生防疫、投药、天气情况等，以便汇总分析。记录表格可参考表4-10。

表 4-10 _____月份产蛋鸡情况记录

舍号_____　品种_____　出雏日期_____　入舍只数_____

日龄	周龄	耗料情况			产蛋情况				鸡群情况					环境条件				卫生防疫			其他
		总耗料/kg	日耗料/g	饲料类型	总产蛋量/枚	破蛋数/枚	软壳蛋数/枚	平均蛋重/g	当日死亡数/只	当日淘汰数/只	当日转入数/只	当日转出数/只	当日存栏数/只	光照时间/h	最高舍温/℃	最低舍温/℃	舍内湿度/%	用药情况	免疫接种情况	消毒情况	清粪情况
1																					
2																					
3																					
4																					
合计																					

（7）产蛋鸡的挑选。挑选出低产鸡、停产鸡是鸡群日常管理工作中的一项重要工作。它不仅能节约饲料、降低成本，还能提高笼位利用率。高产蛋鸡与低产蛋鸡，产蛋鸡与停产鸡外貌特征的区别见表4-11、表4-12。

表 4-11　高产蛋鸡与低产蛋鸡的区别

部位	高产蛋鸡	低产蛋鸡
头部	大小适中，清秀，头顶宽	粗大，脂肪沉积，头过长或过短
喙	稍粗短，略弯曲	细长无力，过于弯曲、似鹰嘴
冠、肉垂	大，细致，红润，温暖	小，粗糙，苍白，发凉
胸部	宽而深，向前突出，胸骨长直	发育差，胸骨短而弯曲
体躯	背长平，腰宽，腹部容积大	背短，腰窄，腹部容积小
尾	尾羽开展，不下垂	尾羽不正，过高、过平、下垂
皮肤	柔软有弹性，薄，手感良好	厚而粗，脂肪过多，发紧发硬
耻骨间距	大，可容3指以上	小，3指以下
胸耻骨间距	大，可容4指以上	小，3指或3指以下
换羽	换羽晚、快，持续时间短	换羽早，持续时间长
性情	活泼温顺，易管理	动作迟缓或过野，不易管理
各部位配合	匀称	不匀称
觅食力	强，嗉囊经常饱满	弱，嗉囊不饱满
羽毛	陈旧，不整齐	整齐清洁

表 4-12　产蛋鸡与停产鸡的区别

部位	产蛋鸡	停产鸡
冠、肉垂	大而有弹性，鲜红丰满，温暖	小而皱缩，色淡，干燥发凉
肛门	湿润，大而丰满，呈椭圆形	干燥，小而皱缩，圆形
腹部容积	大，胸骨末端与耻骨间距3～4指	小，胸骨末端与耻骨间距2～3指
触摸品质	皮肤柔软、细嫩，耻骨薄而有弹性	皮肤和耻骨硬而无弹性
换羽（秋季）	未换羽	已换羽
色素消褪	肛门、眼圈、喙、胫已褪色	肛门、眼圈、喙、胫黄色
性情	活泼温顺，觅食力强，接受交配	胆小呆板，觅食差，拒绝交配

（七）产蛋鸡饲养效果评价指标

（1）体质健康，不过肥，死淘率低。产蛋期年死淘率控制在5%～10%。

（2）高产、稳产。蛋鸡适时开产，产蛋后到高峰期产蛋上升快，高峰期维持时间长，产蛋率90%以上维持4～6个月，下降平缓，每周下降速率平均在0.5%左右，不超过1.0%。

（3）蛋重符合品种标准，一般相差2%～3%。

（4）蛋品质良好，蛋壳质量好，颜色符合品种特征。

（5）饲料转化率高，料蛋比平均在（2.1～2.3）∶1。

三、鸡蛋的收集与运输

（一）蛋鸡场集蛋要求

1. 集蛋前准备工作　集蛋箱和蛋托每次使用前要消毒；工作人员集蛋前须洗手

消毒；存蛋室内保持干净卫生，定期用福尔马林熏蒸消毒。

2. 集蛋时间 商品蛋鸡场每天应拣蛋 3 次，每天 11：00、14：00、18：00 捡蛋。拣蛋后应及时清点蛋数，记录后送往蛋库，不能在舍内过夜。

3. 集蛋要求 集蛋时将破蛋、软蛋、特大蛋、特小蛋单独存放，不作为鲜蛋销售，可用于蛋品加工；双黄蛋在市场上能够以较高的价格销售，可以作为专门的特色鸡蛋出售；蛋壳表面沾染有较多粪便的鸡蛋要单独处理后再及时出售或食用。鸡蛋收集后立即用福尔马林熏蒸消毒，消毒后送蛋库保存。要求蛋壳清洁、无破损，蛋壳表面光滑有光泽，蛋形正常，蛋壳颜色符合品种特征。

4. 蛋品质观察 捡蛋的同时应注意观察产蛋量、蛋壳颜色、蛋壳质地、蛋的形状和重量与以往有无明显变化。产蛋初期产蛋率上升快、蛋重增加较快，在产蛋高峰期如果产蛋率明显下降、蛋壳颜色变浅等问题出现则属于非正常现象，常常是由于鸡群健康问题或饲料质量问题、生产管理问题造成的，要及时解决。

5. 鲜鸡蛋分级 中华人民共和国国内贸易行业标准（SB/T 10638—2011）中规定了鲜鸡蛋、鲜鸭蛋分级标准。

①鲜鸡蛋、鲜鸭蛋品质分级要求见表 4-13。

表 4-13　鲜鸡蛋、鲜鸭蛋品质分级要求

项目	指标		
	AA 级	A 级	B 级
蛋壳	清洁、完整，呈规则卵圆形，具有蛋壳固有的色泽，表面无肉眼可见污物		
蛋白	黏稠、透明，浓蛋白、稀蛋白清晰可辨	较黏稠、透明，浓蛋白、稀蛋白清晰可辨	黏稠，透明
蛋黄	居中，轮廓清晰，胚胎未发育	居中或稍偏，轮廓清晰，胚胎未发育	
异物	蛋内容物中无血斑、肉斑等异物		
哈夫单位	≥72	≥60	≥55

②鲜鸡蛋重量分级要求。分级的鸡蛋根据重量分为 XL、L、M 和 S 4 个级别，重量分级要求见表 4-14。

表 4-14　鲜鸡蛋重量分级要求

级　别		单枚鸡蛋蛋重范围/g	每 100 枚鸡蛋最低蛋重/kg
XL		≥68	≥6.9
L	L（＋）	≥63 且＜68	≥6.4
	L（－）	≥58 且＜63	≥5.9
M	M（＋）	≥53 且＜58	≥5.4
	M（－）	≥48 且＜53	≥4.9
S	S（＋）	≥43 且＜48	≥4.4
	S（－）	＜43	—

注：在分级过程中生产企业可根据技术水平将 L、M 进一步分为"＋""－"两种级别。

（二）鲜蛋的包装与运输

1. 鲜蛋的包装 鲜蛋销售过程中包装有两种形式，一种为散装，直接运至销售

地销售，另一种为带包装箱销售。无论哪一种包装形式，要求包装物具有一定的防震作用。包装要干净卫生，不能污染禽蛋。根据是否便于销售与消费以及包装成本等来合理地确定包装的材料与大小。

（1）直接销售情况。可用塑料蛋筐或蛋盘，将鲜蛋直接码放在蛋筐中。为便于搬动，一个包装单位的重量一般不超过40kg。蛋筐或蛋盘每次使用前要进行消毒处理。适用于运输距离较近的情况。

（2）用聚乙烯或聚苯乙烯塑料盒包装。这样包装的鲜蛋已开始在大城市出现，其特点是有利于在超市销售，重量、厂家、生产日期等明确，有利于品牌的树立，有利于防止假冒，促进功能性蛋制品（如高碘蛋、高锌蛋等）的开发的作用。也有用分格的纸盒包装，1排6枚，2排共12枚，外层再覆包一层聚乙烯塑料薄膜，使内容物清晰可见。

（3）专用纸箱。根据产品特点，设计制作具有精美外观的包装箱，内加纸制（或塑料）蛋托，每枚蛋以大头向上放置在蛋箱内。蛋箱上要有醒目名称、产品标识、生产厂家等基本信息。多配有注册商标，以品牌形式销售。这种包装多用在一些特殊蛋品（如土鸡蛋、绿壳蛋等）销售中。在超市或大型集贸市场销售。

（4）出口鲜蛋多用硬纸箱包装，按等级规格化。一级蛋，每层装蛋30枚，全箱10层，共装360枚；二级蛋，每层49枚，全箱12层，共装588枚；三级蛋，每层49枚，全箱14层，共装636枚。

2. 鲜蛋运输　根据销售量准备运输车辆，要求运输车辆大小合适。每次收蛋应提前联系好货源，确保在最短时间内装满车，以减少运输成本。运输过程中要选择最近且平稳的运行路线，运输过程不得有剧烈振荡，减少蛋的破损。在夏季运输时，要有遮阳和防雨设备；冬季运输应注意保温，以防受冻。长距离运输最好空运，有条件可用空调车，温度为12～16℃，相对湿度75%～80%。

鲜蛋保质期短，且多数蛋品出厂时未进行处理，要注意鲜蛋的保质期。

任务四　蛋种鸡的饲养管理

任务描述

蛋种鸡饲养管理的中心任务是给种鸡提供适宜的光照刺激和营养水平，确保种公鸡种用价值高，种母鸡尽快达到产蛋高峰，并通过加强鸡舍的精细管理，维持产蛋高峰，保持产蛋的持久性，生产量多质优的合格种蛋和种雏。

在此阶段里，必须掌握种公鸡的饲养管理技术；了解种蛋鸡产蛋前的准备、转群、开产，掌握种母鸡饲养管理。了解淘汰或强制换羽，掌握蛋种鸡饲养管理效果评价。

任务实施

一、种公鸡的饲养管理

1. 种公鸡的生理特点

（1）公鸡体内含水率相对比较稳定，一般为66%～67%。蛋白质含量不同阶段有所不同，随年龄增长逐渐提高，育雏育成阶段为22%，成年阶段达到28.4%。

（2）公鸡对脂肪的沉积能力不如母鸡。

（3）公鸡的生长规律，10～15周龄主要是骨骼和体重生长，而后生殖器官生长发育最快。

2. 种公鸡的选择　种公鸡的质量对种蛋的受精率和后代的生产性能有很大的影响，必须加强对种公鸡的选择。生产中，种公鸡一般选择4次。

（1）第一次在1日龄进行选择。主要根据精神状况、体型外貌、体重选择。选择体重达标、活泼健壮、精力充沛、羽毛丰满、富有光泽、手摸有温暖感、叫声清亮、腿脚粗壮的公雏。

（2）第二次在6～7周龄结合转群选择。选留体重达标、体况健康、发育匀称、鸡冠鲜红饱满、行动敏捷、眼睛明亮有神的公鸡。按公母比1：（7～8）选留。

（3）第三次在17～19周龄结合转群选择。选留体格健壮、发育良好、体重达标、第二性征明显、有性反射、外貌符合品种特征的公鸡。选留比例：自然交配公母鸡比1：（9～10）；人工输精公母鸡比1：（15～20）。选留的公鸡单笼饲养，自然交配时选留的公鸡于留种蛋前1周与母鸡混养。

（4）第四次22周龄左右，采精训练时淘汰无精液或精液品质差的公鸡。公鸡与母鸡混养自然交配10～20d后，淘汰那些胆小、性欲不强、没有交配能力的公鸡。留种比例：自然交配公母鸡比1：（10～15）；人工输精为1：（20～30）。

3. 种公鸡的培育标准

（1）生长发育良好，体质结实，健康无病，第二性征明显。

（2）体重、体型、羽色符合品种特征。

（3）适时性成熟，配种能力强，精液质量好。采精量一般在0.4～1mL，精液黏稠、乳白色。精子密度一般为25亿～40亿个/mL，精子活力强直线运动，无畸形。

4. 种公鸡的营养　后备期公鸡0～8周龄的营养需要同小母鸡，9周龄后代谢能10.87～12.13MJ/kg，粗蛋白12%～14%，钙0.9%～1.0%。繁殖期种公鸡的营养需要低于母鸡，代谢能10.87～12.13MJ/kg、粗蛋白质12%～14%的日粮最适宜，但氨基酸必须平衡。钙0.9%～1.5%、总磷0.60%～0.68%即可，无需同母鸡一样再额外摄入。但为了提高精液品质，繁殖期公鸡维生素特别是维生素A、维生素D、维生素E、维生素C需要量一般稍高于母鸡，维生素A 10 000～20 000IU/kg、维生素D 3 000～3 850IU/kg、维生素E 22～60mg/kg、维生素C 50～150mg/kg。具体运用时可参考各育种公司提供的标准。

5. 种公鸡的管理

（1）单笼饲养。为避免公鸡相互爬跨、格斗等影响精液品质，繁殖期人工授精公鸡应单笼饲养。

（2）温度。成年公鸡在20～25℃环境下，可产生理想的精液品质，温度高于30℃以上，会暂时抑制精子产生；而温度低于5℃时，公鸡性活动降低。

（3）湿度。在育雏期湿度要求较高，一般在65%～70%，从第2周开始调节为55%～60%。

（4）光照。光照时间12～14h公鸡可产生优质精液，少于9h则精液品质明显下降。光照强度 10lx 就可维持公鸡的正常繁殖性能，但弱光可延缓性成熟。

（5）体重控制。为保证繁殖期公鸡的健康和具有优质精液，应每月检查 1 次体重，凡体重降低在 100g 以上的公鸡，应暂停采精和延长采精间隔，并另行饲养，以使公鸡恢复体况。

（6）断啄、剪冠和断趾。人工授精的公鸡要断啄，以减少育雏育成期的死亡。自然交配的公鸡为不影响其以后的交配能力，应只烙不切，但还应断趾，即断去内趾及后趾第一节，以免配种时抓伤母鸡。

（7）其他管理要点。20 周龄以前，公、母鸡最好分开饲养；采取限饲控制公鸡的生长速度，最迟不晚于 4 周龄；要使鸡群保持一个稳定的生长速度（每周增重 90～110g）；喂料量由每周抽测鸡数的平均体重与鸡种标准体重的差值确定；饮喂器具在舍内应均匀分散布放，并在不超过 3m 的范围内，使全群每只鸡都能找到这些设备；平养时要重视垫料管理；定期对鸡群进行免疫和抗体监测，及时掌握鸡群健康状况；20 周龄时乃至种用期饲喂代谢能 11.75MJ/kg、粗蛋白 14％的低蛋白种公鸡料，最好不使用动物性蛋白质饲料作原料。

二、种鸡的饲养管理

蛋种鸡后备期的培育同商品蛋鸡、雏鸡培育和育成饲养管理，但产蛋阶段有一定的区别，不同管理要点如下：

1. 做好疫病净化工作　种鸡场的任务是提供量多质优的种蛋或雏鸡，要求种鸡必须不携带蛋传性疾病（如鸡白痢杆菌病、沙门氏菌、支原体病等）。例如，种鸡的白痢疾病净化工作可在 12 周龄或 18 周龄时进行全血平板凝集试验，鸡群开产后每 10～15 周龄重复进行一次，淘汰阳性个体。要求种鸡群内白痢阳性率不能超过 0.5％。在鸡开产前，必须接种新城疫、传染性支气管炎、减蛋综合征三联苗和传染性法氏囊炎疫苗，必要时，还要接种传染性脑脊髓炎疫苗等，种鸡场特别要加强消毒措施，严禁外人进入鸡场。种母鸡饲料中不含有鱼粉、骨粉、肉粉等动物蛋白质饲料。

2. 公母比例合理　种鸡群中，公鸡过多，不仅会造成浪费，还会引起公鸡争斗，影响受精率；公鸡过少，配种任务大，精液品质差，受精率低。因此，必须保证合理的公母比例。人工授精公母比例为 1∶（20～30），实际使用比例为 1∶（35～40）。自然交配公母鸡的适宜比例是：中型蛋鸡为 1∶（10～12），轻型蛋鸡为 1∶（12～15）。

3. 适时转群　蛋种鸡开产时间和转群时间一般比商品蛋鸡推后 1～2 周。如果蛋种鸡是网上平养，则要求提前 1～2 周转群，目的是让育成母鸡对产蛋环境有认识和熟悉的过程，以减少窝外蛋、脏蛋、踩破蛋等，从而提高种蛋的合格率。

4. 控制开产日龄　必须控制种鸡开产日龄，一般要求种鸡的开产日龄比商品蛋鸡晚 1～2 周，使种鸡体型得到充分发育，获得较大的开产蛋重，提高种鸡的合格率，开产前期，光照增加时可以比蛋鸡延迟 2～3 周。

5. 控制种蛋大小　母鸡在开产时的体重越重，它在一生中产的蛋也越大。为获得合格的种蛋，在 18 周龄体重目标达到之前，不能用光照刺激的办法来促其性成熟。

鸡性成熟越早，蛋重越小；成熟越晚，蛋重越大。在母鸡发育期内，采用递减的光照程序可延缓母鸡的成熟，增加蛋重。提高饲料中粗蛋白、能量、蛋氨酸、胱氨酸以及必要的脂肪酸（亚油酸）等营养成分的水平，可以增大早期鸡蛋的个头，产蛋高峰期后用逐渐递减这些营养成分的办法来控制以后的蛋重。

6. 提高种蛋合格率 种蛋合格率是种鸡场重要的经济和技术指标，只有合格的种蛋才能入孵。影响种蛋的因素很多，如品种、日龄、健康状况、捡蛋次数、蛋壳卫生、种蛋包装材质等。生产中应选用肉斑、血斑率低的品种，保证种鸡健康状况，选留适宜日龄、适宜蛋重的种蛋。在管理上每日勤捡种蛋，加强消毒，保证蛋壳卫生。种蛋采用蛋托、规格化的种蛋箱包装，装箱前进行选择，剔除破蛋、裂纹蛋不合格蛋。种蛋运输时，要快速平稳，减少颠簸，防日晒雨淋、受冻等措施来提高种蛋合格率。

技能训练

技能 4-1　雏鸡的断喙技术

【技能目标】 通过学习，加深对断喙目的意义的了解，掌握正确的断喙方法和操作技术，并熟悉雏鸡断喙的注意事项。

【实训材料】 电热断喙器、7～10 日龄雏鸡、雏鸡笼、电源插板等。

【方法步骤】

1. 断喙器的结构和使用方法 目前鸡场广泛使用的断喙器是台式断喙器。9DQ-4 型台式电动断喙器的结构和使用方法（图 4-3）。

（1）断喙器的结构。9DQ-4 型台式电动断喙器由变压器、低速电机、冷却风机、电热动刀、定位刀片、电机启动船形开关、电热动力电压调节多段开关等组成。工作时，低速电机通过链杆转动机件，带动电热动刀上下运动，并与定位刀片自动对刀，快速完成切喙、止血、消毒等操作。

图 4-3　雏鸡断喙器

（2）断喙器的使用。将断喙器放置在操作台上，接通电源；旋动电压调节开关（电热动刀温度指数旋钮），同时观察电热动刀刀片的红热情况，一般将刀温调到约 600℃（在背光条件下，电热动刀刀片颜色呈桃红色）；打开电机及风扇船形开关，调节动刀运动速度；根据雏鸡大小选择放入鸡喙的定刀刀片的孔径，定刀刀片上有直径分别为 4.0mm、4.37mm 和 4.75mm 的三个孔，一般将 7～10 日龄雏鸡的喙放入直径为 4.37mm 的孔断喙；如果发现刀片热而不红，先检查固定刀片的螺丝是否旋紧，再检查刀片氧化层的情况，氧化层过厚时，应拆下动刀刀片，用细砂纸清除氧化层；断喙结束后，拔下电源插头，关闭所有开关，待整机冷却后用塑料袋套好，以防积尘和潮湿。

2. 断喙前的准备工作

（1）断喙前 2～3d，在每千克雏鸡饲料中添加 2～3mg 维生素 K，以利于断喙过程中和断喙结束后止血。

（2）安装好断喙器电源插座，接通断喙器电源，检查断喙器运转是否正常。

（3）将准备断喙的鸡放入一个鸡笼（如果采用平面育雏方式，用隔网将雏鸡隔在育雏舍一侧），在准备放断喙后雏鸡的鸡笼内（或育雏舍的另一侧）放置盛适量清凉饮水的钟形饮水器。

3. 断喙操作

（1）保定。雏鸡断喙采用单手保定法，用中指和无名指夹住雏鸡两腿，手掌握住躯干，将拇指放在雏鸡头部后端，食指抵住下颌，向后曲起，拇指和食指稍用力，轻压头部和咽部，使雏鸡闭嘴和缩舌，以免切喙时损伤口腔和舌头。

（2）切喙。选择适宜的定刀孔眼，待动刀抬起时，迅速将鸡喙前端约 1/2（从喙尖到鼻孔的前半部分）放入定刀眼内，雏鸡头部稍向上倾斜。动刀下落时，自动将鸡喙切断。

（3）止血。将鸡喙切断后，使鸡喙在动刀上停顿 2s 左右，以烫平创面，防止创面出血，同时也起到消毒和破坏生长点的作用。

（4）检查。烧烫结束后，检查一下上下喙切去部分是否符合要求，创面是否出血等。如果不符合要求，再进行修补。

（5）放鸡。将符合要求的断喙雏鸡放入另一个鸡笼（或育雏舍的另一侧），使其迅速饮用清凉的饮水，以利于喙部降温。

4. 断喙的技术要求

（1）正确使用断喙器，断喙方法、步骤正确。

（2）上喙切去 1/2，下喙切去 1/3，上喙比下喙略短或上下喙平齐。

（3）创面烧烫平整，烧烫痕迹明显，不出血。

（4）放鸡后，雏鸡活动正常。

（5）断喙速度每分钟 15 只以上。

雏鸡的断喙
技术

5. 断喙注意事项

（1）断喙时，鸡群应该健康无病。鸡群患病或接种疫苗前后 2d，不要进行断喙。

（2）断喙时，刀片的温度不能过高或过低。温度过高，容易导致雏鸡烫伤和过强应激反应；温度过低，不利于止血和破坏鸡喙的生长点。

（3）断喙后 3d 内应该在料槽中多添加一些饲料，以利于雏鸡采食，防止料槽底碰撞创面导致创面出血。

【提交作业】 根据断喙过程和操作要领评价断喙效果，并记入表 4-15。

表 4-15 断喙效果评价记录

评价人：　　　　　　　　　　　　　　记录人：

编号	品种	日龄	保定情况	断喙要领	断面长度	断面结痂	雏鸡表现

【考核标准】

考核方式	考核项目	评分标准		考核方法	考核分值	熟悉程度
		分值	扣分依据			
学生互评		20	根据小组代表发言、小组学生讨论发言、小组学生答辩及小组间互评打分情况而定			
考核评价	断喙器的调试	15	打开断喙器方法不正确扣5分；调试温度不合适扣5分；调试刀片速度不正确扣5分	小组操作考核		基本掌握/熟练掌握
	雏鸡的保定	15	抓鸡部位不正确扣5分；握鸡姿势有误扣5分；断喙时雏鸡舌头不回缩、上下喙张开扣5分			基本掌握/熟练掌握
	断喙操作	35	断喙手法不熟练扣10分；切喙位置不准确扣15分；止血时间不够扣10分			基本掌握/熟练掌握
	断喙后检查	10	断喙后不检查扣5分；创面有出血，没有结痂扣5分			基本掌握/熟练掌握
	规范程度	5	保定不到位、操作不规范、动作不娴熟扣5分			
总分		100				

技能 4-2　育成鸡体重与均匀度的控制

【技能目标】　通过学习，充分认识雏鸡和育成鸡培育中定期称重的意义；学会体重称重方法和体重均匀度的计算方法；熟悉称重时的注意事项；并能根据计算结果判断鸡群的整齐度，提出改进饲养管理的措施。

【实训材料】　育成鸡、家禽周转筐、电子秤（天平、提秤）、计算器、记录表格。

【方法步骤】

（1）正确抽样。按照随机抽样的方法，从鸡舍不同地点随机抽取群体1%～5%样本，一般50～100只。

（2）称重。逐只称重，并记录。

（3）计算平均体重。所有样本体重总和除以样本数。

（4）计算测定群体平均值重的±10%的体重范围。

（5）统计测定群体平均值重的±10%的体重范围内的鸡数。

（6）计算鸡群均匀度。

$$体重均匀度=\frac{（平均体重\pm10\%平均体重）范围内的鸡数（只）}{取样鸡数（只）}\times100\%$$

（7）判断鸡群体重均匀度优劣。大于90%为特优，85%～90%为优，75%～85%为良好，70%～75%为一般，70%以下为差。

（8）分析。鸡群均匀度在75%以上，证明鸡群饲养管理、生长发育情况较好，低于75%证明鸡生长发育情况不理想，应从管理、饲料营养、疾病等方面分析其原因，并对此采取相应的管理措施，如分群管理、加强营养等，来促进鸡群的正常发育，减少损失。

【提交作业】　将称测的体重和计算结果记录入表4-16。

表 4-16 鸡的体重和均匀度记录

测定人：　　　　　　　　　　　　　记录人：

序号	体重	序号	体重	序号	体重	序号	体重	序号	体重

蛋鸡育成期
体重均匀度
的控制

平均体重：

平均体重±10%的范围：

平均体重±10%范围内的鸡数：

均匀度：

【考核标准】

考核方式	考核项目	评分标准		考核方法	考核分值	熟悉程度
		分值	扣分依据			
学生互评		10	根据小组代表发言、小组学生讨论发言、小组学生答辩及小组间互评打分情况而定			
考核评价	抽样	15	抽样方法不科学扣10分；抽样数量不足扣5分	小组操作考核		基本掌握/熟练掌握
	称重	15	称重不准确扣10分；称重记录不完整扣5分			基本掌握/熟练掌握
	平均体重计算	15	计算过程不正确扣10分；计算结果不准确扣5分			基本掌握/熟练掌握
	均匀度计算	30	不会计算公式扣10分；体重范围计算不准确扣5分；鸡只数统计不准确扣5分；计算结果不正确扣10分			基本掌握/熟练掌握
	结果分析	15	对结果做不出结论评价扣10分；提不出下一步饲养管理建议扣5分			基本掌握/熟练掌握
总分		100				

技能 4-3　产蛋曲线的分析与应用

【技能目标】　通过学习，掌握产蛋曲线的绘制和分析方法，能根据产蛋曲线分析产蛋性能。

【实训材料】　海兰褐商品代蛋鸡21～72周龄生产性能标准（表4-17），某鸡场海兰褐商品代蛋鸡21～72周龄产蛋率统计（表4-18），坐标纸、计算器、直尺、铅笔、橡皮等绘图器具或电脑 Excel 表格。

表 4-17　海兰褐壳商品代蛋鸡生产性能标准

周龄	产蛋率/%	周龄	产蛋率/%	周龄	产蛋率/%	周龄	产蛋率/%
19	0	35	92.0	51	82.0	67	74.0
20	9.0	36	92.0	52	81.0	68	73.0
21	22.0	37	91.0	53	81.0	69	73.0
22	48.0	38	91.0	54	80.0	70	72.0
23	71.0	39	90.0	55	80.0	71	72.0
24	84.0	40	89.0	56	79.0	72	71.0
25	90.0	41	88.0	57	79.0	73	71.0
26	91.0	42	88.0	58	78.0	74	70.0
27	92.0	43	87.0	59	78.0	75	70.0
28	93.0	44	86.0	60	77.0	76	70.0
29	93.0	45	85.0	61	77.0	77	69.0
30	93.0	46	85.0	62	76.0	78	69.0
31	92.0	47	84.0	63	76.0	79	68.0
32	92.0	48	83.0	64	76.0	80	68.0
33	92.9	49	83.0	65	75.0		
34	92.8	50	82.0	66	74.0		

表 4-18　某鸡场海兰褐商品代蛋鸡 21～72 周龄产蛋率统计

周龄	产蛋率/%	周龄	产蛋率/%	周龄	产蛋率/%	周龄	产蛋率/%
19	0	35	92.0	51	81.0	67	73.0
20	8.9	36	91.9	52	80.5	68	72.5
21	21.9	37	91.8	53	80.0	69	72.0
22	47.8	38	91.5	54	79.5	70	71.5
23	70.8	39	91.3	55	79.0	71	71.0
24	83.9	40	85.9	56	78.5	72	70.5
25	88.9	41	86.4	57	78.0	73	70.0
26	90.8	42	86.0	58	77.5	74	69.5
27	91.9	43	85.5	59	77.0	75	69.0
28	92.9	44	84.8	60	76.5	76	69.0
29	93.3	45	84.3	61	76.0	77	68.5
30	93.2	46	83.9	62	75.5	78	68.0
31	93.1	47	83.4	63	75.0	79	67.5
32	93.1	48	83.6	64	74.5	80	67.0
33	92.8	49	82.0	65	74.0		
34	92.7	50	81.5	66	73.5		

【方法步骤】

1. 绘制产蛋标准曲线 根据海兰褐商品代蛋鸡生产性能标准，在坐标纸上，以横坐标表示周龄，纵坐标表示产蛋率，将各周龄产蛋率连成平滑曲线即为一个产蛋年的标准曲线。

2. 绘制鸡场产蛋曲线 根据某鸡场海兰褐商品代蛋鸡各周龄入舍母鸡产蛋率统计表，在上述产蛋标准曲线的同一坐标纸上，标出各周龄产蛋率，将各周龄产蛋率连成平滑曲线，即为鸡群一个产蛋年的曲线。

3. 比较分析 将鸡群产蛋曲线与标准曲线相比较，如果两者形状相似、上下接近、在标准曲线之上，说明鸡群产蛋性能正常，鸡群的饲养管理良好。如果产蛋曲线下滑太多或在某一时期出现低谷，说明鸡群可能患病或饲养管理出现问题，应检查原因，以便及时调整饲养管理措施。

【提交作业】

（1）根据提供的产蛋率数据绘制两条产蛋曲线。

（2）分析出该批蛋鸡在实际生产中可能存在的问题和解决措施。

【考核标准】

考核方式	考核项目	评分标准		考核方法	考核分值	熟悉程度
		分值	扣分依据			
学生互评		10	根据小组代表发言、小组学生讨论发言、小组学生答辩及小组间互评打分情况而定			
考核评价	标准曲线绘制	20	坐标不准确10分；绘制数据不准确扣10分	小组操作考核		基本掌握/熟练掌握
	实际曲线绘制	20	坐标不准确10分；绘制数据不准确扣10分			基本掌握/熟练掌握
	产蛋规律分析	30	不能阐述产蛋规律扣15分；不能分析产蛋曲线特点扣15分			基本掌握/熟练掌握
	结果分析	20	对结果做不出结论评价扣10分；提不出下一步饲养管理建议扣10分			基本掌握/熟练掌握
总分		100				

技能 4-4 蛋鸡的光照制度制定

【技能目标】 通过学习，掌握蛋鸡一生不同阶段的光照原则；能够根据当地自然光照规律和鸡舍类型，拟定不同出雏日期蛋鸡的光照方案。

【实训材料】

1. 蛋鸡的光照原则 光照时间：育雏育成期光照时间应逐渐减少或恒定，不能增加，每天8～10h；开产前（17～18周龄）光照时间渐增；产蛋期光照时间逐渐增加或恒定，切勿减少，每天16～17h。

光照度：育雏初期15～20lx，育成期5～10lx，产蛋期10～20lx保持不变。

2. 不同纬度日照时间表 见表4-19。

表 4-19　不同纬度日照时间

时　间	不同纬度日出至日落大约时间						
	10°	20°	30°	35°	40°	45°	50°
1月15日	11h24min	11h	10h15min	10h4min	9h28min	9h8min	8h20min
2月15日	11h40min	11h34min	11h4min	10h56min	10h36min	10h26min	10h
3月15日	12h4min	12h2min	11h56min	11h56min	11h54min	11h52min	12h
4月15日	12h26min	12h32min	12h58min	13h4min	13h20min	12h28min	14h
5月15日	12h48min	12h56min	13h50min	14h2min	14h34min	14h50min	15h46min
6月15日	13h2min	13h14min	14h16min	14h30min	15h14min	15h36min	16h56min
7月15日	12h54min	13h8min	14h4min	14h20min	14h58min	15h16min	16h26min
8月15日	12h36min	12h44min	13h20min	13h30min	13h52min	14h6min	14h40min
9月15日	12h16min	12h15min	12h24min	12h26min	12h30min	12h34min	12h40min
10月15日	11h48min	11h30min	11h26min	11h18min	11h6min	11h2min	10h40min
11月15日	11h28min	11h15min	10h30min	10h20min	9h50min	9h34min	5h45min
12月15日	11h18min	11h4min	10h2min	9h48min	9h9min	8h46min	4h40min

3. 不同出雏日期与 20 周龄查对表　见表 4-20。

表 4-20　不同出雏日期与 20 周龄查对

出雏日期	20 周龄	出雏日期	20 周龄	出雏日期	20 周龄
1月10日	5月30日	5月10日	9月27日	9月10日	第二年1月28日
1月20日	6月9日	5月20日	10月7日	9月20日	第二年2月7日
1月31日	6月20日	5月31日	10月18日	9月30日	第二年2月17日
2月10日	6月30日	6月10日	10月28日	10月10日	第二年2月27日
2月20日	7月10日	6月20日	11月7日	10月20日	第二年3月9日
2月28日	7月18日	6月30日	11月17日	10月31日	第二年3月20日
3月10日	7月28日	7月10日	11月27日	11月10日	第二年3月30日
3月20日	8月7日	7月20日	12月7日	11月20日	第二年4月9日
3月31日	8月18日	7月31日	12月18日	11月30日	第二年4月19日
4月10日	8月28日	8月10日	12月28日	12月10日	第二年4月29日
4月20日	9月7日	8月20日	第二年1月7日	12月20日	第二年5月9日
4月30日	9月17日	8月31日	第二年1月18日	12月31日	第二年5月20日

【方法步骤】

（一）密闭式鸡舍的光照方案

根据蛋鸡不同阶段的光照原则制订光照方案（表 4-21）。

表 4-21　蛋鸡全程密闭式鸡舍的光照方案

周　龄	1～3d	4d～18	19	20	21	22	23	24	25	26	27	28	29	30 以后
光照时间/h	23	8	9	10	11	12	12.5	13	13.5	14	14.5	15	15.5	16
光照度/lx	20	5～10	10											
灯泡瓦数/W	40～60	25	40～60											

如果育雏育成期在密闭式鸡舍饲养，蛋鸡在开放式鸡舍饲养，要考虑转群时当地日照时间，然后根据此时间决定育雏育成期的光照时间。

（1）转群时，当地日照时间在 10h 以内，光照方案同蛋鸡全程密闭式鸡舍的光照方案。

（2）转群时，当地日照时间在 10h 以上，光照方案同上采用渐减法（同开放式鸡舍）。

（二）开放式禽舍光照方案

根据出雏日期不同有两种光照方案。

1. 育雏育成期自然光照方案 适合我国 4 月份上旬至 9 月份上旬出雏的鸡。如北纬 35°地区，9 月 1 日出雏的鸡，经查表制订的光照方案见表 4-22。

表 4-22 育雏育成期自然光照产蛋期补充光照方案

周 龄	1～3d	4d～18	19	20	21	22	23	24	25	26	27	28	29	30
光照时间/h	23	自然光照	10	11	12	12.5	13	13.5	14	14.5	15	15.5	16	16
光照度/lx	20		10											
灯泡瓦数/W	40～60		40～60											

2. 育雏育成期控制光照方案 在我国适合 9 月份中旬到第二年 3 月下旬期间出雏的鸡。其控制办法有以下两种。

（1）恒定法。查出本批鸡育成期当天自然光照最长一天的光照时间，自 4 日龄起即给以这一光照时间，并保持不变至自然光照最长一天为止，以后自然光照至性成熟，产蛋期在增加人工光照。如北纬 35°地区 3 月 31 日出雏的鸡，查表该批鸡育成期为 3 月 31 日～8 月 18 日，此期间最长日照时间是 6 月 15 日，光照时间为 14.5h，制订的光照方案见表 4-23。

表 4-23 育雏育成期控制光照产蛋期补充光照方案（恒定法）

周 龄	1～3d	4d～11	12～18	19	20	21	22	23 以后
光照时间/h	23	14.5	自然光照	14	14.5	15	15.5	16
光照度/lx	20	10		10				
灯泡瓦数/W	40～60	25		40～60				

（2）渐减法。查出本批鸡 20 周龄时的当地日照时间，加 7h 作为 4 日龄光照时间，然后每周减少光照时间 20 min，到 20 周龄时恰好为当地日照时间。如上例中，该批鸡 20 周龄时光照时间约为 13h20min，制订的光照方案见表 4-24。

表 4-24 育雏育成期控制光照产蛋期补充光照方案（渐减法）

周 龄	1～3d	4d～18	20	21	22	23	24	25	26 以后
光照时间/h	23	20h～13h40min	13h20min	13.5	14	14.5	15	15.5	16
光照度/lx	20	10	10						
灯泡瓦数/W	40～60	40～25	40～60						

【提交作业】 根据本地日照时间，分别为 5 月 10 日出壳饲养在密闭鸡舍、开放

鸡舍的商品蛋鸡制订 0～72 周龄全程光照方案。

【考核标准】

考核方式	考核项目	评分标准		考核方法	考核分值	熟悉程度
		分值	扣分依据			
学生互评		10	根据小组代表发言、小组学生讨论发言、小组学生答辩及小组间互评打分情况而定	小组操作考核		
考核评价	掌握光照原则	15	雏鸡光照原则不熟悉扣 5 分；育成鸡光照原则不熟悉扣 5 分；产蛋鸡光照原则不熟悉扣 5 分			基本掌握/熟练掌握
	查对日照时间	10	不会查阅本地日照时间扣 10 分			基本掌握/熟练掌握
	制订密闭鸡舍光照方案	25	光照时间确定不正确扣 5 分；早晚补光时间不会计算扣 5 分；光照方案不合理扣 10 分			基本掌握/熟练掌握
	制订开放鸡舍光照方案	25	光照时间确定不正确扣 5 分；早晚补光时间不会计算扣 5 分；光照方案不合理扣 10 分			基本掌握/熟练掌握
	结果分析	15	对结果做不出结论评价扣 10 分；提不出下一步饲养管理建议扣 5 分			基本掌握/熟练掌握
总分		100				

鲜蛋上市加工
处理工艺流程

蛋鸡淘汰或
强制换羽

鸡的强制
换羽技术

自测练习

项目五

肉 鸡 生 产

【知识目标】 了解肉用仔鸡的饲养方式，掌握肉用仔鸡的饲养管理技术。了解优质肉鸡的分类，掌握优质肉鸡的饲养管理技术。了解肉用种鸡的限饲意义，掌握限饲方法，掌握肉用种鸡的饲养管理技术。

【能力目标】 使学生熟悉肉仔鸡、优质肉鸡、肉用种鸡各个生产环节，能够顶岗生产；培养学生能够结合各地资源条件发展优质肉鸡养殖；培养学生能够根据鸡群状况制订科学的限饲方案，能够做到顶岗生产。

【思政目标】 遵纪守法，恪守职业道德，树立环境保护、食品安全和生态健康养殖理念，把人民群众生命安全和身体健康放在首位。

任务一 肉用仔鸡的生产

 任务描述

肉用仔鸡一般是用配套系杂交生产的雏鸡，不论公母。目前以 AA、罗斯 308、科宝 500 等快大型肉鸡养殖为主，一般饲养到 6～8 周，体重达 2.0～3.0kg 即上市。本任务将重点讲述肉用仔鸡的生产特点、饲养方式、前期准备、饲养和管理技术。

任务实施

一、肉仔鸡的生产特点

1. 早期生长速度快 快大型肉用仔鸡出壳重约 40g，饲养 42d 体重可达 2.4kg 以上，为出生体重的 60 多倍。肉用仔鸡生长速度快是肉鸡产业高生产性能、高生产效率、高经济效益的首要条件。肉用仔鸡生长有以下规律：

（1）早期相对生长速度快（表 5-1）。

表 5-1　罗斯 308 商品肉鸡公母混养相对增重（%）

周龄	1	2	3	4	5	6	7
相对增重	298	157	91	60	43	31	23

（2）绝对增重的最高峰期是第 6 周（表 5-2）。

表 5-2　罗斯 308 商品肉鸡周增重（g）

周龄	1	2	3	4	5	6	7
公鸡增重	128	273	418	540	621	654	636
母鸡增重	122	250	364	453	510	531	519

2. 生产周期短、资金周转快　在我国，肉用仔鸡 6～7 周龄可达到上市标准，部分地区或禽场已接近世界水平。第一批鸡出栏后，鸡舍经两周清扫、消毒处理后又可进鸡，全年可出栏 5 批以上。因此，生产周期短、资金周转快。

3. 饲料转化率高　我国商品肉鸡料肉比已达到或接近世界水平。利用肉用仔鸡早期生长快的特点，缩短其饲养期，在 6 周龄上市，可进一步提高饲料转化率。饲料报酬高低是商品肉鸡生产成本高低、经济效益高低的关键。商品肉鸡饲料报酬的规律见表 5-3。

表 5-3　罗斯 308 商品肉鸡公母混养饲料转化率（料肉比）

周龄	1	2	3	4	5	6	7
累积转化率	0.880	1.098	1.304	1.460	1.590	1.721	1.850

可以看出，随着周龄的增长，单位体重消耗的饲料量也在增加，特别是饲养后期，绝对增重降低，耗料量继续增加，使饲料报酬显著降低。

4. 体重均匀度高　现代肉鸡不仅要求生长快、耗料少、成活率高，还要求体格发育均匀一致，出场时商品率高。如果体格大小不一，则降低商品等级，影响经济收入，给屠宰加工带来麻烦。如果采用公母分群饲养方法，均匀度则更高。

5. 适于高密度大群饲养，劳动生产率高　肉用仔鸡性情温顺、活动量小，大群饲养很少出现打斗现象（除吃料饮水），具有良好的群居习性，不仅生长快，而且均匀整齐。因此，适于大群高密度饲养。在一般生产条件下，地面平养每人可管理 2 000～3 000 只肉用仔鸡，半机械化条件下，每人可管理 3 000～5 000 只。在部分地区肉用仔鸡饲养管理全过程基本实现了机械化、自动化，直接饲养人员一人可养 1 万～2 万只，年可产 5 万～10 万只，可见肉用仔鸡生产的劳动生产效率很高。

6. 肉用仔鸡腿部疾病较多，胸囊肿发病率高　肉用仔鸡由于早期肌肉生长较快，而骨骼组织相对发育较慢，加之体重大、活动量少，使腿骨和胸骨表面长期受压，易出现腿部和胸部疾病。此病会影响肉用仔鸡的商品等级，造成经济损失。

二、肉用仔鸡的饲养方式

肉用仔鸡的性情温驯，飞跃能力差，生长快，体重大，但抗逆性差，对环境条件的变化敏感，容易发生骨骼外伤和胸部、腿脚病。因此，在选择饲养方式时对这些特性必须给予充分考虑。一般来说，肉鸡的饲养方式有地面垫料平养、网上平养、笼养和混合饲养的方式。

1. 地面垫料平养 地面垫料平养肉用仔鸡是目前国内外最普遍采用的一种饲养方式。方法是把鸡舍清理干净、消毒后，在舍内地面上铺一层5～10cm厚的垫料，肉用仔鸡直接生活在垫料上，随着鸡日龄的增加，垫料被践踏，厚度降低，粪便增多，必要时可以用带齿的耙来松动垫料，这样可以使垫料保持疏松并把粪便翻到垫料下面，减少鸡与粪便直接接触的机会。翻垫料的时间应在2～4周龄，避开免疫的时间，并加大通风量，在整个饲养过程中翻3遍为宜。肉鸡上市后清理垫料和废弃物。

肉鸡的饲养方式

垫料要求松软、吸湿性强、未霉变、长短适宜，一般为5cm左右。常用垫料有玉米秸、稻草、刨花、锯屑等，也可混合使用。

这种方法简便易行，投资较少。垫料与粪便结合发酵产生热量，可增加室温；垫料中微生物的活动可以产生维生素B_{12}，肉鸡活动时可以翻扒垫料，从中摄取；设备简单，节省劳力，肉仔鸡胸囊肿的发生率低，但是肉仔鸡直接接触粪便，容易感染由粪便传播的各种疾病。舍内空气中的尘埃较多，容易发生慢性呼吸道病。存在药品和垫料费用较高、单位建筑面积饲养量较少等缺点。

2. 网上平养 网上平养就是把肉仔鸡饲养在舍内高出地面约60cm的塑料网或铁丝网上，粪便通过网孔落到地面，可在饲养完一批鸡后清理，也可安装自动清粪设备，定期清理。鸡群在网上采食、饮水和活动，鸡粪通过网眼落到地面。网面网孔一般为2.5cm×2.5cm，前两周为了防止雏鸡脚爪从空隙落下，可在网上再铺一层网孔1.25cm×1.25cm的塑料网，2周后撤去。为了降低肉仔鸡胸囊肿的发生率，一般在金属板格上再铺上一层弹性塑料网。

网上平养的优点是不需要垫料，劳动强度小，管理方便，减少了肉仔鸡和粪便接触的机会，减少了呼吸道病、大肠杆菌和球虫病等的发病率，明显地提高了成活率。网上平养的缺点是投资比垫料平养高，清粪操作不便，若鸡直接与金属网面接触摩擦，易发生腿部和胸部囊肿。

3. 笼养 笼养就是将肉仔鸡养在3～5层的笼内，一般使用层叠式或阶梯式鸡笼，每一层配有承粪板。随着日龄和体重的增大，一般采取转层、转笼的方法饲养。笼养提高了房舍利用率，便于管理。笼养的优点是能有效地控制球虫病的发生，提高饲养密度，提高鸡舍空间利用率，便于饲养管理和公母分饲，减少饲料浪费，但胸囊肿发生率高。近几年研制的塑料底网和塑料鸡笼，对解决该问题效果较好。

4. 混合饲养 这种饲养方式结合了笼养和平养的优点，21日龄前在层叠式笼内饲养，21日龄后在网上平养或地面垫料平养。这种方式在饲养过程中需要转群，费时费力，而且容易导致鸡损伤。

总之，肉仔鸡的饲养方式有很多种，我们要根据养殖场的具体情况，结合已有的设备等，采取合适的饲养方式，以取得最好的饲养效果。

三、肉仔鸡的营养需要

肉仔鸡生长快，饲养周期短，饲粮必须含有较高的能量和蛋白质，对维生素、矿物质等微量成分要求也很严格。任何微量成分的缺乏或不足都会导致鸡出现病理状态，肉仔鸡在这方面比蛋雏鸡更为敏感，反应更为迅速。能量蛋白质不足时肉仔鸡生长缓慢，饲料效率低。据研究，肉仔鸡饲粮能量在 13.0～14.2MJ/kg，增重和饲料效率最高，而粗蛋白质含量在前期 22％、后期 21％时生长最佳，但是高能量、高蛋白质饲粮尽管生产效果很好，由于饲粮成本随之提高，经济效益未必合算。生产中可根据饲粮成本、肉鸡售价以及最佳出场日龄来确定合适的营养标准。

从我国当前的生产性能和经济效益来看，肉仔鸡饲粮代谢能≥12.1～12.5MJ/kg，粗蛋白质前期≥21％、后期≥19％为宜。同时，要注意满足必需氨基酸的需要量，特别是赖氨酸、蛋氨酸以及各种维生素、矿物质的需要。表 5-4、表 5-5 为肉鸡在各阶段的营养需要量。

表 5-4　NRC（第 9 版）肉鸡营养需要（90％干物质）

营养成分	0～3 周	3～6 周	6 周以上
代谢能/（MJ/kg）		13.38	
粗蛋白质/％	23.00	20.00	18.00
精氨酸/％	1.25	1.10	1.00
甘氨酸＋丝氨酸/％	1.25	1.14	0.97
组氨酸/％	0.35	2.32	0.27
异亮氨酸/％	0.80	0.73	0.62
亮氨酸/％	1.20	1.09	0.93
赖氨酸/％	1.10	1.00	0.85
蛋氨酸＋胱氨酸/％	0.90	0.72	0.60
苯丙氨酸/％	0.72	0.65	0.56
苯丙氨酸＋酪氨酸/％	1.34	1.22	1.04
脯氨酸/％	0.60	0.55	0.46
苏氨酸/％	0.80	0.74	0.68
色氨酸/％	0.20	0.18	0.16
缬氨酸/％	0.90	0.82	0.70
亚油酸/％	1.00	1.00	1.00
钙/％	1.00	0.90	0.80
氯/％	0.20	0.15	0.12
镁/mg	600	600	600
非植酸磷/％	0.45	0.35	0.30
钾/％	0.30	0.30	0.30
钠/％	0.20	0.15	0.12
铜/mg	8.0	8.0	8.0
碘/mg	0.35	0.35	0.35
铁/mg	80.0	80.0	80.0
锰/mg	60.0	60.0	60.0
硒/mg	0.15	0.15	0.15
锌/mg	40.0	40.0	40.0
维生素 A/IU	1 500	1 500	1 500
维生素 D_3/mg	200	200	200
维生素 E/mg	10.0	10.0	10.0

（续）

营养成分	0～3 周	3～6 周	6 周以上
维生素 K/mg	0.50	0.50	0.50
维生素 B_{12}/mg	0.01	0.01	0.007
生物素/mg	0.15	0.15	0.12
胆碱/mg	1 300	1 000	750
叶酸/mg	0.55	0.55	0.50
烟酸/mg	35.0	30.0	25.0
泛酸/mg	10.0	10.0	10.0
吡哆素/mg	3.5	3.5	3.0
核黄素/mg	3.6	3.6	3.0
硫胺素/mg	1.80	1.80	1.80

表 5-5　爱拔益加（AA）肉鸡营养成分建议

营养成分	育雏期（0～21d）	中期（22～37d）	后期（38d 至上市）
粗蛋白质/%	23.0	20.2	18.5
代谢能/（MJ/kg）	13.0	13.2	13.4
能量蛋白比	135	158	173
粗脂肪/%	5～7	5～7	5～7
亚油酸/%	1.0	1.0	1.0
叶黄素/（mg/kg）	18	26～33	26～37
抗氧化剂/（mg/kg）	120	120	120
抗球虫药	＋	＋	－
矿物质/%			
钙	0.9～0.95	0.85～0.90	0.80～0.85
可利用磷	0.45～0.47	0.42～0.45	0.38～0.43
盐	0.30～0.45	0.30～0.45	0.30～0.45
钠	0.18～0.22	0.18～0.22	0.18～0.22
钾	0.70～0.90	0.70～0.90	0.70～0.90
镁	0.06	0.06	0.06
氯	0.20～0.30	0.20～0.30	0.20～0.30
氨基酸（最低量）/%			
精氨酸	1.25	1.22	0.96
赖氨酸	1.18	1.01	0.90
蛋氨酸	0.47	0.45	0.38
蛋氨酸＋胱氨酸	0.90	0.82	0.75
色氨酸	0.23	0.20	0.18
苏氨酸	0.78	0.75	0.70
维生素（附加量）			

（续）

营养成分	育雏期（0～21d）	中期（22～37d）	后期（38d至上市）
维生素 A/（IU/kg）	8 800	8 800	6 600
维生素 D₃/（IU/kg）	3 300	3 000	2 200
维生素 E/（IU/kg）	30	30	30
维生素 K/（mg/kg）	1.65	1.65	1.65
硫胺素/（mg/kg）	1.1	1.1	1.1
核黄素/（mg/kg）	6.6	6.6	5.5
泛酸/（mg/kg）	11	11	11
烟酸/（mg/kg）	66	66	66
吡哆醛/（mg/kg）	4.4	4.4	3.0
叶酸/（mg/kg）	1.0	1.0	1.0
氯化胆碱/（mg/kg）	550	550	440
维生素 B₁₂/（mg/kg）	0.022	0.022	0.011
生物素/（mg/kg）	0.2	0.2	0.11

四、肉用仔鸡的饲养

1. 饮水　雏鸡进入育雏室后，检查饮水器是否漏水，一般在出壳24h让肉仔鸡饮到水，最长不超过36h，经长途运输或在高温条件下的雏鸡，最好在饮水中加入5%～8%的多糖和适量的维生素C，连续用3～5d，能起到增强雏鸡体质、缓解运输途中引起的应激、促进体内胎粪排泄的作用。初饮时饲养人员在每个圈内要抓几只小鸡，将其喙部浸入水盘内，之后放下让其自己饮水，一般在一个圈内有几只雏鸡会饮水，其他雏鸡很快也通过模仿就学会了饮水。

头3～5d用温水，水温应为18～20℃，以后改喂凉水，刺激雏鸡食欲。应每天更换新鲜的饮水，不可中断。饮水器均匀地放在饲料盘与保温伞或热源的附近，要求分布位置固定，使鸡容易找到水喝。使用饮水槽的鸡场，平均每只鸡至少要有2cm的饮水位置。如果采用乳头式饮水器，饮水器高度应随肉鸡生长而调整，保证小鸡抬头触到饮水嘴喝水的时候，身体与地面的夹角为45°。

2. 开食　开食的正确与否是养好肉仔鸡的重要环节，开食过早伤害消化器官，对以后生长发育不利；开食过晚会消耗雏鸡体力，使之变得虚弱，影响以后的存活与生长。正确的开食时间是在雏鸡出壳24h进行，此时鸡群有1/3有啄食表现，在雏鸡饮水后1～2h开始喂料。开食料应营养丰富、全价，且新鲜、易于消化，颗粒大小适中，易于啄食。如使用粉料，则应拌湿后再喂。把饲料放在小料盘或塑料布上，用手指轻轻敲击饲料就会引诱部分小鸡啄食饲料，雏鸡采食有模仿性，大群雏鸡很快就能学会采食。

3. 饲喂

（1）饲喂阶段划分。目前肉仔鸡的饲料配方采用三段制：0～3周龄用前期料，4～5周龄用中期料，6周龄至出栏用后期料；也有采用两段制，即4周龄前用前期料，4周龄后用后期料。

（2）饲喂颗粒饲料。颗粒饲料营养全面、比例稳定，不会发生营养分离现象，鸡采食时不会出现挑食，饲料浪费少。同时，颗粒饲料适口性好、体积小、密度大、肉鸡吃料多、增重快、饲料报酬高。但颗粒饲料加工费高，肉鸡腹水症发病率高于粉料，因此要注意前期适当限饲。

（3）**实行自由采食**。从第一天开始到出栏，应充分饲养，尽可能诱使肉鸡多吃料，实行自由采食。喂料时应少喂勤添，一般每 2h 添料 1 次，添料的过程也是诱导雏鸡采食的一种措施。2h 后将料桶或料槽放在饲料盘附近以引导雏鸡在槽内吃料，5～7d 后，饲喂用具可采用饲槽、料桶、链条式喂料机械等，槽位要充足。

（4）**保证采食量**。保证有足够的采食位置和采食时间，高温季节采取有效的降温措施，加强夜间饲喂；检查饲料品质，控制适口性差的饲料的使用量。肉仔鸡生长和耗料标准见表 5-6。

表 5-6　肉用仔鸡生长和耗料标准

周龄	体重/g			累计/g			耗量增重比		
	公鸡	母鸡	混养	公鸡	母鸡	混养	公鸡	母鸡	混养
1	180	170	175	154	146	149	1.10	1.10	1.10
2	456	424	440	484	458	471	1.20	1.23	1.22
3	839	751	795	1 032	939	986	1.43	1.47	1.45
4	1 325	1 175	1 250	1 829	1 669	1 750	1.64	1.72	1.68
5	1 890	1 650	1 770	2 911	2 606	2 761	1.91	1.98	1.94
6	2 536	2 174	2 355	4 337	3 804	4 074	2.21	2.29	2.24
7	3 181	2 699	2 940	5 949	5 236	5 586	2.50	2.73	2.58

（5）**逐渐换料**。应当注意的是，各阶段之间在转换饲料时，应逐渐更换，有 3～5d 的过渡期，若突然换料易使鸡群出现较大的应激反应，引起鸡群生长减慢甚至发病。不同阶段的饲料主要原料不应发生大的变化，突然换料鸡不爱吃新料，形成换料应激，在饥饿状态下容易导致壮鸡啄羽，弱鸡发病，病鸡死亡。

（6）**减少饲料浪费**。饲料要离地离墙存放，以防止霉变，不喂过期饲料。饲料要少加、勤加，加料达饲槽深度的 2/3 时浪费 12%，到饲槽的 1/3 时仅浪费 1.5%。加料次数多还有利于观察和引动鸡群，及时发现疾病和降低胸囊肿的发病率。饲槽的槽边要和鸡背同高或稍高于鸡背，并随鸡的生长不断加高。

五、肉用仔鸡的管理

（一）采用"全进全出"制

"全进全出"是在同一范围内只进同一批雏鸡，饲养同一日龄鸡，并且出栏时间基本一致。雏鸡出栏后彻底打扫、清洗、消毒鸡舍，切断病原微生物的循环感染。消毒后密闭一周，再饲养下批鸡。现代肉鸡生产要求全部采用"全进全出"的饲养制度，这是保证鸡群健康、根除病原的根本措施。

"全进全出"分为 3 个级别，一是一栋鸡舍的"全进全出"；二是鸡场一个区域范围内的"全进全出"；三是一个鸡场内全部鸡舍的"全进全出"。

（二）提供适宜的环境条件

1. 温度　适宜的温度是育雏成功首要条件。温度计挂在鸡群中央，远离热源，高度与雏鸡站立时头部相平。供温标准为，第 1~2 天为 33~35℃，以后每天降温 0.5℃ 左右。在生产实际中，如果难以做到每天降温 0.5℃，一般以每周递减 2~3℃ 比较合适。从第 5 周起到上市期间，环境温度保持在 20~24℃，这对增重速度和饲料转化率都极为有利，这是肉用仔鸡对温度要求的一大特点。

2. 湿度 育雏室湿度过高，雏鸡羽毛污秽、零乱、食欲不振、易患疾病、腹泻，并利于霉菌和其他病原微生物特别是球虫卵囊发育而致病。湿度过低，雏鸡体内水分随着呼吸而大量散发，导致饮水增加，易发生腹泻，同时妨碍羽毛生长和出现脚趾干。高温高湿是球虫暴发的有利条件，所以育雏应高度重视湿度的控制。育雏期（前 3 周）相对湿度控制在 65%~75% 最适宜，如鸡舍内湿度过高，则应增强通风，暂时减少带鸡喷雾消毒次数，改成 4~5d 喷 1 次来改善。如湿度过低，空气干燥，则可用盆装已按比例稀释好的消毒水放在舍内，让其自由挥发，以增加湿度，同时增加带鸡消毒的次数，可每天喷雾 1~2 次。后期应避免高湿，相对湿度控制在 55%~60%，而此期因饮水量大、呼吸量大导致空气易潮湿，这时应添加干爽垫料，加强通风。

3. 通风 肉用仔鸡饲养密度大、生长发育迅速、代谢旺盛，鸡舍内的氨气、硫化氢、二氧化碳、一氧化碳等有害气体含量高，空气污浊，对鸡体生长发育不利，容易暴发传染病。因此，应加强舍内通风，保持舍内空气新鲜和适当流通。

肉用仔鸡对氨气最为敏感，当鸡舍有刺鼻氨味时，必须进行通风换气，否则会刺激鸡上呼吸道黏膜等，削弱机体抵抗力，发生呼吸道疾病。氨气产于地面，所以越接近地面，含量越高。一般情况下，鸡舍氨气的浓度不能超过 20mg/m³。硫化氢浓度过高时引起的是黏膜酸损伤和全身酸中毒，情况如同氨气。二氧化碳浓度过高，持续时间较长时造成缺氧。通风可以通过自然通风和机械通风完成。

4. 光照

（1）肉鸡的光照有两个特点。一是光照时间尽可能长，这是延长鸡的采食时间，适应快速成长，缩短生长周期的需要。二是光照度要尽可能弱，这是为了减少鸡的兴奋和运动，提高饲料利用率。

（2）光照方法。肉仔鸡的光照方法主要有 2 种：

①连续光照法。即在进雏后的头 2d，每天光照 24h，让鸡尽可能适应新环境；3 日龄以后 23h 光照，1h 黑暗，黑暗是为了使鸡适应生产过程中突然停电引起炸群等应激。黑暗时间在晚上，即天黑以后不开灯，停 1h 后再开灯。此法的优点是雏鸡采食时间长、增重快，但耗电多、鸡腹水症、猝死、腿病多。

②间歇光照法。在开放式鸡舍，白天采用自然光照，从第二周开始实行晚上间断照明，即喂料时开灯，喂完后关灯；在密闭式鸡舍，可实行 1~2h 照明，2~4h 黑暗的光照制度。此法不仅节约电费，还可促进肉鸡采食。但采用间歇光照，鸡群必须具备足够的采食、饮水槽位，保证肉仔鸡有足够的采食和饮水时间。

（3）光照度。由强到弱，第 1 周光照度为 15lx；第 2 周光照度为 10lx；第 3 周至出栏降至 5lx。初期光照度强有利于雏鸡熟悉环境，后期弱光可以减少啄癖的发生，利于鸡群安静。灯泡安装要有灯罩，以灯高度为 2m，灯间距 3m 为适宜，灯泡分布要均匀。一般每 10m² 面积上安装 1 个 25W 灯泡可提供 10lx 的光照度。

5. 密度 肉用仔鸡饲养密度根据鸡舍结构、通风条件、饲养管理条件及品种性能来确定。随着雏鸡的日益长大，每只鸡所占的地面面积也相应增加，有利于提高肉仔鸡增重的一致性。具体密度可参考表5-7。

表 5-7　肉用仔鸡的饲养密度（只/m²）

周龄	平养密度	立体笼养密度	技术措施
0～2	25～40	50～60	强弱分群
3～5	18～20	34～42	公母分群
6～8	10～15	24～30	大小分群

（三）公母鸡分群饲养

实行公母分群饲养，是近年来随着肉鸡育种水平和初生雏鸡性别鉴定技术的提高而发展起来的一种饲养制度，在国内外的肉用仔鸡生产中普遍受到重视。

1. 公母鸡的不同之处　公、母雏生理基础不同，因而对生活环境、营养条件的要求和反应也不同。主要表现为：生长速度不同，4周龄时公鸡比母鸡体重重近13%，7周龄时重18%；沉积脂肪的能力不同，母鸡比公鸡易沉积脂肪，反映出对饲料要求不同；羽毛生长速度不同，公鸡长羽慢，母鸡长羽快；表现出胸囊肿的严重程度不同，公鸡比母鸡胸部疾病发生率高。

2. 公母分群后的饲养管理措施

（1）分期出售。按经济效益分别出栏，一般母鸡在7周龄以后增重速度相对下降，饲料消耗增加，这时若已达到上市体重可提前出栏；而公鸡在9周龄以后生长速度才下降，因而可养到9周龄时出栏。

（2）按公母调整日粮营养水平。公鸡能更有效地利用高蛋白质饲料，中、后期日粮蛋白质可分别提高至21%、19%，母鸡则不能利用高蛋白质日粮，而且将多余的蛋白质在体内转化为脂肪，很不经济，中、后期日粮蛋白质应分别降低至19%、17.5%。

（3）按公母提供适宜的环境条件。公鸡羽毛生长速度慢，前期需要稍高的温度，后期公鸡比母鸡怕热，温度宜稍低；公鸡体重大，胸囊肿比较严重，应给予更松软更厚些的垫草。

（4）公母分群饲养可节省饲料，提高饲料的利用率；同时使肉鸡体重均匀度提高，便于屠宰厂机械化操作。

（四）鸡群状况观察

观察鸡群的时间是早晨、晚上和饲喂的时候，这时鸡群健康与病态均表现明显。观察时，主要从鸡的精神状态、饮欲、食欲、行为表现、粪便形态等方面进行观察，特别是在育雏第一周这种观察更为重要。如鸡舍温度是否适宜，食欲如何，有无行为特别的肉仔鸡等。如果发现呆立、翅膀耷拉、闭目昏睡或呼吸有异常的仔鸡，要随即分出，并及时查找原因，对症治疗。

1. 从采食上观察　凡开食正常、健康发育的雏鸡，其采食正常，耗料量正常增加，体重增加明显。若鸡群耗料量和体重增加不明显，则要查明原因，合理解决。

2. 从行为上观察　对于正常雏鸡，叫声轻快，声音短而大，清脆悦耳，行动活泼，羽毛整洁，眼睛有神，休息时平坦地躺在保温伞周围。对于不正常雏鸡，叫声烦躁，声音大而叫声不停，不断发出"叽叽叽"的叫声，行动缓慢，站立休息，常常拥挤成堆，羽毛蓬乱，翅膀下垂。

3. 从粪便上观察 仔鸡正常粪便软硬适中，呈灰色，并有一层白霜样的尿酸盐沉淀。如粪便稀薄、黏稠、白色、血便或酱状，这是肠胃系统消化不正常的表现。

4. 从呼吸音上观察 饲养人员要在夜间仔细聆听仔鸡的呼吸音，健康仔鸡呼吸平稳无杂音。若仔鸡呼吸有啰音、咳嗽、呼噜、打喷嚏等症状，表明已患病，应及早治疗。

5. 从鸡冠颜色上观察 若鸡冠呈紫色，表明机体缺氧，可能患急性传染病；若鸡冠苍白、萎缩，可能患贫血、球虫病、伤寒等慢性传染病。

（五）防疫与消毒

1. 免疫 由于集约化规模生产，鸡群数量比较大，必须重视卫生防疫工作，各养殖场或养殖户要根据不同品种，结合当地鸡群实际发病情况进行免疫预防。肉用仔鸡主要是预防新城疫和传染性法氏囊。肉用仔鸡的免疫程序可以参考表 5-8。

表 5-8　肉用仔鸡的推荐免疫程序

日　龄	疫　苗	免疫方法与剂量
7～10	新支 H120 二连弱毒苗	滴鼻点眼，2 倍剂量
12～14	法氏囊弱毒苗	滴口或饮水，2 倍剂量
18～20	新城疫 C30 或新支 H52 弱毒苗	饮水，3 倍剂量
24～28	法氏囊中等毒力苗	饮水，3 倍剂量
38～40	新城疫 I 系苗	饮水，1 倍剂量

2. 疫病预防 根据本场实际，定期进行预防性投药，以确保鸡群稳定健康。如 1～4 日龄饮水中加抗菌药物，防治脐炎、鸡白痢、慢性呼吸道病等疾病，切断种蛋传播的疾病。17～19 日龄再次用以上药物饮水 3d，为防止产生抗药性，可添加磺胺增效剂。15 日龄后地面平养鸡，应注意球虫病的预防。也可以参照以下程序进行预防给药：10 日龄用阿莫西林饮水，对机体起到一个净化作用；20 日龄用氟苯尼考饮水，预防大肠杆菌；34～37 日龄为疾病高发期，可提前用抗病毒中药和预防大肠杆菌药配合使用。用药总原则：30 日龄前控制好呼吸道疾病，30 日龄后以肠道疾病为主。

3. 鸡场消毒 养鸡场必须重视鸡舍、舍内设备以及鸡舍外环境的消毒工作。当每批鸡出场后应将垫料、粪便全部清除，然后进行彻底冲洗，再进行消毒，消毒后空舍一段时间。在每次装运鸡后应及时打扫、清洗、消毒场地，并定期对舍外环境进行消毒，避免将病原带入鸡舍。鸡舍外环境消毒常用的消毒药物有过氧乙酸、百毒杀、抗毒威等，消毒时按药品说明要求进行。另外鸡舍每 5～7d 进行一次带鸡消毒，各种消毒药应交替使用，必要时还可施行饮水消毒。

六、提高肉仔鸡产品合格率的措施

1. 减少弱小个体 提高出栏整齐度，可以提高经济效益。分群饲养是保证鸡群健康生长均匀的重要因素。第 1 次挑雏应在鸡雏到达育雏室进行。挑出弱雏、小雏，放在温度较高处，单独隔离饲喂。残雏应予以淘汰，以净化鸡群。第 2 次挑雏在雏鸡 6～8d 进行，也可在雏鸡首次免疫时进行，把个头小、长势差的雏鸡单独隔离饲养。

雏鸡出壳后要早入舍、早饮水、早开食，对不会采食饮水的雏鸡要进行调教。温度要适宜，防止低温引起腹泻和生长阻滞，从而长成矮小的僵鸡。饮水喂料器械要充足，饲养密度不要过大，患病鸡要隔离饲养、治疗。饲养期间，对已失去饲养价值的病弱残雏要进行随时淘汰。

2. 防止外伤　肉鸡出场时应妥善处理，即使生长良好的肉鸡，出场送宰后也未必都能加工成优等的屠体。据调查，肉鸡机体等级下降有 50% 左右是因碰伤造成的，而 80% 的碰伤是发生在肉鸡运至屠宰场过程中，即出场前后发生的。因此，肉鸡出场时尽可能防止碰伤，这对保证肉鸡的商品合格率是非常重要的。应有计划地在出场前 4～6 h 使鸡吃光饲料，吊起或移出饲槽和一切用具，饮水器在抓鸡前撤除。为减少鸡的骚动，最好在夜晚抓鸡，舍内安装蓝色或红色灯泡，使光照减至最小限度，然后用围栏圈鸡捕捉，要抓鸡的腰部，不能抓翅膀，抓鸡、入笼、装车、卸车、放鸡的动作要轻巧敏捷，不可粗暴丢掷。

3. 控制胸囊肿　胸囊肿就是肉鸡胸部皮下发生的局部炎症，是肉仔鸡常见的病。它不传染不影响生长，但影响屠体的商品价值和等级。针对产生原因应采取有效措施：

（1）尽量使垫草干燥、松软，及时更换黏结、潮湿的垫草，保持垫草应有的厚度。

（2）减少肉仔鸡卧地的时间，肉仔鸡每天有 2～3h 的时间处于卧伏状态，卧伏时胸部受压时间长，压力大，胸部羽毛又长得晚，故易造成胸囊肿。应采取少喂多餐的办法，促使鸡站起来吃食活动。

（3）若采用铁网平养或笼养时，应加一层弹性塑料网。

4. 预防腿部疾病　随着肉仔鸡生产性能的提高，腿部疾病的严重程度也在增加。引起腿病的原因有以下几类：遗传性腿病，如胫骨软骨发育异常、脊椎滑脱症等；感染性腿病，如化脓性关节炎、鸡脑脊髓炎、病毒性腱鞘炎等；营养性腿病，如脱腱症、软骨症、维生素 B_2 缺乏症等；管理性腿病，如风湿性和外伤性腿病。预防肉仔鸡腿病，应采取以下措施：

（1）完善防疫保健措施，杜绝感染性腿病。

（2）确保矿物质及维生素的合理供给，避免因缺乏钙、磷而引起的软脚病；避免因缺锰、锌、胆碱、烟酸、叶酸、生物素、维生素 B_6 等所引起的脱健症；避免因缺乏维生素 B_2 而多起的蜷趾病。

（3）加强管理，确保肉仔鸡合理的生活环境，避免因垫草湿度过大，脱温过早，以及抓鸡不当而造成的腿病。

（4）适当限饲，放慢肉鸡的生长速度，减轻腿部骨骼的负担。

5. 预防肉仔鸡腹水综合征　肉用仔鸡由于心、肺、肝、肾等内脏组织的病理性损伤而致使腹腔内大量积液的病称之为肉仔鸡腹水综合征。此病的病因主要是由于环境缺氧而导致的。在生产中，肉仔鸡以生长速度快、代谢率旺盛、需氧量高为其显著特点。但它所处的高温、高密度、封闭严密的环境，有害气体如氨气、二氧化碳等常使得新鲜空气缺少而缺氧；同时高能量、高蛋白的饲养水平，也使肉鸡氧的需要量增大而相对缺氧；此外，日粮中维生素 E 的缺乏和长期使用一些抗生素等都会导致心、肺、肝、肾的损伤，使体液渗出而在腹腔内大量积聚。病鸡常腹部下垂，用手触摸有波动感，腹部皮肤变薄、发红，腹腔穿刺会流出大量橙色透明液体，严重时走路困难，体温升高。发病后使用药物治疗效果差。生产上主要通过改善环境条件进行预防，其主要措施有：

（1）早期适当限饲或降低日粮的能量、蛋白质水平，放慢肉鸡的生长速度，减轻肝、肾及心脏等的负担。

（2）降低饲养密度，加强舍内通风，保证有足够的新鲜空气供给。加强孵化后期通风换气。

（3）搞好环境卫生，减少舍内粉尘及其他病原菌的危害，特别是严格控制呼吸道疾病的发生。

（4）饲料中添加药物，如日粮中添加1‰的碳酸氢钠及维生素C、维生素E等可降低发病率。

任务二　优质肉鸡生产

优质肉鸡是指其肉品在风味、鲜味和嫩度上优于快大型肉鸡，具有适合当地人们消费习惯所要求的特有优良性状的肉鸡品种或品系，生长速度相对缓慢。本任务是阐述优质肉鸡的概念与分类，以及如何做好优质肉鸡的饲养与管理工作。

一、优质肉鸡概述

（一）优质肉鸡的概念

优质肉鸡是指其肉品在风味、鲜味和嫩度上优于快大型肉鸡，具有适合当地人们消费习惯所要求的特有优良性状的肉鸡品种或品系。优质肉鸡主要具有以下含义。

（1）优质肉鸡是指肉质特别鲜美嫩滑、风味独特的肉鸡类型。一般是与肉用鸡相对而言的，它反映的是肉鸡品种或杂交配套系，往往具有某些优良地方品种的血缘与特性，优质肉鸡在鸡肉的嫩滑鲜美、营养品质、风味、系水力等方面应具有突出的优点。

（2）优质肉鸡在生长速度方面往往不及快大型肉鸡品种，但肌肉品质优良、外貌和胴体品质等指标更适合消费者需求。

（3）优质肉鸡包含了肉鸡共同的优质性，是肉鸡优良品质在某些方面具体而突出的体现，适于传统式加工烹调。

（二）优质肉鸡的分类

按照生长速度，我国的优质肉鸡可分为3种类型，即快速型、中速型和优质型。优质肉鸡生产呈现多元化的格局，不同的市场对外观和品质有不同的要求。

1. 快速型　快速型优质肉鸡一般含有较多的国外品种血缘，上市早，生产成本低，肉质风味较差。快速型商品鸡50～55日龄上市，活重1.5～1.7kg。类型有快大三黄鸡、快大青脚麻鸡、快大黄脚麻鸡等。消费区域在北方地区以及长江中下游地区。因其肉质明显差于中慢速优质肉鸡，在南方特别是华南地区呈逐渐萎缩之势。

2. 中速型 中速型优质肉鸡含外来鸡种血缘较少，体型外貌类似地方鸡种，因此也称为仿土鸡。中速鸡公鸡 60～70 日龄上市，母鸡 80～90 日龄上市，活重一般在 1.5kg 左右。这种类型的优质肉鸡消费者普遍认可，价格合适，体型适中，肉质也较好，占有很大的市场份额，各大优质肉鸡育种公司都有推出。消费区域在香港、澳门和广东珠江三角洲地区。

3. 慢速型 以地方品种或以地方品种为主要血缘的鸡种，生产速度较慢，肉质优良，售价较高。港澳地区及华南各省对慢速型需求量大，近年来在北方市场增长速度也较快。慢速型公鸡 80～90 日龄出栏，母鸡 100～120 日龄出栏，活重 1.2～1.4kg。慢速型优质肉鸡肉质最好，但饲养期长，养殖成本高。慢速型优质肉鸡外貌要求冠红而大、羽毛光亮、胫细。消费区域在广西、广东湛江地区和广州部分地区。

（三）优质肉鸡的评定

优质肉鸡的性状包括以下 8 个方面：

1. 体型外貌 体型符合品种的要求，羽毛整齐干净光亮，毛色鲜明而有光泽，双眼明亮有神，精神良好，冠和肉髯鲜红润泽，双脚无残疾等。

2. 胴体外观 要求胴体干净，皮肤完整，无擦伤、扯裂、囊肿，无充血、水肿，无骨骼损伤。胴体肌肉丰满结实，屠宰率高，皮肤颜色表现该品种颜色，如黄色或淡黄色、黄白色。

3. 保存性 主要由鸡肉本身的化学和物理特性而决定，表现在加工、冷冻、贮藏、运输等过程中承受外界因素的影响、保持自身品质的能力。

4. 卫生 是指肉鸡胴体或鸡肉产品符合人们的食用卫生条件，如胴体羽毛拔除干净，无绒毛、血污或其他污物附着，肉质新鲜无变质、无囊肿，最重要的卫生条件是鸡肉产品来自正常健康的肉鸡，无重大传染性疫病感染。

5. 安全性 是指鸡肉产品不含对人体健康构成危害的因素，或是含有某些极微量的对人体不利的物质，但达不到构成对人们健康危害的程度。主要包括三方面：一是没有传播感染人类健康的病原微生物，如禽流感病毒、金黄色葡萄球菌、大肠杆菌、沙门氏杆菌等；二是在加工贮藏、运输等过程中没有污染对人体有害的物质；三是在饲养过程中使用的药物、添加剂、色素或其他物质等应严格控制在国家规定的许可范围之内。这是当前我国优质肉鸡的最突出和最迫切需要解决的问题。

6. 鲜嫩度 是指鸡肉的肌纤维结构、肌间脂肪含量、肌纤维的粗细和多汁性等多方面的含义，鲜嫩度同样受到品种、性别、年龄、出栏时期、肌肉组织结构、遗传因素、加工方法等许多因素的影响。

7. 营养品质 包括鸡肉所含的蛋白质、脂肪、水分、灰分、维生素及各种氨基酸的组成等是优质肉鸡概念的主要内容。鸡肉是公认的最好的营养食品之一，其蛋白质含量比许多畜禽要高，而脂肪含量则较少。

8. 风味 是指包括味觉、嗅觉和适口性等多方面的综合感觉，包括鸡肉的质地、鲜嫩度、pH、多汁性、气味和滋味。鸡肉风味受许多因素影响，主要有鸡的品种、年龄、生长期、性别和遗传等，饲料种类和饲养方式，加工过程中的放血、去毛、开膛、净膛、冷冻、包装、贮藏和烹调等也会影响鸡肉风味。

（四）影响肉质的因素

1. 品种 肉鸡性成熟早、皮下脂肪少、肌间脂肪分布均匀、肌纤维细小、肌肉鲜美滑嫩等都是由品种所决定的，所以品种是优质肉鸡的主要决定因素。

2. 生长速度　一般来说，生长速度快的肉鸡，其产量虽高，但鸡肉品质往往较差；肌肉纤维直径的增大以及肌肉中糖解纤维比例增高，蛋白水解力下降，还会引起肌肉苍白，系水力降低。而这些指标都是评价优质肉鸡的重要指标。

3. 饲料营养　饲料中的营养物质是构成鸡肉产品的物质基础，供给肉鸡理想的全价饲料，同时又能严格的控制饲料中有害物质的含量是保证肉质的最重要措施之一。

4. 年龄　年龄大小关系到鸡的体成熟程度、性成熟程度、肌肉组织的嫩度、骨骼的硬化、鸡肉的含水量和系水力、脂肪的积累与分布等重要优质肉品指标。

5. 性别　不同的消费群体，性别往往被认为是影响肉质的一个重要因素。如在我国南方，母鸡比公鸡的价格高很多，主要认为母鸡的肉质、风味和营养比公鸡好，而在北方某些地区则正好相反。

6. 性成熟　性成熟的影响和年龄的影响存在许多共同点，主要是因为性成熟和出栏日龄对鸡肉的风味、滋味的浓淡具有明显影响。一般认为母鸡开产前的鸡肉风味最好。

7. 生长环境　放养在舍外的肉鸡，其肉质风味较舍内圈养或笼养肉鸡好是许多人的共识。在野外放养的肉鸡可自由采食植物及其果实与昆虫，且良好的生长环境，阳光照射、清新的空气、洁净的泉水等更可饲养出高品质的肉鸡。故环境对肉质的影响是多方面的、综合性的。

8. 运动　运动有利于改进鸡肉品质，改善机体组织成分的组成比例，也有利于增强抵抗疾病的能力，最终影响肉鸡产品的品质。

9. 加工　肉鸡在屠宰加工过程中的放血、浸泡、拔毛、开膛、冲洗等环节都对肉鸡胴体的外观、肉质有重大的影响。

10. 保存　对屠宰加工后鸡肉产品进行冷冻保存的时间、温度、速度都会对细胞组织起破坏作用而影响肉质。一般来说，0～3℃的冷藏对肉质风味影响较小，但保存时间较短；冷冻状态下，尽管延长了贮存时间，但破坏了鸡肉组织结构，从而影响了产品风味；而在温热的条件下，肉质却极易变质，甚至发生腐败。

（五）我国优质肉鸡发展趋势

香港、澳门、广东以及台湾是我国最早发展优质肉鸡的地区，经过近 20 年的选育，南方黄羽肉鸡生产已经取得了巨大的进展，形成了较为完善的生产体系和鸡种类型。目前全国优质肉鸡的大型种鸡场有 30～40 家。香港、广东、广西、台湾等地区优质肉鸡占肉鸡总量的 90%，而长江流域各省、市大约占 70% 以上，黄河流域和松花江流域各省、市约占 40%。

从国际市场来看，欧盟、美国、日本等对优质肉鸡的需求也逐年增加。优质鸡生产是我国的特色产业，国际市场目前尚无竞争对手，国内市场空间发展潜力巨大。英、法等国市场上出售的标签鸡价格远高于一般快大型肉鸡。我国出口日本市场的快大鸡近年的出口价一般在 1 700～1 800 美元/t，而优质肉鸡的出口价则高达 5 000 美元/t，是快大鸡价格的 2～3 倍。马来西亚的快大鸡饲养量萎缩的同时本地乡村鸡的饲养量却在上升，其他东南亚各国及我国台湾地区均有类似情况。

二、优质肉鸡的饲养管理

根据优质肉鸡的生长发育特点，将饲养期一般分为 3 个阶段，即育雏期（0～6周）、生长期（7～11周）和育肥期（12周以上）。

（一）育雏期饲养管理

1. 温度 适宜的温度是育雏成活率高的关键。育雏阶段 0～1 周龄时为 32～35℃，2～3 周龄时为 24～31℃，4 周龄为 20～23℃。盛夏高温要注意降温。

2. 湿度 适宜的湿度有利于卵黄的吸收，防止雏鸡脱水。一般 1～10 日龄相对湿度 70%左右，10 日龄以后，相对湿度控制在 50%～60%为宜。

3. 补充光照 优质肉鸡的光照制度与肉用仔鸡有所不同，肉用仔鸡光照是为了延长采食时间，促进生长，而优质肉鸡还具有促进其性成熟，使其上市时冠大面红、性成熟提前的作用。合理的光照制度有助于提高优质肉鸡的生产性能。1～3 日龄每天光照 23h，4～7 日龄光照 20h，8～13 日龄光照 16h，14 日龄至育肥前 14d 采用自然光照，育肥前 14d 至育肥前 7d 光照 16h，育肥前 7d 至育肥期光照 20h，育肥期光照 23～24h。1～3 日龄和育肥期光照强度 20lx，4 日龄至育肥前光照强度 10lx。

4. 通风 保持室内空气新鲜是雏鸡健康生长的重要条件。夏季要通过多通风来达到降温去异味，冬季当通风与保温存在矛盾时，可在晴天中午开南面上方窗换气。切忌穿堂风、冷寒风直吹鸡体。

5. 适时饮水和开食 雏鸡尽早开食和饮水，而且做到料、水不断，自由采食。

6. 断喙 对于生长速度慢、饲养周期较长的肉鸡，容易发生啄羽、啄肛等恶癖，需要进行断喙处理。

7. 卫生 良好的卫生状况是雏鸡健康的基本保证。做到每天打扫卫生，洗刷饮水器、食盆及食槽，每天更换清洁饮水和饲料。及时清除粪便、更换垫料。做到"六净"：鸡体净、饲料净、饮水净、食具净、工具净和垫草净。

（二）生长期饲养管理

1. 公母分群饲养 优质肉鸡公鸡个大体壮、竞食能力强，对蛋白质利用率高，增重快。母鸡沉积脂肪能力强，增重慢，饲料效率低。公母分群饲养可根据公母雏鸡生理基础的不同，采用不同的饲养管理方法，有利于提高增重、饲料转化率和群体均匀度，以便在适当的日龄上市。

2. 营养水平调整 在日粮中要供给高蛋白质饲料，以提高成活率和促进早期生长。为适应其生长周期长的特点，从中期开始要降低日粮的蛋白质含量，供给沙砾，提高饲料的消耗率。生长后期，提高日粮能量水平，最好添加少量脂肪，对改善肉质、增加鸡体肥度及羽毛光泽有显著作用。

3. 饲养密度管理 生长期饲养密度一般每平方米 30 只肉鸡，进入生长期后应调整为 10～15 只。食槽或料桶数量要配足，并升高饲槽高度，以防止鸡只挑食而把饲料扒到槽外，造成浪费。同时保证充足、洁净的饮水。

4. 保持稳定环境 由于优质肉鸡的适应性比快大型肉鸡强一些，所以鸡舍结构可以比较简单，但在日常管理中要注意天气变化对鸡群的影响，使环境相对稳定，减少高温和寒冷季节造成的不良影响。

5. 加强卫生防疫 鸡舍要经常清扫，定期消毒，保持清洁卫生，并做好疫苗的预防接种工作。饲料中添加抗菌、促长类保健添加剂，以预防传染性疾病的发生。根据优质肉鸡饲养周期的长短和地区发病特点确定防疫程序。

6. 阉割肉鸡 优质肉鸡具有土鸡性成熟较早的特点。性成熟时，公鸡会因追逐母鸡而争斗，采食量下降，影响公鸡的肥度和肉质。可以通过公鸡去势，以达到改善品质、有利育肥的目的。不同品种类型的鸡性成熟期不同，去势时期也不同。一般认为肉鸡体重在1kg时进行阉割较为合适。阉割的日龄大小往往会影响阉鸡的成活率和手术难易程度。如过迟、过大去势，鸡的出血量增加，甚至导致死亡；如过早、过小去势，由于睾丸还小，难以操作。此外，还应选择天气晴朗、气温适中的时节进行阉割；否则，阉鸡伤口容易感染、抵抗力下降、发病率和死亡率增大。

（三）育肥期饲养管理

育肥期一般为15～20d。此期的饲养要点是促进鸡体内脂肪的沉积，增加肉鸡的肥度，改善肉质和羽毛的光泽度。在饲养管理上应注意以下3点：

1. 更换饲料 育肥期要提高日粮的代谢能，相对降低蛋白质含量。能量水平一般要求达到12.54MJ/kg、粗蛋白质在15%左右即可。为了达到这个水平，往往需增加动物性脂肪，但不能添加鱼油、牛油、羊油等有异味的油脂。

2. 放牧育肥 让鸡多采食昆虫、嫩草、树叶、草根等野生资源，可以节约饲料，提高鸡的肉质风味，使上市鸡的外观、肉质更适应消费者的要求。但在进入育肥期应减少鸡的活动范围，相应地缩小活动场地，目的是减少鸡的运动，利于育肥。

3. 重视杀虫、灭鼠和清洁消毒工作 老鼠既偷吃饲料、惊扰鸡群，又是疾病传播的媒介。所以要求每月毒杀老鼠2～3次（要注意收回死鼠、药物）。苍蝇、蚊子也是传播病原的媒介，要经常施药喷杀蚊子、苍蝇。育肥期间，棚舍内外环境、饲槽、工具要经常清洁和消毒。

（四）适时销售

适宜的饲养期是提高肉质的重要环节。饲养期太短，鸡肉中水分含量多，营养成分积累不够，鲜味素及芳香物质含量少，肉质不佳，达不到优质肉鸡的标准；饲养期过长，则肌纤维过老，饲养成本大。根据优质肉鸡的生长生理和营养成分的积累特点，以及公鸡生长快于母鸡、性成熟早等特点，确定小型肉鸡公鸡100日龄、母鸡120日龄上市；中型肉鸡公鸡110日龄、母鸡130日龄上市。此时上市鸡的体重，鸡肉中的营养成分、鲜味素、芳香物质的积累基本达到成鸡的含量标准，肉质又较嫩，是体重、质量、成本三者的较佳结合点。

任务三　肉用种鸡的饲养管理

 **任务描述**

肉种鸡饲养管理的好坏，直接影响其生产性能、种用价值及经济效益。根据种鸡生理阶段的不同，一般将肉种鸡的饲养阶段分为育雏期（0～4周龄）、育成期（4～24周龄）和产蛋期（25周龄至淘汰）3个阶段。不同时期肉种鸡具有不同的生理特

点。而每个时期饲养管理的优劣都会影响到种鸡生产性能的发挥。因此，要有针对性地对每个时期进行相应的管理。

任务实施

一、育雏期的饲养管理

目前，绝大多数的种鸡场都采用笼养育雏方式。

1. 公母分群饲养 优质肉种鸡的父系和母系通常是不同的品种或品系，其生产用途和生长速度也不同，所以肉种鸡在育雏期间要公母分群饲养，以达到各自的培育要求。为了能够准确区分其性别，可以在 1 日龄把公雏的冠剪掉。

2. 做好疫病防治 要做好鸡白痢、球虫病、呼吸道病的防治和免疫接种工作。尤其是一些种鸡场忽视鸡白痢的净化工作，白痢阳性率偏高，育雏期要做好预防和治疗。

3. 选择和淘汰 育雏结束时青年羽更换完成，此时要根据父系和母系各自的特征要求进行选择，淘汰体质差、发育不良、羽毛颜色不符合要求的个体。

二、育成期的饲养管理

(一) 合理限制饲养

限制饲养是养好肉用种鸡的核心技术，在实际生产中的应用效果各有不同，但方法大致相同。优质肉种鸡在育成期体重容易偏大、体内脂肪容易较多沉积，如果不控制喂饲则会出现体重超标、腹部脂肪沉积过多的问题。

1. 限饲目的

(1) 为了控制体重。只有通过限饲才能维持适宜的体重，从而取得最大的经济效益。

(2) 控制性腺发育，适时开产。通过限饲可使性成熟适时化和同期化，个体间体重差异缩小，产蛋率上升快，产蛋率达 5% 所需的时间短。

(3) 节省饲料。如果在育成期进行限制饲喂，家禽的采食量比自由采食量减少，可节约饲料 10%～15%，从而降低了饲养成本。

(4) 及时淘汰病弱家禽，降低产蛋期的死淘率。这种家禽继续饲养只会浪费饲料，不会产生经济效益，必须尽早淘汰。

(5) 提高种公禽的繁殖性能。如果不限饲或限饲不合理，也会使种公禽的体重过大、过肥，导致种公禽精液质量变差，使种蛋的受精率降低，直接影响种禽的饲养效益。

2. 限饲方法

(1) 限质法。即采取措施使鸡日粮中某些营养成分低于正常水平，造成日粮营养不平衡，如低能量日粮，低蛋白日粮。同时增加体积大的饲料如糠麸、叶粉等，使鸡采食同样数量的饲料却不能获得足够的可供生长的营养物质，从而生长速度变慢，性成熟延缓。在限质过程中，对钙、磷、微量元素和维生素的供应必须充分，有利于育成鸡骨骼、肌肉的生长。通常采用的限质程序是从 4 周龄开始，日粮中蛋白质水平从 18% 逐渐降至 15%，代谢能从 11.5MJ/kg 降到 11 MJ/kg。

（2）限量法。即限制饲料的喂给量。限量饲喂一般从 4 周龄开始，具体操作方法有以下 5 种：每日限饲、隔日限饲、4/3 法则、5/2 法则、6/1 法则。

①每日限饲。每天限制采食量，将规定的一天的饲料在早上一次投给。限饲力度较小，对禽群造成的应激也比较小。适用于育成鸡 3～6 周龄和 20～24 周龄时，同时也适用于自动化喂料机械。

②隔日限饲。把两天的饲料量合在一天一次喂给，第二天不喂。即喂料一天停料一天。这样一次投下的饲料量多，较弱的家禽也可吃到应得的分量，避免抢料，禽群发育整齐，均匀度高。

③4/3 法则。把 7d 的料量平均到 4d 投喂，即每周喂 4d，停 3d。这种限饲方法力度较大，对禽群造成的应激也较大，一般用于生产发育较快的育成期。

④5/2 法则。把 7d 的料量平均到 5d 投喂，即每周喂 5d，停 2d（星期日、星期三）。5/2 法则对 12～14 周龄的肉种鸡特别有效。这种方法提供了较多的采食天数，相对减轻限饲带来的应激。

⑤6/1 法则。把 7d 的料量平均到 6d 投喂，即每周喂 6d，停 1d。限饲力度仅次于每日限饲。

（二）育成期的饲养管理

1. 体重与均匀度的控制 体重与均匀度的控制主要通过限制饲喂方式实现的，从育雏第 4 周开始贯穿到整个育成期，以期获得生长发育良好的种鸡。

（1）有效进行全群称重。可利用扩栏机会用电子秤全群称重分群。目的是保证 4 周龄末均匀度指标在 80% 以上，若体重达到标准要求，但 4 周龄末鸡群的均匀度不高，也会影响到育成期培育效果。同时，8 周龄、12 周龄末再进行全群称重，这样 15 龄周时的各栏鸡体重基本一致，均匀度也会达到期望值标准。

（2）母鸡在分群后体重的管理。若 4 周龄末鸡群体重比标准高或低 100g 以上时，应在 12 周龄时回归到正常标准。若 4 周龄末鸡群体重比标准高或低 50g 以内，应在 8 周龄时回归到正常标准。15 周龄以后若鸡群体重超标，再重新制订体重曲线标准，要求新标准要平行于标准曲线，而不能往下压体重。若体重不够，可以在 19 周龄通过增料慢慢赶到标准，由于 15 周以后性成熟发育很快，一定要控制有效的周增重。15 周龄以前主要抓群体均匀度及体重合格率，15 周龄后主要通过控制周增重达到标准体重和性成熟均匀度。

（3）通过日常挑鸡提高全群称重效果。在不同的育成栏内挑出体重过大或过小的鸡进行对应互换来提高群体均匀度，但挑鸡只能作为一种弥补手段，在生产管理中不能过于依赖。若安排栏间挑鸡，建议在限饲日进行，挑鸡要按一定的顺序进行且保证调换数量一致，有利于鸡只料量和采食空间的控制，在一定程度上降低调群应激。

2. 掌握饲喂量与体重增加的相对平衡 根据不同鸡群和饲料品质找出体重增加与饲喂量增加之间的相对比例关系，对于实现鸡群体重目标的控制有重要的意义。由于饲料品质的差别，种鸡饲养管理手册中提供的料量仅供参考，控制与调整料量要根据鸡的品种、体重目标及饲养环境条件参考进行。

3. 采取合理的饲喂方式 饲喂方式也是影响均匀度的一个重要因素，一般在 3 周龄时，采食时间在 3h 左右，并由自由采食改为每日限饲。如能达到体重标准，限饲方案尽快改为 4/3 法则。根据采食情况尽量早使用 4/3 法则饲喂方式，并尽可能延长 4/3 法则饲喂的时间，然后到 22～23 周龄时再改为每日限饲。

4. 饮水　为防止垫料潮湿和消除球虫卵发育的环境，对限制饲养的鸡群还应适当地限制饮水，但应根据气候和环境温度谨慎进行。在喂料日、喂料前和整个采食过程中，保证充足饮水，而后每隔 2～3h 供水 20min。在停料日，每 2～3h 给水 20～30min，在高温炎热天气和鸡群处于应激状态下，不可限水。饮水应保持清洁，每 1～2 周检测饮水中的大肠杆菌数量，必要时用氯化物做饮水消毒。

5. 监测种鸡丰满度　评估种鸡丰满度有 4 个主要部位需要监测：胸部、翅部、耻骨、腹部脂肪。评估丰满程度的最佳时机应在每周进行周末称重时对种鸡进行触摸，在抓鸡前要注意观察鸡的总体状态。

（1）胸部丰满度。在称重过程中，从鸡只的嗉囊至腿部用手触摸种鸡胸部。按照丰满度过分、理想、不足 3 个评分标准，判断每一只种鸡的状况，然后计算出整个鸡群的平均分。①到 15 周龄时种鸡的胸部肌肉应该完全覆盖龙骨，胸部的横断面应呈现英文字母 V 形状；丰满度不足的种鸡龙骨比较突出，其横断面呈现英文字母 Y 形状，这种现象绝对不应该发生；丰满度过分的种鸡胸部两侧的肌肉较多，其横断面有点像较宽大的字母 Y 或较细窄的字母 U 形状。②20 周龄时鸡的胸部应具有多余的肌肉，胸部的横断面应呈现较宽大的 V 形状。③25 周龄时鸡的胸部横断面应向细窄的字母 U 形。④30 周龄时胸部的横断面应呈现较丰满的 U 形。

（2）翅部丰满度。第二个监测种鸡体况丰满度的部位是翅膀。挤压鸡翅膀桡骨和尺骨之间的肌肉可监测翅膀的丰满度。监测翅膀丰满度可考虑下列几点：①20 周龄时，翅膀应有很少的脂肪，很像人手掌小拇指尖上的程度；②25 周龄时，翅膀丰满度应发育成类似人手掌中指尖上的程度；③30 周龄时，翅膀丰满度应发育成类似人手掌大拇指尖上的程度。

（3）耻骨开扩。测量耻骨的开扩程度判断母鸡性成熟的状态，正常的情况下母鸡耻骨的开扩程度见表 5-9。适宜的耻骨间距取决于种鸡的体重、光照刺激的周龄以及性成熟的状态。在此阶段应定期监测耻骨间距，检查评估鸡群的发育状况。

表 5-9　种母鸡不同周龄耻骨开扩程度

年　龄	12 周龄	见蛋前 3 周	见蛋前 10d	开产前
耻骨开扩程度	闭合	一指半	两指至两指半	三指

（4）腹部脂肪的积累。腹部脂肪能为种鸡最大限度地生产种蛋提供能量储备，腹部脂肪积累是一项重要监测指标。常规系肉用种鸡在 24～25 周龄开始，腹部出现明显的脂肪累积；29～31 周龄时，大约产蛋高峰前 2 周腹部脂肪达到最大尺寸，其最大的脂肪块足以充满一手。丰满度适宜的宽胸型肉种母鸡在产蛋高峰期几乎没有任何脂肪累积。产蛋高峰后最重要的是避免腹部累积过多的脂肪。

6. 光照控制　光照制度对育成期种鸡的性成熟时间有很大影响。育成前期（12 周龄前）可以采用较长时间的光照，每天照明时间控制在 14h 左右，育成后期（13～20 周龄）每天光照时间逐渐缩短，每天光照时间不超过 12h 以抑制生殖器官发育，防止早熟。

7. 选择与淘汰　18～20 周龄鸡群成年羽更换完成，需要进行第 2 次选留。此次选留既要考虑公鸡的毛色、体型符合标准要求，又要选择体质健壮、冠鲜红、雄性特征明显、性刺激反射敏感的公鸡。此次选择按母鸡数量的 4%～5% 留足种公鸡，种公鸡与种母鸡可以同舍异笼饲养，以便于人工授精，也可单舍饲养。种公鸡要放入专用种公鸡笼内饲养，每个单笼 1 只。种公鸡的其他饲养管理要求可参照母鸡的规程进行。

8. 转群 如果采用两段式饲养则青年鸡转入产蛋鸡舍的时间为 10 周龄前后，如果采用三段式饲养则转群时间在 16～18 周龄。

9. 落实卫生防疫制度 用"防重于治"的理念管理鸡场，严格落实卫生防疫制度，一旦鸡群暴发疾病，将严重影响均匀度，即使采取再好的措施也无济于事。18 周龄对全部种鸡进行白痢净化，淘汰所有阳性个体。

三、产蛋期间的饲养管理

肉用种鸡产蛋期是指产蛋率达到 5%（约 25 周龄）开始，直到产蛋期结束这一段时间，全期产蛋时间为 40～42 周。这一时期是进一步获取高产稳产、取得良好经济效益的重要时期。

1. 开产前的准备工作

（1）鸡舍和设备的准备。按照饲养方式和要求准备好鸡舍，并准备好足够的食槽、水槽、产蛋箱等。对产蛋鸡舍和设备要进行严格的消毒。

（2）公鸡的选种。公鸡的第 2 次选种一般在 20～21 周龄进行，除了考虑体重及骨架外，还应对一些发育不良的个体进行剔除，如鸡嘴断喙不良、喙弯曲、喙扭转、颈部弯曲、拱背、胸骨发育不良、畸形腿、脚趾弯曲、掌部肿胀或细菌感染、胸肌和同群鸡相比明显发育不良者。

（3）公母合群。自然交配的种鸡选种后即要混群，把留种公鸡均匀地放入母鸡舍内。一般要求在较弱光线下混群，可利用夜间时间在鸡舍内分点放置。公鸡放入母鸡舍后开始两周感到陌生而胆怯，需要细心管理，使其尽快建立起首领地位。如果公、母鸡都转入新鸡舍，公鸡应提前 1 周转入，而后再转入母鸡。这样做对公鸡的健康和产蛋期繁殖性能的提高都有好处。

2. 合理添加高峰料量

（1）高峰料量的确定。高峰料量就是鸡群摄入的最大料量。高峰料量的制订应满足鸡群的生长需要。不仅要考虑 24 周龄末的平均体重，还要考虑产蛋率、吃料时间、舍饲的温度条件及常规管理情况。鸡只高峰料应摄入能量依据参数如下：每天维持每克体重需要 0.33KJ 能量，每日体重增加 1g，需增加 12.98KJ 能量，每克蛋重需 12.98KJ 能量，产蛋量＝产蛋率×蛋重。

依据上述参数，高峰料量＝高峰平均体重×0.33KJ＋平均日增重×12.98KJ＋每日产蛋重×12.98KJ。另外把舍饲温度考虑在内，从而确定高峰料量。温度在 18～28℃，鸡能量需求变化不大，18℃以下温度每降低 1℃，应多提供 20.93KJ；28℃以上每升高 1℃，应多提供能量 4.19KJ，这里应考虑一个温度上限和温度下限，建议在低于 16℃、高于 28℃时尽快调节，否则仅靠料量改变不能满足生产性能的需要。

（2）高峰料量的添加。一般情况下，产蛋高峰料量的添加应根据产蛋率的升幅来确定，实际生产中建议从产蛋率达到 5% 开始添加，日饲喂量增加 5g/只，以后产蛋率每提高 5%～8%，每只鸡每天应增加 3～5g 料量，一般当产蛋率达到 35%～40%

时给予高峰料量，也可根据产蛋率上升速度来确定，当日产率蛋率每天 4%～5% 时，高峰期最大喂料量在产蛋率达到 30% 时给予；当日产蛋率增加 2%～3% 时，可在产蛋率达到 40% 时给予；当日产蛋率每天上升低于 2% 时，高峰期最大喂料量在产蛋率达到 60% 时给予。

高峰料量添加一般都需要 20d 左右，不论是采取哪种增料方式，都应在加到高峰料量时额外施加试探性料量，因为高峰料仅仅是一个估算值，是否合适还需在实际生产中给予验证。鸡群的产蛋率达到高峰后，每只鸡施加试探料量 3～5g，连喂 3～4d 后产蛋率没有变化，即恢复到前一次的饲喂量。

（3）高峰后减料。鸡群的产蛋率达到高峰并维持 1 周不再上升或者开始下降时，为了防止鸡只过肥，影响产蛋后期的生产性能可对鸡群进行减料。建议减料先快后慢，减少幅度为 10%，一般从产蛋高峰到 40 周龄，减少 5%，40～60 周龄减少 5%，61～66 周龄维持。

根据高峰料的高低，一般第一次减料 3～5g，第一周可以分 2 次进行，以后根据产蛋下降情况，每周给予 0.5～1.0g 的减料，当鸡群遇到应激或疫情时停止减料。

3. 加强种蛋管理

（1）产蛋箱的准备。18 周龄时把清洁的产蛋箱放入鸡栏内，让鸡熟悉环境，每 4～5 只母鸡 1 个产蛋箱。

（2）种蛋收集。开产前应经常巡视鸡群，正常情况下每天至少捡蛋 4 次，产蛋率高时增加捡蛋次数，以减少种蛋的破碎率和种蛋被污染的机会。捡蛋同时剔除畸形蛋、钢壳蛋、破损蛋等不合格种蛋。

（3）种蛋的消毒。收集种蛋后，对种蛋进行消毒剂浸没、喷雾和熏蒸消毒，在种蛋冷却收缩之前消毒，能有效阻止蛋壳外面的有害微生物进入种蛋内部。

（4）减少地面蛋。地面蛋对 1 日龄雏鸡品质造成不良影响，所有地面蛋均应废弃。提供充足、干净、黑暗的产蛋窝，使之处于良好的使用状态，可减少地面蛋，使母鸡容易进入正确的地方产蛋。为更好地减少地面蛋，对初产期的母鸡应给予充分照料。当小母鸡刚开始产蛋时，要在蛋窝中遗留少量的蛋以促使其他母鸡使用这个蛋窝。

4. 种公鸡的管理 肉用种公鸡须具备体格健壮、体重适中、配种能力强等特点。因此，严格控制种公鸡的体重，使其在 20 周龄体重高于母鸡 20% 左右，可以保持产蛋期种蛋较高的受精率和孵化率。

（1）营养需要。繁殖期种公鸡的营养需求也与母鸡有很大的不同。此期，种公鸡不需要与母鸡一样的高蛋白、高钙饲料。用母鸡料，是一种浪费，并且高钙对种公鸡生理负担较重。配种时的种公鸡日粮一般代谢能为 10.67～11.30MJ/kg，粗蛋白仅需 12%～14%，钙在 1.2%～1.45%。

（2）公鸡的选择。20 周龄时，每 100 只母鸡应配给 10～12 只公鸡。此时，选择的公鸡必须健康、性机能发育良好、体重及体型适中。当鸡群产蛋率达 5% 时，公鸡体重 3.4～3.5kg，体重均匀度必须在平均体重的 10% 范围内。淘汰腿、爪发育不良的公鸡。在捕捉公鸡时，防止腿受伤，造成日后永久性伤害，影响配种。

（3）公母分饲。产蛋期间公鸡消耗的饲料比母鸡少，与母鸡同时吃料，公鸡通常会超重，影响种蛋受精率。因此，必须产蛋期公母分饲。具体做法是在母鸡的料盘上安装上格栅，间隙宽度调至 42～43mm，使公鸡头部伸不进去，仅适于母鸡采食。公鸡采食饲料的设备是专用料桶，悬吊或提升至距地面 4l～44mm，此高度只有公鸡吃到饲料，限制母鸡采食。

（4）均匀度控制。正确的称重程序有助于管理人员及时察觉公鸡体重潜在的问题，并通过调整饲喂量来达到目标体重。繁殖期内种公鸡每周至少称重 1 次。抽样比例根据鸡群规模而定，公鸡抽样比例一般不低于 5%，或抽样数量不得低于 50 只。

由于公鸡的采食速度很快，个体间争斗次序比较激烈，很容易造成均匀度差异。为了更有效地控制好公鸡的均匀度，必须为公鸡提供适宜的饲养密度，充足的采食和饮水位置。

技能训练

技能 5-1　肉鸡屠宰测定及内脏器官观察

【技能目标】　学习肉鸡屠宰测定方法和步骤，掌握肉鸡屠宰的测定及计算方法；了解家禽内脏器官的结构特点以及公母禽生殖器官的差别。

【实训材料】　上市日龄的肉鸡、解剖刀、剪刀、镊子、手术盘、温度计、电子秤等。

【方法步骤】

（一）屠宰前的准备

肉鸡屠宰前为避免药物残留，应按规定程序停止向饲料中添加药物。于屠宰前12h 内停止喂食，给予充分饮水，并进行活体称重。

（二）屠宰方法

1. 放血

（1）颈部放血法。将活鸡捉住，左手握住双翅提起，用小指勾住鸡的右腿，大拇指与食指捏住鸡头，堵住双眼，使鸡头朝后挺仰，使颈部肌肉绷紧。用右手拔掉鸡咽喉部位一些羽毛，让皮肤露出来，便于下刀。右手持刀在鸡的咽喉部位割断食管、气管和血管，让鸡身前半部向下倾，以利血液畅流放干。此法操作简便，易于取出内脏。

（2）口腔放血法。左手握住鸡的双翅提起，大拇指与食指捏住鸡头，堵住双眼，小指勾住鸡的右腿，使鸡不能踢蹬。稍用力一捏鸡嘴，使嘴张开。将小刀或剪刀伸进鸡的口腔内，割断咽喉部的食道、气管和血管。随后可把刀抽出约一半，从鸡的上颌裂处刺入，沿耳眼之间斜刺延脑，加速其死亡。同时让鸡颈朝下，尾部朝上，让血液从嘴里流出来，尽快流干。此法鸡颈部无刀口，外形美观。

2. 热烫煺毛

鸡宰杀放血后，在其彻底死亡而体温没有散失时及时浸烫拔毛。适宜的水温和仔细除毛是保证胴体质量的关键。浸烫水温以 65～70℃为宜，时间3～5min，并根据鸡品种和日龄适当调节。水温过低，时间过短，拔毛困难，易损伤皮；水温过高，浸烫过久，表皮胶化，羽毛也不易拔出，还可因脂肪融化而影响鸡体外观色泽。手工浸烫除毛时，可在大缸或大桶内放适量热水，投入若干只鸡，用长棒搅动，再将头部入水，手提脚爪，在水中搅动，至爪皮、嘴壳、羽毛均易除掉即可。

煺毛时可按如下顺序进行：右翅—肩头—左翅—背部—腹部—尾部—颈部。背毛因皮紧容易推掉，不易破皮；胸部与腿部毛松软，弹性大，推抹即可去除；尾部富含脂肪，羽毛硬而深，不宜用力过大，必须小簇细拔，以免破皮；颈皮容易滑动，极易破裂，需用手指逆毛倒搓，以防破皮。对皮上遗漏的小毛，最后可用镊子去除干净。

3. 屠体外观检查 检查屠体表面是否有病灶、损伤、淤血，如鸡痘、肿瘤、胸囊肿、胸骨弯曲、大小胸、脚趾瘤、外伤、断翅和淤血块。

4. 去头、脚 头部从枕寰关节处截下，脚从踝关节割断，剥去脚皮、趾壳。

（三）内脏器官的观察

1. 观察生殖系统

（1）母鸡。①卵巢。识别卵泡、卵泡囊外的血管和卵泡带（破裂缝）以及排卵后的卵泡膜。②输卵管。观察输卵管的漏斗部（包括伞部、腹腔口、颈部）、膨大部（蛋白分泌部）、峡部、子宫部、阴道部和输卵管在泄殖腔的开口等部分的位置、形态及分界处。

（2）公鸡。睾丸、附睾和输精管的形态、位置（观察公鸡生殖器官应在观察消化系统之后）。

2. 观察消化系统 首先摘除母鸡输卵管，然后剪开口腔，露出舌和上颌背侧前部硬腭中央的腭裂（位于相对于两眼位置，为斜刺延脑位置）。从上至下依次观察：①口腔（喙、舌、咽）。②食管和嗉囊（鸭为纺锤形的食道膨大部）。③腺胃（切开露出腺胃乳头突起）。④肌胃（切开露出角质膜）。⑤小肠（十二指肠、空肠、回肠）以及胰腺、胆囊、肝。⑥大肠（盲肠、直肠）以及盲肠扁桃体。⑦泄殖腔。

3. 观察泌尿系统 摘除消化器官，露出紧贴于鸡腰部内侧的泌尿系统，包括肾、输尿管和泄殖腔。

4. 观察其他脏器 观察心脏、肺、脾、法氏囊、胸腺、坐骨神经和卵黄柄的遗迹（又称卵黄囊憩室或美克耳氏憩室）等。

（四）分割去内脏

先将鸡体向上，手掌托住背部，用两拇指用力按住鸡体下腹，向下推挤，将粪便从肛门排出体外，以避免直肠中的粪便污染鸡体。从肛门四周剪开（不切开腹壁），剥离直肠，将内脏取出，工厂化生产多采用此法。也可以从胸骨的正中线切开皮肤和肌肉，打开腹腔，将内脏取出。鸡拉肠时，一定要仔细、小心操作，尽可能保护肝的完整，鸡肝很嫩，极易破碎。此外，不能弄破胆或拉断肠管，造成内脏和腹腔的污染。

（五）屠宰测定

1. 屠宰测定项目

（1）宰前活重。指在屠宰前停饲12h的体重。

（2）屠体重。禽体放血、拔毛后的重量。

（3）半净膛重。屠体除去气管、食道、嗉囊、肠、脾、胰腺、胆、生殖器官和肌胃内容物及角质膜；留心脏、肝、肾、腺胃、肌胃和腹脂的重量。

（4）全净膛重。半净膛重去除心脏、肝、腺胃、肌胃、腹脂和头脚的重量，留肺、肾的重量，鸭、鹅保留头脚。

（5）胸肌重。将屠体胸肌剥离下的重量。

（6）腿肌重。将禽体腿部去皮、去骨的肌肉重量。

（7）腹脂重。包括腹脂（板油）及肌胃脂肪。

（8）翅膀重。从肩关节切下翅膀称重。分割翅分为3节：翅尖（腕关节至翅前端）、翅中（腕关节与肘关节之间）和翅根（肘关节与肩关节之间）。

（9）根据实验要求有时要称脚重、肝重、心脏重、肌胃重、头重等。

2. 计算项目

（1）屠宰率＝屠体重/活重×100%

（2）半净膛率＝半净膛重/活重×100%

（3）全净膛率＝全净膛重/活重×100%

（4）胸肌率＝两侧胸肌重/全净膛重×100%

（5）腿肌率＝两侧腿肌重/全净膛重×100%

（6）腹脂率＝（腹脂重＋肌胃外脂肪重）/全净膛重×100%

（7）瘦肉率＝（胸肌重＋腿肌重）/全净膛重×100%（鸭）

【提交作业】 每小组屠宰1～2只鸡，要求屠体放血完全、无伤痕，并按屠宰测定顺序将结果填入测定记录表（表5-10），要求数据准确、完整。并对鸡体各内脏器官进行认真辨认。

表5-10 屠宰测定记录

鸡号	宰前体重/g	屠体重/g	半净膛重/g	全净膛重/g	腿肌重/g	胸肌重/g	屠宰率/%	半净膛率/%	全净膛率/%	腿肌率/%	胸肌率/%

【考核标准】

家禽的屠宰及内脏观察

考核方式	考核项目	评分标准 分值	评分标准 扣分依据	考核方法	考核分值	熟悉程度
考核评价	学生互评	10	根据小组代表发言、小组学生讨论发言、小组学生答辩及小组间互评打分情况而定	小组操作考核		
	材料准备	15	试验对象缺失或挑选不合理扣3分，屠宰用具缺失一个扣3分。扣满15分为止			熟练掌握
	肉鸡屠宰	30	屠宰动作不规范扣10分，抓鸡、保定不规范扣10分，屠宰步骤不规范扣20分			熟练掌握
	数据计算	25	数据记录表填写不规范扣10分，计算错误扣15分			熟练掌握
	规范程度	20	操作不规范、动作混乱扣5分，小组合作不协调扣15分			熟练掌握
	总分	100				

技能 5-2 肉种鸡限饲方案的制订

【技能目标】 通过参加肉用种鸡的生产实践，熟练掌握种公鸡和种母鸡不同时期应如何实施限制饲养，学会如何检查限制饲养的效果。

【实训材料】 实训基地养禽场、肉用种鸡等。

【方法步骤】

1. 后备肉种母鸡的限饲 对于后备肉种鸡应根据限饲的要求选择限饲方法，一般规律如下：

(1) 1～3周。自由采食，此阶段要求鸡体充分发育，骨骼充分生长，同时完善消化机能，为限饲做准备。此阶段采用雏鸡料饲喂，1～2周龄内自由采食，当耗料量达到27g/只时，开始每日限饲。累计耗料量达到450g时，逐渐换成育成期饲料。

(2) 4～6周。采用每日限饲，可抑制其快速生长。同时对所有鸡进行称重，4周龄末母鸡胫长应为64mm以上，至6周龄时按体重大小进行分群。

(3) 7～14周。采取隔日限饲或4/3法则。这个阶段鸡的消化功能已经趋于完善，饲料利用率很高，生长速度很快，脂肪沉积能力很大。采用隔日限饲或4/3法则限饲效果较好。饲料采用生长期料，使体重延标准曲线的下限上升直到15周龄。但到12周龄时必须再按体重大小进行一次分群。

(4) 15～19周。改为5/2法则。此时骨骼的生长接近完成，同时具备了强健的肌肉和功能完善、发达的内脏器官。自16周龄性腺开始发育，18周龄后卵泡快速生长。此时限饲应改为5/2法则，从18周龄开始饲料逐渐改为产蛋前期料。16周龄再次按体重大小进行整群。

(5) 20～23周。逐步改为6/1法则，自23周龄后逐步过渡到每日限饲，同时饲料逐渐改换为种鸡料。

开产后可根据实际情况进行适当的限饲。由于肉种鸡沉积脂肪的能力很强，开产后营养要求必须适当提高，很容易导致肉种鸡沉积过多的脂肪。因此，在整个产蛋期应根据体重和产蛋情况进行适当的限饲，直至产蛋期结束。

2. 肉用种公鸡的限饲 种蛋孵化率的高低一定程度上也取决于种公鸡的受精能力。体格良好的种公鸡，要求具有适宜的体重、活泼的气质、适时的性成熟、胫长在140mm以上。

(1) 0～6周龄。0～3周时可自由采食，在3周末体重达标的条件下，可采用和母雏相同的限饲程序。

(2) 7～13周龄。采取4/3或5/2法则，饲料改为营养水平较低的育雏料。

(3) 14～23周龄。采取5/2法则或每日限饲。18周龄后，必须增加饲料营养，由育成料逐渐改为配种前期料。

(4) 24周龄后。采取每日限饲法，适当降低饲料营养水平，饲喂公鸡专用饲料。

3. 确定限饲量 进行限制饲养时，不管是公鸡还是母鸡，准确确定每周的饲喂量是限饲的关键。每周饲喂量确定不准确，则必然会导致限饲失败。饲喂量过少，鸡体生长不足，母鸡开产晚，产蛋期产蛋量过少，蛋重小等，公鸡性成熟偏晚，繁殖性能差；饲喂量过多则又达不到限饲的目标。每周饲喂量的确定应参照饲养标准和上周的体重进行准确核算。

4. 限饲的配套措施

(1) 随机抽测体重。每周随机抽样测定鸡群体重一次，以检查限饲的效果和确定下次的喂料量。体重低于标准，可适当增加料量；体重超出标准，可减少或暂停增料，但不能减料，直到与标准体重一致后再增加料量。

（2）注意观察鸡群的健康状况。在限饲过程中，要注意观察鸡群的健康状态，如鸡群处于患病、疫苗接种等应激条件下，要暂停实施限饲，恢复自由采食，并将个别病弱鸡挑出单养。

（3）限制饮水。在限料的同时适当限制饮水，因为限饲时鸡群的饮水量大增，会造成地面垫料潮湿。但在高温炎热天气和鸡群处于应激情况下，不可限水。

（4）与光照相结合。限饲应同时与光照计划相结合，可使限饲的效果更好。体成熟和性成熟能否同步进行对育成期肉种鸡极为重要，如果限饲与光照控制结合得好，就会通过光照的时间和强度调节开产日龄，使种鸡的性成熟和体重标准同步；如果限饲不与光照很好地结合，就会出现体重虽已达标，但尚未开产，或体重低于标准，但已开产的异常现象。

（5）添加维生素和矿物质。限饲时应额外添加多种维生素及矿物质添加剂。限饲时因营养供应不足，易发营养缺乏症，若能量、蛋白质供应不足，只是生长迟缓，而维生素矿物质缺乏时，常常使鸡群遭受额外损失。

5. 限饲效果的检查

（1）整齐度。整齐度也称均匀度，是指鸡群中每只鸡体重大小的均匀程度。它是鸡品种、生产性能和饲养管理技术的综合指标。限饲效果好的鸡群均匀度大于80%。

（2）体重标准。经过限制饲养的肉种鸡每周抽查的平均体重应与本品种的标准体重相符。

（3）开产日龄。种鸡群一般在24～26周龄陆续开产，25周龄产蛋率达5%，说明开产日龄一致，限饲效果较好。如果开产有早有迟，则说明限饲不当。

【考核标准】

肉用种鸡的限制饲养

考核方式	考核项目	评分标准		考核方法	考核分值	熟悉程度
		分值	扣分依据			
考核评价	学生互评	10	根据小组代表发言、小组学生讨论发言、小组学生答辩及小组间互评打分情况而定	小组操作考核		
	限饲方案的制订	35	方案制订不合理，一个阶段制订错误扣5分，扣满35分为止			熟练掌握
	限饲配套措施的实施	35	配套措施跟不上或选择错误1个扣7分，扣满35分为止			基本掌握
	限饲效果的检查	20	检查标准分析错误，1个扣10分			熟练掌握
	总分	100				

技能 5-3　公鸡的阉割技术

【技能目标】　通过技能训练，初步掌握公鸡的阉割技术。

【实训材料】　公鸡阉割刀、扩张器、探针、取睾钳、小动物手术台、75%酒精棉球、0.25～1kg 的仔公鸡。

【方法步骤】　用外科手术法摘除仔公鸡的睾丸称为阉鸡。阉割手术有两种方法：

1. 肋间开口法

（1）手术准备。选择体重为 0.25~1.0kg 的仔公鸡为宜。术前禁食 24h、停水 6h（手术时可减少出血）。

（2）保定。将鸡腿拉直，并用细绳将鸡腿缠绕在保定杆的一端，绳头夹在保定杆和鸡腿之间，保定杆的另一端应达到鸡的胸下部。两翅膀扭成反时针方向后，使其左侧横卧在手术台上。

（3）切口部位。由于公鸡的睾丸位于腹腔内腰部下方，前靠肺，后近肾，并与最后两根肋骨相对。因此，切口部位应在倒数第 2、3 肋间，距背脊下 1.5cm 处。

（4）手术操作。施术前，将术部羽毛拔掉，用 75%酒精棉球消毒术部，并将周围羽毛擦湿，使羽毛向四周分开。手术时，术者以左手食指将切口部位的皮肤向后推，以使皮肤切口与肌肉切口错开，并探摸第 2、3 肋间隙以确定切口位置。右手以执笔的方式持刀，在左手指前方开一个与肋骨相平行，长 1.5~3cm 的切口。取扩张器扩大切口，并用探针挑破腹膜和腹部气囊，使切口与腹腔相通，再用探针将腹腔内的肠管向腹下方拨开，即可在背椎下方，肾前端见到淡黄色（也有灰色或黑色）的右侧睾丸，左侧睾丸位于其下，二者之间由一层肠系膜隔开，轻轻挑破肠系膜，即可见到左侧睾丸。2 月龄左右的小公鸡，不必破膜，只需将肠系膜根部向后拨开，即可见到左侧睾丸。用取睾钳先夹住下侧睾丸（左侧睾丸），扭后取出，再用同法取出上侧睾丸。夹取睾丸时应小心，不要碰伤背大动脉，否则公鸡流血过多而死亡。初学者可从两侧开口，分别取出两个睾丸。睾丸取出后，解除扩张器，将手术时向后推的皮肤向前推回，即可封住切口，一般不需缝合。

（5）注意事项。手术中切勿损伤脊椎下的大血管，如已出血，应立即进行压迫止血，并滴一滴肾上腺素，待血液凝固后，小心取出血凝块。摘除睾丸时，一定要把睾丸完整取出，切不可碰碎，否则达不到阉割的目的。

（6）术后护理。手术后的公鸡要单群饲养，不给晒架，切勿追逐奔跑。术后 2~3d 内宜喂湿粉料，少喂谷粒，饮水要少。术后 1 周内观察切口附近是否发生皮下气肿，如有发现，可在气肿最突出处刺破皮肤，排出气体即可。

2. 腹下开口法 此法适宜于年龄较大或成年公鸡。

（1）保定。将公鸡双翅向后反转重叠，用细绳缚其双腿。术者使鸡头部略向下，肛门略向上，仰卧保定。

（2）切口部位。切口位于腹中线，距肛门下方 1.5cm 处。

（3）手术操作。将肛门下方腹部羽毛拔去，并用 75%酒精棉球消毒术部。术者右手持刀，左手拇指压住术部，纵向切开，切口长度约 2cm（以能伸入食指和中指为度）。此时，再将鸡体转换为站立姿势。

术者右手掌向上，将食指和中指从切口处插入腹腔内，沿脊柱向前寻摸睾丸。睾丸表面光滑，似黄豆大小，紧贴于脊柱两侧，但要与肾准确区别，肾较狭长，比睾丸大许多，位于脊柱腰荐骨两旁和髂骨的肾窝内，切不可误将肾损伤。

术者以食指和中指将整个睾丸谨慎摘除，并用手指尖端压迫睾丸所在处 1~2s，以防止出血。小心从切口取出睾丸。缝合切口（若切口较小可不缝合），以防止内脏脱出。

注意事项及术后护理同肋间开口法。

【提交作业】 独立进行 1～2 只仔公鸡的阉割手术练习，并写出个人体会。
【考核标准】

考核方式	考核项目	评分标准		考核方法	考核分值	熟悉程度
		分值	扣分依据			
学生互评		10	根据小组代表发言、小组学生讨论发言、小组学生答辩及小组间互评打分情况而定			
考核评价	术前准备	15	术前准备不全扣 10 分；阉割用具消毒不合理扣 5 分	小组操作考核		基本掌握/熟练掌握
	肋间开口法	30	手术准备不充分扣 5 分；保定方法不当扣 5 分；切口部位错误扣 5 分；手术操作方法不准确扣 10 分；术后护理不当扣 5 分			基本掌握/熟练掌握
	腹下开口法	35	手术准备不充分扣 5 分；保定方法不当扣 5 分；切口部位错误扣 10 分；手术操作方法不准确扣 10 分；术后护理不当扣 5 分			基本掌握/熟练掌握
	术后检查	10	阉割手术后的检查不到位扣 10 分			基本掌握/熟练掌握
总分		100				

肉仔鸡饲养
作业规范

自测练习

项目六

水 禽 生 产

【知识目标】 掌握鸭、鹅各个生长阶段的划分，熟悉各个阶段鸭、鹅的特点和特性，掌握各个阶段的养殖要点，实现各个阶段的养殖目的，不断提高养殖经济效益。

【能力目标】 培养学生了解水禽饲养各个阶段的技术，能够顶岗生产。培养学生严谨、认真的工作态度以及分析问题和解决问题的能力。

【思政目标】 凡事预先规划，要有高度的责任心，立志做有理想、敢担当、能吃苦、肯奋斗的新时代好青年。增强观察能力，善于发现实践中存在的问题，运用科学的方法解决问题。

任务一　蛋鸭的饲养管理

任务描述

了解蛋鸭生长阶段的划分及定义，熟悉不同阶段蛋鸭的特点、特性，掌握各个阶段的饲养管理要点。在蛋鸭饲养过程中，每个阶段的饲养效果对后期的阶段均有显著的影响，均会影响产蛋效益和种用价值。

任务实施

蛋鸭的饲养管理重点强化阶段性管理，依据蛋鸭的生理性发育特点，结合国内蛋鸭养殖经验的总结，较为系统的阐述蛋鸭饲养全过程的管理要求和细节，为有效开展教学、指导生产打下基础。

一、雏鸭的饲养管理

雏鸭是指 0～4 周龄的小鸭。雏鸭绒毛稀少，体温调节能力差，对外界环境条件适应能力较差，对温度的变化很敏感；消化器官不健全，容积小，消化力差。雏鸭阶段是鸭生长发育最快的时期，需要精心的饲养与管理。因此，在育雏期间提高雏鸭的成活率是中心任务，也为育成鸭和种鸭的培育打下良好的基础。

（一）育雏前的准备工作

为了获得较为理想的育雏效果，必须充分做好育雏前的准备工作，确定育雏季节、育雏方式、育雏人员，准备好育雏室、育雏饲料与垫料等，工作步骤基本同雏鸡育雏前的准备。

（二）育雏的环境条件

1. 温度 雏鸭御寒能力弱，所以育雏期温度控制很重要，初期温度要比中期、后期高。在1～3日龄时，温度要在28～26℃；4～7日龄26～22℃；8～14日龄，22～18℃，15～21日龄18～16℃。21日龄以后，雏鸭已具备一定的抗寒能力，可以适应气温15℃左右的环境，但是当遇到气温突然下降较多，也要适当增加温度。

2. 密度 雏鸭期一般采取分群饲养的方式，每群饲养300～500只。1～10日龄，每平方米可饲养雏鸭25～30只；11～20日龄，每平方米可以饲养20～25只；21～30日龄，每平方米可饲养15～20只。

3. 光照 适宜的光照时间和光照度，有利于雏鸭活动，增强食欲，刺激消化，有助于新陈代谢，促进雏鸭健康生长。育雏前3d，采用24h光照，以便雏鸭熟悉环境，采食和饮水，光照度为10lx。4日龄以后，白天利用自然光，夜间用较暗的灯光作为照明。如果日照时间较短，可在傍晚时增加1～2h的灯光，在喂料和饮水时需提供较亮的灯光。

4. 湿度 育雏室内的湿度会影响雏鸭卵黄物质的吸收，影响生长速度和育雏效果。因此，育雏初期禽舍内需保持相对湿度在60%～70%为佳，随着日粮的增加，体重增长，禽舍内的相对湿度应降低到50%～55%为宜。

5. 通风换气 由于育雏保温需要，育雏室的密封性较好，雏鸭新陈代谢旺盛，同时排出的粪便在高温、高湿的环境下，产生大量氨气和硫化氢等气体，会刺激雏鸭眼、呼吸道等黏膜组织。因此，育雏舍要定时通风换气，以保持室内空气清新，可以选择晴天中午等环境温度较高的情况下通风，但是要防止风直接对着鸭群吹。

（三）雏鸭的饲养管理要点

1. "开水"与"开食" 雏鸭第一次饮水称"开水"，雏鸭第一次采食称为"开食"，先开水后开食。开水的时间一般控制在出雏后24h内完成，在饮水中加入少量的电解多维可缓解雏鸭长途运输的应激。用雏鸭开食料对雏鸭进行开食，可采用少量多次的方法以防止雏鸭一次采食过多造成消化不良，一般每天6～7次。开食以后，雏鸭可用小颗粒全价日粮进行饲喂，每天3～4次。

2. 适时"开青""开荤" "开青"即开始喂给青饲料。在雏鸭3～4日龄开始饲喂青饲料，到20日龄左右，青饲料占饲料总量可达40%。饲喂的青饲料可以为各种水草、青菜、苦荬菜等。青料需切碎单独喂给，也可拌在饲料中喂。"开荤"是给雏鸭饲喂动物性饲料，在雏鸭5日龄后，即可饲喂剁碎的小鱼、小虾、螺蛳、蚯蚓等动物性饲料。如果采用全价颗粒则无须另外饲喂青料和荤料。

3. 放水 放水时间控制在7日龄后，如果是夏天温度较高可在3～4日龄开始，如果是冬天温度较低可选择在脱温后开始。放水开始时可引导3～5只雏鸭先下水，每次放水10～20min，逐步延长，可以上午、下午各一次，随着适应水上生活，次数也可逐渐增加。下水的雏鸭上岸后，要让其在无风而温暖的地方理毛，使身上的湿毛干燥后进育雏室休息，千万不能让湿毛雏鸭进育雏室休息。天气寒冷可停止放水。

4. 及时分群 在育雏前需根据出雏的迟早、强弱分开饲养。将弱雏的育雏温度提高 1～2℃。第二次分群在喂料 3d 左右，将吃料少或不吃料的雏鸭放一起饲养，适当增加饲喂次数。同时，检查鸭群是否存在疾病等因素，并采取有效的措施，及时将一些无法救治的雏鸭淘汰。在第 14 日龄时，根据雏鸭品种的体重和羽毛生长情况分群，将未达到标准的个体适当增加饲喂量，超过标准的个体要适当扣除饲料量。

5. 防止打堆 刚出壳的雏鸭，尤其是在夜间要防止雏鸭打堆挤压死亡，或因打堆使雏鸭"出汗"受凉感冒或感染其他疾病造成死亡。为防止雏鸭打堆，每隔 2h 需驱赶 1 次。

6. 日常工作 每日清除鸭粪，更换垫料，经常清洗食槽、水槽，定期对环境进行消毒，做好鸭群的防疫工作。定期进行通风换气，降低有害气体对雏鸭产生的影响。做好饲喂量、死淘数等生产数据的记录工作。

二、育成鸭的饲养管理

蛋鸭的第 5～16 周龄饲养期称为育成期，也称为青年期。这个时期的鸭具有以下特点：对环境、温度的变化适应性提高，消化器官生长快速，免疫器官功能完善；体重增长速度加快，6～7 周龄达到高峰，8 周龄时开始逐渐降低，然后趋于平稳生长，至 16 周龄时的体重已接近成年鸭；10 周龄后，第二次换羽期间，卵泡快速增长，12 周龄后，性器官发育尤为迅速，控制好性成熟对繁殖性能十分重要；合群性强，喜欢群居，神经类型敏感，条件反射能力强。因此，育成阶段要充分利用青年鸭的特点，进行科学的饲养管理，并增加运动量，对育成体质健壮、高产的鸭群有重要的生产意义。

(一)育成鸭的饲养方式

育成鸭的饲养方式可分为放牧饲养、舍内饲养和半舍饲养。

1. 放牧饲养 是利用稻田、湖泊等自然条件进行放牧，其充分利用自然资源，减少设备投入，节省饲料费用，锻炼鸭的体质，促进鸭的骨骼生长。但是对环境有一定影响，而且对疾病控制不利，容易出现寄生虫，此方法只适合小规模养殖户。

2. 舍内饲养 是指育成期的鸭均在鸭舍内饲养的方式。由于鸭的采食、饮水、运动和休息均在鸭舍内进行。因此，饲养管理要求比较严格。舍内饲养可采用地面添加垫料或者网床饲养等方式，但是都必须设置饮水和排水系统。地面添加垫料饲养方式需要在地面上铺设较厚的垫料，通过经常翻动增添、翻晒的方法来保持垫料干燥。网床饲养方式是将地面和鸭群分开的一种饲养方式，可以减少鸭群和粪便的接触。舍内饲养的优点是可以人为地控制环境，有利于科学养鸭，达到稳产、高产的目的，还可以增加饲养量，提高劳动生产率，降低工人劳动强度；缺点是投资较大，饲养成本高。

3. 半舍饲养 鸭群生活在鸭舍、陆上运动场和水上运动场，无须放牧。采食设在舍内，饮水设在舍外，采食和饮水位置距离不可太远；活动可在舍内，也可在舍外。此方法优点在一定的区域内可满足鸭的生存需要，对舍内环境的要求比全舍内饲养低，又可保证活动范围，保持羽毛清洁，有利于鸭群的管理和疾病的防控。

(二)育成鸭的营养需要

育成蛋鸭的营养需要包括用以维持其健康和正常生命活动的需要，为产蛋期提供前期营养需要。育成期间，饲料能量和蛋白质水平宜低不宜高，饲料中代谢能含量为

11.297～11.506MJ/kg，粗蛋白含量为 15%～18%。日粮以糠麸为主，动物性饲料不宜过多，舍饲的鸭群在日粮中添加 5%的沙砾，以增强肠胃功能，提高消化能力。有条件的养殖场，可用青绿饲料代替部分精饲料和维生素添加剂，青绿饲料可以大量利用天然的水草。

（三）育成鸭的限制饲养

采用全舍饲养或半舍饲养方式，会出现运动量不足、脂肪沉积过多、性成熟过早、产蛋小、开产不一致等问题，影响产蛋性能和种用性能，在育成期饲养过程中应采用限制饲养。限制饲喂一般从 8 周龄开始，到 15～16 周龄结束。限制饲喂主要分为限质和限量两种方法。

1. 限质法 是指在限制期间饲喂低能量、低蛋白、高纤维素的日粮，如代谢能为 9.6～10MJ/kg、蛋白质为 14%左右的低能日粮或代谢能为 10.8MJ/kg、蛋白质为 8%～10%的低蛋白质日粮。喂料时，要确保每只鸭能同时均匀地采食。

2. 限量法 限制鸭的喂食量，按育成鸭的正常日粮（代谢能 10.8MJ/kg，蛋白质 13%～14%）的 70%供给。具体喂法分为"每日限饲""5/2 限饲"和"隔日限饲"3 种方式。"每日限饲"即将当日所需的限饲量一次性投入料槽内；"5/2 限饲"是把 1 周的饲料分为 5d，即分别在周一、三、四、六、日饲喂；"隔日限饲"是把 2d 应喂的饲喂料在第一天投入，第二天不再喂料。

限制饲养应注意的问题：①限制饲养应根据鸭的品种标准、健康状况、饲养方式及饲料条件预先拟定好。②限饲鸭群要准备足够的料槽和水槽。饲养密度应合适，使鸭能均匀采食和活动。③定期检查鸭的体重，来判断限制效果。如果平均体重比标准体重轻 10%，下周饲料量较本周增 10%。若体重超过标准体重，维持本周料量，加以限饲，直至体重符合标准体重为止。④一旦鸭群体况较差或患病，应暂时停止限饲。

（四）育成鸭的管理要求

1. 及时分群 在育成初期按体重大小、强弱和公母分群饲养、舍内饲养和全舍饲养，群体不易过大，每个群体以 300～500 只为宜。对体重偏轻或者弱群要加强管理，每天多饲喂一些全价饲料或添加动物性蛋白饲料；对于体重偏重者减少饲喂量，同时加大运动量。分群可以使鸭生长发育一致，便于管理。其饲养密度，因品种、周龄而不同，一般 5～8 周龄每平方米地面养 15 只左右，9～12 周龄每平方米养 12 只左右，13 周龄起每平方米养 10 只左右。在育成期间，公母鸭最好分群饲养，公鸭需多活动、多锻炼，对公母鸭采取不同的饲料限制量，还可防止过早出现配种现象。

2. 互相熟悉 蛋鸭胆小、神经敏感，应该利用喂料、清粪、换垫料等机会与鸭群多接触，使鸭与人逐渐熟悉，提高鸭的胆量，降低鸭惊群的概率，避免损失。

3. 加强运动 通过运动可促进骨骼和肌肉的发育，防止过肥，每天定时赶鸭在舍内作转圈运动，每次 5～10min，每天 2～4 次。如果是采用放牧的饲养方式就将放牧和运动相结合即可。

4. 合理光照 为了防止鸭群早熟，育成鸭舍的光照时间宜短不宜长，光照度要弱一些。一般 8 周龄起，每天光照以 8～10h 为宜，光照度为 5lx。为了便于鸭夜间饮水，防止惊群，舍内应通宵弱光照明。

5. 建立稳定的作息制度 将鸭的采食（包括限饲过程）、运动、休息等安排好，有利于生长发育。

6. 通风换气 鸭是水禽，平时喜欢水，但是并不喜欢整天生活在潮湿的环境中，所以在日常管理中要注意保持鸭舍内干燥，尤其是舍内饲养。一般在环境温度合适的时候，可以随时通风换气；在温度较低的时候，可以选择中午进行通风换气。

7. 做好记录 在育雏期间需要记录鸭群的数量、日龄、饲料消耗、鸭群体重、疫病防控等内容，如果是种用鸭还需要记录更为详细些。

三、产蛋鸭的饲养管理

产蛋鸭是指从开始产蛋到淘汰为止这段时间的成年母鸭，蛋鸭的产蛋期一般为17～72周龄，但根据鸭市场情况及后备蛋鸭的培育情况可适当延长其产蛋期，但是其生产性能逐步下降。

（一）产蛋鸭的特点

1. 对饲料品质要求提高 在产蛋期间，其营养物质的摄入需要满足自身维持需要和产蛋需要。产蛋鸭连续产蛋需消耗较多的营养物质，常常出现觅食勤，喂料时爱抢食，对食物或饲料留恋不舍等特征。如果饲料中的营养物质不能满足蛋鸭的需求，会导致产蛋量下降或无法维持长时间高产，出现蛋壳变薄，蛋品质下降，鸭体瘦弱，严重时会导致停产。故产蛋鸭的饲料品质应较高，营养元素要齐全，尤其对新鲜的动物蛋白饲料喜爱有加，青绿饲料的重要性日渐减弱。

2. 日常生活有规律，环境要求安静 蛋鸭产蛋的规律性强，一般在1：00～4：00，此时夜深人静，无任何吵扰。如果在此时出现异常情况，如停止光照、鸟兽骚扰、巨大声响等，都会引起鸭群的骚乱，出现惊群，造成鸭的减产或产软壳蛋、畸形蛋等。

3. 胆大、性情温顺 与育雏鸭、育成鸭相比，产蛋鸭对外界环境不再特别敏感，胆子变大。开产后的鸭性情较温顺，进舍后安静休息，不乱跑乱叫。

4. 有明显的交配行为 在产蛋期，公鸭主动接近母鸭，并试探性戏水、发出声音，向母鸭进行求偶，然后公鸭用喙咬住母鸭头顶部羽毛，从母鸭一侧爬上背部，将母鸭身体压入水中，尾部向下压，母鸭尾部上翘，公鸭从泄殖腔中伸出阴茎，插入母鸭泄殖腔并射精。然后公鸭从母鸭体侧翻下，转身游走，母鸭身体露出水面，扇动翅膀抖掉身上的水，交配过程每次需5～10min。交配时间一般在7：00～11：00和15：00～18：00。

5. 无就巢性 蛋鸭经过长期的自然选择和人工选择已经丧失了就巢行为，这为提高其产蛋量提供了有利条件。

（二）商品蛋鸭的饲养管理

育成鸭即将进入产蛋期时，需经过严格挑选，将符合要求的个体转入成年鸭舍饲养。商品蛋鸭在产蛋期的饲养管理主要目标就是提高产蛋量和饲料转化率，降低破蛋量、畸形蛋数和死淘率，以获得最佳的经济效益。

1. 饲养方式 产蛋鸭饲养方式主要有舍内地面平养、半舍饲养和笼养，其中前两种方式分别与育成鸭的舍内饲养和本舍饲养相同。蛋鸭笼养是将蛋鸭在产蛋期间采取笼养，这可以提高蛋品质量，便于控制鸭群疾病，增加单位面积饲养量，提高饲料转化率等优点。这3种饲养方式都可以进行大规模饲养，提高劳动效率，尤其是笼养可以采用全自动化喂料、喂水和清除粪便等。舍内地面平养和笼

蛋鸭笼

养受到外界环境的影响较小，但是对舍内环境控制要求比较高，一次性投入比较大。

2. 产蛋期的饲养管理 根据产蛋率高低可将产蛋期分为 3 个阶段：产蛋前期、产蛋中期和产蛋后期。

（1）产蛋前期的饲养管理。蛋鸭在 110～140 日龄开产，180～200 日龄可达到产蛋高峰，再加上高峰后的 100d，通常把这段时间称为产蛋前期，产蛋前期的饲养管理需要注意以下 7 个方面：

①及时更换饲料。在蛋鸭进入产蛋期间，及时将育成料换成产蛋料，一般需要花费一周的时间进行过渡。随着产蛋率的上升需要提高饲料质量，特别需要调整粗蛋白的比例和能量蛋白比，促进鸭群尽快达到产蛋高峰。当产蛋量达到高峰后，要稳定饲料品质、营养水平、种类和饲喂数量，使得鸭群的产蛋高峰更持久。

②观察蛋重和产蛋率上升趋势。初产时蛋重较小、产蛋率低，然后逐步上升，经40d 左右，蛋重可达到标准蛋重，产蛋率也快接近高峰。在这段时期，如果蛋重增重势头快、产蛋率上升快，说明饲养管理得当；蛋重增重、产蛋率上升速度慢或出现下降，要从饲养管理方面寻找原因，并解决问题。

③观察体重变化情况。对刚开产的鸭群、产蛋至 210 日龄、240 日龄、270 日龄以及 300 日龄的鸭群进行称重。称重应在早晨空腹时进行，每次抽样应占全群的10%。若体重维持原状或变化不大，说明饲养管理得当；如体重有较大幅度的增加后下降，应适当调整饲料配方，改善管理方式。

④光照时间和光照度。从 17 周龄开始逐步延长光照时间，每天增加 15～20min直至将每天的光照时间延长至 16～17h 为止，以后维持不变，光照度一般为 5lx。在产蛋前期，为了防止蛋鸭在夜间产蛋时受到惊吓，在产蛋场所上方安置微弱的灯光进行照明，经过 8～10d 的调教，95% 以上的蛋鸭都能习惯地到产蛋窝去产蛋。

⑤固定场所产蛋。刚开产的蛋鸭会出现到处产蛋的现象，导致脏蛋和破蛋数量较多，影响蛋品质。因此，需要在产蛋舍安置产蛋箱或者设置产蛋窝等固定产蛋场所，铺垫干燥的垫料，并放入少量鸭蛋作为"引蛋"引导鸭去产蛋。

⑥合适配比。虽然商品蛋鸭生产的鸭蛋用于直接销售和深加工，无须受精蛋，但是为了调节母鸭激素分泌，需要在产蛋鸭群中配备一定比例的公鸭，一般公母比例为1:（50～80）。

⑦疫病防控。按照免疫程序对鸭群进行免疫接种，定期打扫鸭舍卫生，及时对鸭舍和鸭群消毒。

（2）产蛋中期的饲养管理。一般将产蛋鸭 301～400 日龄这段时间定为产蛋中期。此时蛋鸭进入产蛋高峰，蛋重比较稳定或稍重，是整个饲养周期取得经济效益的关键时期。经过 5 个月的连续产蛋，鸭的体力消耗较大，体力有所下降，一旦出现营养不足，产蛋率迅速下降，如不精心饲养管理，就可能出现停产或换羽。因此，这一时期的饲养难度较大，如果正逢梅雨季节难度加大。此时管理不善，观察不仔细，就会造成无法弥补的损失。

①确保营养需求。注意饲料中营养成分是否全面、比例是否适当，将日粮中粗蛋白质的含量提高到 19%～20%，增加钙的比例。可在饲料中添加 1%～2% 的颗粒状贝壳粉，或在舍内单独放置碎贝壳片槽（盘），供其自由采食。如果有条件可以适当饲喂一些小鱼、小虾、螺丝等动物性饲料。适量饲喂些青绿饲料或添加复合饲料。

②光照时间和光照度。维持每天光照时间为 16～17h，光照度一般为 5lx。

③检查蛋壳质量。好的蛋壳应颜色符合品种特征，外表光滑有光泽。若发现蛋形变长、蛋壳薄、沙皮蛋、软壳蛋等现象，说明饲料质量不好，特别是钙质或维生素 D 不足，要及时补充。

④检查产蛋时间。正常情况下产蛋时间为 3：00～4：00，若每天产蛋时间向后延迟，或者出现白天产蛋，这需要查找原因，采取措施，否则会出现产蛋量减少，甚至停产。

⑤观察鸭群精神状态。产蛋率高的健康鸭精力充沛，下水后戏水时间比较长。如果发现鸭精神不振，行动无力，怕下水，下水羽毛沾湿，甚至下沉，则说明营养不足，将会引起减产停产，注意增加营养。

（3）产蛋后期的饲养管理。将鸭产蛋 401～500 日龄这个时间段定为产蛋后期。经历 30 周左右的连续高强度产蛋，鸭的产蛋能力会下降。产蛋后期饲养管理的主要目的是尽量减缓鸭群产蛋率的下降速度。如果管理得当，此期内鸭群的平均产蛋率仍可保持 75%～80%。

在产蛋后期的饲养管理可以从以下 5 个方面加强管理：

①根据鸭的体重和产蛋量确定饲料的质量和饲喂量，切勿盲目变换饲料的品质和用量。如产蛋率仍在 80% 以上，体重略有减轻趋势时，在饲料中适当添加动物性饲料；若体重增加，有过肥趋势，产蛋率还在 80% 左右时，则可降低饲料中的能量水平或是适当降低采食量，一般采取改变饲料中能量水平的方式更为可行；若体重正常，产蛋率也比较高，应略微增加饲料中蛋白质水平；若产蛋率已降到 60% 左右，再难以上升，则无须加料，将光照时间增至 20h，直至淘汰。

②观察蛋壳质量和蛋重的变化，若出现蛋壳质量下降、蛋重减轻时，则可增补一些无机盐添加剂和鱼肝油。

③保持每天 16～17h 光照，不能减少，光照度一般为 5lx。

④保持鸭舍内环境的相对稳定，保持稳定的作息时间，防止产生应激。

⑤及时淘汰产蛋下降较快或者出现脱肛情况的个体。

3. 种用蛋鸭的饲养管理　种用蛋鸭饲养管理的主要目的是获得最大量的合格种蛋，孵化出品质优良的雏鸭。因此，对种用蛋鸭除了要求产蛋率高以外，还要有较高的受精率和孵化率，并且孵出的雏鸭质量要好。这就要求饲养管理过程中，除了要养好母鸭，还要养好公鸭。

种用蛋鸭的饲养管理除了要做好商品蛋鸭产蛋期不同阶段的饲养管理要点外，还需要注意以下几个方面：

（1）种用鸭挑选。公鸭的好坏直接影响种蛋的受精率。在进入产蛋期后，需对公鸭进行挑选，必须选择体质健壮、性器官发育健全、性欲旺盛、精子活力好的个体作种用公鸭。母鸭应该选择羽毛紧密、头秀气、颈长、身长、眼大而突、腹部深广，但不拖地、臀部大而方、两脚间距宽的个体作为种母鸭。

（2）增加营养。种用蛋鸭日粮营养中蛋白质含量要比商品蛋鸭高，而且种用蛋鸭日粮中还要保证蛋氨酸、赖氨酸和色氨酸等必需氨基酸的供给，保持饲料中氨基酸的平衡。鱼粉和饼粕类饲料中的氨基酸含量高且平衡，是种用蛋鸭较好的饲料原料。色氨酸对提高受精率、孵化率有帮助，日粮中所占比例为 0.25%～0.30%。此外，要补充维生素，尤其是维生素 E 对提高产蛋率、受精率具有较大作用。一般日粮中维生素 E 的用量为 25mg/kg。

（3）合理的公母配比。公母配比得当才能保证种蛋有较好的受精率，一般蛋用型公鸭配种能力较强，所以一般公母比例为 1：（20～25），种蛋受精率可在 90％以上。在公母鸭刚开始混群时，每 100 只母鸭群体需多放置 1～2 只公鸭。在配种季节，应随时观察公鸭配种表现，发现有性行为不明显、有恶癖或伤残的个体，应及时淘汰。

（4）加强日常管理。保持鸭舍内干燥、清洁，环境安静，严防惊群；经常更换、翻晒垫料；保持鸭舍内良好的通风，特别在外界温度高时，要加强通风换气；保持水上运动场清洁卫生，经常更换，为公母鸭配种提供优良的环境。进入产蛋高峰期后，有些个体会出现脱肛、阴茎外垂等现象，可用刺激性小的消毒药轻轻擦洗鸭的肛门或阴茎，然后进行人工复位，并饲喂少量抗生素；及时收集种蛋，以免种蛋因受污、受潮、受晒而影响孵化率；种蛋应贮放在阴凉处，所收种蛋应及时入孵，一般不宜超过 10d，气温较高时需缩短贮存时间，否则会影响受精蛋孵化率。

（5）做好种鸭群的疫病防控。定期对鸭舍和群体进行消毒，按照免疫程序对蛋种鸭进行免疫。对一些垂直传播的疾病，需规范防疫，定期进行抗体检测，发现阳性个体采取有效措施处理。

（6）人工强制换羽。鸭在产蛋 12 个月后需进行强制换羽，然后进入下个产蛋期。如果饲养管理不当或气候剧变（春末或秋末）会促使其提前换羽。在自然状态下换羽，时间持续时间长，可达 3～4 个月，对后期产蛋量和养殖效益产生很大影响，还会出现产蛋整齐度差的现象。为了缩短休产时间，提高产蛋量和蛋品质，在母鸭产蛋率下降到 20％～30％，部分鸭的主翼羽开始脱落时，即可改变母鸭的生活条件和习惯，使鸭毛根老化，在易于脱落时，强行将翅膀的主翼羽、副翼羽拔掉，主尾羽可选择是否拔，通过拔羽以达到提高鸭换羽速度的目的。

强制换羽可分 3 步进行：

①停产。当产蛋率下降到 20％～30％时，通过限饲的方式，加上减少光照，使得鸭的生活条件和生活规律急剧改变，营养缺乏，体质下降，体脂迅速消耗，体重急剧下降，产蛋完全停止。限饲的方法主要有 2 种，一种是将母鸭关入鸭舍内，通过断料，只供给饮水的方式，通过 3～4d 处理即可；另外一种方法是通过 7d 逐步减少饲喂量，每天喂料 2 次，第 1 天给料为 80％，逐渐降至第 7 天给料量为 30％，到第 8 天停料，并关在舍内，在此期间均自由饮水。通过限饲后，母鸭前胸和背部的羽毛相继脱落，主翼羽、副翼羽和主尾翼的羽根透明干涸而中空，羽轴与毛囊脱离，拔之易脱而无出血，这时可进行人工拔羽。

②拔羽。选择晴天的早上进行拔羽。操作者用左手抓住鸭的双翼，右手由内向外侧沿着羽毛的尖端方向用力拔出。先拔主翼羽，后拔副翼羽，最后拔主尾羽。公母鸭要同时拔羽，在恢复产蛋前，公母鸭要分开饲养。拔羽的当天不放水、不放牧，防止毛孔感染，但可以让其在运动场上活动，并供给饮水，给料 30％。

③恢复。经过限饲、拔羽，鸭的体质变弱，体重减轻，消化机能降低，需要加强饲养管理，饲喂量应逐渐增加，饲料品质也由粗到精，经过 7～8d 才逐步恢复到正常饲养水平，即给料量由 30％逐步恢复到全量饲喂，避免因暴食引起消化不良。拔羽后第 2 天开始即可放水，加强活动。拔羽后 25～30d 新羽毛可以长齐，再经 2 周后便恢复产蛋，所以在拔羽后 20d 左右开始加喂动物性饲料。

任务二　肉鸭的饲养管理

任务描述

　　了解肉鸭生长阶段的划分及定义，熟悉不同阶段肉鸭的特点、特性，掌握各个阶段的饲养管理要点。在肉鸭饲养过程中，能够与蛋鸭的饲养要点进行对照，从不同饲养阶段不断提升肉鸭的养殖效益，熟悉商品肉鸭的育肥要点，尤其是人工填饲技术。

任务实施

一、肉用仔鸭的饲养管理

　　肉用仔鸭具有早期生长速度快、体重大、产肉率高、饲料转化率高、生产周期短的特点。根据生长阶段的特点可分为育雏期和育肥期。

（一）育雏期饲养管理

　　1. 育雏方式　肉用仔鸭和蛋用仔鸭的育雏方式有些相似，一般都是采用全进全出制生产，饲养密度较大，一般采用地面平养育雏和立体育雏两种方式。

　　其中立体育雏可充分利用育雏空间，育雏笼可分为 3～5 层，与地面平养育雏相比，在同样的空间里可以增加育雏数量 2～3 倍，还可以利用雏鸭自身产生的热量作为育雏能量来源之一，减少供暖设备的耗能，节约成本。但是要及时关注室内湿度、空气质量等指标，加强通风换气。

　　2. 育雏条件

　　（1）温度。是育雏成败的关键，肉用雏鸭的育雏期温度比蛋用雏鸭要求略高。1～3 日龄活动区域温度为 30～29℃，4～7 日龄温度为 29～28℃，8～14 日龄温度为 28～26℃，15～21 日龄温度为 26～25℃，21～28 日龄温度为 24～22℃。

　　（2）湿度。育雏初期育雏舍内需保持较高的相对湿度，一般以 60%～70% 的相对湿度为佳。随着雏鸭日龄的增加和体重增长，育雏舍的相对湿度控制在 50%～55% 为宜。

　　（3）通风。育雏室要定时通风，增加室内氧气，降低有害气体，调节温度和湿度，一般可以选在白天环境温度较高的时候通风，在通风的时候要防止贼风直吹鸭身。在采用立体育雏时，饲养密度高，更要增加通风次数。

　　（4）光照。0～7 日龄，每天光照在 24～20h，每天逐渐缩短光照时间和光照度，最终光照度控制在 10lx；8～14 日龄，每天光照在 15～20h；15～28 日龄，每天光照在 13～15h。如果自然光照不能满足需求，可采用人工照明，夜间要留有较暗的照明。

　　（5）密度。1～7 日龄，每平方米可饲养雏鸭 23～28 只；8～14 日龄，每平方米可以饲养 18～23 只；15～28 日龄，每平方米可饲养 13～18 只。饲养密度过低，降低了饲养场所的利用率。饲养密度过高，不利于雏鸭生长发育。

　　3. 饲养管理技术　肉鸭仔鸭生长特别迅速，通过育雏可以将体重提高到出雏时的 7～10 倍，对饲养管理和环境要求高，稍有不慎会引起生长迟缓，严重的情况下可以直接影响育雏成活率。因此，需要从以下 4 个方面加强育雏期的饲养管理工作。

（1）雏鸭的选择。肉用型雏鸭必须来源于无流行疫病的地区，是优良的健康母鸭后代，种母鸭经过正常的免疫接种，特别是产蛋前需免疫接种鸭瘟、禽霍乱、病毒性肝炎等疫苗。所选购的雏鸭需在同一时间内出壳，绒毛整洁，大小均匀，行动活泼，脐带愈合良好，体重符合品种特征，凡是腹大而紧、脐带愈合不好、畸形的个体均不留。

（2）饮水、采食。雏鸭第一次饮水应该在出壳后 12~24h 开始，在雏鸭的饮水中加入适量的维生素 C、葡萄糖、抗生素，为雏鸭增加营养，并提高抗病力。如果是冬季育雏，需提供温水，饮水器具要充足，不能出现断水现象。在第一次饮水后，即可开始喂食，一般采用全价的小颗粒育雏料，营养价值全面、效果好。开始时，每天需要饲喂 6~7 次，4d 后，每天固定时间饲喂 3~4 次。

（3）分群。在育雏期间，为了便于管理和控制环境条件，防止群体过大出现挤压致死现象，需将雏鸭分群饲养，每群规模 300~500 只。在育雏开始需将强雏和弱雏分开，对弱雏饲养需要加强管理，适当提高环境温度。

（4）卫生防疫。每天对潮湿的垫料进行清理或者在上面继续添加垫料。每周对育雏场所进行消毒一次。按照免疫程序做好防疫工作，在 20 日龄肌内注射鸭瘟疫苗，30 日龄肌内注射禽霍乱菌苗。

（二）育肥期的饲养管理

肉用仔鸭从 4 周龄至上市这个阶段称为育肥期。体温调节已趋于完善，肌肉和骨骼的生长和发育处于旺盛期，绝对增重处于高峰阶段，体重增加很快。采食量迅速增加，消化机能健全。因此，应根据肉用仔鸭的育肥条件进行饲养管理。

1. 育肥条件

（1）温度。4 周龄后仔鸭进入育肥初期，28~40 日龄时肉鸭的活动区域温度为 20℃；40 日龄以后肉鸭的活动区域温度在 18℃比较适宜，或者直接采用自然温度。

（2）饲料来源。饲喂能量较高的全价配合料，也可以将稻谷、碎米、玉米、糠麸等原料和鱼粉、矿物质等成分进行混合饲喂。饲料需多样化，能满足肉鸭育肥的需要。饲料中也需添加一些沙粒，或者将沙粒放在运动场的角落里，任鸭采食，以助于消化。一般育肥前期采用自由采食，后期可采用人工填饲，快速增加肉鸭的体重，提高效益。

（3）育肥场所。肉鸭传统育肥多采用了放牧方式，利用天然的饲料，降低饲养成本。但是，现代肉鸭生产讲究高效益、低污染，养殖方式向集约化方向发展，多采用地面平养或多层小群体笼养育肥。也有些企业采用网上平养或发酵床的养殖方式，没有室外运动场和水上运动场。

（4）饲养密度。4 周龄时饲养密度为 7~8 只/m²，5 周龄时饲养密度为 6~7 只/m²，6 周龄时饲养密度为 5~6 只/m²，7~8 周龄时饲养密度为 4~5 只/m²。

2. 饲养管理

（1）根据肉鸭饲养季节和室外温度，控制好肉鸭在室外的活动时间。尤其是有水上运动场的，肉鸭在水池中戏水，需要在鸭羽毛干燥后再让其进入鸭舍，防止鸭舍内湿度过大，导致地面垫料潮湿，影响鸭的休息、生长，严重的情况下会容易生病。

（2）为了减少肉鸭的维持需要，防止肉鸭出现胸部囊肿，可在舍内地面上铺垫料，垫料厚度需要适宜，如果出现垫料潮湿现象，需要及时更换或者增加垫料。

（3）夜间鸭舍内需要提供微弱的照明，便于鸭的采食和饮水。

（4）做好鸭舍的环境卫生，注意通风换气，定期进行打扫、消毒，杜绝一切外来病原，降低疾病的发生率。

（5）合理的上市时间可以获得较大的经济效益。肉鸭一般在7周龄时即可上市，此时羽毛基本长成，饲料的转化率较高。如果继续饲养则肉鸭的绝对增重开始降低，饲料转化率降低。如果肉鸭是用于生产分割产品，则可以将肉鸭饲养至8周龄。

（6）采用人工强制填饲育肥的方式，短期内快速提高肉鸭的体重。一般填饲时间为2周左右，填饲饲料要求能量前期低，后期高；蛋白质前期高，后期低。

肉种鸭的饲养方式

二、肉用种鸭的饲养管理

（一）育雏期的饲养管理

肉用种鸭的育雏期为0～4周龄阶段。这个阶段的饲养管理参照肉用仔鸭育雏期饲养管理。

（二）育成期的饲养管理

肉用种鸭的开产日龄比蛋用种鸭延迟，所以其育成时间也相应延长，肉用种鸭的育成期为5～24周龄。这个时期的肉鸭体重、肥瘦程度和光照时间将会影响种鸭的开产日龄、产蛋高峰的产蛋率和持续时间。体型过肥会降低产蛋量，引起脱肛现象；体重过轻会引起营养不良，产蛋早期蛋重偏小，畸形蛋多，孵化率下降，产蛋高峰时间短。因此，在育成期间要限制种鸭的营养摄入量，使其协调发展。光照控制影响性成熟，使性成熟和体成熟的发育保持一致性，适时开产。在育成期间，通过定期检查和调控后备种鸭的生长，才能获得整齐度好、高产、稳产的后备种鸭，提高种鸭的养殖经济效益。

1. 转群和分群　在肉用种鸭转入育成舍前，需要对育成舍进行清扫、消毒，并配备适量的料槽和饮水设施。在转入育成舍之前，需要对种鸭称重，并根据体重大小进行分群。将体重低于标准体重10%的个体列为体重偏轻群，将标准体重±10%内的个体分为正常群，将高于标准体重10%以上的个体列为体重偏重群，不同的群体采取不同的饲喂量。公母鸭在育成期间对饲料的营养物质需要量不同，所以前期公母鸭要分群饲养，在饲养至20～22周龄时再将公鸭按比例混入母鸭群中。鸭舍用栅栏进行分间，每栏200～300只为宜，群体太大，会使群体体重差异变大，不易于饲养与管理。

2. 限饲方法　在育成期需对种鸭实行限制饲养，将种鸭的实际体重控制在品种各个时期的标准体重范围内。限制饲养方法主要分为每日限饲和隔日限饲。每日限饲是根据体重生长曲线来确定每天的供料量。隔日限饲是把2d的饲料量放在某天固定时间一次性全部投入料槽，次日不喂料。

3. 限饲和饲喂量　从第4周龄开始，按照分群进行饲养，其中体重偏轻群，不进行限饲或少限饲，直到体重在正常群范围内再进行限制饲养；体重正常群和体重偏重群均需要进行限饲，但是两者每次饲喂的饲料标准不同，体重偏重群可以适当饲喂少一些。

每个鸭群随机抽样10%的个体进行空腹称重，获得群体平均体重，并与标准体重进行比较来确定下周的饲喂量。随着时间的推移，获得每个群体每周的体重结果，并绘制成曲线与标准曲线相比，通过限饲使得实际曲线与标准曲线相接近。正常情况下，一周内饲料量可上调2～4g/（只·d），可以保持体重缓慢、稳定增长；体重偏低群，则增加5～10g/（只·d），如进入下次称重还达不到正常体重，则继续增加饲喂量；体重偏重群，则减少5g/（只·d）的饲喂量，直至体重达到正常范围内。每次饲喂量都要根据鸭群的数量进行准备计算，并将饲料均匀地加入料槽中，尽量使鸭群在同一时间内吃到料。在限饲过程中，需细心照顾好体重偏低的群体，防止出现死亡。

4. 运动和洗浴 育成舍一般都设有陆地运动场和水上运动场，每天需要定期驱赶鸭群，尤其是公鸭群，增加其运动量，可以增强体质和控制体重，但是在驱赶时速度不能太快，防止出现踩踏现象。鸭有戏水、清洗残留食物和洁身的特性，定期给鸭提供洗浴，一般每周 2~3 次。每次洗浴后，需在鸭羽毛几乎晾干后，才能让鸭进入舍内，防止舍内湿度太高。

5. 饲养密度 肉鸭种鸭育成期的饲养密度与肉鸭育肥期的密度相似。

6. 通风换气 由于鸭的粪便中含有大量的水分，容易造成舍内环境潮湿，同时粪便在潮湿的状态下会产生氨气等有害气体，对鸭群产生不利影响，所以每天应加强通风换气，及时增添或者更换垫料，保持舍内干燥、空气清新。

7. 降低应激 由于称重、免疫接种、转群等都会对鸭群产生应激，进而影响鸭的体重，特别是免疫接种，可以在饮水和饲料中添加维生素 C、电解质和多维等，减少应激反应。

8. 光照 光照控制是为了控制好鸭群的性成熟时间。在 5~20 周龄期间，光照时间需要短一些，光照度弱一些，一般每天光照时间为 9~10h。在自然光照中，根据季节不同分为两种情况。当育成期处于日照时间逐渐增加的季节，可将光照时间固定在 19 周龄时的光照时间范围内，但总的光照时间不能超过 11h。当育成期处于日照时长逐渐减少的季节，可直接利用自然光照到 20 周龄末。从 21 周龄时开始逐渐增加光照时间，26 周龄时光照时间达到 17h，时间为每天 4：00~21：00，其余时间为黑暗状态。光照时间要逐渐增加，以周为单位，每周增加的光照时间相同。

（三）产蛋期的饲养管理

肉用种鸭的产蛋期为 25 周龄至产蛋结束。产蛋期的饲养目的是提供优质的种蛋，提高产蛋率、受精率和孵化率等。要做到这些，就必须进行科学的饲养与管理。

1. 种鸭选择与配种

（1）种鸭选择。肉用种公鸭要选择外貌符合品种特征，体型大，腿脚粗壮，蹼大而厚，羽毛整洁，健康结实，并检查待选种公鸭的生殖器官是否符合要求。正常的阴茎呈螺旋状，颜色肉红，长达 10~12cm，可以通过人工翻肛来查看，及时淘汰阴茎发育不良、畸形以及有疾病的种公鸭。母鸭应选择外貌符合品种特征、体重接近此阶段标准体重、体质健壮的个体。

（2）配种方法。肉种鸭的配种方法分为自然交配和人工授精两种，自然交配又可分为大群配种、小群配种、同雌异雄轮换配种和个体控制配种等。

①大群配种。是在母鸭群中放入一定比例的公鸭，使每只公鸭随机与母鸭交配。这种方法适用于大群繁殖，无须知道雏禽的具体亲本。群体可大可小，一般都是用当年的公鸭作为种用，其性机能旺盛，精液品质好，可以提高种蛋受精率。

②小群配种。也可称为单间配种，在这个群体中一般是一只公鸭配对数只母鸭，产生的后代个体均为公鸭的后代，母本不同，此方法适用于育种场。

③同雌异雄轮换配种。此方法多用于配种组合或对配种的公鸭进行后裔测定和组建家系，可消除母鸭对后代生产性能的影响。配种开始时，按照公母鸭自然交配的比例将公鸭放入母鸭群中配种，收集到足够的种蛋，将公鸭抓走；将第二只公鸭放入母鸭群

体中，使得公、母鸭逐渐适应对方，并在 10d 后收集第二只公鸭后代的种蛋，这样就可以完成母鸭与两只公鸭产生的后代。如果需要与多只公鸭配种，可以依次类推。

④个体控制配种。在笼养种鸭的情况下，可以采用此种方法，将性欲旺盛的公鸭抓到母鸭笼内，待配种完成后，再将公鸭转移到另外一只母鸭笼中，依次类推完成多只母鸭的配种工作。此方法需要人为干预控制，劳动强度大。

⑤人工授精技术。是通过人为地刺激公鸭性兴奋获得精液，并通过器械将精液输送到母鸭输卵管开口处，以获得受精蛋的一种配种方法。此方法可以提高公鸭的配种数量，确保精液品种和输入精液中有效精子数量。此方法需要专职人员完成整个人工授精过程，技术含量高，劳动强度大。

（3）配种比例。适当的公母鸭比例，可以保证较高的种蛋受精率，还可以减少因饲养公鸭过多造成的饲养成本的增加，公鸭过多会引起相互之间的争斗和干扰配种，降低受精率，严重时会造成公鸭丧失种用价值或者死亡。公鸭过少，公鸭的配种负担重，导致精液品种下降，降低受精率，还会造成部分母鸭漏配现象。在放牧条件下，肉鸭公母比例一般为 1∶（8～10）；圈养条件下，肉鸭公母比例一般为 1∶（4～8）。如果肉鸭体型较大可适当增大公母比例。

（4）使用年限和鸭群结构。肉用种公鸭的配种年限一般为 1～2 年。肉用种母鸭的利用年限一般 2～3 年予以淘汰。种母鸭第一年产蛋量最高，第二年下降 10%～15%，第三年再下降 15%～25%，三年以上母鸭所产的蛋受精率和孵化率显著降低，雏鸭发育不好，死亡率也高，所以应该在出现此种情况前就淘汰。

由于一岁龄的种公鸭体质健壮、精力旺盛、受精率高，所以种公鸭群中一岁龄的比例较高，可达到 70% 以上，其余为优秀的两岁龄老鸭。母鸭群体结构根据饲养方式不同可分为两种，一种是圈养模式群体结构，其组成为：一岁龄母鸭占 60%，二岁龄母鸭占 38%，三岁龄母鸭占 2%；另外一种是放牧模式群体结构，其组成为：一岁龄母鸭占 25%～30%，二岁龄母鸭占 50%～60%，三岁龄母鸭占 5%～10%，这种结构有利于放牧管理，可以利用老鸭带领新鸭，鸭群易听从指挥，管理方便，产量稳定，种蛋合格率高。无论采取何种方式进行饲养，每个产蛋年结束后都应对鸭群进行严格淘汰，将一些种用价值低的母鸭进行淘汰，补充年轻母鸭以保证下个产蛋年的产蛋量稳定。

2. 饲养技术要点 产蛋期间要保证种鸭有足够的营养物质来维持需要和产蛋需要，一般采用全价饲料，保证饲料品质和营养价值的全面性。在饲喂方法方面，常见的有两种方法，一种是每天饲喂 4 次，时间大约在 6∶00、11∶00、16∶00、21∶00，每次要求喂饱；另一种是每次少喂勤添，保持料槽中有饲料，但是不能一直保持很多，采用自由采食的方式，可以确保所有的鸭都能吃到足够的饲料。在日常管理中，要保持充足的饮水，定期清洗水槽，保证清洁的饮水。

3. 管理技术要点

（1）饲养环境。肉用种鸭的养殖环境温度宜控制在 10～25℃，温度过高和过低，都会对种鸭的产蛋性能产生较大的影响。当温度低于 0℃ 时，需采取防寒保暖措施；温度高则采用放水洗浴、加强通风和利用湿帘等措施降温。每天保持光照时间为 17h，4∶00～21∶00，光照保持在 2W/m²，灯高 2m，鸭舍内灯分布要均匀。为防止出现停电现象，最好自备应急灯和发光设备，防止停电给鸭产蛋带来影响。注意舍内通风换气，保持鸭舍内空气新鲜，尤其是寒冷天气，为了保温，通风少，造成舍内有害气体浓度过高。饲养密度为 2~3 只/m²，保证种鸭有足够的活动空间，便于采食和饮水。

（2）产蛋场所。孵化需要清洁的种蛋，否则会影响孵化率。种鸭舍一般设置产蛋箱，长度为 80cm，宽 30cm，高 40cm，每个产蛋箱可供 6~8 只母鸭产蛋。产蛋箱内铺垫松软、干净的草或垫料，可以保证种蛋清洁，破蛋少，当草或垫料被污染后要随时更换。产蛋箱一旦放好后不要随意变动。在育成期即将结束时就要放置产蛋箱，当种鸭开始产蛋时，会出现窝外蛋，需要在产蛋箱内先放置少数鸭蛋，引导种鸭进产蛋箱内产蛋。

（3）加强运动。运动关乎着鸭的健康、采食和生产性能。每天驱赶鸭群到舍外运动场运动 6~8 次，每次 5~8min，驱赶时要让鸭在运动场上绕圈运动，速度要慢。运动场要平坦、无尖刺物，以免伤到鸭掌。春、秋季节非阴雨时，温度比较适中，可以让鸭自由进出鸭舍。冬天温度低，可在阳光照满运动场时放鸭出舍，傍晚太阳落山前赶鸭入舍，舍内需要垫草，注意垫草干燥。夏季天气热，每天早饲后，将鸭子放出鸭舍，让鸭自由回舍，可在运动场上设置防晒网或凉棚遮阳。

（4）种蛋的收集。母鸭的产蛋时间集中在 3:00~4:00，随着母鸭日龄的增加，产蛋的时间会后移。在正常饲养管理下，母鸭应在7:00产蛋结束，所以每天种蛋收集一般分 2 次，第 1 次是 5:00，第 2 次是 8:00。夏季气温高应防止种蛋孵化，冬季气温低要防止种蛋受冻。及时捡蛋可获得干净的种蛋，被污染的蛋不能作为种蛋。种蛋收好后要进行筛选，不合格的种蛋要及时处理，留作孵化的种蛋要消毒入库。生产中可根据母鸭的产蛋率、种蛋合格率来检验管理是否得当，及时采取有效措施来提高经济效益。

（5）其他。根据种蛋的受精率情况，及时调整公母鸭的比例，对公鸭的精液进行品质检查，不符合种用的公鸭要及时淘汰。按照免疫程序对种鸭进行免疫，注重环境卫生，加强疾病防控。

4. 种鸭的强制换羽　肉用种鸭的强制换羽的方法和时间均可参阅蛋用种鸭饲养管理部分。通过人工强制换羽可以将自然换羽时间 3~4 个月缩短到 1~2 个月，还可以使群体同时恢复产蛋，产蛋整齐度好，便于饲养管理。在延长种鸭利用年限时，通过人工强制换羽，节省饲料 5%~6%。强制换羽后因蛋壳质量提高，降低了蛋的破损比例，同时蛋重也略有增加。在种鸭或雏鸭价格较低、种蛋生产过剩的季节时，可以通过人工强制换羽的方法令其停产，以适应市场供求的变化。

番鸭笼养
技术

鹅的饲养方式

任务三　鹅的饲养管理

任务描述

鹅生产在我国家禽养殖中占有独特的位置，随着居民消费水平的提高和饮食文化的发展，对鹅产品的消费日趋增多。本任务重点对肉用仔鹅、种鹅等不同对象的生产阶段进行系统全面的讲解，同时对饲养关键技术做了详细的阐述。

任务实施

一、雏鹅的饲养管理

雏鹅饲养管理的重点是培育出生长发育快、体质健壮、成活率高的雏鹅，为发挥出鹅的最大生产潜力，提高养鹅生产的经济效益奠定基础。雏鹅的育雏方式基本跟雏鸭相同，这边就不再赘述。主要介绍一下育雏条件的不同之处。

（一）育雏条件

1. 温度 育雏温度的高低、加温时间，因品种、季节、日龄和雏鹅的强弱而异。通常情况需保温 2～3 周，北方或冬春季节保温期稍长，南方或夏秋季节可适当缩短保温期。适宜的育雏温度是 1～5 日龄时为 28～27℃，6～10 日龄时为 26～25℃，11～15 日龄时为 24～22℃，16～20 日龄时为 22～20℃，20 日龄以后为 18℃。

2. 湿度 一般雏鹅 0～10 日龄时，相对湿度为 60%～65%，11～21 日龄时为 65%～70%。在低温高湿时，雏鹅会因散热过多而感到寒冷，易引起感冒等呼吸道疾病和下痢、扎堆现象，增加僵鹅、残次鹅和死亡鹅。在高温高湿时，雏鹅体热不易散发，容易引起"出汗"，食欲减少，抗病力下降，同时引起病原微生物的大量繁殖，增加发病率。

3. 通风换气 在夏秋季节时环境温度较高，可以直接打开门窗进行短时间通风换气。在冬春季节时环境温度较低，在通风换气前要使舍内温度升高 2～3℃，然后逐渐打开门窗或换气扇，但要避免冷空气直接吹到鹅体。通风时间多安排在中午前后，避开早晚气温低时间。

4. 光照 光照时间和光照度要求如下：0～3 日龄雏鹅光照时间可达 21～24h，光照度大一些，以便让雏鹅熟悉环境，采食和饮水。4～14 日龄，光照 18h；15～21 日龄，光照 16h；22 日龄以后，自然光照，晚上人工补充光照。光照度为每 $100m^2$ 使用一只 20W 的灯，灯泡高度 2m。

5. 饲养密度 饲养密度过大，生长发育受到影响，表现群体平均体重下降，均匀度下降，出现啄羽、啄趾等恶习；饲养密度过小，虽能提高成活率，但不利于保温，同时造成空间浪费；适当的饲养密度既可以保证高的成活率，又能充分利用育雏舍面积和设备。具体雏鹅饲养密度见下表 6-1。

表 6-1　雏鹅适宜的饲养密度（只/m^2）

类　型	1 周龄	2 周龄	3 周龄	4 周龄
小型鹅	12～15	9～11	6～8	5～6
中型鹅	8～10	6～7	5～6	4
大型鹅	6～8	6	4	3

（二）雏鹅的饲养管理

1. 雏鹅的选择与运输 雏鹅来源于正规的种鹅场或孵化场，确定是生产性能高、健康无疫病的种鹅后代。雏鹅适时出壳、体重适中、绒毛有光泽、无黏毛、卵黄吸收好、脐部收缩良好、活泼好动和眼睛明亮有神的健雏留做雏鹅，才能获得较高的成活率。在雏鹅运输过程中，要保温、防挤压，一般在出雏 24h 内运输到育雏室，否则会影响第一次饮水和喂食，进而影响育雏效果。在运输过程中，车辆要行驶速度均匀，要防止颠簸，不要急刹车、急转弯和急提速。在路况不好的条件下，放慢行驶速度。

2. 早饮水（潮口） 雏鹅出壳后啄食垫草或互相啄咬时，即可给予饮水，采用温水。用饮水器或饮水槽提供饮水，水深 3cm 为宜。如果雏鹅不会饮水时，可将雏鹅的喙按入饮水器中 2～3 次，让其学会饮水，其他雏鹅便会模仿饮水。为预防雏鹅腹泻，前 3d 饮用水中可添加抗生素、高锰酸钾溶液，另加 5% 的多维、葡萄糖溶液，每天上、下午各饮 1 次。雏鹅饮水后，非必要不得断水。

3. 适时开食 在雏鹅第一次饮水后不久即可开食。开食过迟会导致食欲不振，发育迟缓，甚至发生死亡。开食宜用配合颗粒饲料，并加入适量切细的鲜嫩青绿饲料，撒在饲料盘中或雏鹅的身上，引诱雏鹅啄食，开食后即转入正常的饲养。2～3d 后便逐渐改喂全价配合饲料加青绿饲料。每次饲喂时要求少给勤添，一般白天喂 6～8 次，夜间加喂 2～3 次。精料量 20～40g，青料喂量每天每只鹅 5g。雏鹅阶段的饲料要相对稳定，根据采食的状态进行加料。

4. 清洁卫生 按日龄控制适宜的温度、湿度；搞好舍内外的环境卫生，每天清洗饮水器和料槽 1 次，清除粪便 1 次，勤换垫草，切忌垫草发霉；弱、病雏要做好隔离工作；定期进行全面消毒，带鹅消毒 1 次；观察雏鹅采食、饮水、精神状态和粪便情况，及时调整完善饲养管理。

5. 放水训练 放水不仅可增加鹅的活动，促进新陈代谢，增强体质，还可洗净羽毛上的脏物，有利于卫生保健等。在育雏 15d 左右，选择晴天将雏鹅赶至水浴池或浅水边任其自由下水，切不可强迫赶入水中，应让鹅逐只慢下，避免一团一团地下水，会引起先下水的鹅被后下水的鹅压在水下抬不起头而引起窒息死亡。因此，下水时必须人为加以调教，让鹅嬉水片刻再慢慢赶上岸来休息。一般 1 天 1 次，每次 10～15min。如果是冬季，放水时间还要延迟。每次放水结束后要等雏鹅羽毛干燥后才能进入舍内，防止育雏舍内湿度过高或弄湿垫料。

洗浴水以流动的活水为佳。如果是非流动水，就应经常更换水浴池的水，或每月 1 次用生石灰、漂白粉进行水质消毒，杀死水中害虫和病菌。夏季室外活动时，严防中暑。

6. 适时分群 在开始育雏时，就进行分群育雏，每群的数量在 200～300 只为宜，如果饲养规模加大，每群的数量也可以适当提高一些。育雏 1 周需要将鹅群按照强弱、大小情况分群饲养，对体小的弱雏要单独饲养，温度要稍微高一些，避免拥挤，可提高成活率。

7. 使用垫料 在采用地面平养时，需在干燥的地面上铺垫 5～10cm 厚的垫料。垫料切忌霉烂，要求干燥、清洁、柔软、吸水性强、灰尘少，常用的有稻草、谷壳、锯木屑、碎玉米轴、刨花、稿秆等。在饮水和采食区不垫垫料，在饲养过程中发现垫料潮湿时，可在原有垫料的基础上进行局部或全部增加垫料或者更换新垫料。

8. 采食沙砾 沙砾是家禽消化的必需物质，尤其对舍饲的鹅更为重要，而放养的鹅则可自行觅食沙砾。一般育雏期可加喂占日粮 1% 的沙砾，颗粒大小以小米状的沙粒为宜，这样可使食物被充分的磨碎。至于全部饲喂粉料时，虽饲料易于消化，一般仍加喂沙砾促进肌胃的活动能力。

9. 疫苗免疫

（1）小鹅瘟雏鹅活苗免疫。未经小鹅瘟活苗免疫的种鹅的后代雏鹅，或经小鹅瘟活苗免疫 100d 之后的种鹅的后代雏鹅，在出壳后 1～2d 应用小鹅瘟雏鹅活苗颈部皮下注射免疫。免疫后 7d 内需隔离饲养，防止在未产生免疫力之前因外来强毒感染而引起发病，7d 后免疫的雏鹅已产生免疫力，基本上可抵抗强毒的感染而不发病。免疫种鹅在免疫 100d 内所产后代的雏鹅有母源抗体，不要用活苗免疫，因母源抗体能中和活苗中的病毒，使活苗不能产生足够免疫力而免疫失败。

（2）小鹅瘟抗血清免疫。在无小鹅瘟流行的区域，易感雏鹅可在1～7日龄时用同源（鹅制）抗血清，每只雏鹅颈部皮下注射0.5mL。在有小鹅瘟流行的区域，易感雏鹅应在1～3日龄时用上述血清，每只雏鹅0.7mL。异源血清（其他动物制备）不能作为预防用，因其注射后有效期仅为5d，5d后抗体很快消失。

（3）鹅副黏病毒灭活苗、鹅流感灭活苗或鹅副黏病毒病、鹅流感二联灭活苗免疫。种鹅未经单苗或二联苗免疫的后代雏鹅或免疫2个月以上种鹅后代的雏鹅，如当地无鹅副黏病毒病、鹅流感两种病的疫情，可在10～15日龄时进行Ⅰ号剂型单苗或Ⅰ号剂型二联苗皮下注射；如当地有此两种病的疫情，应在5～7日龄时进行Ⅱ号剂型单苗或Ⅱ号剂型二联苗皮下注射。经上述疫苗免疫2个月以内种鹅后代的雏鹅，可在10～15日龄时进行Ⅰ号剂型单苗或Ⅰ号剂型二联苗免疫。

二、育成鹅的饲养管理

雏鹅养至4周龄时，即进入育成期。从4周龄开始至产蛋前为止的时期，称为种鹅的育成期，这段时期的鹅称为育成鹅。此期一般分为限制饲养阶段和恢复饲养阶段。

（一）育成鹅的生理特点

育成鹅消化道容积大，消化机能旺盛，采食量大，耐粗饲，对青粗饲料的消化能力强；此阶段鹅的骨骼、肌肉和羽毛生长速度最快，尤其育成期的前期，是鹅骨骼发育的主要阶段，注意补充钙、磷等矿物质饲料；合群性强，喜欢群居，神经类型敏感，条件反射能力强；公鹅勇敢善斗、机警善鸣和相互呼应，常常防卫性地追逐生人；育成鹅喜戏水，每天有近1/3的时间在水中活动。

（二）育成鹅的饲养管理

1. 育成鹅的选择 第一次选择在育成期开始时进行。选择的重点是选择体重大的公鹅，母鹅则要求具有中等的体重，淘汰那些体重较小的、有伤残的、有杂色羽毛的个体。经育雏期末选择后，公母鹅的配种比例为1∶（3～4）。

第二次选择在70～80日龄进行。可根据生长发育情况、羽毛生长情况以及体型外貌等特征进行选择。淘汰生长速度较慢、体型较小、腿部有伤残的个体。

第三次选择在开产前1个月左右进行，种公鹅必须经过体型外貌鉴定与生殖器官检查，有条件进行精液品质检查，符合标准者方可入选，以保证种蛋受精率。种母鹅要选择那些生长发育良好、体型外貌符合品种标准、第二性征明显、精神状态良好的留种。

2. 限制饲养 种鹅饲养70d以后就要对其进行限制饲养，限饲方法主要有两种，一种是减少补饲日粮的喂量，实行定量饲喂；另一种是控制饲料的质量，降低日粮的营养水平。鹅限制饲养期以喂饲青粗饲料为主，少量有条件的可采用放牧的方式。限饲开始后，加大青粗饲料的比例，母鹅的日平均饲料用量一般比生长阶段减少50%～60%。青粗饲料主要有米糠、曲酒糟、啤酒糟等，降低饲料成本，防止脂肪沉积。在每天下午需要给鹅饲喂一些配合饲料，以满足饲喂青粗饲料所导致的营养成分缺乏的现象。

3. 及时分群 在限饲阶段，每两周要对群体进行抽样称重，及时了解鹅群的体重情况，调整青粗饲料和配合饲料的使用量，如果发现体重偏低，要提高配合饲料的饲喂量；反之，则降低配合饲料的饲喂量。应每天观察鹅群的精神状态、采食情况等，剔除伤残鹅，对弱鹅单独合群饲养，提高配合饲料的饲喂量。

4. 加强运动 每天要将鹅驱赶到运动场上进行绕圈运动4～5次，每次10min，驱赶速度不能过快。种鹅育成期一般处于5~8月份，气温高，一般选择一天温度较低的时候进行运动。白天将鹅赶回舍内或在运动场上遮阳物下休息。有条件的给种鹅提供戏水和洗浴的场所。

5. 做好卫生、疫病防控 每天清洗食槽、水槽，并更换垫料，保持垫料和舍内干燥，2~3d清理粪便1次。每周进行带鹅消毒1次。按照种鹅免疫程序，定期对种鹅进行疫苗免疫。

6. 强制换羽 经过限饲的种鹅应在开产前60d左右进入恢复饲养阶段，此时种鹅的体质较弱，应逐步提高补饲日粮的营养水平，并增加喂料量和饲喂次数，一般经4~5周过渡到自由采食。经20d左右的饲养，种鹅的体重可恢复到限制饲养前的水平，种鹅开始陆续换羽。为了使种鹅缩短换羽时间，节约饲料，可在种鹅体重恢复后进行人工强制换羽，拔羽后应加强饲养管理，适当增加喂料量。公鹅的拔羽期可比母鹅早两周左右进行，使后备种鹅能整齐一致地进入产蛋期。

三、产蛋鹅的饲养管理

1. 增加营养 产蛋前期鹅已达体成熟和性成熟，鹅群已陆续开产并且产蛋率迅速增加，此阶段饲养管理的侧重点是关注产蛋率及蛋重的上升趋势，随之增加饲喂量和提高营养水平，尽快达到产蛋高峰。进入产蛋高峰期时，日粮中粗蛋白质水平应增加到19%~20%，如果日粮中必需氨基酸比较平衡，蛋白质水平控制在17%~18%也能保持较高的产蛋水平。

2. 饲养方式 种鹅多采用全舍饲的方式饲养。要加强戏水池水质的管理，保持清洁。舍内和舍外运动场也要每日打扫，定期消毒。每日采用固定的饲养管理制度。

3. 控制光照 种鹅临近开产期，用6周时间逐渐增加每日的人工光照时间，使种鹅的光照时间（自然光照＋人工光照）达到15~16h，此后一直维持到产蛋结束。不同地区、不同品种、不同季节自然光照时间有差异，需用人工光照代替自然光照。光照时间固定后，不能忽停，光照度不可时强时弱，只许渐强，否则产蛋鹅的生理机能将受到干扰，影响产蛋率。

4. 适宜的公母配比 在自然交配条件下，小型鹅种公母比例为1：（6~7），中型鹅种公母比例为1：（5~6），大型鹅种公母比例为1：（4~5）。冬季的配比应低些，春季可高些。

5. 固定产蛋地点 为了便于捡蛋，必须训练母鹅在鹅舍固定地点产蛋，特别对刚开产的母鹅，更要多观察训练。在鹅开产前半个月左右，应在鹅舍内墙周围设置产蛋箱（窝），在产蛋箱（窝）内人为放进1个"引蛋"，诱导母鹅在产蛋箱（窝）内产蛋。

6. 及时收集种蛋 母鹅产蛋大多数在1：00~8：00。因此，在3：00以后，需要收集种蛋3~4次。勤捡蛋可降低破损率、减少污染、防止种蛋受冻，有利于保持种蛋的品质。

7. 控制就巢性 许多鹅品种在产蛋期间都表现出不同程度的就巢性，一旦就巢，该鹅停止产蛋，严重影响产蛋性能。生产中，如果发现母鹅有恋巢表现时，应及时隔离，关在光线充足、通风、凉爽的地方，只给饮水不喂料，2~3d后喂一些干草粉、糠麸等粗饲料和少量精料，使其体重不过度下降，待醒抱后能迅速恢复产蛋。也可购买醒抱的药物，一旦发现母鹅抱窝时，立即服用此药，有较明显的醒抱效果。

8. 环境卫生管理 改善鹅舍的通风透气性能，防止过分潮湿和氨气含量超标。注意防寒和气候变化，防止忽冷忽热。保持安静，防止噪声和骚扰。保持合适的饲养密度，防止拥挤。避免大幅度地调整饲料品种或降低营养水平，杜绝饲喂霉变或劣质饲料。保证饲养人员和作息时间的相对稳定。避免在鹅舍内追逐捕捉病鹅，尽量避免对全群鹅进行注射治疗，免疫接种应在开产前完成。

四、休产鹅的饲养管理

种鹅经过 7~8 个月的产蛋期，产蛋明显减少，蛋形变小，畸形蛋增多，不能用于孵化。公鹅性欲下降，配种能力变差。此时，羽毛干枯脱落，陆续进行自然换羽，种鹅开始进入休产期。

1. 整群与分群 种鹅进入休产期时，要将伤残、患病、产蛋量低的母鹅淘汰，并按比例淘汰公鹅。同时，为了使公母鹅能顺利地在休产期后能达到最佳的体况，保证较高的受精率，以及保证活拔羽绒及其以后管理的方便，要将种鹅整群后公、母分开饲养。

2. 强制换羽 种鹅停产换羽开始后，应饲喂青粗饲料为主，少量或不喂精料，并停止人工光照，可以促进体内脂肪的消耗，促使羽毛干枯，容易脱落。为了缩短换羽时间，对鹅每天喂料 1 次，然后改为隔天 1 次，逐渐转为 3~4d 喂 1 次，在停料期间，自由饮水。经过 12~13d 后，体重减轻 30% 左右，主翼羽和主尾羽出现干枯现象时，可恢复喂料。

恢复喂料 2~3 周，待体重逐渐回升，在饲养 1 个月之后，就可以人工拔羽，通过人工拔羽缩短母鹅的换羽时间，提前开始产蛋。公鹅人工拔羽时间要比母鹅早 20~30d，目的是使公鹅在母鹅产蛋前，羽毛能全部换完，确保正常的配种。

3. 拔羽后的管理 拔羽需在晴天进行，避免雨天。拔羽后鹅群应圈养在舍内或舍外运动场采食、饮水、休息，避免鹅群下水，防止细菌污染引起毛囊炎症。在舍外时，要避免烈日暴晒和淋雨。根据羽毛生长情况酌情补料，保证种母鹅在开产时，公鹅能正常配种，两者的步调要尽量协调一致。

4. 休产期饲养管理要点 进入休产期的种鹅应以青粗饲料为主，将产蛋期的日粮改为育成期日粮，其目的是消耗母鹅体内的脂肪，提高鹅群耐粗饲的能力，降低饲养成本。

五、商品仔鹅的饲养管理

商品仔鹅是利用配套系杂交或纯种繁育、集约化饲养、批量生产的肉用仔鹅，一般将雏鸭饲养至 70 日龄上市，体重在 3.5kg 以上。商品仔鹅生产主要分为育雏阶段、育成阶段和育肥阶段。

1. 商品仔鹅的生产特点

（1）早期生长速度快。一般肉用仔鹅出壳体重在 100g 左右，上市时体重可达 3.25~4kg 以上，增加了 30~40 倍以上。

（2）有明显的季节性。由于鹅的繁殖具有季节性，虽然现在出现了反季节鹅苗生产，但是主要繁殖季节仍为冬、春季节。因此，肉用仔鹅的生产多集中在每年的上半年。

（3）耐粗饲、耗粮少。鹅是草食性动物，耐粗饲，可以饲喂一定比例的青饲料和粗饲料，降低精饲料的使用量，节约饲养成本。

（4）周期短、周转快。肉用仔鹅在 70 日龄即可上市，若全年集约化养殖，一年可生产 4～5 批。

（5）投入低、效益高。饲养仔鹅所需的禽舍和设备简单，且抗病力比鸡、鸭强，所用饲料成本低，净收益比饲养肉用仔鸡、鸭高。

2. 育雏期的饲养管理　商品仔鹅雏鹅的选择应符合本地区的自然习惯、饲养条件和消费者要求。选择符合本地区饲养的品种或杂交品种。纯种的选择主要有皖西白鹅、浙东白鹅等中、大型鹅品种，具有生长速度快、饲料转化率高等优点。健雏的选择方法、饲养管理要求与种鹅的育雏要求相同。

3. 育成期的饲养管理

（1）饲喂全价配合饲料。育成期要让鹅的骨骼和肌肉得到充分发育，需要提供满足生长发育所需要的营养物质。一般日粮中粗蛋白质为 18%～20%、代谢能 11.72～12.76MJ/kg，增重效果、胴体品质和饲料报酬都较好。

（2）提供适宜的环境条件。育成期的适宜温度范围是 10～25℃，相对湿度为 50%～60%，注意通风换气，保持舍内空气清新，氨气浓度低于 20mg/m³。光线过亮，会抑制仔鹅的生长发育；光线暗些可使鹅群安静，减少活动量，降低能量消耗，有利于快速生长。密度控制在 5～10 只/m²。

（3）卫生。商品仔鹅一般都是高密度饲养，一旦发生疫病，传播很快，很难根除。因此，在养殖过程中要加强疫病防控，杜绝外来病原。在育成前后，都要对鹅舍进行清扫，用水冲洗干净，然后用消毒液喷洒消毒，干燥后才能使用。

4. 育肥期的饲养管理　商品仔鹅经过育成后，骨骼和肌肉发育比较充分，但是膘情不好，肉质不佳，为此在上市前应进行为期两周的育肥饲养。

（1）育肥期饲养管理。育肥期间主要靠配合饲料达到育肥的目的，也可以饲喂高能量的日粮，适当补充一部分蛋白质饲料。在整个育肥期间，要限制鹅的活动，在光线较暗的禽舍内进行，减少外界环境因素对鹅的干扰，让鹅尽量多休息。每平方米饲养 4～6 只，每天喂料 3～4 次，使体内脂肪迅速沉积，同时供给充足的饮水，增进食欲，帮助消化，经过 2 周左右即可上市。也可以通过强制填饲来快速育肥，一般做法是将配制的日粮或以玉米为主的混合料经过处理后，通过人工填饲或机器填饲的方法，将饲料送入鹅的食管膨大部，每天固定的时间填饲一定的日粮，使得鹅体重快速增加，一般需要填饲 10d 左右，即可达到理想的上市体重。

（2）肥度判断。肥度的标准主要根据鹅翼下两侧体躯皮肤及皮下组织的脂肪沉积程度来鉴定。若摸到皮下脂肪增厚，有板栗大小、结实、富有弹性的脂肪团者为上等肥度；若脂肪团疏松为中等肥度；摸不到脂肪团而且皮肤可以滑动的为下等肥度。

技能训练

技能 6-1　肉鸭填饲技术

【技能目标】　通过训练了解肉鸭填饲的日粮配制方法，适宜的填饲时间和填饲量，掌握肉鸭人工填饲的操作方法。

【实训材料】 需填饲的鸭子数只、填饲饲料、填饲机、塑料水桶等。

【方法步骤】 在养鸭场进行。教师先示范，学生分组操作。

（一）填饲前的准备

1. 填饲周龄与体重 鸭填饲适宜周龄和体重随品种和培育条件不同而不同。但都要在其骨骼基本长足，肌肉组织停止生长，即达到体成熟之后进行填饲才好。一般兼用型麻鸭在 12~14 周龄，体重 2.0~2.5kg；肉用型仔鸭体重 3.0kg 左右；瘤头鸭和骡鸭在 13~15 周龄，体重 2.5~2.8kg 为宜。

2. 填饲季节 填饲最适温度为 10~15℃，在 20~25℃尚可进行，超过 25℃以上则很不适宜。这是因为鸭在高能量饲料填饲后，皮下脂肪大量贮积，不利于体热的散发。如果环境温度过高，特别是到填饲后期会出现瘫痪或发病。

3. 填饲饲料与填饲量

（1）填饲期的饲料调制。肉鸭前期料中蛋白质含量高，粗纤维也略高；而后期料中粗蛋白质含量低（14%~15%），粗纤维略低，但能量却高于前期料。鸭填饲料配方见表 6-2。

表 6-2　鸭填饲期的饲料配方（%）

配方	玉米	大麦	小麦面	麸皮	鱼粉	菜籽饼	骨粉	碳酸钙	食盐	豆饼
1	59	4.8	15	2.2	5.4	—	1.9	0.4	0.3	11
2	60	—	15	10.8	3.5	5		1.4	0.3	4

（2）填饲量。肉鸭填饲量：第 1 天填 150~160g，第 2~3 天填 175g，第 4~5 天填 200g，第 6~7 天填 225g，第 8~9 天填 275g，第 10~11 天填 325g，第 12~13 天填 400g，第 14 天填 450g。最初肉鸭由于由采食改为强迫填食，可能不太适应，不要喂得太饱，防止造成食滞疾病，待习惯后，即可逐日增加填量。

（二）填饲方法及操作流程

1. 人工填饲

（1）饲料预处理。按比例将各种粉料放入容器中充分混合均匀，加入适量沸水搅拌，以手捏成团状，且不滴水为宜，冷却后搓成小丸子即可填饲。

（2）操作。填饲时，填饲人员坐在小凳子上，用腿轻轻地夹住鸭体下部以起到保定作用，使鸭保持直立。用左手握住鸭的后脑部，拇指和食指撑开鸭的上下喙，然后捏着鸭的上喙基部，中指压住鸭舌的前端，其余两指拖住鸭的下喙。右手拿饲料丸子，用水蘸一下推入鸭子的食道，并用右手由上而下将饲料捻向食道膨大部，直至膨大部填满，并保留一部分饲料在食道中。

（3）填饲量。每天填饲 3~4 次。前期每次填 100~125g，以后逐步增多，后期每次可填 200~250g。具体需根据鸭填饲后的消化情况而定。

2. 机器填饲

（1）饲料预处理。填饲前将填料和清水按照 4：6 的比例进行搅拌混匀，形成半流体浆状，经过 3~4h 的时间使饲料得到充分软化，但是夏天需防止软化时间过长导致饲料变质。

（2）操作。填饲时先将半流体浆状的饲料倒入填饲机的料桶中，填饲人员左手提鸭，并握住鸭的后脑部，用拇指和食指撑开鸭的上下喙，然后捏着鸭的上喙基部，中指压住鸭舌的前端，其余两指拖住鸭的下喙。将鸭嘴送向填食的胶管，同时右手轻握食道的膨大部，需保持胶管与鸭的食管在同一条直线上，以防止胶管损伤食道。当胶管前端到达鸭食管的膨大部时，填饲人员用左脚轻踩填饲机的开关踏板，机器自动通过胶管将饲料填入食道。当右手感觉到鸭的食道膨大部填满后，边填料边退出胶管，自下而上填喂，直至距咽喉约 5cm 为止，左脚松开脚踏开关，将胶管慢慢从鸭咽部退出。

（3）填饲量。应根据鸭的消化能力，掌握每次填料到下次填料以前，食道正好无饲料为宜，但又要填饱不欠料。一般鸭每天填 3 次。

一般操作时间及次数如下：

第 1~3 天，每天 2 次，每天 150~175g，时间是 7：00 和 17：00。

第 4~9 天，每天 3 次，每天 175~250g，时间是 7：00、14：00 和 21：00。

第 10~14 天，每天 4 次，每天 250~400g，时间是 7：00、12：00、18：00 和 23：00。

（4）注意事项。填饲时鸭体要平，开嘴要快，压舌要准，插管适宜，进食要慢，撒鸭要快。胶管插入食道和退出食道时，需防止损伤食道，造成伤残。填饲时应注意手脚协调并用，脚踩填饲开关填饲饲料应与填饲管从鸭食道中退出的速度一致，退慢了会使食道局部膨胀形成堵塞，甚至食道破裂；退得太快又填不满食道，影响填饲量。当鸭挣扎颈部弯曲时，应松开脚踏开关，停止送料，待恢复正常体位时再继续填饲，以避免发生填饲事故。

（三）填饲期的管理

（1）舍内地面平坦、无硬物，适当垫草，要保持垫草干燥，防止潮湿，通风良好，空气新鲜，清洁卫生，为鸭提供一个良好的休息环境。舍内光线宜暗，保持环境安静，适当活动，限制下水洗浴，减少惊扰，使鸭得到充分休息，减少能量消耗，利于增重。

（2）填饲鸭应实行小圈饲养，尽量限制填饲鸭的活动，减少其能量消耗，加速填饲鸭的肥育。舍内要围成小群，每小群养鸭不超过 20 只，饲养密度为 3~4 只/m²。如果采用笼养，可以防止鸭群间的挤压等问题。也可以将鸭养在双层个体笼内，这样可以减少抓鸭过程中出现的堆积、挤压、惊群等所造成的伤残，而且方便捕捉，节省劳力。

（3）由于鸭在填饲期间体重迅速增加，填饲时驱赶鸭应缓慢，防止相互挤压碰撞，减少对鸭的惊扰，捕捉时轻提、轻放。

（4）在填饲期间，每次填饲时应检查鸭的状况，如用手抚摸食道，如发现食道没有积食，说明消化正常，填饲量适当；如发现食道还有积食，说明填饲量过多，应减少或停填 1 次；如发现皮肤很紧，没有皮下脂肪形成，食道中又无饲料，说明填饲料过少，应增加用量。若发现消化不良时，每次可服一些有助于消化的辅助药。在填饲过程中，供应充足饮水，水盆或水槽要经常清洗，保证随时都有清洁水供饮用。但在填料后半小时内不能让鸭饮水，以减少它们甩料。

（四）适时出售

经过上述育肥后的鸭，其肥育程度可根据两羽下体躯皮肤和皮下组织的脂肪沉积而确定，若摸到皮下脂肪结实，富有弹性，胸肌饱满，尾椎处脂肪丰满，翼羽根呈透明状态时，表明育肥良好，即可上市。一般鸭体重在 3.5kg 以上便可出售。

【提交作业】 检查实验鸭的填饲情况并填入表 6-3。

表 6-3　实验鸭的填饲情况

填饲人：　　　　　　　　　　　　记录人：

编号	品种	年龄	性别	填饲方法	填饲料	填饲量	填饲程度	鸭的状态	操作要领

【考核标准】

考核方式	考核项目	评分标准		考核方法	考核分值	熟悉程度
		分值	扣分依据			
学生互评		10	根据小组代表发言、小组学生讨论发言、小组学生答辩及小组间互评打分情况而定	小组操作考核		
考核评价	材料准备	10	试验对象缺失或挑选不合理扣2分，填饲饲料、填饲用具等缺失一个扣2分			基本掌握/熟练掌握
	人工填饲	30	填饲材料制作不规范扣5分，抓鸭、保定鸭不规范各扣5分，填饲操作不正确扣10分，填饲效果不好扣5分			基本掌握/熟练掌握
	机器填饲	30	填饲材料制作不规范扣5分，抓鸭、保定鸭不规范各扣5分，填饲操作不正确扣10分，填饲效果不好扣5分			基本掌握/熟练掌握
	填饲数量	20	填饲前忘记检查鸭扣4分，填饲次数、间隔不合理各扣4分，填饲期间填饲的饲料量控制不合理扣8分			基本掌握/熟练掌握
总分		100				

技能 6-2　鹅活拔羽绒技术

【技能目标】　通过本次训练，掌握鹅活体拔取羽绒的操作技术。

【实训材料】　鹅数只（非生长期、非换毛期）、绳子、毛钳、装羽绒的容器、消毒用的红药水、酒精、药棉、操作人员坐的凳子、工作服、口罩、帽子等。

【方法步骤】　鹅的活拔羽绒是根据鹅羽绒的自然脱落和再生的特征，在基本不影响产肉、产蛋性能的前提下，采用人工强制的方法，从活鹅身上直接拔取羽绒技术。活体拔取的羽绒没有经过水浸烫，弹性好，蓬松度高，柔软干净，产生的飞丝少，不易混入其他杂质，易分色采集、存放与加工。鹅活拔羽绒可以成倍增加鹅业生产中羽绒的产量，提高养鹅的经济效益，还有利于提高羽绒的质量。

（一）鹅羽毛的类型

羽毛根据外表性状不同主要可分为毛片、绒羽和翎羽等；根据颜色可分为白色、灰色，以白羽绒价值较高。

1. 毛片　又称片毛或羽片、正羽，主要生长在鹅的颈部、翅膀、胸腹、尾部等，覆盖在鹅的整个躯体外层。毛片主要由羽轴和羽枝组成。毛片中间的轴即羽轴，羽轴的下部较粗，呈管状，称羽管。羽管上的毛丝称羽丝，羽轴上部的毛丝即羽枝。毛片的保暖性能较差，但产量最高。

2. 绒羽 绒羽又称羽绒、绒毛，包括雏鹅的初生羽和成鹅的绒羽。绒羽位于体表的内层，被正羽所覆盖，外表看不见。每个绒羽有一个短而细的羽基，羽基上长出一条条的绒丝，每条绒丝上又分出许多附丝，形似树枝状。绒羽起保温作用，主要分布在鹅的胸、腹和背部，是羽毛中价值最高部分。

3. 翎羽 又称大翅或翎毛，主要生长在鹅的两翅和尾部。

（二）活拔羽绒鹅的选择

1. 不适宜拔羽的鹅 羽毛处于生长阶段的鹅不适宜活体拔羽，如育雏期间、育成期的鹅。老弱病残鹅不宜拔羽，以免病情加重，造成死亡。换羽期的鹅血管丰富，含绒量少，拔羽易损伤皮肤，不宜拔。产蛋期的公母鹅不能拔羽，以免影响受精率和产蛋率。饲养年限长的鹅不宜拔羽，因为其羽绒量少，羽绒的再生力也差。

2. 活拔羽绒鹅的类别

（1）后备种鹅。后备种鹅饲养至90~100日龄可进行第1次活体拔羽。以后每隔40d左右拔羽1次，直到开产前1个月停止拔羽，一般可拔羽3~4次。

（2）休产期种鹅。种鹅在夏季一般都停产换羽，必须在停产还没有换羽之前，抓紧时间进行活拔羽绒，直到下次产蛋前1个月左右停止拔羽，连续拔羽3~4次。

（3）肉用鹅。一般饲养70日龄即上市的肉用鹅不适合活拔羽绒。我国部分地区没有吃仔鹅的习惯，这样的鹅养到90~100日龄左右可开始活拔羽绒。第1次拔羽后再养40d左右，待新羽长齐后可进行第2次拔羽，这样可连续拔羽3次。

（4）肥肝鹅。专门用于生产肥肝的鹅，在体重达不到填饲生产肥肝要求或气候不适宜填饲的情况下，在强制填肥前可活拔羽绒1~3次，待新羽长齐、体重达标后再填饲。

（三）拔羽鹅的准备

拔羽前，对鹅群进行抽样检查，如果绝大部分的羽绒毛根干枯，无血管毛，用手试拔羽绒容易脱落，表明可以进行拔羽。查看羽毛是否清洁，对不清洁的鹅需在拔羽前1d让其嬉水或人工清洗羽毛，除去污物，保证绒毛清洁干净。拔羽前1d傍晚开始停止喂料，以防拔毛羽时排粪便而污染羽绒；拔羽前当天提前停水，如果羽毛潮湿需在其羽绒干后再拔取。第一次拔羽的鹅，可在拔毛前10min，每只鹅灌服白酒10~12mL，此时皮肤松弛，毛囊扩张，易于拔羽。

（四）拔羽时间和场地选择

雨天或气温降低时拔羽会诱发鹅病，所以拔羽应选在晴朗、温度适中的天气进行。选择无通风室内作为拔毛的场所，在地面上铺垫塑料布，准备好清洁干燥的容器，将拔下的羽绒放入容器中，以免绒毛飞散在地面受到污染。

（五）拔羽步骤

1. 鹅的保定

（1）双腿保定法。操作者坐在矮凳子上，两腿夹住鹅的身体，一只手握住鹅的双翅和头，另一只手拔羽，此法易掌握，较常用。

（2）半站式保定。操作者坐在凳子上，用手抓住鹅颈上部，使鹅呈直立姿势，用双脚踩在鹅的双脚的趾或蹼上面，使鹅体向操作者前倾，然后开始拔羽，此法比较省力、安全。

（3）操作者用左手抓住鹅的两腿和两翅尖部，使其脖子呈自然状态，先使腹部朝上开始拔羽，也可以有一人进行保定，一人拔羽或一人同时保定几只鹅进行拔羽。

（4）操作者坐在凳子上，鹅胸腹部朝上，平放在人的两腿上，把鹅的头、颈及翅膀按在人的两腿下面，用两腿轻轻夹住，使鹅不能动弹，一只手抓住鹅皮，另一只手拔毛，两只手可交替操作。

2. 拔羽次序 根据羽色不同来分，可以先拔黑色羽毛，然后拔灰色羽毛，最后拔白色羽毛。根据羽绒的厚薄程度来分，如果羽绒较厚，先拔外层的毛片，再拔里层的绒毛；如果羽绒较薄，可将毛片和绒羽一起拔。如果碰到血管毛，需要避开，一旦拔掉血管毛，容易出血，影响鹅的生长。

拔羽时，从鹅胸前部开始拔起，然后是腹部，按照自右向左的顺序，一排排地拔。胸腹部拔好后，再拔体侧、腿侧和尾部的羽毛，然后拔颈下部的羽毛。接着把翅膀下面的羽毛，最后拔背部的羽毛。根据翅膀上的羽毛用途不用，在拔取时需进行分类，一般从翅膀尖端开始数，第1~2根为一类，第3~9根为一类，剩余的10根为一类。

3. 拔羽手法 操作者用左手按住鹅体皮肤，右手拇指、食指和中指紧贴皮肤，要捏住羽毛的基部，用力要均匀、迅猛快速，所捏羽毛宁少勿多，以3~5根为宜，以免撕裂皮肤。所拔部位的羽毛要尽可能拔干净，否则会影响新羽毛的生长。在拔取鹅翅膀的大翎毛时，先把翅膀张开，左手将翅膀固定成扇形张开，右手用毛钳夹住翎毛根部以翎毛直线方向用力拔出，一根一根地拔。用力要适当，不要损伤羽面。

（六）羽绒的处理与保存

鹅羽绒是一种蛋白质，保温性能好，如贮存不当，容易发生结块、蛀、霉变等，尤其是白色羽绒，一旦发潮霉变，容易变黄，影响质量，降低售价。因此，拔后的羽绒要及时处理，必要时可进行消毒，待羽绒干透后装进干净不漏气的塑料袋内，外面套以塑料编织袋包装后用绳子扎紧口保存。在贮存期间，应保持干燥、通风良好、环境清洁。地面经常撒鲜石灰，防止虫蛀、免受潮。也可在包装袋上撒杀虫药。

（七）鹅拔羽绒后的饲养管理

活拔羽绒对鹅是一个强烈的外界刺激，会引起鹅生理机能的紊乱，出现精神不佳、食欲减退、活动减少等现象，为保证鹅群健康，使其尽早恢复羽毛的生长，需加强饲养管理，创造良好的环境条件。

（1）鹅在活拔羽毛后因皮肤裸露，3d内不要让其在阳光下暴晒，否则对羽毛的再生产生不利影响。7d后，鹅皮肤毛孔闭合后才能下水，下水有利于羽毛的生长。在操作过程中，如不小心拔破鹅皮肤，可用红药水涂抹消毒，以防鹅体感染。

（2）鹅舍保持清洁、干燥防潮，地面铺垫柔软干燥的垫料，以防鹅腹部受潮、受凉。夏季要防蚊虫叮咬，冬季要注意保暖防寒，温度不能低于0℃。每2d要对垫料进行更换，及时对鹅舍环境进行消毒。

（3）提高鹅饲料中营养成分，适当多给精料，饲料中还应增加蛋白质和微量元素的含量，每只鹅每天精料的采食量要在150~180g。饲料中还应加入1%~2%的水解羽毛粉等富含硫氨基酸的蛋白质饲料，以增加蛋白质的摄入量，促进羽毛的快速生长。

（4）种鹅拔羽后应公、母分开饲养，避免交配，对弱鹅应挑出单独饲养。加强饲养管理，经常检查鹅的羽毛生长和健康状况，预防感染及传染性疾病，避免死亡。

【提交作业】 检查实验鹅的活拔羽绒情况，并记入表6-4。

表 6-4 实验鹅的活拔羽绒情况

操作人： 　　　　　　　　　　记录人：

编号	品种	年龄	性别	拔绒前的准备	保定方法	拔绒顺序	鹅体情况	羽绒重量	绒朵级别

【考核标准】

考核方式	考核项目	评分标准		考核方法	考核分值	熟悉程度
		分值	扣分依据			
学生互评		10	根据小组代表发言、小组学生讨论发言、小组学生答辩及小组间互评打分情况而定			
考核评价	材料准备	10	试验对象缺失或挑选不合理扣 2 分，其他器具缺失一个扣 2 分	小组操作考核		基本掌握/熟练掌握
	羽毛及拔羽鹅分类	15	羽毛分类不正确扣 5 分，拔羽鹅分类不正确或不完整扣 10 分			基本掌握/熟练掌握
	鹅的保定	15	拔羽前鹅保定方法不知道扣 5 分，具体操作不正确扣 10 分			基本掌握/熟练掌握
	拔羽的顺序与方法	30	拔羽的次序不正确扣 10 分，拔羽操作不正确扣 15 分，羽毛处理不正确扣 5 分			基本掌握/熟练掌握
	拔羽后鹅的饲养管理	20	建筑设计和环境控制要求不清楚扣 6 分，营养需要注意事项不清楚扣 7 分，鹅的管理不知道扣 7 分			基本掌握/熟练掌握
总分		100				

鹅肥肝生产
技术

肥肝鹅的
填饲技术

自测练习

项目七

禽病的发生与防控

任务一　禽病的诊断流程

 **任务描述**

详细询问家禽的病史、饲养管理和治疗情况，做好流行病学调查、饲料情况调查和用药情况调查。就疑似发病群体和个体展开临床检查和病理剖检，初步了解禽病的诊断流程，对各类疾病的临床表现与相关的诊断方法进行学习。

【案例导入】 主诉：养殖户饲养商品肉鸡 6 000 羽，开始采食饮水均正常，鸡群生长状况也非常良好，可是饲养到 18d 时，发现有个别鸡不愿吃食、离群、闭眼而且排白色稀便，并有 3 只死亡，次日这种现象明显增多，死亡数量增至 30 只。请问我的鸡得了什么病，该如何防治？

任务实施

禽病防治的基本工作流程就是根据其症状表现进行全面细致的调查，结合必要的临床检查及实验室检查，从而做出正确的诊断，并在此基础上采取有效的防治措施。

一、禽病常见症状的描述

临床上，当鸡群出现任何一种肉眼可见的疾病时都会有一定的症状表现，不同的症状表现代表着机体相应的组织、器官或系统发生了一定程度的损伤。因此，根据其症状表现部位的不同，可以大概判定出是哪个组织、器官或系统出现问题，从而为临床诊断提供一定的理论依据。具体见表 7-1。

表 7-1 禽病常见症状的描述

临床症状	具体描述	主要病变部位	常见疾病
以呼吸道症状为主	主要表现有咳嗽、呼噜、喷嚏、头颈前伸，张口呼吸，鼻液增多、甩头，颜面肿胀等	上呼吸道、肺、气囊等	新城疫、禽流感、传染性支气管炎、传染性喉气管炎、鸡传染性鼻炎、禽败血支原体病、禽曲霉病等
以腹泻症状为主	主要表现为排灰白色、灰黄色、绿色或红色稀便	消化道，特别是肠道	新城疫、禽流感、传染性法氏囊、禽大肠杆菌病、禽沙门氏菌病、禽霍乱、球虫病及中毒性疾病等
以神经症状为主	主要表现为兴奋、昏迷、运动失调、转圈、麻痹、痉挛等	大脑、小脑、脊髓及外周神经等	新城疫、禽流感、禽脑脊髓炎、马立克氏病、脑软化及中毒性疾病等
以运动机能障碍为主	主要表现为跛行、站立不稳、关节肿胀等	腿部肌肉、腱、腱鞘、韧带、骨和软骨组织、关节、脚垫、外周神经及脑组织等	脑脊髓炎、病毒性关节炎、滑膜支原体感染、钙磷缺乏、微量元素缺乏、维生素缺乏等
以肿瘤为主的疾病	主要表现贫血、消瘦，有的还会出现血流不止，及皮肤表面有肿瘤结节等	各内脏器官及皮肤	马立克氏病、白血病、网状内皮组织增殖症等

二、病情调查

向熟悉情况的饲养员详细询问病史、饲养管理和治疗情况，查阅有关饲养管理和疾病防治的资料、记录和档案，并做好流行病学调查、饲料情况调查和用药情况调查等。

1. 调查现病史 询问禽群本次发病情况，掌握发病时间与地点、临床表现、疾病的经过和伴随症状、是否经过治疗及效果、主诉者估计的原因、群发情况及免疫接种情况等。

2. 调查既往病史 询问禽群过去发生过什么重大疫情、有无类似疾病发生、发病经过及结果如何等情况，借以分析本次发病和过去发病的关系，如过去发生大肠杆菌病、新城疫而未对禽舍进行彻底消毒，禽也未进行预防接种，可考虑旧病复发。

3. 调查附近养殖场的疫情 调查附近养殖场（户）是否有与本场相似的疫情，若有可考虑空气传播性传染病，如新城疫、禽流感、鸡传染性支气管炎等。若禽场饲养有两种以上禽类，单一禽种发病，则提示为该禽的特有传染病，若所有家禽都发病，则提示为家禽共患的传染病，如禽霍乱、禽流感等。

4. 调查引种情况 有许多疾病是引进种禽（蛋）传递的，如鸡白痢、支原体病、禽脑脊髓炎等。进行引种情况调查可为本地区疫病的诊断提供线索。若新进带菌、带病毒的种禽与本地禽群混合饲养，常引起新的传染病暴发。

5. 调查防疫措施落实情况 了解禽群发病前后采用何种免疫方法、使用何种疫苗。通过询问和调查，可获得许多对诊断有帮助的第一手资料，有利于做出正确诊断。

6. 调查其他饲养管理情况 了解动物日粮、动物饮水、动物厩舍和动物个体的生活条件、动物的使用、繁殖和配种等情况，分析饲养管理因素能否引起本次发病。

三、临床检查

（一）群体检查

可以在禽舍内一角或外侧直接观察，也可以进入禽舍对整个禽群进行检查。禽类是一个相对敏感的动物群体，特别是鸡，因此进入禽舍应轻慢，以防惊扰禽群。检查群体主要观察禽群精神、运动、采食、饮水、粪便、呼吸以及生产性能等。

1. 精神状态检查 正常状态下，家禽对外界刺激比较敏感，听觉敏锐，两眼圆睁有神。受到刺激后，家禽头部高抬，来回观察周围动静，严重刺激会引起惊群、压堆、乱飞、乱跑甚至发出鸣叫。

病理状态下，家禽首先表现出精神状态的变化，会出现精神兴奋、精神沉郁和嗜睡。

（1）精神兴奋。家禽对外界轻微的刺激或没有刺激表现强烈的反应，如惊群、乱飞、鸣叫等，临床多表现为药物中毒、维生素缺乏等。

（2）精神沉郁。禽群对外界刺激反应轻微，甚至没有任何反应，家禽表现出离群呆立、头颈卷缩、两眼半闭、行动呆滞等。临床上许多疾病均会引起精神沉郁，如雏鸡沙门氏菌感染、禽霍乱、禽传染性法氏囊病、新城疫、禽流感、球虫病等。

（3）嗜睡。重度的萎靡、闭眼似睡、站立不动或卧地不起，给以强烈刺激才引起轻微反应甚至无反应，可见于许多疾病后期，往往痊愈不良。

2. 运动状态检查 正常状态下，家禽行动敏捷、活动自如，休息时往往两肢弯曲卧地，起卧自如，若有刺激立即站立活动。

病理状态下，家禽常出现如跛行、扭头、角弓反张等运动异常。

（1）跛行。是临床最常见的一种运动异常，表现为腿软、瘫痪、喜卧地，运动时明显跛行，临床多见钙磷比例不当、维生素 D_3 缺乏、痛风、病毒性关节炎、鸡传染性滑膜炎、中毒；小鸡跛行多见于新城疫、脑脊髓炎、V_E-亚硒酸钠缺乏；肉仔鸡跛行多见于大肠杆菌、葡萄球菌、绿脓杆菌感染；刚接回雏鸡出现瘫痪多见于小鸡腿部受寒或禽脑脊髓炎等。

（2）劈叉。青年鸡一腿伸向前，一腿伸向后，形成劈叉姿势或两翅下垂，多见于神经型马立克氏病，小鸡出现劈叉多为肉仔鸡腿病。

（3）观星状。鸡的头部向后极度弯曲形成所谓的"观星状"姿势，兴奋时更为明显，多见于维生素 B_1 缺乏。

（4）扭头。病鸡头部扭曲，在受惊吓后表现得更为明显，临床多见新城疫后遗症。

（5）偏瘫。小鸡偏瘫在一侧，两肢后伸，头部出现震颤，多见于禽脑脊髓炎。

（6）肘部外翻。家禽运动时肘部外翻，关节变短、变粗，临床多见于锰缺乏。

（7）企鹅状姿势。病禽腹部较大，运动时左右摇摆幅度较大，像企鹅一样运动，临床上肉鸡多见于腹水综合征；蛋鸡多见于早期传染性支气管炎或衣原体感染导致的输卵管永久性不可逆损伤，或大肠杆菌引起的严重输卵管炎。

（8）趾曲于内侧。趾弯曲、卷缩、曲于内侧，以肢关节着地，并展翅维持平衡，临床多见维生素 B_2 缺乏。

（9）两腿后伸。产蛋鸡早上起来发现两腿向后伸直，出现瘫痪，不能直立，个别鸡进行舍外运动后恢复，多为笼养鸡产蛋疲劳征。

（10）蹼尖点地。水禽运动时蹼尖着地，头部高昂，尾部下压，多见于葡萄球菌感染。

（11）角弓反张。小鸭若出现全身抽搐，向一侧仰脖，头弯向背部，两腿阵发性向后踢蹬，有时在地上旋转，多为鸭病毒性肝炎。

（12）犬坐姿势。禽类呼吸困难时往往呈犬坐姿势，头部高抬，张口呼吸，跗部着地。小鸡多见于曲霉菌感染、肺型白痢；成鸡多见于喉气管炎、白喉型鸡痘等。

（13）强迫采食。家禽出现头颈部不自主的盲目地点头，像采食一样，多见于新城疫、球虫病、坏死性肠炎等。

（14）颈部麻痹。表现头颈部向前伸直，平铺于地面，不能抬起，又称"软颈病"，同时出现腿翅麻痹，多见于鸭肉毒毒素中毒。

（15）转圈运动。雏鹅在暴饮后 30min 左右出现共济失调，两腿、翅无力，行走步态不稳，两腿急步呈直线前进或后退，或转圈运动，多为雏鹅水中毒病。

3. 采食状态检查 正常状态下，家禽采食量相对比较大，特别是笼养产蛋鸡加料后 1～2h 可将食物吃光，观察采食量可根据每天饲料记录就能准确掌握摄食增减情况，也可以观察鸡的嗉囊大小、料槽内剩料和鸡采食状态等来判断禽类的采食情况。采食量减少是反映禽病最敏感的一个症状，能最早反映禽群健康状况。

4. 粪便观察 正常情况下鸡粪便像海螺一样，下面大上面小呈螺旋状，上面有一点白色的尿酸盐，多表现为棕褐色；家禽有发达的盲肠，早晨排出稀软糊状的棕色粪便；刚出壳小鸡尚未采食，排出胎便为白色或深绿色稀薄的液体。

温度、饲料、药物等会影响粪便性状，室温增高，家禽粪便变得相对比较稀，特别是夏季会引起水样腹泻；温度偏低，粪便变稠。若饲料中加入杂饼杂粮、发酵抗生素与药渣会使粪便发黑。若饲料加入白玉米和小麦会使粪便颜色变浅变淡。若饲料中加入腐殖酸钠会使粪便变黑。

在排除上述影响粪便的生理因素、饲料因素、药物因素以外，若出现粪便异常多为病理状态，临床多见有粪便颜色的变化、粪便性质的变化、粪便异物等。

（1）粪便颜色变化。①粪便发白。粪便稀而发白呈石灰水样，在泄殖腔下羽毛被尿酸盐污染呈石灰水渣样，临床多见痛风、雏鸡白痢、钙磷比例不当、维生素D缺乏、法氏囊炎、肾型传染性支气管炎等。②鲜血便。粪便呈鲜红色，临床多见盲肠球虫、啄伤。③粪便发绿。粪便颜色发绿呈草绿色，临床多见于新城疫、禽伤寒和慢性消耗性疾病（马立克氏病、淋巴白血病、大肠杆菌引起输卵管内有大量干酪物），另外当禽舍通风不好时，环境的氨气含量过高，粪便也呈绿色。④发黑。粪便颜色发暗发黑呈煤焦油状，临床多见于小肠球虫病、肌胃糜烂、出血性肠炎。⑤黄绿便。粪便呈黄绿带黏液，临床多见于坏死性肠炎、禽流感等。⑥西瓜瓤样便。粪便内带有黏液，红色似番茄酱色，临床多见于小肠球虫病、出血性肠炎或肠毒综合征。⑦带血丝。在粪便上带有鲜红色血丝，临床多见于家禽前殖吸虫病或啄伤。⑧粪便颜色变浅。比正常颜色更浅更淡，临床多见于肝疾病，如盲肠肝炎、包含体肝炎等。

（2）粪便性质变化。①水样稀便。粪便呈水样，临床多见食盐中毒、卡他性肠炎。②粪便中有大量未消化的饲料，又称料粪。粪酸臭，临床多见于消化不良、肠毒综合征。③粪便中带有黏液。粪便中带有大量脱落上皮组织和黏液，粪便腥臭，临床多见坏死性肠炎、禽流感、热应激等。

（3）粪便异物。①粪便中带有蛋清样分泌物，小鸡多见于法氏囊炎；成鸡多见于输卵管炎、禽流感等。②带有黄色干酪物。粪便中带有黄色纤维素性干酪物结块，临床多见于因大肠杆菌感染而引起的输卵管炎症。③带有白色米粒大小结节。在粪便中带有白色米粒大小结节，临床多见于绦虫病。④粪便中带有泡沫。若小鸡粪便中带有大量泡沫，临床多见小鸡受寒或添加葡萄糖过量或使用时间过长引起。⑤粪便中有伪膜。在粪便中带有纤维素，脱落肠段样伪膜，临床多见于堆型艾美耳球虫病、坏死性肠炎、鸭瘟等。⑥粪便中带有大线虫。临床多见于线虫病。

5. 呼吸系统检查 临床上家禽呼吸系统疾病占 70％ 左右，许多传染病均引起呼吸道症状，因此呼吸系统检查意义重大。呼吸系统检查主要通过视诊、听诊来完成，视诊主要观察呼吸频率、张嘴呼吸次数、是否甩血样黏条等。听诊主要听群体中呼吸道是否有杂音，最好在夜间熄灯后慢慢进入鸡舍进行听诊。

6. 生长发育及生产性能检查 肉仔鸡、育成鸡主要观察禽生长速度、发育情况及禽群整齐度。若禽群生长速度正常，发育良好，整齐度基本一致，突然发病，临床多见于急性传染病或中毒性疾病；若禽群发育差，生长慢，整齐度差，临床多见于慢性消耗性疾病，营养缺乏症或抵抗力差而继发其他疾病。

（二）个体检查

通过群体检查选出具有特征病变的个体进一步做个体检查，个体检查内容包括体温、冠部、眼部、鼻腔、口腔、皮肤、羽毛、颈部、胸部、腹部、腿部和泄殖腔检查等。

1. 体温检查 体温变化是家禽发病的标志之一，可通过用手触摸鸡体或用体温计来检查。正常鸡体温 41.5℃（40～42℃）、鸭 41～43℃、鹅 40～41℃。

2. 冠和肉垂检查 正常状态下冠和肉垂鲜红色，湿润有光泽，用手触诊有温热感觉。

3. 鼻腔检查 检查鼻腔时，检查者用左手固定家禽的头部，先看两鼻腔周围是否清洁，然后用右手拇指和食指用力挤压两鼻孔，观察鼻孔有无鼻液或异物。

健康家禽鼻孔无鼻液。病理状态下出现有示病意义的鼻液。透明无色的浆液性鼻液，多见于卡他性鼻炎；黄绿色或黄色半黏液状鼻液，黏稠，灰黄色、暗褐色或混有血液的鼻液，混有坏死组织、伴有恶臭鼻液多见于传染性鼻炎；鼻液量较多常见于鸡传染性鼻炎、禽霍乱、禽流感、鸡毒支原体感染、鸭瘟等。此外，鸡新城疫、传染性支气管炎、传染性喉气管炎、鸭衣原体病等发病过程中，也有少量鼻液。当维生素 A 缺乏时，可挤出黄色干酪样渗出物。鼻腔内有痘斑多见于禽痘。值得注意的是，凡伴有鼻液的呼吸道疾病一般可发生不同程度的眶下窦炎，表现眶下窦肿胀。

4. 眼部检查 正常情况下家禽两眼有精神，特别是鸡，两眼圆睁，瞳孔对光线刺激敏感，结膜潮红，角膜白色。在检查眼时注意观察角膜颜色、有无出血和水肿、角膜完整性和透明度、瞳孔情况和眼内分泌物情况。

5. 脸部检查 正常情况下家禽脸部红润、有光泽，特别是产蛋鸡更明显，脸部检查应注意脸部颜色、是否出现肿胀和脸部皮屑情况。

6. 口腔检查 家禽口腔检查：用左手固定头部，右手大拇指向下扳开下喙，并按压舌头，然后左手中指从下颚间隙后方将喉头向上轻压，然后观察口腔。正常情况下家禽口腔内湿润有少量液体，有温热感。口腔检查时注意上颚裂、舌、口腔黏膜及食道、喉头等变化。

7. 嗉囊检查 嗉囊位于食管颈段和胸段交界处，在锁骨前形成一个膨大盲囊，成球形，弹性很强。鸡、火鸡的嗉囊比较发达。常用视诊和触诊的方法检查嗉囊，判断内容物的数量及其性质。

8. 皮肤及羽毛检查 正常情况下，成年家禽羽毛整齐光滑、发亮、排列匀称，刚出壳雏禽覆有纤细的绒毛，皮肤表面光滑，因品种、颜色不同而有差异。病禽则羽毛逆立、蓬松、污秽甚至断损，缺乏光泽，换羽提前或延迟，皮肤出现出血、肿胀、结痂、皮屑、结节、溃疡等。

9. 胸部检查 正常情况下胸部平直，肌肉附着良好。肉鸡胸肌发达，蛋禽胸部肌肉适中，肋骨隆起。在临床检查中注意胸骨平直情况、两侧肌肉发育情况以及是否出现囊肿等。

10. 腹部检查 鸡的腹部是指胸骨和耻骨之间所形成的柔软的体腔部分，主要通过触诊来检查。正常情况下家禽腹部大小适中，相对比较丰满，特别是产蛋鸡、肉鸡用手触诊温暖、柔软而有弹性，在腹部两侧后下方可触及肝后缘，腹部下方可触及较硬的肌胃（产蛋鸡的肌胃，注意不应与鸡蛋相混淆）。对鸭、鹅用手触摸，可感到肌胃在手掌内滚动，按压有韧性。在临床过程中应该注意观察腹部的大小、弹性、波动感等。

11. 泄殖腔检查 正常情况下，泄殖腔周围羽毛清洁。高产蛋鸡肛门呈椭圆形、湿润、松弛。检查时检查者用手抓住鸡的两腿将鸡倒悬，使肛门朝上，用右手拇指和食指翻开肛门，观察肛道黏膜的色泽、完整性、紧张度、湿度和有无异物等。

四、病理剖检

临床检查后，可对病死禽只进行病理剖检，根据特征性病理变化，对禽病做出初步诊断。病理剖检中需注意组织脏器的病变观察并做好病理记录。

1. 肌肉组织 正常情况下肌肉丰满，颜色红润，水禽肌肉颜色较重，呈深红色，表面有光泽，临床诊断应注意观察肌肉颜色、弹性和是否脱水等情况。

2. 消化系统 禽消化系统较特殊，没有唇、齿及软腭。上下颌形成喙，口腔与咽直接相连，食物入口后不经咀嚼，借助吞咽经食管入嗉囊，嗉囊是食管入胸腔前扩大而成，主要机能是贮存、湿润和软化食物，然后收缩将食物送入腺胃，腺胃体积小，呈纺锤形，仅于腹腔左侧，可分泌胃液，含有蛋白酶和盐酸。肌胃紧接腺胃之后，肌层发达，内壁是坚韧的类角质膜，肌胃内有沙砾，对食物起机械研磨作用。

常见病理变化提示的禽病一览

禽肠的长度与躯干之比为：鸡、山鸡为（7～9）∶1，鸭为（8.5～11）∶1，鹅为（10～12）∶1，鸽为（5～8）∶1。大小肠黏膜都覆有绒毛，整个肠壁都有肠腺分布。十二指肠起于肌胃，形成U形袢而止于十二指肠起始部的相对处。空肠形成许多半环状肠袢，由肠系膜悬挂于腹腔右侧。胰腺位于十二指肠袢内，呈淡黄色，长形，分背腹两叶，以导管与胆管一同开口于十二指肠。大肠由一对盲肠和直肠组成。盲肠的入口处为大肠和小肠的分界线，这里有明显的肌性回盲瓣，后段肠壁内分布有丰富的淋巴组织，形成盲肠扁桃体，以鸡最明显。禽类的直肠很短，泄殖腔是消化、泌尿和生殖三个系统的共同出口，最后以肛门开口于体外。泄殖腔体被两个环形褶分为前、中、后三部分：前为粪道，与直肠直接相连；中为泄殖道，输尿管、输精管或输卵管的阴道部开口于此；后为肛道，是消化道最后一段，壁内有括约肌。在泄殖道与肛道交界处的背侧有一腔上囊（又称法氏囊）。临床检查应注意观察消化系统是否出现水肿、出血、坏死、肿瘤等。

正常情况下，鸡肝颜色为深红色，两侧对称，边缘较锐，在右侧肝腹面有大小适中的胆囊。刚出壳的小鸡，肝颜色呈黄色，采食后，颜色逐渐加深；水禽左右肝不对称。在观察肝病变时，应注意肝颜色变化和被膜情况，是否肿胀、出血、坏死，是否有肿瘤等。

3. 呼吸系统 禽呼吸系统由鼻、咽、喉、气管、支气管、肺和气囊等器官构成。气囊是禽类呼吸系统的特有器官，是极薄的膜性囊，气囊共9个，即单个的锁骨间气囊和成对的颈气囊、前胸气囊、后胸气囊和腹气囊，气囊并与支气管相通，可作为空气的贮存器，有加强气体交换的功能。观察气囊时注意气囊壁厚薄，有无结节、干酪物、霉菌菌斑等。

4. 泌尿系统 家禽肾位于家禽腰背部，分左右两侧。每侧肾有前、中、后三叶组成，呈隆起状，颜色深红。两侧有输尿管，无膀胱和尿道，尿在肾中形成后沿输尿管输入泄殖腔与粪便混合一起排出体外。临床上注意观察肾有无肿瘤、出血、肿胀及尿酸盐沉积等。

5. 生殖系统 公禽生殖系统包括睾丸、输精管和阴茎。一对睾丸位于腹腔肾下方，没有前列腺等副性腺；母禽生殖器官包括卵巢和输卵管，左侧发育正常，右侧已退化。成禽卵巢如葡萄状，有发育程度不同，大小不一的卵泡；输卵管可分漏斗部、卵白分泌部、峡部、子宫部、阴道部5个部分。观察生殖系统时注意观察卵泡发育、输卵管的病变等情况。

6. 心脏 鸡的心脏较大，为体重的4‰～8‰，呈圆锥形，位于胸腔的后下方，夹于肝的两叶之间。心脏壁是由心内膜、心肌和心外膜构成。心脏瓣膜是由双层的心内膜褶和结缔组织构成的，心脏外面包以浆膜囊称为心包。在正常情况下，内含少量心包液，呈湿润状态，有减少心动摩擦的作用。但在病态情况下，常积有较多的液体，其含量多少，因病而异。正常和营养状况良好的鸡，心脏的冠状沟和纵沟上，有较多的脂肪组织。观察心脏的形态，脂肪及心内外膜、心包、心肌情况有诊断意义。

五、实验室诊断

对于某些疾病，特别是无特征性症状和病变的疾病，为了得出确切的诊断，需要进行实验室检查。

1. 病料采集与送检 用于实验室诊断的病禽必须是能代表禽群共同发病症状的，最好选择几只活鸡和刚死的鸡送检。这样便于分离病原体，如死后已久或已腐败无诊断价值。送检的禽数应当以年龄越小、送检只数越多的原则。一般1月龄以内的送检6～8只，3月龄5只，成鸡3只。

采集病料要力求新鲜，特别是做微生物学检查的病料要尽量减小杂菌污染，用具器皿应严格消毒，并低温保存送检；而做病理组织学检查的病料要选择病变明显的部位，在病灶与正常组织交界处切取组织块，大小一般以长宽各1.5cm、厚0.3cm为宜，放入盛有10%福尔马林固定液的瓶内送检。

采取的材料通常根据所怀疑的疾病种类来决定，如怀疑为新城疫可采取脑和肺，

病料采集及送检

法氏囊病可采取法氏囊和脾，禽霍乱可采取心脏、肝、脾等。

采血做血清学检查时，可由翅静脉或心脏采血，将血液注入小试管或青霉素瓶内，室温下静置6～10h或过夜，使血清自然析出，也可待血凝后立即送到送检部门。

2. 微生物学诊断 微生物学诊断对于传染病来说相当重要，经过病史调查、病理剖检后，一般能将可能发生的疾病范围大大缩小。如果怀疑为传染病，则需要经过实验室内的微生物学诊断，包括病原学、血清学和分子生物学的诊断。在对疾病的微生物学诊断中，最准确和最重要的是病原学的诊断，看能否从病、死禽中分离到与疾病有关的病原微生物，如细菌、病毒、支原体、衣原体、真菌等。微生物学主要诊断步骤包括病料的采集、保存和送检，病料涂片镜检，病原的分离与培养，对已分离病原体的毒力和生物学特性的鉴定等。值得注意的是，在合群中时常存在一些疫苗毒株或与疾病无关的寄居性微生物，在病原分离时应注意进行鉴别。

（1）采集病料。为了得到准确的微生物学诊断结果，必须正确地采集病料，只能从濒临死亡或死亡几小时内的家禽中采取病料，且按无菌操作的要求进行，用具应严格消毒，可根据对临床初步诊断所怀疑的若干种疾病，确诊或鉴别诊断时应检查的项目来确定采集病料的种类。较易采取的病料是血液、肝、脾、肺、肾、脑、腹水、心包液、关节滑液等。

（2）涂片镜检。少数的传染病，如曲毒菌病等，可通过采集病料直接涂片镜检而做出确诊。

（3）病原的分离培养与鉴定。可用人工培养的方法将病原从病料中分离出来，细菌、真菌、支原体和病毒需要用不同的方法分离培养，如使用普通培养基、特殊培养基、细胞、禽胚和敏感动物等，对已分离出来的病原，还需要做形态学、理化特性、毒力和免疫学等方面的鉴定，以确定病原的种属和血清型等。

（4）动物接种试验。如一些有明显临床症状或病理变化的禽病，可将病料作适当处理后接种敏感的同种动物或对可疑疾病最为敏感的动物。将接种后出现的症状、死亡率和病理变化与原来的疾病做比较，作为诊断的论据，必要时可从病死家禽中采集病料，再做涂片镜检和分离鉴定。较常使用的实验动物是鸡、鹅、鸭、家兔、小鼠等。

（5）免疫学诊断。根据抗原与抗体的特异性反应的原理，可以用已知的抗原检测未知的抗体，也可用已知的抗体检测未知的抗原，目前较常使用的有血凝试验、沉淀试验、中和试验、溶细胞试验、补体结合试验、免疫荧光抗体技术和免疫放射技术等，可根据需要和可能进行某些项目的试验。

（6）血清学诊断。常用的血清学诊断方法包括血凝试验（HA）、血凝抑制试验（HI）、琼脂扩散试验（AGP）、中和试验（NT）、补体结合试验（CF）、酶联免疫吸附试验（ELISA）、免疫荧光抗体技术（IF）及免疫放射技术等。可用已知的血清检验未知的病原，也可用已知的病原检验未知的血清，可根据需要和可能选择适当的方法进行检验。血清学诊断具有微量、准确、快速和自动化等特点。

一方面，由于大多数禽群均已接种了某些疫苗，如用已知抗原检测被检禽血清时，应注意分辨血清学的阳性反应是由疫苗还是由入侵病原微生物所引起的；另一方面，由于合群中存在着一些疫苗株病原体或与疾病无关的微生物，如用已知血清检验被检禽的病原体时，也应注意区分真正病原体或与疾病无关的微生物。

（7）分子生物学诊断。分子生物学诊断技术具有特异性强、敏感性和快速等优点，如聚合酶链式反应（PCR）、限制性酶切片段长度多态性（RFLP）、核酸探针技术和基因序列分析等，可根据需要和条件选择合适的方法进行诊断。

3. 寄生虫学诊断 家禽寄生虫病很多，危害较大，如球虫病、住白细胞虫病、组织滴虫病、蛔虫病等。在诊断上除了根据临床症状、剖检变化外，必要时可进行实验室诊断，如球虫病可用饱和盐水浮集法检查粪便内的虫卵和球虫卵囊。诊断组织滴虫病时，可采集新鲜盲肠内容物，用生理盐水做成悬滴标本进行显微镜检查，可以发现活动的组织滴虫。

总之，在进行实验室诊断时，要养成检测结果不出来不能丢弃病料的习惯，否则由于工作失误而导致检测失败，再次重检时因没有病料而耽误诊断。

任务二 禽病的防控策略

任务描述

禽场的防控策略是家禽场的安全屏障，是一项全面的、系统的、长期的全面性任务。但并不是所有的养禽场都遵循同样的疫病控制措施。即使管理良好的禽场，也可能由于邻近禽场的发病而受到严重的威胁，特别是对于一些养殖高度集中的地区，这种疾病感染的可能性就越大。因此，遵循禽病防控的基本原则，做好疫病的综合性防治措施是控制各种疫病发生的有力保障。

任务实施

一、禽病防控的基本原则

禽病防控的基本原则包括以下几个方面。
（1）认真贯彻"预防为主，防重于治"的综合防疫的方针。
（2）要坚持"自繁自养"的原则。
（3）适时开展免疫防控计划。
（4）做好养殖场环境、圈舍的清洁、卫生及消毒工作。
（5）加强饲养管理，增强畜禽的抵抗力。
（6）严格执行经常性的防疫卫生规章制度。

禽病防控的
基本原则

二、禽病防控的基本策略

（一）免疫接种
免疫接种就是用人工的方法给禽群接种疫苗，从而激发禽群产生对某种病原微生物的特异性抵抗力，防止发生传染病，使易感动物转化为不易感动物的一种手段。临床上根据免疫接种时机不同，可分为预防接种和紧急接种两类。

1. 预防接种 指在经常发生某些传染病的地区，或有某些传染病潜在流行的地区，或受到邻近地区某些传染病经常威胁的地区，为防患于未然，有计划地给健康禽群进行的免疫接种。在实际工作中具体采用哪种方法，应依据实际情况和疫苗的使用

禽的免疫方式

说明进行选择。但应注意以下几点：

（1）制订免疫程序时，应考虑母源抗体水平和持续时间、接种禽群的年龄和免疫率、本地区禽病流行的情况及严重程度、所用疫苗剂型的选择、各种疫苗接种方法等。最好是通过免疫监测测定接种禽的抗体水平，合理制订免疫程序。

（2）免疫接种前要观察群体的健康状态，如是否有发热、下痢和其他异常行为等。

（3）接种弱毒疫苗后，病毒或细菌在体内增殖，使机体抵抗力下降，可能继发或混合感染其他细菌或支原体，应注意观察。

（4）接种弱毒疫苗后用过的空瓶要消毒或深埋处理，以免造成其他易感禽类感染发病。

（5）冻干疫苗一经溶解应尽快使用，剩余的疫苗要无害化处理。免疫接种须按合理的免疫程序进行。一个地区或一个禽场可能发生的传染病不止一种，而可以用来预防这些传染病的疫苗的性质又不尽相同，免疫期长短不一。因此，禽场往往需用多种疫苗来预防不同的病，也需要根据各种疫苗的免疫特性来合理地制订预防接种的次数和间隔时间，这就是免疫程序。

目前国际上还没有一个可供统一使用的疫苗免疫程序，各国都在实践中总结经验，制订出合乎本地区、本场具体情况的免疫程序，而且还在不断研究改进中。

2. 紧急接种　紧急接种是指在养禽场发生传染病时，为了迅速控制和扑灭传染病的流行而对发病禽群和未发病禽群进行的应急性免疫接种。其目的是建立"免疫带"以包围疫区，就地扑灭疫情。免疫带的大小视受威胁区传染病的性质而定。某些流行性强的传染病，如禽流感等，其免疫带在疫区周围 5～10km 以上。建立"免疫带"这一措施必须与疫区的封锁、隔离、消毒等综合措施相配合才能取得较好的效果。实践证明，通过紧急接种，可以大大减少禽群的死亡率，缩短传染病的流行时间。

紧急接种时要先接种健康鸡，再接种病鸡。注射时要一只鸡更换一次注射器针头。紧急接种时如果有该病的高免卵黄抗体，则首先使用高免卵黄抗体。因为高免卵黄抗体见效快，具有治疗作用。但高免卵黄抗体消失也快，因此在 10d 后应再用疫苗进行免疫接种。紧急接种时若无高免卵黄抗体，也可以在正确诊断的基础上，迅速接种疫苗，疫苗的剂量可以加倍。

3. 造成禽群免疫失败的因素　用某种疫苗接种的禽群，在该疫苗有效免疫期内仍发生该病，或在预定时间内经检测免疫力达不到预期水平，使禽群有可能发生该病，这种情况就是免疫失败。造成免疫失败的原因归纳起来主要有：

（1）疫苗质量。疫苗质量不合标准，如病毒的含量不足、冻干或密封不佳、油乳剂疫苗水分层、氢氧化铝佐剂颗粒过粗等。疫苗在运输或保管中因温度过高或反复冻融减效或失效，油佐剂疫苗被冻结或已超过有效期等。

（2）疫苗选择。①疫病诊断不准确，造成使用的疫苗与发生疾病不对应，如鸡群患了新城疫，却使用传染性喉气管炎疫苗。②弱毒活疫苗或灭活疫苗血清型病毒株或菌株选择不当。例如，在传染性囊病流行的地区仅选用低毒力或单血清型的疫苗。对已接种传染性支气管炎 H_{52} 疫苗之后，再使用 H_{120} 株疫苗。③使用与本场、本地区血清型不对应的禽出败菌苗、大肠杆菌菌苗等。

（3）免疫程序安排不当。在安排免疫接种时对下列因素考虑不周到，以致免疫接种达不到满意的保护效果。例如：疾病的日龄敏感性；疾病的流行季节；当地本场受疾病威胁；家禽品种或品系之间差异；母源抗体的影响；疫苗的联合或重复使用的影响；其他人为因素、社会因素、地理环境和气候条件的影响等。

（4）疫苗稀释的差错。①稀释液不当，如马立克氏病疫苗没有使用指定的特殊稀释液进行稀释。②饮水免疫时仅用自来水稀释而没有加脱脂乳，或用一般井水稀释疫苗时，其酸碱度及离子均会对疫苗有较大的影响。③有时由于操作人员粗心大意造成稀释液量的计算或称量差错，致使稀释液的量偏大，有些人为了补偿疫苗接种过程中的损耗，有意加大稀释液的用量等。④在直射阳光下或风沙较大的环境下稀释疫苗。⑤对于一些用液氮罐低温保存的疫苗，如不按规程操作，疫苗的质量均会受到严重的破坏。⑥从稀释后到免疫接种之间的时间间隔太长，如有些鸡场一次需要接种几千甚至几万只鸡，接种前将几十瓶甚至上百瓶疫苗一次稀释完，置于常温下不断使用，这样越往后用的疫苗，效价就越低，尤其是在稀释液质量不好或环境温度偏高的情况下，效果更差。⑦在稀释液中加入过量的抗生素或其他化学药物，如庆大霉素等，这些药物对疫苗病毒虽无直接杀灭作用，但当浓度较高时，随着 pH、离子浓度的改变对疫苗中的病毒也会有不良影响。

（5）接种途径的选择不当。每一种疫苗均具有其最佳接种途径，如随便改变可能会影响免疫效果。例如：当鸡新城疫Ⅰ系疫苗饮水免疫，喉气管炎疫苗用饮水或者肌内注射免疫时，效果都较差。在我国目前的条件下，不适宜过多地使用饮水免疫，尤其是对水质、饮水量、饮水器卫生等了解和注意不够多时，免疫效果将受到较大影响。

（6）接种操作的失误或错漏。①采用饮水免疫时饮水的质量、数量、饮水器的分布、饮水器卫生不符合标准。②在喷雾免疫时气雾的雾滴大小、喷雾的高度或速度不恰当，以及环境、气流不符合标准等。③点眼、滴鼻免疫不正确操作，有时在疫苗滴尚未进入眼内或鼻内，就将鸡放回地面，因而就没有足够的疫苗液进入眼内或鼻内。④注射的部位不当或针头太粗，当针头拨出后注射液体即倒流出来；或针头刺在皮肤之外，疫苗液喷射出体外；或将疫苗、注射入胸腔、腹腔内；或连续注射器的定量控制失灵，使注射器量不足等。

（7）多种疫苗之间的干扰作用。严格地说，多种疫苗同时使用或在相近时间接种时，疫苗病毒之间可能会产生干扰作用。例如：传染性支气管炎疫苗病毒对鸡新城疫疫苗病毒的干扰作用，使鸡新城疫疫苗的免疫效果受到影响。这在生产中经常被忽视，而出现不良后果。

（8）抗生素、抗病毒药对弱毒活菌苗、疫苗的影响。一些人在接种弱毒活菌苗期间，如接种禽出败弱毒菌苗时使用抗生素，就会明显影响菌苗的免疫效果。在接种病毒疫苗期间使用抗病毒药物，如病毒唑、病毒灵等也可能影响疫苗的免疫效果。

（9）免疫缺陷。禽群内有某些个体的体内 γ-球蛋白、免疫球蛋白 A 缺乏等，则对抗原的刺激不能产生正常的免疫应答，影响免疫效果。

（10）免疫麻痹。在一定限度内，抗体的产量随抗原的用量而增加。但抗原量过多，超过一定的限度，抗体的形成反而受到抑制，这种现象称为免疫麻痹。有些养鸡场超剂量多次注射免疫，这样可能引起机体的免疫麻痹，往往达不到预期的效果。

（11）免疫抑制。由于免疫抑制，使机体在接种疫苗后，不能产生预期的免疫保护作用。引起免疫抑制的原因很多。例如：机体营养状况不佳，缺乏维生素 E、维生素 C、硒、锌、氯、钠，饥饿，缺水，寒冷等。各种应激因素，机体健康状况不佳，尤其是已存在某些疾病时进行免疫接种。鸡贫血因子病毒、传染性囊病病毒和马立克氏病感染等，尤其是当三者联合作用时引起免疫抑制作用更为明显。

（二）隔离

隔离是指将患病家禽和疑似感染家禽控制在一个有利于防疫和生产管理的环境中进行单独饲养和防疫处理的一种措施。目的是控制传染源防止其他易感家禽继续受到传染，从而控制疫病蔓延，以便将疫情控制在最小范围内加以就地扑灭。因此，在发生疫病时，应先查明疫病的蔓延程度，逐个检查临诊症状，必要时进行血清学和变态反应检查，同时要注意检查工作不能成为散播传染的因素。根据诊断检疫结果，可将全部受检动物分为患病动物群、可能感染动物群和假定健康动物群三类，以便分别对待。

1. 患病动物　是指有典型症状或类似症状，或其他诊断方法检查为阳性的动物。它们是最主要的传染源，应选择不易散播病原微生物、消毒处理方便的场所进行隔离。患病动物数量较多时，可集中隔离于原舍内，而将少数疑似感染动物移出观察。对有治疗价值的，要及时治疗；对危害严重、缺乏有效治疗办法或无治疗价值的，应扑杀后深埋或销毁。对患病动物要设专人护理，禁止闲散人员出入隔离场所。隔离区内的饲料、物品、粪便等，未经彻底消毒处理，不得运出，人畜共患病还要做好个人防护。

2. 可疑感染动物　是指在发生某种禽类传染病时，与患病家禽同群或同舍，并共同使用饲养管理用具、水源等的家禽。这些动物有可能处在潜伏期，并有排菌（毒）的危险，故应经消毒后另选地方将其隔离、看管、限制活动范围，详细观察，出现症状的则按患病动物处理。有条件时可进行紧急预防接种或药物预防。隔离观察时间的长短，可根据该病潜伏期的长短而定，经一定时间观察不再发病，要在动物消毒后解除隔离。

3. 假定健康动物　是指与患病家禽有过接触或患病家禽邻近禽舍内的家禽，临床上没有任何症状，假定健康的动物。对这类动物应采取保护措施，严格与患病动物和可疑感染动物分开饲养管理，加强防疫消毒，及时进行紧急预防接种和药物预防。必要时可根据实际情况分散喂养或转移至偏僻养禽场。

（三）封锁

封锁是指当某地或养殖场暴发法定 Ⅰ 类传染病和外来传染病时，为了防止传染病扩散以及安全区健康动物的误入而对疫区或其动物群采取划区隔离、扑杀、销毁、消毒和紧急免疫接种等强制性措施。

1. 封锁的对象和程序　根据《中华人民共和国动物防疫法》的规定，当确诊为Ⅰ类动物传染病或当地新发现的动物传染病时，当地县级以上地方人民政府兽医主管部门应当立即派人到现场，划定疫点、疫区、受威胁区，调查疫源及时报请同级人民政府对疫区实行封锁。疫区范围涉及两个以上行政区域的，由有关行政区域共同的上一级人民政府对疫区实行封锁，或者由各有关行政区域的上一级人民政府共同对疫区实行封锁。必要时，上级人民政府可以责成下级人民政府对疫区实行封锁。封锁的目的是保护广大地区畜群的安全和人民健康，把动物传染病控制在封锁区之内和集中力量就地扑灭。

2. 执行封锁的原则和封锁区的划分　执行封锁时应掌握"早、快、严、小"的原则进行。"早"是早封锁，"快"是行动果断迅速，"严"是严密封锁，"小"是把疫区尽量控制在最小范围内。封锁区的划分，必须根据该病的流行规律特点、疫病流行的具体情况和当地的具体条件进行充分研究，确定疫点、疫区和受威胁区。

3. 封锁是针对传染源、传播途径、易感动物群三个环节采取的措施 根据我国有关兽医法规的规定，具体措施如下：

（1）封锁的疫点应采取的措施。

①当某地暴发法定Ⅰ类传染病、外来传染病以及人畜共患病时，其疫点内的所有动物，无论其是否实施过免疫接种，在兽医行政部门的授权下，宰杀感染特定传染病的动物及同群可能感染动物，并在必要时率先扑杀直接接触动物或可能传播病原体的间接接触动物，尸体一律焚烧或深埋处理。扑杀政策是动物传染控制上采取的一项最严厉的强制性措施，也是特有的传染病控制方法。

②严禁人、动物、车辆出入和动物产品及可能污染的物品运出。在特殊情况下人员必须出入时需经有关兽医人员许可经严格消毒后方可出入。

③对病死动物及其同群动物，县级以上农牧部门有权采取扑灭、销毁或无害化处理等措施，畜主不得拒绝。

④疫点出入口必须有消毒设施，疫点内用具、圈舍、场地必须进行严格消毒，疫点内的动物粪便、垫草、受污染的草料必须在兽医人员监督指导下进行无害化处理。

（2）封锁的疫区应采取的措施。

①在封锁区的边缘设立明显标志，指明绕道线路，设置监督岗哨，禁止易感动物通过封锁线。在交通要道设立检验消毒站，对必须通过的车辆、人员和非易感动物进行消毒。

②停止集市贸易和疫区内动物及其产品的采购。

③未污染的动物产品必须运出疫区时，需经县级以上农牧部门批准，在兽医防疫人员监督指导下，经外包装消毒后运出。

④非疫点的易感动物，必须进行检疫或预防注射。农村城镇、牧区饲养的动物必须在指定疫区放牧，役畜限制在疫区内使役。

（3）受威胁区及其应采取的措施。疫区周围地区为受威胁区，其范围应根据传染病的性质、疫区周围的具体情况而定。受威胁区应采取如下主要措施：

①受威胁区内的易感动物应及时进行预防接种，以建立免疫带。

②易感动物禁止出入疫区，并避免饮用由疫区流过来的水。

③禁止从封锁区购买动物、草料和畜产品。注意对解除封锁后不久的地区买进动物或其产品进行隔离观察，必要时对动物产品进行无害处理。

④对受威胁区内的屠宰场、加工厂、动物产品仓库进行兽医卫生监督，拒绝接受来自疫区的动物及其产品。

⑤解除封锁。疫区内（包括疫点）最后一头患病动物扑杀或痊愈后，经过该病一个潜伏期以上的检测、观察、未再出现患病动物时，经彻底消毒清扫，由县级以上农牧部门检查合格，原发布封锁令的政府部门发布解除封锁令，并通报毗邻地区和有关部门。疫区解除封锁后，病愈动物需根据其带菌（毒）时间，控制在原疫区范围内活动，不能将它们调到安全区去。

养禽场的消毒

（四）消毒

消毒是指通过物理、化学或生物学方法杀灭或清除环境中病原体的技术或措施。消毒可将养殖场、交通工具和各种被污染物品中病原微生物的数量减少到最低或无害的程度，通过消毒能够杀灭环境中的病原体，切断传播的途径，防止传染病的传播和蔓延。

1. 消毒种类 根据消毒的目的，可以将其分为预防性消毒、随时消毒和终末消毒3种。

（1）预防性消毒。结合平时的饲养管理对畜舍、场地、用具和饮水等进行定期消毒，以达到预防一般传染病的目的。

（2）随时消毒。在发生传染病时，为了及时消灭刚从病畜体内排出的病原体而采取的消毒措施。消毒对象包括病畜所在的畜舍、隔离的场地、以及被病畜分泌物、排泄物所污染和可能污染的一切场所用具和物品。禽场在解除封锁前，进行定期的多次消毒、病畜隔离舍应每天和随时的消毒。

（3）终末消毒。在病畜解除隔离、痊愈或死亡后，或者在疫区接触封锁之前，为了消灭疫区内可能残留的病原体所进行的全面彻底的大消毒。

2. 消毒方法 消毒的方法可概括物理消毒法、化学消毒法和生物学消毒法。

（1）物理消毒法。是指通过机械性清扫、冲洗、通风换气、高温、干燥、照射等物理方法对环境和物品中的病原体进行清除或消灭的消毒方法。

（2）化学消毒法。是指用化学药品对环境和物品中的病原体进行清除或消灭的消毒方法。在临床实践中常用的清毒剂种类很多，根据其化学特性分为酚类、醛类、酸类、醇类、碱类、氯制剂、氧化剂、碘制剂、染料类、重金属盐和表面活性制剂等消毒剂。但要进行有效而经济的消毒必须认真选择合适消毒剂。

理想消毒剂应符合以下要求：渗透力强，消毒力强，低浓度就能杀灭微生物；杀菌谱广，消毒作用广泛；不易受有机物、酸、碱及理化因素影响，可用各种方法进行消毒；对金属、木材、塑料制品等没有损害作用，消毒后易于清洗除去残留物质；无易燃性和爆炸性，使用无危险性；性质稳定，无臭味，易溶于水，可在低温下使用；杀菌作用迅速，对人、禽安全无毒害作用；价格低廉、经济，便于运输、贮存。

（3）生物学消毒法。主要是通过堆积发酵、沉淀池、沼气池发酵等产热或酸，以杀灭粪便、污水、垃圾及垫草内部病原体的消毒方法，如在粪便堆沤过程中，利用粪便中的微生物发酵产热，可使温度高达70℃，经过一段时间后，就可以杀死病毒、细菌（芽孢除外）、寄生虫虫卵等病原而达到消毒的目的。同时又保持了粪便的良好肥效。但这种方法不适用于含芽孢粪便的消毒。

3. 消毒的程序

（1）禽舍的消毒。以全进全出生产系统中的消毒为例，空栏消毒的程序通常为：粪便污物清除→高压冲洗→干燥→火焰喷射灯的灼烧→喷洒消毒剂→甲醛熏蒸。

（2）设备用具的消毒。

①料槽、饮水器。可先用水冲洗，洗净晒干后，再用0.1%新洁尔灭刷洗消毒。在禽舍熏蒸前送回禽舍，进行熏蒸消毒。

②蛋箱、蛋托。可用2%苛性钠热溶液浸泡与洗刷，晾干后再送回禽舍，特别是送到销售点又返回的蛋箱。

③运鸡笼运回的鸡笼最好在场外设消毒点，将运回的鸡笼冲洗晒干消毒后，再运回到场内。

（3）环境消毒。

①消毒池。如用2%苛性钠，池液每1天换1次；如用0.2%新洁尔灭，池液每3

天换 1 次。

②禽舍间的空隙地。定期喷洒消毒药。

③生产区的道路。每天用 0.2% 次氯酸钠溶液等喷洒，如当天运输家禽则在车辆通过后再消毒。

（4）带鸡消毒。鸡体是排出、附着、保存、传播病菌（病毒）的根源，是污染源就会污染环境。因此，必须经常消毒，一般多采用喷雾消毒。

（五）病禽的治疗与处理

1. 治疗 治疗一方面是为了挽救患病家禽，减少损失；另一方面在某种情况下也是为了消除传染源，是综合性防治措施中的一个组成部分。但当患病家禽无治疗价值或患病家禽对周围的人畜有严重的传染威胁，尤其是当某地过去没有发生过的且危害性较大的新病时，为了防止疫病蔓延扩散，造成难以收拾的局面，应在严密消毒的情况下将病禽淘汰处理。

2. 处理 发生禽类传染病后，对疫点和疫区除要进行随时消毒外，还要对因传染病死亡的家禽尸体进行合理而及时地处理。因为患病家禽尸体内含有大量的病原微生物，是一种特别危险的"传染源"，如不及时做无害化处理，会污染外界环境，引起人和其他动物发病。因此，合理而及时地处理尸体，在预防禽类传染病的发生和对传染病的扑灭与净化，以及维护公共卫生上都有重大意义。合理处理尸体的方法有以下几种：

（1）化制。将某些传染病的动物尸体放在特设的加工厂中加工处理，既进行了消毒，又保留许多有利用价值的东西，如工业用油脂、骨粉、肉粉等。

（2）掩埋。方法简单易行，但不是彻底的处理方法。掩埋尸体时应选择干燥，平坦，距离住宅、道路、水井、牧场及河流较远的偏僻地点，深度在 2 m 以上。

（3）焚烧。此种方法最为彻底。适用于特别危险的传染病尸体的处理，如炭疽、气肿疽等。禁止地面焚烧，应在焚尸炉中进行。

（4）腐败。将尸体投入专用的直径 3 m、深 6~9 m 的腐败坑井中，坑用不透水的材料砌成，有严密的盖子，内有通气管。此法较掩埋法方便合理，发酵分解达到消毒的目的，取出可作肥料。但此法不适用于炭疽、气肿疽等杆菌所引起传染病的尸体处理。

（六）杀虫与灭鼠

1. 杀虫 主要是指消灭虻、蝇、蚊、蜱等节肢动物。杀虫的方法主要有：

（1）物理杀虫法。利用喷灯火焰烧杀，机械拍打捕捉，沸水、蒸汽或干热空气杀灭。

（2）生物杀虫法。以昆虫的天敌或病菌及雄虫绝育技术等方法以杀灭昆虫。如利用辐射使雄性昆虫绝育；或使用过量激素，抑制昆虫的变态或脱皮，影响昆虫的生殖；或利用病原微生物感染昆虫，使其死亡；或消灭昆虫滋生繁殖的环境等，这些方法都具有不造成公害、不产生抗药性等优点，已日益受到重视。

（3）药物杀虫法。主要是应用化学杀虫剂来杀虫。根据杀虫剂对节肢动物的毒杀作用可分为胃毒药剂、接触毒药剂、熏蒸毒药剂、内吸毒药剂等。

2. 灭鼠 鼠类是许多人畜共患病的传播媒介和传染源。因此，灭鼠具有保护人畜健康和促进国民经济建设的重大意义。灭鼠的工作应从两个方面进行：一方面，根据鼠类的生态学特点防鼠、灭鼠，从动物栏舍建筑和卫生措施方面着手，预防鼠类的滋生和活动，使鼠类在各种场所生存的可能性达到最低限度，使它们难以得到食物和藏身之处；另一方面，则采取多种方法直接杀灭鼠类。灭鼠的方法大体上可分为两类：

（1）器械灭鼠。即利用各种工具以不同方式扑杀鼠类，如关、夹、压、扣、套、翻、堵、挖、灌等。此类方法可就地取材、简便易行。

（2）药物灭鼠。根据药物进入鼠体途径可分为消化道药物和熏蒸药物两类。消化道药物主要有磷化锌、杀鼠灵、安妥和叠鼠钠盐。熏蒸药物包括氯化苦（三氯硝基甲烷）和灭鼠烟剂。

（七）疫病的净化

禽场的卫生
控制

疫病的净化是指在某一限定地区或养殖场内，根据特定疫病的流行病学调查和疫病的检测结果，及时发现并淘汰各种形式的感染动物，使限定动物群中某种疫病逐渐被清除以控制疾病的方法。疫病净化对动物传染病控制起了极大的推动作用。因此，种禽场必须对既可水平传播的病源又可通过卵垂直传递的鸡白痢、鸡白血病、鸡支原体病等采取检疫净化措施逐步清除群内带菌鸡，达到使这些疫病逐步净化的目的。

技能训练

技能 7-1　禽场的消毒技术

【技能目标】　掌握禽舍、用具、地面和粪便等的消毒方法；学会常用消毒液的配制及消毒效果检查的方法。

【实训材料】　器材包括喷雾消毒器、天平或台秤、盆、桶、缸、清扫及洗刷用具、高筒胶靴、工作服、橡胶手套等。药品包括生石灰、漂白粉、来苏儿、高锰酸钾、福尔马林等。

【方法步骤】

（一）常用消毒器具

1. 喷雾器　按照喷雾器的动力来源可分为手动型、机动型；按使用的消毒场所可分背负式、手提式、可推式、担架式等。

（1）背负式手动喷雾器。主要用于包括对场地、禽舍、设施和带禽的喷雾消毒。产品结构简单，保养方便，喷洒效率高。

（2）动力喷雾器。常用于场地消毒以及禽舍消毒使用。设备特点是：有动力装置；重量轻、振动小、噪声低；高压喷雾、高效、安全、经济、耐用；用少量的液体即可进行大面积消毒，且喷雾迅速。

（3）大功率喷洒机。用于大面积喷洒环境消毒，尤其在场区环境消毒中、疫区环境消毒防疫中使用。药箱容积相对较大，适宜连续消毒作业。每分钟喷洒量大，同时具有较大的喷洒压力，可短时间内胜任大量的消毒工作。如图 7-1 所示。

图 7-1　大功率喷雾消毒机

喷雾器材使用注意事项：操作者喷雾消毒时应穿戴防护服，避免对现场造成伤害。每次使用后，及时清理和冲洗喷雾器的容器和有关与化学药剂相接触的部件以及喷嘴、滤网、垫片、密封件等易耗件，以避免残液造成的腐蚀和损坏。

2. 消毒液机　消毒液机是以食盐和水为原料，通过电化学方法生产次氯酸钠、二氧化氯等复合含氯消毒剂的专用机器。所生产的次氯酸钠、二氧化氯形成了协同杀菌作用，具有更高的杀菌效果。可以现用现制、快速生产，适用于禽场、人员防护消毒以及发生疫情的病原污染区的大面积消毒。如图7-2、图7-3为两款消毒液机外观。

图7-2　次氯酸钠消毒液机　　　　　图7-3　二氧化氯发生器

3. 臭氧空气消毒机　主要用于在养禽场的兽医室、大门口消毒室的环境空气的消毒。臭氧是一种强氧化杀菌剂，消毒时呈弥漫扩散方式。因此，消毒彻底、无死角、消毒效果好；O_3稳定性极差，常温下30min后自行分解，消毒后无残留毒性，被公认为"洁净消毒剂"。由于臭氧极不稳定，其发生量及时间要视所消毒的空间内各类器械物品所占空间的比例及当时的环境温度和相对湿度而定。可根据需要消毒的空气容积，选择适当的型号和消毒时间（图7-4、7-5）。

图7-4　移动式臭氧消毒机　　　　　图7-5　壁挂式臭氧空气消毒机

（二）消毒药的配制

1. 配制前的准备　应备好配药时常用的量筒、台秤、搅拌棒、盛药容器（最好是塑料或搪瓷等拒腐蚀制品）、温度计、橡皮手套等。

2. 配制要求　所需药品应准确称量。配制浓度应符合消毒要求，不得随意加大或减少。使药品完全溶解，混合均匀。先将稀释药品所需要的水倒入配药容器（盆、桶或缸）中，再将已称量的药品倒入水中混合均匀或完全溶解即成待用消毒液。在配置过程中注意以下问题：

①某些消毒药品（如生石灰）遇水会产生高温，应在搪瓷桶、盆或铁锅中配制为宜。

②对有腐蚀性的消毒药品（如氢氧化钠）在配制时，应戴橡胶手套操作，严禁用手直接接触，以免灼伤。

③对配制好的有腐蚀性的消毒液，应选择塑料或搪瓷桶、盆中储存备用。严禁储存于金属容器中，避免损坏容器。

④大多数消毒液不易久存，应现用现配。

3. 消毒剂剂量的计算

（1）稀释浓度计算公式。

$$浓溶液容量＝（稀溶液浓度/浓溶液浓度）×稀溶液容量$$
$$稀溶液容量＝（浓溶液浓度/稀溶液浓度）×浓溶液容量$$

例：若配 0.5％过氧乙酸溶液 5 000mL，需用 20％过氧乙酸原液多少毫升？

$$20％过氧乙酸原液＝（0.5/20）×5 000＝125mL$$

例：现有 20％过氧乙酸原液 50mL，欲配成 0.5％过氧乙酸溶液多少毫升？

$$配成 0.5％过氧乙酸溶液量＝（20/0.5）×50＝2 000mL$$

（2）稀释倍数计算公式。

稀释倍数＝（原药浓度/使用浓度）－1，如果稀释 100 倍以上时公式不必减 1

例：用 20％的漂白粉澄清液，配制 5％澄清液时，需加水几倍？

$$需加水的倍数＝（20/5）－1＝3 倍$$

（3）增加药液计算公式。

需加浓溶液容量＝（稀溶液浓度×稀溶液容量）/（浓溶液浓度－使用浓度）

例：有剩余 0.2％过氧乙酸 2 500mL，欲增加药液浓度至 0.5％，需加 28％过氧乙酸多少 mL？

$$需加 28％过氧乙酸量＝（0.2×2 500）/（28－0.5）＝18.1mL$$

4. 配制方法

（1）固体消毒剂的配制。

①烧碱。称取一定量的氢氧化钠，加入清水中（最好用 60～70℃热水）搅匀溶解。如配 4％氢氧化钠溶液，则取 40g 氢氧化钠加 800mL 水进行溶解，然后加水定容至 1 000mL。

②20％生石灰乳。200g 生石灰加 800mL 水进行溶解，然后加水定容至 1 000mL，即为 20％石灰乳。配制时最好用陶缸或木桶、木盆。先把等量水缓慢加入石灰内，稍停，石灰变为粉状时，再加入余下的水，搅匀即成。

③20％漂白粉乳剂。在漂白粉中加少量水，充分搅成稀糊状，然后按所需浓度加入全部水（25℃左右温水），即每 800mL 水加漂白粉 200g，然后加水定容至 1 000mL（含有效氯 25％）。

④20％漂白粉澄清液。把 20％漂白粉乳剂静置一段时间，上清液即为 20％澄清液，使用时可稀释成所需浓度。

⑤5％碘酊。10g 碘化钾加蒸馏水 10mL 溶解后，加碘 50g 与适量 95％的乙醇，搅拌至溶解，再加乙醇使成 1 000mL 即成。

（2）液体消毒剂的配制。

①10％福尔马林溶液。福尔马林为 40％甲醛溶液（市售商品），取 10ml 福尔马林加 90mL 水，即为 10％福尔马林溶液。

②5％来苏儿溶液。取来苏儿 5mL 加清水 95mL（最好用 50～60℃温水配制），混合均匀即成。

（三）实施消毒工作

1. 养殖场入口消毒

（1）车辆消毒池。生产区入口必须设置车辆消毒池，车辆消毒池的长度为 4m，与门同宽，深 0.3m 以上，消毒池上方最好建有顶棚，防止日晒雨淋。消毒池内放入 2％～4％的氢氧化钠溶液，每周更换 3 次。北方地区可用石灰粉代替消毒液。有条件的可在生产区出入口处设置喷雾装置，喷雾消毒液可采用 0.1％百毒杀溶液、0.1％新洁尔灭或 0.5％过氧乙酸。

（2）消毒室。场区门口要设置消毒室，人员和用具进入要消毒。消毒室内安装紫外线灯（1～2W/m³）；有脚踏消毒池，内放 2％～5％的氢氧化钠溶液。进入人员要换鞋、工作服等，如有条件，可以设置淋浴设备，洗澡后方可入内。脚踏消毒池中消毒液每周至少更换 2 次。

2. 场区环境消毒 平时应做好场区环境的卫生工作，定期使用高压水洗净路面和其他硬化的场所，每月对场区环境进行一次环境消毒。进禽前对禽舍周围 5m 以内的地面用 0.2％～0.3％过氧乙酸，或使用 5％的火碱溶液进行彻底喷洒；道路使用 3％～5％的火碱溶液喷洒。禽场周围环境保持清洁卫生，不乱堆放垃圾和污物，道路每天要清扫。

被病禽的排泄物和分泌物污染的地面土壤，可用 5％～10％漂白粉溶液、百毒杀或 10％氢氧化钠溶液消毒。暴发过传染病禽舍，首先用 10％～20％漂白粉乳剂或 5％～10％优氯净喷洒地面，然后掘出表层 30cm 左右的土壤，撒上漂白粉并与土混合，将此表土运出掩埋，运输时车辆不允许漏土。不方便运出表土时，则应加大漂白粉的用量（每平方米面积加漂白粉 5kg），将漂白粉与土混合，加水湿润后原地压平。

3. 禽舍门口消毒 每栋禽舍门前也要设置脚踏消毒槽（消毒槽内放置 5％火碱溶液），进入禽舍最好换穿不同的专用橡胶长靴，在消毒槽中浸泡 1min，并进行洗手消毒，穿上消毒过的工作衣和工作帽方可进入。

4. 空舍消毒 任何类型的养禽场，其场舍在启用及下次使用之前，必须空出一定时间（15～30d 或更长时间）。按以下工作顺序进行全面彻底消毒后，方可正常启用。

（1）机械清扫。对空舍顶棚、天花板、风扇、通风口、墙壁、地面彻底打扫，将垃圾、粪便、垫草、羽毛和其他各种污物全部清除，定点堆放烧毁并配合生物热消毒处理。

（2）净水冲洗。料槽、水槽、围栏、笼具、网床等设施采用动力喷雾器或高压水枪进行净水洗净，洗净按照从上至下、从里至外的顺序进行。对较脏的地方，可事先进行刮除，要注意对角落、缝隙、设施背面的冲洗，做到不留死角。最后冲洗地面、走道、粪槽等，待干后用化学法消毒。

（3）药物喷洒。常用3％～5％来苏儿、0.2％～0.5％过氧乙酸、20％石灰乳、5％～20％漂白粉等喷洒消毒。地面用药量800～1 000mL/m²，舍内其他设施200～400mL/m²。为了提高消毒效果，应使用2～3种不同类型的消毒药进行2～3次消毒。通常第一次使用碱性消毒液，第二次使用表面活性剂类、卤素类、酚类等消毒药，第三次常采用甲醛熏蒸消毒。每次消毒要等地面和物品干燥后再进行下次消毒。必要时，对耐燃物品还可使用酒精喷灯或煤油喷灯进行火焰消毒。

（4）熏蒸消毒。在进鸡的前5～7d，将清洗消毒好的饮水器、料盘、料桶、垫料、鸡笼等各种饲养用具搬进鸡舍进行熏蒸消毒。室温保持在20℃以上，相对湿度在70％～90％，密闭鸡舍。常用福尔马林熏蒸，用量为28 ml/m³，密闭1～2周，或按每立方米空间25 ml福尔马林、12.5 ml水、25g高锰酸钾的比例进行熏蒸，消毒时间为12～24h。

操作时，先将高锰酸钾放入容器中，然后注入福尔马林。反应开始后药液沸腾，在短时间内即可将甲醛蒸发完毕。由于产生的热较高，容器不要放在地板上，也不要使用易燃、易腐蚀的容器。使用的容器容积要大些（约为药液的10倍），徐徐加入药液，防止反应过猛药液溢出。为调节空气中的湿度，需要蒸发定量水分时，可直接将水加入福尔马林中，这样还可减弱反应强度。必要时用小棒搅拌药液，可使反应充分进行。达到规定消毒时间后，打开门窗通风换气，必要时用25％氨水中和残留的甲醛（用量为甲醛的1/2），待对禽无刺激后，方可使用。

5. 带禽消毒 带禽消毒常用喷雾消毒法，将消毒药液雾化后，喷到禽体表上，以杀灭和减少体表和舍内空气中的病原微生物。本法既可减少禽体及环境中的病原微生物，又可净化环境，降低舍内尘埃，夏季还有降温作用。常用的药物有0.2％～0.3％过氧乙酸，也可用0.2％的次氯酸钠溶液或0.1％新洁尔灭溶液。药液用量为60～240mL/m²，以地面、墙壁、天花板均匀湿润和禽体表略湿为宜。喷雾粒子以80～100μm，喷雾距离以1～2m为最好。消毒时从禽舍的一端开始，边喷雾边匀速走动，使舍内各处喷雾量均匀。带禽消毒对预防一般疫病的发生有一定作用，疫病流行期间采取此项措施意义更大，对扑灭疫病起到很大作用。本消毒方法全年均可使用，一般情况下每周消毒1～2次，春秋疫情常发季节，每周消毒3次，在有疫情发生时，每天消毒1～2次。带禽消毒时可以将3～5种消毒药交替进行使用。

进行消毒时注意工作人员的防护，如配制消毒液时要防止生石灰飞入眼中；用漂白粉消毒时防止引起结膜炎和呼吸道炎；防止工作人员感染，并注意防止病原微生物散播。

【提交作业】 将消毒过程和内容完整地填入表7-2。

表7-2 禽场的消毒记录

消毒人： 记录人：

消毒对象	消毒方法	消毒用具	消毒药物	消毒液配制方法	消毒实施过程	注意事项	消毒效果

【考核标准】

考核方式	考核项目	评分标准		考核方法	考核分值	熟悉程度
		分值	扣分依据			
学生互评		10	根据小组代表发言、小组学生讨论发言、小组学生答辩及小组间互评打分情况而定	小组操作考核		
考核评价	消毒方法的确定	10	消毒对象不明确扣5分；消毒方法不合理扣5分			基本掌握/熟练掌握
	消毒器具的选择	20	消毒器具选择不正确扣5分；消毒器具检修不充分扣5分；消毒器具使用不当扣10分			基本掌握/熟练掌握
	消毒药液的配制	30	配制前的准备不充分扣5分；消毒液配制的容器选择不正确扣5分；消毒液配制计算方法错误扣10分；消毒药液配制不准确扣10分			基本掌握/熟练掌握
	消毒操作过程	30	消毒实施步骤不正确扣10分；消毒操作动作不规范扣10分；消毒效果不理想扣5分；消毒后的检查不到位扣5分			基本掌握/熟练掌握
总分		100				

技能 7-2　免疫接种技术

【技能目标】　熟悉和掌握预防接种前的准备工作及免疫接种的方法与步骤。

【实训材料】　①动物：家禽。②器材：金属注射器、玻璃注射器、金属皮内注射器、针头、煮沸消毒锅、镊子、毛剪、体温计、脸盆、纱布、脱脂棉、出诊箱、工作服、动物保定用具等。③药品：5%碘酒、70%酒精、来苏儿或新洁尔灭等消毒剂、疫苗、免疫血清。

【方法步骤】

(一) 免疫接种前的准备工作

根据具体情况在农牧场、饲养专业户或学校周围的动物防检站等处进行。

1. 预约告知畜主　为了提高疫苗利用率和工作效率，首先要动员各家各户，通知免疫时间，做好协助配合，以便集中时间进行免疫。

2. 技术培训　免疫接种前必须对参加实习的学生、饲养人员和动物防疫人员等进行一般的免疫接种知识教育和技术培训，严格遵守操作程序，分组开展免疫。

3. 筹备好预防药品和器械　根据预防疫病种类和数量及发展计划，计算兽用生物药品的需要种类和用量，提前订货。同时，根据兽用生物药品的保存条件，计划好需用冷藏箱的数量。

4. 疫苗保存和运送

(1) 疫苗的保存。一般应使用冰箱、冷库或利用地窖或阴凉的地方贮存，少量也可用添加冰袋的冷藏箱保存。灭活苗、类毒素、血清等应保存在2～8℃为宜；冻干苗等要保存在−15℃或更低温度条件，切忌忽冷忽热、反复冻融最易导致药品变质失效。要避免高温和日光直射。不同温度下疫苗的保存期是不同的，应特别注意，超过有效期的生物药品不能使用。

(2) 疫苗的运送。运送疫苗要逐瓶包装，然后装箱。运送途中避免高温和日光直射，并尽快送到保存地点或预防接种的场所。弱毒疫苗应放在冷藏箱内运送，以免性能降低或失效。

5. 疫苗使用前检查 各种疫苗使用前均需仔细检查。有下列情况之一者，不得使用：没有瓶签或瓶签模糊不清的，没有经过合格检查的；过期失效或失去真空的冻干疫苗；疫苗的质量与说明书不符者，如变色、异常沉淀、异物、发霉和有臭味的；瓶塞不紧或玻璃破裂的，尤其是冻干制剂；没有按规定方法保存；效价检查不符合要求。

6. 疫苗稀释与混匀 需要稀释后使用的冻干疫苗，要根据说明书上规定的头份进行稀释，并采用规定的稀释液稀释。稀释液无论是生理盐水或蒸馏水，都应与疫苗一样，要求瓶内无异物杂质。稀释液或已经稀释的疫苗应尽量保存在0～15℃（外界气温高时应放在加有冰块的容器内），切忌用热稀释液稀释疫苗。疫苗使用时，必须充分震荡，使其均匀混合后才能使用。已经打开瓶塞或稀释过的疫苗，必须当天用完，未用完的集中处理。针筒排气溢出的药液，应吸积于酒精棉球上，并将其收集于专用瓶内。

7. 动物健康状况检查 一般成年的、体质健壮的或饲养管理条件较好的禽群，免疫后会产生较强的免疫力。反之，幼年的、体质弱的、有慢性病或饲养管理条件不好的禽群，免疫后产生的抵抗力相对较差，还可能引起较明显的副作用。注射疫苗后，极个别动物发生过敏反应时可进行抗过敏治疗。凡使用一种新的疫苗产品或尚未掌握其性质的产品，最好在大面积免疫前，先对少数动物进行试点注射，观察7～10d无异常反应时再全面推开。

8. 消毒及无菌操作 注射器、针头、镊子要严格煮沸消毒，吸取疫苗时，先用酒精棉球消毒瓶塞，瓶塞上固定一个消毒的针头，吸液后不拔出，用酒精棉包裹，以便再次吸苗。切勿用注射动物后的针头吸药，以免污染疫苗。注射前，也应对动物的注射部位用碘酒等消毒剂进行消毒。

9. 疫情调查与紧急免疫 免疫前，应注意了解当地有无疫病流行，如无特殊疫病流行则按原计划进行定期预防免疫。有发生疫情时，采用环形免疫注射方法，由疫区外向内开展疫苗注射工作。先从安全区开始，再注射受威胁区，最后注射疫区内的安全禽群和受威胁禽群。严禁疫区内工作人员到非疫区进行免疫注射。当某一区域或某一养殖场流行传染病时，必须在做好消毒隔离工作的基础上进行紧急免疫。仔细观察所有受到传染病威胁的禽只后，正常无病的立即注射疫苗。与病禽同槽或已开始出现症状的应迅速隔离，并注射抗病血清，而不应注射疫苗。因为注射抗血清后，短期内就可以收到紧急预防或早期治疗的效果。对国家规定要求扑杀的重大动物疫病，则不能对病禽注射抗病血清或进行治疗，要严格按照国家政策执行。

（二）免疫操作方法

1. 皮下注射法 家禽主要在颈部皮下。术者以左手拇指与食指捏起皮肤成皱褶，右手持注射器使针头在皱褶底部稍倾斜快速刺入皮肤与肌肉间，注入药液，拔针后立即用挤干的酒精棉揉擦，使药液散开。

2. 肌内注射法 家禽可在胸肌、腿肌等部位接种。肌内接种一般使用16～20号针头，长2.5～3.7cm。左手固定注射部位，右手持注射器，针头与皮肤表面呈45°刺入肌肉内，回抽针头，如无回血，方可将疫苗慢慢注入。肌内接种的优点是药液吸收快，接种方法也较简便；其缺点是在一个部位不能大量注射。同时如接种部位不当，易引起跛行。

3. 饮水免疫法 饮水免疫避免了逐只抓捉，可减少劳力和应激，但这种免疫接种受影响的因素较多。操作中应注意，疫苗应是高效的活毒疫苗；使用的饮水应是清凉的，水中不应含有任何能灭活疫苗病毒或细菌的物质；稀释疫苗所用的水量应根据禽的日龄及当时的室温来确定，使疫苗稀释液在1～2h内全部饮完。为了使每一只家禽在短时间内能摄入足够量的疫苗，在供给含疫苗的饮水之前2～4h应停止饮水供应。饮水器应充足，使禽群2/3以上的禽同时有饮水的位置。饮水器不得置于阳光直射处，如风沙较大时应全部放在室内。为了保护疫苗的效价，可以在饮水中加入0.1%～0.3%的脱脂乳或山梨糖醇。夏季天气炎热时，饮水免疫最好在早上完成。在饮水免疫期间，饲料中也不应含有能灭活疫苗病毒和细菌的药物。

4. 滴鼻点眼免疫 该方法如操作得当，效果往往比较确定，尤其是预防呼吸道疾病的疫苗，经滴鼻点眼免疫效果较好。当然，这种接种方法需要较多的劳力，也会造成一定的应激，如操作上稍有马虎，则往往达不到预期的目的。因此，在操作中应注意：稀释液必须用蒸馏水或生理盐水，最低限度应用冷开水，不要随便加入抗生素或其他化学药物；稀释液的用量应准确，将所用的滴管或针头事先测试，确定每毫升多少滴，然后再计算疫苗稀释液的实际用量；为使操作准确无误，一手一次只能抓一只，不能一手同时抓几只家禽；在滴入疫苗之前，应把禽的头颈摆成水平的位置，并用一只手指按住向地面的一侧鼻孔；在将疫苗液滴加入眼和鼻以后，应稍停片刻，待疫苗液确已被吸入后再将鸡轻轻放回地面。应注意做好已接种和未接种禽之间的隔离，以免混乱。为减少应激，最好在晚上或弱光环境下接种，也可在白天适当关闭门窗后在稍暗的光线下接种。

5. 气雾免疫法 将稀释的疫苗用带有压缩空气的雾化发生器喷射出去，使疫苗形成雾化粒子，均匀地浮游在空气之中，禽群吸入体内以达到免疫目的，称为气雾免疫。适用于大群免疫。气雾免疫必须使用专用的喷雾器并注意对喷雾器进行保养。喷雾前后均应以无消毒剂的清水充分清洗内桶、喷头和输液管。每次使用前用定量的清洁水进行试喷，确定喷雾器的流量和雾滴大小，以便掌握好喷雾免疫时来回走动的速度。在气雾免疫的当天不能进行喷雾器消毒，否则会降低气雾免疫的效果。在湿度过低、灰尘较大的禽舍，在喷雾免疫前可用适量清水进行喷雾，以降低舍内的灰尘量，防止气雾免疫时雾粒与灰尘结合后迅速沉降至地面，影响免疫效果。在气雾免疫时应关闭禽舍的通风系统至少30min以取得良好的免疫效果，但应随时观察舍温，防止舍温过高。为了避免舍内温度升高，气雾免疫最好在清晨进行，疫苗一经开瓶启用，应一次用完（2h内）。气雾免疫时疫苗的用量应适当增加。

6. 翼膜刺种免疫 刺种前将接种针浸入疫苗溶液中，待针槽充满药液后，将针轻靠疫苗瓶内壁，除去附在针头上的多余药液。轻轻展开禽翅，将针插入禽翅内侧。注意刺种时不要将疫苗碰到羽毛或其他部位，不要将疫苗接种针插入血管，防止病毒进入其他组织，引起禽只发病。

7. 滴肛或擦肛法 目前只用于强毒型传染性喉气管炎疫苗的免疫。在对发病禽群进行紧急预防接种时，可将1 000羽份的疫苗稀释于25～30mL生理盐水中，将禽提起，头向下，肛门向上，用接种刷（小毛笔或棉拭子）蘸取疫苗在肛门黏膜上刷动3～4次。接种时应注意只能将疫苗稀释液擦在肛门上，避免碰到皮肤、羽毛或落到地面上，造成环境污染和病原扩散。

（三）免疫后的管理

所有家禽注射疫苗后，必须经过一段时间才能产生免疫力。因此，要采取一些必要的管理措施，使家禽免受疫病的侵袭，提高家禽机体的抵抗力，才能保证免疫效果。例如：免疫后用多维饮水等。同时，在免疫细菌弱毒活疫苗前后1周，不应饲喂或注射抗生素等药物，以免杀灭注入体内的细菌疫苗影响免疫效果。

（四）注意事项

（1）根据禽只的不同，选择粗细、长度合适的注射针头，并控制好注射速度。针头过粗或注射速度过快疫苗液易溢出，造成免疫剂量不足，影响免疫效果。针头过长，动物骚动易断针；针头过短，疫苗不能进入动物的肌肉层，造成疫苗吸收不良，影响免疫效果，甚至产生严重的免疫副反应。

（2）接种疫苗前后应尽可能地避免长途运输、转群、采血等，这些操作会使动物处于应激状态，降低机体的免疫机能而影响免疫效果。因此，在免疫接种时，要充分考虑其健康状况，确保畜禽对疫苗的反应能力。

（3）注意观察接种疫苗后禽只的反应。个别禽只会有一过性的体温升高、呕吐、减食等症状，1～2d可自行恢复，要多观察，重者可注射0.1%肾上腺素注射液1mL，以防止过敏性休克。

（4）在实施家禽免疫时，出具"家禽免疫证明"，并在家禽免疫档案上进行登记。

【提交作业】 将免疫接种过程和内容完整地填入表7-3。

表 7-3　禽场的免疫记录

接种人：　　　　　　　　　　　　记录人：

接种对象	接种方法	接种用具	接种疫苗	疫苗稀释方法	免疫接种过程	注意事项	免疫效果

【考核标准】

考核方式	考核项目	评分标准		考核方法	考核分值	熟悉程度
		分值	扣分依据			
学生互评		10	根据小组代表发言、小组学生讨论发言、小组学生答辩及小组间互评打分情况而定			
考核评价	接种方法的确定	10	免疫接种对象不明确扣5分；免疫接种方法不合理扣5分	小组操作考核		基本掌握/熟练掌握
	接种用具的选择	20	接种用具选择不正确扣5分；接种用具检修不充分扣5分；免疫接种用具未消毒扣5分；接种用具使用不当扣5分			基本掌握/熟练掌握
	疫苗的稀释	30	稀释前的准备不充分扣5分；未检查疫苗有效期扣5分；疫苗稀释的容器选择不正确扣10分；疫苗稀释方法错误扣10分			基本掌握/熟练掌握
	免疫接种操作过程	30	疫苗接种步骤不正确扣10分；接种操作动作不规范扣10分；接种时间不符合要求扣5分；接种后检查不到位扣5分			基本掌握/熟练掌握
总分		100				

分子生物学
诊断

自测练习

项目八

禽的常见传染病防治

【知识目标】 了解家禽生产中传染病的名称；熟悉并掌握各种传染病的病原、流行病学、临床症状和病理变化，使学生具备家禽常见传染病的预防、诊断和发病后处理技术，充分理解科学的卫生防疫制度和饲养管理是养禽场获得最大经济效益的重要保证。

【能力目标】 根据当地传染病的发病特点，能制订科学、合理的免疫程序和药物预防程序；根据禽群的日常表现，能发现大群中的发病个体，并针对其进行科学的临床和实验室诊断，并制订出科学的处理方案。

【思政目标】 牢固树立公共卫生意识，巩固服务"三农"的思想，提高养禽户（企业）经济效益。

任务一 禽的病毒性传染病防治

重点讲述禽流感、新城疫、传染性支气管炎、传染性喉气管炎、传染性法式囊病、禽痘、马立克氏病、禽白血病、产蛋下降综合征、病毒性关节炎、鸡传染性贫血、鸡包含体肝炎、禽脑脊髓炎、鸭瘟、鸭病毒性肝炎、小鹅瘟和番鸭细小病毒病等病的病原、流行病学、发病后的临床症状与病理变化以及发病后的诊断方法与防治措施，旨在降低这些疾病对养禽业的危害，提高养禽户的经济效益。

任务实施

>>> 禽 流 感 <<<

禽流感又称真性鸡瘟或欧洲鸡瘟（有别于鸡新城疫），是家禽的一种急性、高度致死性传染病。家禽感染禽流感病毒（AIV）后，有的不表现出明显的症状，有的则表现为呼吸道感染和产蛋下降，严重者甚至引起全身性感染，导致100%死亡，后一种类型的感染是由高致病性（HP）AIV引起，称为高致病性禽流感（HPAI），而除

HPAI之外的禽流感统称为低致病性禽流感（MPAI）。

新版《陆生动物卫生法典》中禽流感的名称从旧版的高致病性禽流感（HPAI）改为通报性禽流感（NAI），分为通报性高致病性禽流感（HPNAI）和通报性低致病性禽流感（LPNAI）。由于禽流感传播快，危害大，当前我国将其排在重大动物疫病之首。

【病原】　禽流感病毒为正黏病毒科流感病毒属A型流感病毒，具有囊膜，囊膜上含有两种不同的抗原成分，即血凝素（HA）和神经氨酸酶（NA），它们是组成流感病毒不同亚型的根据。到目前为止，从人和各种动物中分离到的流感病毒HA亚型有16种，NA亚型有10种，表明禽流感病毒基因组有极大的易变性。迄今为止，高致病性AIV都是H5、H7血清亚型，而其他亚型毒株对禽类均为低致病性。

流感病毒的抵抗力不强。热、干燥、阳光照射和常用消毒药容易将其灭活，如福尔马林、季铵盐类、酸类、碱类、卤素化合物（如漂白粉和碘剂等）等都能迅速破坏其传染性。在自然条件下，存在于鼻腔分泌物和粪便中的病毒，由于受到有机物的保护，具有较强的抵抗力，在环境中存活时间较长，可长达30d。

【流行病学】

1. 传染源　主要为病禽（野鸟）和带毒禽（野鸟）。病毒可长期在污染的粪便、水等环境中存活。

2. 传播途径　主要通过接触感染禽（野鸟）及其分泌物和排泄物、污染的饲料、水、蛋托（箱）、垫草、种蛋、鸡胚和精液等媒介，经呼吸道、消化道感染，也可通过气源性媒介传播。AIV的水平传播虽然很普遍，但很少发生垂直传播。候鸟的迁徙会造成整合后的变异流感病毒呈现新一轮的传播。候鸟迁徙的季节性，造成禽流感发生和流行的季节性。

3. 易感动物　温和性禽流感病毒多发于产蛋鸡群（如H_9N_2）；高致病性禽流感可引起各种日龄的鸡发病。

4. 流行特点　本病易与大肠杆菌病、支原体病、新城疫等疾病混合感染。混合感染时鸡群的死亡率升高。本病主要发生在冬、春季节。

【临床症状】　禽流感的症状极为复杂，表现多种多样。

1. 高致病性禽流感（H_5亚型）　多数病例病程为1～3d，伴随大批死亡，死亡率高达100%。

发病前1～3d，鸡群精神、采食量、蛋禽产蛋率无明显变化，接着体温升高，精神萎靡或沉郁，昏睡，采食量明显减少，甚至食欲废绝；发病后蛋鸡产蛋率大幅度下降或停产，死亡率急剧上升。

鸡冠和肉髯淤血、肿胀，头颈部水肿，排黄绿色或黄白色粪便。鼻窦肿胀，鼻腔分泌物增多，流鼻液，流泪，眼结膜充血。跗关节及胫部鳞片下出血，出现运动失调、震颤、扭颈等神经症状。与MPAI相比，呼吸道症状不明显，但也会出现呼吸啰音、打喷嚏和咳嗽等症状。

鸭、鹅等水禽感染高致病性禽流感病毒后，主要表现为头肿，眼分泌物增多，分泌物呈血水样，下痢，产蛋率下降，孵化率下降，头颈扭曲，啄食不准，后期眼角膜混浊。死亡率不等，成年鹅、鸭一般死亡不多，幼龄鹅、鸭死亡率比较高。

2. 低致病性禽流感（H_9亚型）　主要发生在产蛋鸡群，发病突然，有明显的呼吸道症状，最常见的症状有咳嗽、打喷嚏、呼吸啰音和流泪。大群精神沉郁，羽毛逆立，鸡冠发紫，采食、饮水下降，一般下降 30%～60%，下痢，粪便呈黄绿色。产蛋率下降 50%～90%，蛋壳褪色发白，软皮蛋增多。死亡率 0～50%。

育成鸡、雏鸡也可感染低致病性禽流感，主要表现呼吸道症状。肉鸡单独感染 H_9 亚型禽流感不表现或很少表现明显的临床症状，但与大肠杆菌或葡萄球菌混合感染后会导致死亡率增高。

【病理变化】

1. 高致病性禽流感　内脏器官和皮肤出现水肿、出血和坏死。坏死灶主要发生在胰腺、脾和心脏。消化道、呼吸道黏膜广泛充血、出血；腺胃黏液增多，可见腺胃乳头出血，腺胃和肌胃交界处黏膜可见带状出血。心冠脂肪、腹部脂肪出血。输卵管的中部可见乳白色分泌物或凝块。卵泡充血、出血、萎缩、破裂，有的可见卵黄性腹膜炎。脑部出现坏死灶、血管周围淋巴细胞管套、神经胶质灶、血管增生等病变。胰腺和心肌组织局灶性坏死。

2. 低致病性禽流感　病理变化主要在呼吸道尤其是鼻窦，典型特征是出现卡他性、纤维素性、浆液纤维素性、黏脓性或纤维素性脓性炎症。气管黏膜充血水肿，偶尔出血，气管渗出物从浆液样变为黄色干酪样，偶尔可造成阻塞，导致呼吸困难或窒息。眶下窦肿胀，鼻腔流出黏液性到黏脓性分泌物。在腹腔会出现纤维素性腹膜炎和卵黄性腹膜炎。输卵管黏膜水肿，有卡他性、纤维素性分泌物，卵泡充血、出血、变形破裂。肠黏膜充血或轻度出血，胰腺有斑状灰黄色坏死点。

【预防和控制】

1. 生物安全措施

（1）鸡场实行"全进全出"，避免各种日龄的鸡群混养，切断流感病毒在易感个体的传播。尤其要注意鸡与水禽或其他鸟类不能在同一养殖场中饲养。

（2）进入鸡场的人员、车辆和物品等（尤其是来自疫区的）要严格控制，彻底消毒后，方可允许进入鸡场。

（3）做好定期消毒工作，尤其是对禽舍进行带禽消毒。任何被粪便污染的物品都能传播本病。

（4）预防其他并发疾病的发生。做好新城疫、传染性支气管炎、传染性喉气管炎、马立克氏病等的免疫接种，尤其是使禽群保持较高水平的新城疫 HI 抗体滴度，定期用弱毒疫苗滴眼、滴鼻或喷雾免疫以加强禽只呼吸道局部的特异性或非特异性免疫力，对减少禽流感的发生和损失有一定的作用。

（5）注意减少应激。

2. 免疫接种　目前在我国使用的有两种，分别是禽流感重组鸡痘病毒载体活疫苗（H_5 亚型）和新城疫-禽流感重组二联活疫苗（rL-H_5 株）。

常用 H_5 亚型禽流感疫苗：

（1）重组禽流感病毒灭活疫苗（H_5N_1 亚型，Re-1 株）。

（2）重组禽流感病毒灭活疫苗（H_5N_1 亚型，Re-4 株）。

（3）重组禽流感病毒 H_5 亚型二价灭活疫苗（H_5N_1，Re-1 株＋Re-4 株）。

（4）禽流感（H_5＋H_9）二价灭活疫苗（H_5N_1 Re-1＋H_9N_2 Re-2 株）。

目前我国防控 H_5N_1 亚型禽流感主要应用的疫苗有两种，即重组禽流感病毒灭活

禽流感病理变化

疫苗 H_5N_1 亚型，Re-1 株和 Re-4 株。二者联合，其保护效果良好，但如果疫苗免疫后抗体小于 2^6 则仍有可能发生亚临床感染甚至出现零星发病。对于蛋鸡和种鸡，H_5 和 H_9 亚型禽流感均能造成较大的经济损失，更推荐使用 H_5-H_9 二价灭活疫苗。对于肉禽，则只需进行前 2 次免疫即可。

常用 H_5 亚型禽流感疫苗

3. 高致病性禽流感的控制　发现可疑的高致病性禽流感时，必须立即向当地动物防疫监督机构报告。一旦疫情得到确认，应按我国《动物防疫法》和《重大动物疫情应急条例》规定，实行以紧急扑杀为主的综合性防治措施。具体包括划定疫点、疫区、受威胁区，对疫区进行封锁，对疫点内所有的禽只进行扑杀。对所有病死禽、被扑杀禽及其禽类产品进行无害化处理。对疫区和受威胁区内的所有易感禽类进行紧急免疫接种。对疫点内禽舍、场地以及所有运载工具、饮水用具等必须进行严格彻底地消毒。

4. 低致病性禽流感的控制　采取隔离、消毒、治疗及禽流感疫苗紧急接种，可减少经济损失。但在发病期间，如进行新城疫、传染性支气管炎、传染性喉气管炎等弱毒疫苗的接种，往往会增加禽群的死亡数，尤其是将该病误诊为新城疫并用新城疫Ⅰ系疫苗紧急接种时，死亡明显增加。目前对低致病性禽流感尚无特效药物治疗，主要有以下两种治疗方法。

（1）盐酸金刚烷胺。混饮，每升水加入 $0.05 \sim 0.1$g，连用 $5 \sim 7$d。金刚烷胺常与阿司匹林配合使用，每吨饲料金刚烷胺添加 50g，阿司匹林添加 100g。金刚烷胺和金刚乙胺是治疗 AIV 的首选药物，效果好于病毒唑，必须配合抗菌药物，如头孢菌素、恩诺沙星或多西环素等。注意用药要及时，剂量不必太大，按正常推荐量即可，用药时间最好连续 5d。若与中药配合使用，则效果更好，如抗病毒冲剂（板蓝根 50g、黄芪 50g、金银花 50g、蒲公英 100g、大青叶 50g）、双黄连口服液等。

（2）干扰素。每千克体重 2 万 IU，肌内注射或饮水，对急性发病早期的轻症病例有一定疗效。

>>> 新 城 疫 <<<

新城疫是由新城疫病毒引起的家禽及野禽的急性、高度接触性传染病，强毒株感染常呈败血症经过，主要特征是呼吸困难、下痢、神经机能紊乱、黏膜和浆膜出血。

该病 1926 年首次发现于印度尼西亚，同年在英国新城也发生流行，经 Doyle 氏证明其病原是一种病毒。为了与当时欧洲流行的鸡瘟（禽流感的一种）相区别，而命名为鸡新城疫，又名亚洲鸡瘟、伪鸡瘟和鸡肺脑炎等，在我国民间俗称"鸡瘟"。

【病原】　病原为新城疫病毒（NDV），属于副黏病毒科，副黏病毒属的代表种。病毒有囊膜，囊膜上有两种纤突，即血凝素和神经氨酸酶，能凝集多种动物的红细胞。常用公鸡红细胞与 NDV 进行血凝试验（HA），或结合抗血清的特异性抑制作用进行血凝抑制试验（HI）来诊断 ND 和进行 ND 疫苗免疫效果的监测。

病毒存在于病鸡的所有组织器官、体液、分泌物和排泄物中，以脑、脾、肺含毒量最高，以骨髓含毒时间最长。不同时间或不同鸡群中分离到的鸡新城疫病毒，对易感鸡的致病力可能会有明显的差异。这是因为病毒的毒力随宿主与外界条件之间的相互关系而发生改变。由于宿主的感受性不同，就可能形成各种毒力减弱的毒株。一般分为三个类型，即速发型、中发型和缓发型毒株。速发型毒株无论通过什么途径感染于鸡，均能使鸡严重发病和死亡，出现一种或多种类型的病变；中发型毒株只有经脑内接种才能使鸡严重发病和死亡，而经其他途径感染，只引起轻微症状，病鸡很少死亡；缓发型毒株，无论感染途径如何，都只能引起轻微的症状甚至不出现症状，即使作脑内接种，也不引起死亡。

NDV 的抵抗力不强，易被高温、干燥、日光和各种消毒剂所杀死，但在低温、潮湿和阴暗中则可生存较长时间。

【流行病学】

1. 传染源　病禽、带毒禽和其他带毒者，可通过粪便和口、鼻和眼的分泌物排出病毒。免疫鸡群因抗体效价高低不齐，部分抗体水平低的鸡不能阻止病毒的攻击而成为病毒的携带者，由于强毒长期存在于鸡群内，不断地复制、排出、再感染群内的易感鸡，从而在鸡群内循环传播和长期存在。疫苗接种无法避免免疫鸡的带毒和排毒现象，由于带毒和排毒鸡群的普遍存在，一旦鸡群内一些个体的免疫力下降或接触到免疫力不足的易感鸡，就会出现不同程度的新城疫。

2. 传播途径　主要是消化道和呼吸道。鸡蛋也可带毒，但对本病的流行影响不大。被污染的水、饲料、器械、器具和带毒的野生飞禽、昆虫及有关人员等均可成为主要的传播媒介。其中新城疫最大的传播者是人类及其装备，人可以作为感染性材料（粪便）的机械传播者。

3. 易感动物　鸡、火鸡、珍珠鸡及野鸡都有较高的易感性，其中以鸡的易感性最高，70 日龄以下鸡易感性最高，其次是野鸡。水禽对本病有抵抗力，但也可从鸭、鹅肠道中分离到 NDV。近年来在我国出现对鹅也有严重致病力的 NDV，值得注意。除家养禽类外，绝大多数鸟类对新城疫病毒易感，水鸟抵抗力最强，群居鸟最敏感，它们作为带毒宿主在 NDV 的传播中起了很大作用。鹌鹑、鸽和鸵鸟可自然感染暴发新城疫，并可造成大批死亡。

4. 流行特点　发病时间主要集中在加强免疫前后。一年四季均可发生，多呈散发性，传播速度较慢。并多与其他疾病并发，加速死亡。近年来，新城疫发病逐年加重。毒力增强是新城疫发生的原因之一，强毒型新城疫的特点是潜伏期短、发病急、传播快、死亡率高，发病率 50%～100%、死亡率高达 30%～50%，雏鸡和商品肉鸡的发病年龄多集中在 15～40 日龄，产蛋鸡发病时间多集中在产蛋高峰期和开产后的 3～4 周。这些鸡群一般都用过 2～3 次冻干苗的免疫，而用过冻干苗和油剂苗免疫的鸡群，发病轻，死亡率低。也有的发病鸡群免疫抗体滴度均匀，且平均在 8log2 以上，但临床症状典型，剖检病变明显，说明疫苗紧急接种无效。

【临床症状】

1. 鸡　国内将新城疫分为典型新城疫和非典型新城疫。

（1）典型新城疫。发病急、死亡率高；体温升高达 43～44℃、极度精神沉郁、呼吸困难、食欲下降；粪便稀薄，呈黄绿色或黄白色，后期排出蛋清样的排泄物；发病后期可出现各种神经症状，多表现为扭颈、翅腿麻痹等。

（2）非典型新城疫。多发生于有一定抗体水平的免疫鸡群，病情比较缓和，发病率和死亡率都不高；临床表现以呼吸道症状为主，病鸡张口呼吸，有"呼噜"声，咳嗽，口流黏液，排黄绿色稀粪，继而出现歪头、扭颈或呈观星状等神经症状；成鸡产蛋量突然下降 5%～12%，蛋壳质量变差，临床表现为轻微的呼吸道症状，排黄绿色稀粪。

2. 鸽 开始见病鸽腹泻，呈绿色水样，随后出现共济失调、转圈运动等神经症状。

【病理变化】

1. 鸡

（1）典型新城疫。主要病理变化为全身败血症。全身黏膜和浆膜出血，以呼吸道和消化道最为严重，消化道出血具有特征性；腺胃黏膜水肿，乳头和乳头间有出血点；盲肠扁桃体肿大、出血、坏死；十二指肠和小肠黏膜出血，有的可见淋巴组织集结出血（枣核状或岛屿状），直肠出血成条索状；脑膜充血和出血；鼻道、喉、气管黏膜充血，偶有出血，肺可见淤血和水肿。

鸡新城疫
病理变化

（2）非典型新城疫。其主要病变为小肠（十二指肠远端）黏膜的灶状坏死，呈岛屿状溃疡，直肠黏膜皱褶呈条状出血或见有黄色纤维素性坏死点，气管黏膜有大量黏液渗出以及气管环的充血和出血。产蛋鸡卵泡和输卵管显著充血。腺胃乳头轻度肿胀，出血少见。但剖检数量较多时，可见有腺胃乳头出血病例。

2. 鹅 最明显和最常见的眼观变化在消化器官和免疫器官。食管有散在白色或黄色坏死灶。腺胃和肌胃黏膜有坏死和出血，肠道有广泛坏死灶并伴有出血。脾和胰腺有多发性坏死灶，而胰腺偶见出血点。大多数病鹅的法氏囊和胸腺萎缩。

3. 鸽 腺胃乳头出血，肠黏膜出血。

【诊断】 根据流行特点、临床症状和剖检变化可做出初步诊断。通过病毒分离鉴定和毒力测定试验或基因测序进行确诊。高免鸡群发病后抗体效价持续升高，可以达到10log2，基本没有低抗体个体，抗体离散度扩大。

【预防和控制】

1. 生物安全措施 隔离饲养；环境的消毒、进鸡前的消毒、定期的带鸡消毒，进出鸡场人员、车辆、物品、用具的严格消毒；防止带毒禽类和污染物进入禽群。减少应激是防止新城疫发生的重要环节。目前要特别加强15～30日龄雏鸡的生物安全防护工作。

2. 免疫接种

（1）疫苗种类。ND疫苗分为活疫苗和灭活疫苗两大类。

鸽的新城疫疫苗已生产的有两种：鸽新城疫活疫苗、鸽Ⅰ型副黏病毒油乳剂灭活疫苗。

新城疫
疫苗种类

（2）免疫方法。滴鼻和点眼常用于雏禽的首次免疫，除产生全身免疫反应外，还可产生呼吸道局部免疫力。饮水免疫简便易行，不惊扰禽群，可在呼吸道和盲肠、脾等器官产生免疫应答，但抗体产生较慢且水平不高。气雾免疫工作效率高，但不适用于有呼吸道感染的禽群。注射免疫是新城疫加强免疫最常用的方法，其优点在于免疫效果确实可靠，但工作效率低，易惊扰禽群。

活疫苗一般来说气雾免疫比其他免疫途径效果好，滴鼻和点眼免疫效果比饮水免疫效果好。

（3）免疫程序。在制订免疫程序时，最好将活疫苗和灭活疫苗联合起来使用，比单用任何一种疫苗效果更好。一般认为，0～60日龄期内应进行三次新城疫活疫苗免疫。首免与二免之间不超过15d，二免和三免之间不要超过25d，60日龄以后根据免疫监测情况，再决定免疫间隔期。活苗首次免疫最好滴鼻点眼，而不是只滴鼻。冬春季节应减少新城疫苗气雾免疫的使用。二免最好也不要用饮水免疫。

早期油苗的应用，通常应在 10 日龄左右，产蛋前再加强免疫一次。

3. 免疫监测 鸡群在免疫后 2～3 周用血凝抑制试验检测血清 HI 抗体水平。当鸡群中血凝抑制试验抗体效价≥2^5 判为合格。若达不到要求，一周后重测一次，若再达不到要求，则该免疫失败，需要重新进行免疫。一般地说，HI 效价在 2^6 以上时，可以避免大量的死亡损失，2^8 以上基本上可以避免死亡损失，2^{10} 以上基本上可避免产蛋的急剧下降。

4. 发病后的控制措施

（1）典型新城疫。目前尚无治疗新城疫的特效方法。发病鸡群注射卵黄抗体或高免血清，效果很不理想，没有应用价值，而且在多数情况下还可能加重鸡群的发病。对于急性新城疫的鸡群，一定要扑杀，尸体深埋或高温处理，对疫区进行封锁和消毒，并对受威胁鸡群和假定健康鸡群实行紧急免疫接种，防止疫情扩大、蔓延。

（2）非典型新城疫。由于非典型新城疫发病率、病死率都很低，且多发生于免疫鸡群，因而采取疫苗紧急接种是切实可行的，2 月龄以下的鸡群，一般选用新城疫Ⅳ系苗或 VH 苗 3 倍量注射，如果把 3 倍量Ⅳ系苗与新城疫油乳剂苗同时（分点）注射，效果更好。产蛋鸡群，发病早期可紧急接种 ND 活苗，同时配合注射新城疫油乳剂苗。

鸡新城疫抗体滴度的监测

对于肉鸡散发新城疫时，可采用高免蛋黄注射液，每只注射 0.5～0.8mL，5d 可以控制死亡。当发病率超过 30％时，应采取保守疗法，饮水中加病毒灵和水盐电解质平衡药物（如肾肿解毒药），减少惊动鸡群。如果发病率小于 20％，或者无临床症状，抗体水平较低，可采用紧急接种，免疫方法上常选择气雾或饮水免疫，使用剂量同上。应注意低于 25 日龄的鸡群和严重感染期的所有日龄鸡群均不宜使用新城疫Ⅰ系疫苗进行紧急接种，以免产生严重应激而加重感染鸡群的发病和死亡。

当非典型新城疫与支原体病、大肠杆菌病混合感染时，首先选择敏感抗生素投服 3～5d，然后接种新城疫疫苗。当非典型新城疫与温和型禽流感、大肠杆菌病、支原体混合感染时，首先选择敏感抗生素、抗病毒药、多维素投服 3～5d，间隔 3～5d 后接种新城疫疫苗。

>>> 传染性支气管炎 <<<

传染性支气管炎（IB）是由传染性支气管炎病毒（IBV）引起的鸡的一种急性、高度接触性传染病，本病毒极易发生变异，目前发现 25 个血清型，不同毒株的致病性和组织亲嗜性的差异较大，IBV 可在呼吸道、肠道、肾和输卵管中复制，引起组织的损伤。根据病变类型，可将 IB 分为呼吸型、肾型、腺胃型、生殖道型和肠型等。但以呼吸型最为普遍。呼吸型以咳嗽、喷嚏、气管啰音为特征，产蛋鸡还见输卵管病变而导致产蛋数量和品质下降；肾型引起间质性肾炎，肾肿大、尿酸盐沉积；腺胃型的特征是腺胃肿大，腺胃出血性溃疡。雏鸡由于呼吸道或肾感染可引起死亡。本病还可引起鸡的增重、饲料报酬以及生产性能降低，也易引起混合感染而增加鸡群死亡率。目前，本病是严重危害养鸡业的几种主要禽病之一。

【病原】 传染性支气管炎病毒粒子呈圆形，有囊膜，表面有棒状纤突，似皇冠状，故称冠状病毒。由于病毒基因重组的结果，使 IBV 存在多种不同的血清型和变异株，目前已发现数十种 IBV 血清型存在，通过 S1 基因系列分析，可将病毒株分为 5 型：荷兰型、美国型、欧洲型，Mass 型和澳大利亚型。H120、H52、M41 为 Mass 型；T 株、Gray 株、Hotle 株为肾型。我国主要以 Mass 型、T 株、Hotle 株、Gray 株为流行株，并有大量变异株的存在。不同血清型之间没有或仅有部分交叉免疫作用。

【流行病学】

1. 传染源 病鸡和康复后带毒鸡，感染后从呼吸道分泌物排出病毒长达 2 周，粪便排毒长达 3 周以上。虽有报道称康复后 43d，仍能从产蛋鸡的蛋中分离到 IBV，但产蛋孵化和饲养的鸡却无 IBV。

2. 传播途径 通过病鸡咳出的飞沫经呼吸道传染。此外，也可通过饲料、饮水等经消化道传染，还可经卵垂直传播。IBV 可在各内脏器官中持续存在 163d 或者更长时间。在此期间，IBV 能够定期通过鼻分泌物和粪便排毒。本病毒在鸡群中传播迅速，与感染鸡同处一栋鸡舍的易感鸡通常在 48h 内出现症状。

3. 易感动物 本病目前只感染鸡，其他家禽不感染。各种年龄的鸡均易感，6 周龄以内雏鸡发病最为严重，可引起死亡。随着日龄的增大，鸡对本病的抵抗力增强。

4. 流行特点 本病传播迅速，一旦感染，很快传播全群，四季均可发病，气候寒冷的季节多发，过热过冷、拥挤、通风不良、饲料中的营养成分配比不适当、缺乏维生素和矿物质及其他不良应激因素等都会促进本病的发生与流行。近几年来肾型和生殖道型在我国普遍流行，发病严重。

【临床症状】 不同毒株对机体器官的亲嗜性不同，导致出现不同的临床症状和变化。

1. 呼吸道型 临床症状以 10 日龄至 6 周龄的鸡较为明显。特征性呼吸道症状是喘气、咳嗽、打喷嚏、呼吸时有"咕噜"声（气管啰音）和流鼻液，也可见眼睛湿润，偶尔还会出现鼻窦肿胀等。病鸡精神沉郁，扎堆于热源下，饲料消耗和增重显著下降。

6 周龄以上的鸡及成年鸡的症状与雏鸡相似，但通常很少出现流鼻液。在夜间或把鸡抓起来仔细倾听可发现有呼噜声。产蛋鸡除呼吸道症状外，还可见到产蛋量和蛋的品质下降。发病第 2 天即产蛋下降，经 2 周左右降到最低点，然后缓慢回升，经 6~8 周可能恢复到接近发病前水平，但很难达到发病前产蛋水平。IB 对成年鸡的第二影响是出现软壳蛋、畸形蛋和粗壳蛋，蛋内容物的品质也发生变化，如蛋白稀薄如水、蛋白与蛋黄分离。雏鸡 1~18 日龄以内发生 IB，会产生输卵管永久性损伤，到产蛋时一般不能产蛋或产蛋很少，但外观正常。较大日龄鸡感染时，输卵管病变较轻，长大后产蛋会受到一定影响。有些毒株仅引起产蛋鸡发病。

2. 肾型 多发于 20~50 日龄幼鸡，肉鸡尤其多见。但育成鸡和产蛋鸡也有发生。病程可分为两个阶段。第一阶段（3 周龄左右）有轻微呼吸道症状，常被忽视，在 2~4d 后消失。第二阶段在发病后 10~12d（即 4 周龄以后）死亡数量突然增加，病鸡精神沉郁、羽毛松乱、急剧下痢，排出白色水样粪便，严重失水，脚爪干枯。整个病程 21~25d，21d 后死亡停止，雏鸡死亡率 10%~30%。6 周龄以上鸡病情缓和，死亡率降至 1% 以下。产蛋鸡若并发尿石症，其死亡率有可能增加，但在其他方面鸡群却表现得很健康。发生肾型 IB 的康复鸡群对产蛋影响不大。

3. 腺胃型 多发于 20~90 日龄蛋鸡，但肉鸡也有发病。前期排黄色或绿色稀粪；流泪、肿眼；伴有呼吸道症状，发病中后期呼吸道症状基本消失，极度消瘦（与马立克氏病相似），衰竭死亡。发病后期鸡群表现发育极不整齐，大小不均。死亡率在 30% 左右，病程在 15～35d，死亡高峰在发病后 5～8d。

4. 生殖道型 新开产鸡发病后，产蛋徘徊不前或上升缓慢。产蛋高峰期发病时，鸡蛋表面粗糙、蛋壳陈旧、变薄、颜色变浅或发白；产蛋率下降的多少因鸡体自身抗病力和毒株不同而异，发病鸡群产蛋率一般在 70%～80%，恢复原来的产蛋水平需要 6 周左右，但大多数达不到原来的产蛋水平。发病初期，病鸡精神萎靡，以呼噜症状为主，伴随张口喘气、咳嗽、气管啰音，有的肿眼流泪，一般持续 5～7d；发病中后期，采食量下降 5%～20%，粪便变软或排水样粪便，产蛋率下降。

【病理变化】

1. 呼吸道型 病鸡的鼻道、鼻窦、气管中有浆液性、卡他性或干酪样渗出物。气囊混浊或含有黄色干酪样渗出物。在死亡雏鸡的气管后段或支气管中，可见到干酪样栓子。产蛋母鸡如抗体较低时，输卵管子宫部水肿。体内有较高抗体时，只侵害卵巢，表现卵泡充血、出血、破裂，可见卵黄性腹膜炎，腹腔内可见卵黄液。育雏期患过呼吸道型传染性支气管炎的产蛋鸡输卵管发育受阻、变细、变短，管腔狭窄，闭塞，有时输卵管积水成囊状（输卵管囊肿）。

2. 肾型 严重脱水，肌肉发钳，皮肤与肌肉难分离。最主要的变化是肾肿大、苍白，肾小管和输尿管充满尿酸盐结晶，并充盈扩张，呈斑驳状的"花肾"外观。严重感染时，心脏、肝表面及泄殖腔等组织、器官有大量尿酸盐沉积。

3. 腺胃型 主要表现为腺胃极度肿大如球状，为正常腺胃的 2～3 倍。腺胃壁变硬增厚，腺胃乳头轮廓不清，黏膜有出血和溃疡。肠道黏膜有出血，其他脏器无肿瘤。

4. 生殖道型 主要表现为输卵管水肿或囊肿、液化和萎缩。卵泡充血、出血、变性，甚至坏死，卵黄破裂掉入腹腔后形成干酪样物，终因卵黄性腹膜炎而死。

【诊断】 肾型传染性支气管炎一般易做出现场诊断，呼吸型和混合感染的确诊需进行病毒分离和鉴定及血清学试验。

【预防和控制】

1. 生物安全措施 平时要加强饲养管理，改善饲养环境，减少应激因素，季节交替时注意气温的变化，防止冷应激。特别是在育雏早期要注意温度相对稳定，最好达到适宜温度的上限。实行全进全出，加强消毒。

降低饲料中蛋白质水平，粗蛋白质含量在 14%～15% 比较适宜。饲料中多维素用量加倍，尤其要重视维生素 A 的添加。

2. 免疫接种

（1）疫苗种类。目前常用的疫苗有活疫苗和灭活苗两类。

（2）免疫程序。雏鸡尽早做 2～3 次活疫苗点眼或喷雾，以刺激呼吸道黏膜使之产生局部保护抗体，预防呼吸道的感染。蛋鸡和种鸡在用活苗基础免疫后，在开产前使用 IB 油乳剂灭活苗加强免疫，使机体产生较高的循环抗体，以预防产蛋期发生 IB。同时在产蛋期每隔 8～10 周用活苗进行局部加强免疫。

传染性支气管
炎疫苗种类

3. 治疗

（1）采用对肾无损害的抗微生物药饮水或拌料，控制支原体病、大肠杆菌病等病的继发感染。供应充足的饮水，并在饮水中添加电解多维、肾肿解毒药或肾复方碳酸氢盐电解质（碳酸氢钠 879g、碳酸氢钾 100g、亚硒酸钠 1g、碘化钾 10g、磷酸二氢钾 10g，混饮，每升水每只禽 1～2g，连用 3d，夏季仅上午使用），以补充在急性期钠、钾的损耗，从而消除肾炎和促进尿酸盐排除。

（2）本病由热毒内蕴引起痰涎阻塞气管，导致咳嗽、气喘等症，故采用清肺化痰、止咳平喘的中药制剂治疗。

>>> 传染性喉气管炎 <<<

传染性喉气管炎（ILT）是由传染性喉气管炎病毒引起的鸡的一种急性、高度接触性呼吸道传染病。其特征为呼吸困难、咳嗽、气喘，并咳出带血的分泌物；剖检可见喉头和气管黏膜肿胀、出血并形成糜烂。温和型 ILT 表现为黏液性气管炎、窦炎、眼结膜炎、消瘦和低死亡率。

【病原】 传染性喉气管炎病毒（ILTV）属于一种疱疹病毒。尽管 ILTV 不同分离株的毒力差异较大，但其抗原性是一致的，即只有一个血清型。病鸡的气管组织及其渗出物中含病毒最多。病毒对外界环境和消毒药的抵抗力不强，常用的消毒药，如3％来苏儿、1％氢氧化钠溶液、甲醛、过氧乙酸等也有较好的消毒效果。

【流行病学】

1. 传染源 病鸡和康复的带毒鸡以及接种疫苗的带毒鸡是本病的主要传染源，康复鸡会终生带毒，从而使鸡场长期存在持续感染，本病不易根除。

2. 传播途径 主要通过接触感染方式经呼吸道及眼侵入鸡体，也可以经消化道传染。本病虽不垂直传播，但种蛋及蛋壳上的病毒感染鸡胚后，鸡胚在出壳前均会出现死亡。

3. 易感动物 各种日龄鸡均可感染，以 4～10 月龄的成年鸡多发且症状典型。近年来发病日龄提前，最早可见 20～40 日龄的鸡群发病。

4. 流行特点 本病四季均可发生，秋冬季节多发，发病后传播速度较快，2～3d 内可波及全群，但群间传播速度较慢。本病的感染率可达 90％，病死率为 5％～70％，平均在 10％～20％。鸡群饲养管理不良，如拥挤、通风不良、维生素缺乏、寄生虫感染等，均可促进本病的发生和传播。

【临床症状】

1. 急性型（喉气管型） 由高致病性 ILTV 毒株引起。发病初期，部分病鸡鼻腔有分泌物，眼睛流泪，伴有结膜炎。本病特征性症状是呼吸困难。病鸡可见伸颈张口吸气，低头缩颈呼气，闭眼蹲伏。鸡群中不断发出咳嗽声，呼吸时发出湿性啰音和喘鸣音。严重的病例表现出高度呼吸困难，伴随着剧烈、痉挛性咳嗽，咳出带血的黏液。病鸡多因气管内过量血性黏液积聚不能咳出而窒息死亡。病程 10～14d。

雏鸡发病，临床症状不典型。病鸡有呼吸道症状，眼流泪，病死率 5％～10％，产蛋鸡发病，蛋壳褪色，软皮蛋增多，病死率在 3％～15％。继发大肠杆菌和传染性鼻炎时，发病严重，可导致较高的死亡率。

2. 温和型（结膜型） 由低致病性 ILTV 毒株引起。流行较缓和，症状较轻，病鸡主要表现眼结膜炎，先有部分病鸡眼睛流泪，流鼻液，发病后期眶下窦肿胀，眼睛分泌物由浆液性到脓性，有的病鸡失明。病程较长，长的可达 1 个月，死亡率低，大约 2％，绝大部分鸡可以耐过。产蛋鸡产蛋量下降，可达 20％。

【病理变化】

1. 急性型（喉气管型） 本病的典型病变在喉头和气管的前半部。病初，喉头气管黏膜肿胀、充血、出血，甚至坏死，喉头气管可见带血的黏性分泌物或条状血凝块。中后期喉头气管黏膜附有黄白色纤维素性伪膜，并在该处形成栓塞。后期死亡鸡只常见大肠杆菌病、鸡白痢和鸡毒支原体继发感染的相应病变。

2. 温和型（结膜型）　表现为浆液性结膜炎，结膜充血、水肿，眶下窦肿胀，鼻腔有多量黏液。

【诊断】　本病的诊断要点是：发病急，传播快，成年鸡发生最多；温和型病例只表现轻度的结膜炎和眶下窦炎。严重病例张口呼吸、喘气、有啰音，咳嗽时可咳出带血的黏液，有头向前向上吸气姿势，呼吸困难的程度比鸡的任何呼吸道传染病明显而严重；剖检死鸡时可见气管出血，并有黏液、干酪样物和血凝块。

【预防和控制】

1. 生物安全措施

（1）搞好鸡场的卫生消毒工作，康复鸡或接种疫苗的鸡与健康鸡进行严格隔离是防止本病流行的有效方法。

（2）禁止可能污染的人员、饲料、设备和鸡只的移动是成功控制本病的关键。

（3）未发生过 ILT 的鸡场，不主张接种疫苗。

2. 免疫接种

（1）疫苗的种类。弱毒疫苗有鸡胚培养活疫苗和组织细胞培养活疫苗，经点眼免疫，但一般毒力较强，可引起不同的免疫副反应，甚至成批死亡。

（2）免疫方法。传染性喉气管炎的免疫以细胞免疫为主，免疫的最佳方式是涂肛，也可进行滴鼻点眼免疫，饮水或气雾免疫效果不理想。

（3）免疫程序。5～7 周龄首免，12～15 周龄加强免疫，点眼免疫（单侧），每只鸡 1 滴（0.03mL）。主要用于饲养期长的种鸡、蛋鸡和黄鸡，白羽肉鸡在受 ILT 威胁时接种。鸡群发生 ILT 时，可用疫苗对健康鸡进行紧急接种。

传染性喉气管炎免疫注意事项

3. 治疗

（1）使用多西环素、泰乐菌素、红霉素、泰妙菌素等药物预防和控制继发感染，促进康复。

（2）氢化可的松、土霉素各 0.5g，溶解在 10mL 注射用水中，用口鼻喷雾器喷入鸡喉部，每次 0.5～1mL，每天早晚各一次，连用 2～3d。

（3）中药喉炎净散。拌料连用 3～5d。

>>>> 传染性法氏囊病 <<<<

传染性法氏囊病是由传染性法氏囊病病毒（IBDV）引起的一种急性、高度接触性传染病。此病首次发生于美国特拉华州冈博罗附近的一些鸡场的肉鸡群，所以也称为冈博罗病。主要症状为腹泻、畏寒、脱水、极度虚弱。法氏囊和肾的病变具有特征性的变化。鸡感染后，可导致免疫抑制和极度虚弱，在养鸡场中造成相当大的经济损失。

【病原】　传染性法氏囊病毒（IBDV）有两个血清型，即Ⅰ型和Ⅱ型。血清Ⅰ型对鸡致病，血清Ⅱ型对鸡不致病但对火鸡致病。Ⅰ型和Ⅱ型之间无交叉免疫。血清Ⅰ型又分 6 个亚型，亚型之间的交叉保护率为 10%～70%，这种抗原性的差异是导致免疫失败的原因之一。传染性法氏囊病毒根据毒力可分为弱毒（弱毒、中等、中等偏强）、强毒和超强毒。

IBD 病毒在环境中抵抗力强。由于该病毒耐酸、耐碱，对紫外线有抵抗力，在鸡舍中可存活 122d，在受污染饲料、饮水和粪便中 52d 仍有感染性。一般的消毒剂对其效果较差，较好消毒剂为甲醛、碘制剂和氯制剂。

【流行病学】

1. 传染源 病鸡和带毒鸡。

2. 传播途径 通过被鸡排泄物污染的饲料、饮水和垫料等经消化道传染，也可以通过呼吸道和眼结膜等传播。

3. 易感动物 鸡对本病最易感，主要发生于 2～15 周龄的鸡，以 3～6 周龄的鸡最易感。

4. 流行特点 本病潜伏期为 2～3d，4～6 月份为发病高峰期，所有的鸡均可发病，传播迅速，感染率及发病率高，呈尖峰式死亡，死亡率一般在 5%～30%。超强毒株感染，鸡群的死亡率可高达 70% 以上。目前典型法氏囊病多见于肉鸡。

本病因法氏囊受损导致免疫抑制，造成马立克氏病、新城疫等免疫失败，本病易与大肠杆菌病、沙门杆菌病、球虫病、曲霉菌病、新城疫及慢性呼吸道疾病等并发或继发感染，致使死亡率明显增加，治疗更为困难。近年来，由于超强毒株及抗原变异株的出现，IBD 的发生和流行又出现新的特点：①发病日龄提前或滞后，高日龄鸡群患病后形成区域性暴发；②发病多集中在 15～30 日龄，这是因为母源抗体逐渐消失，而新免疫抗体还不足以获得完全保护；③宿主群体范围拓宽；④非典型病例增多，多为反复发病；⑤出现超强毒株或抗原变异株，导致免疫鸡仍然可以发病，发病鸡群以出现亚临诊型症状为主。

【临床症状】

1. 典型感染 潜伏期 2～3d，鸡群常突然发病，并迅速波及鸡群。病鸡表现精神不振、食欲下降、羽毛蓬乱、翅膀下垂，呆立；有的病鸡自啄肛门，排绿白色稀便；严重病鸡伏地，机体脱水，趾爪干瘪，眼窝凹陷，最后极度衰竭死亡。发病 3d 后，体温常升高随后下降，3～7d 死亡率较高，随后迅速减少，呈尖峰式死亡，病程约 7d。如果鸡群死亡数量再次增多，往往预示继发感染，病程可达半月之久。发病后期易继发鸡新城疫及大肠杆菌病等，使死亡率增高。

2. 非典型感染（亚临诊感染） 本型通常发生于 3 周龄内的鸡，症状不明显，主要表现为少数病鸡精神不振，食欲减退，轻度腹泻，也不呈尖峰式的死亡，死亡率一般在 3% 以下。病程延长，同批鸡群常会出现反复发病，并且病例不断增多。该病型主要引起免疫抑制，从而发生许多并发症和继发症。

【病理变化】 常呈现脱水，胸肌、腿肌有不同程度的条状或斑状出血，腺胃和肌胃交界处有条状出血，病鸡肾有不同程度肿胀、肾小管和输尿管内有白色尿酸盐沉积，肾呈"花斑状"。特征性病变是法氏囊肿大，比正常肿大 2 倍以上，浆膜水肿，表面有浅黄色胶冻样渗出液。剖开囊壁，内有奶油样、干酪样渗出物，有出血点或出血斑，严重时法氏囊呈紫葡萄状，感染后期，法氏囊萎缩，囊壁变薄，呈灰色或蜡黄色，黏膜皱褶不清或消失。

传染性法氏囊病病理变化

超强毒株感染鸡的日龄小于 3 周龄，死亡率高达 60%～70%，造成体液免疫抑制，引起法氏囊严重出血、水肿，外观呈现紫葡萄样。变异毒株感染鸡 3d 内法氏囊迅速萎缩，造成严重的免疫抑制，不出现法氏囊的炎性水肿及出血性病变，但脾明显肿大。

【诊断】 根据本病的流行特点及病理变化可做出初步诊断。病毒分离鉴定、血清学试验和易感鸡接种是确诊本病的主要方法。

【预防和控制】

1. 生物安全措施

（1）严格的卫生消毒。IBDV 对自然环境有强的抵抗力，一旦污染鸡场，将长期存在，很难消除，可引起多批次鸡群感染发病。所以对环境和空舍的消毒是控制法氏囊病的重要措施。对污染的育雏舍要严格按照清理—清洗—消毒—熏蒸的程序进行，处理后鸡舍空舍 1 个月以上方可进鸡。

（2）在易感日龄，鸡舍温度要恒定，并且最好达到适宜温度的上限。

（3）尽量减少应激反应，特别是避免多重应激。

2. 免疫接种

（1）疫苗种类。目前我国常用的疫苗有两大类，即活疫苗和灭活疫苗。活疫苗有弱毒苗、中等毒力苗、中等偏强毒力苗三种类型。

传染性法氏
囊病接种疫
苗种类

（2）接种方法。法氏囊病活疫苗可采用饮水、滴口、滴鼻等途径免疫。其中 HOT 株、法倍灵、B87 以滴口或饮水免疫为佳，MB 株以滴鼻为佳。油乳剂灭活苗和组织灭活苗应浅层胸肌或颈部皮下注射。

（3）免疫程序。母源抗体对预防和控制 IBD 非常有效。有实验条件的可做母源抗体测定，确定最佳首免日龄。无检测条件的鸡场可参考以下免疫程序：

种鸡群：14～20 日龄弱毒疫苗饮水，28～35 日龄中等毒力疫苗饮水，开产前油乳剂灭活疫苗肌内注射；

商品蛋鸡：14～15 日龄弱毒疫苗饮水，24～25 日龄中等毒力疫苗饮水；

商品肉鸡：10～14 日龄首免，20～25 日龄二免；若母源抗体较高，可在 18～24 日龄只免疫一次。

3. 治疗方案

（1）发病后隔离病鸡，舍内外彻底消毒，提高鸡舍温度 2～3℃，饲料中蛋白质水平降低到 15%～16%，供给充足的饮水，并在饮水中加入补液盐和电解多维，有利于疾病的康复。

（2）发病鸡和假定健康鸡肌内注射高免卵黄或血清。剂量：20 日龄以内的鸡 0.5mL/只，20 日龄以上的鸡 1～2mL/只（建议注射时配合抗微生物药以控制细菌的继发感染），治疗 8～10d 后，采用法氏囊疫苗接种。

（3）采用扶正祛邪、清热解毒、凉血止痢的中药制剂治疗。

（4）病鸡群应进行鸡新城疫抗体的检测，必要时对发病鸡群进行鸡新城疫的紧急接种，以防继发鸡新城疫。法氏囊病康复鸡群不须再免疫法氏囊疫苗。

>>> 禽 痘 <<<

禽痘（FP/AP）是由禽痘病毒（FPV/APV）引起的家禽和鸟类的一种接触性传染病。该病传播慢，其特征是体表无羽毛部位出现丘疹、结痂、脱落，或上呼吸道、口腔和食道黏膜出现纤维素性坏死和增生性病灶，也可能同时发生全身性感染。禽痘是家禽很严重的疾病，可引起产蛋下降和死亡。

【病原】 本病病原为禽痘病毒。禽痘病毒主要存在于病变部位的上皮细胞内和病鸡呼吸道的分泌物中。禽痘病毒对干燥具有强大的抵抗力，脱落痂皮中的病毒可以存活几个月。在−15℃以下的环境里，保存多年仍有感染力。常用消毒药处理10min，可使其灭活。

【流行病学】

1. 传染源 病禽是主要传染源。

2. 传播途径 病鸡脱落和碎散的痘痂是禽痘病毒散播的主要媒介之一。病毒一般通过机械性传播到皮肤的伤口而引起感染，也可通过眼部感染，不能经健康皮肤和消化道感染。蚊虫在传播本病中起着重要的作用。蚊虫吸吮过病灶部的血液之后即带毒，带毒时间可长达10~30d，其间易感染的鸡被带毒的蚊虫刺吮后而传染，这是夏秋季节流行禽痘的主要传播途径。

3. 易感动物 家禽中以鸡的易染性最高，其次是火鸡。鸟类如金丝雀、燕雀、鸽、鹌鹑等也常发痘疹。各种品种及日龄的鸡均可感染，但以雏鸡和育成鸡最常发病，雏鸡死亡多，开产初期产蛋鸡也多发生。

4. 流行特点 近几年的发病日龄有提前趋势，并且肉仔鸡发病增多。皮肤型鸡痘可见于雏鸡、育成鸡和产蛋鸡，而黏膜型鸡痘多发于育成鸡。秋冬两季最易流行，秋季8~11月份多发生皮肤型禽痘，冬季则以黏膜型禽痘为主。鸡群过分拥挤、鸡舍阴暗潮湿、营养缺乏、并发或继发其他疾病时，均能加重病情和引起病鸡死亡。

【临床症状】 根据病鸡的症状和病变，可分为皮肤型、黏膜型和混合型3种病型。

1. 皮肤型 特征是冠、肉髯、眼睑、喙角和身体无毛部位有结节性病变。最初痘疹为细小的灰白色小点，随后增大形成如豌豆大、灰色或灰黄色的结节。痘疹表面凹凸不平，结节坚硬而干燥，有时结节的数目很多，可互相连接而融合，形成大的痂块。如果痘痂发生在眼部，可使眼缝完全闭合，影响禽类的采食。这些痘痂突出于皮肤表面，在体表皮肤存在大约2周之后，在病变的部位产生炎症并有出血。从痘痂的形成至脱落需3~4周，脱落后留下一个平滑的灰白色疤痕而痊愈。痘痂如被化脓菌侵入，引起感染，则会有化脓、坏死。皮肤型禽痘一般无明显的全身症状。

2. 黏膜型 以在黏膜表面出现溃疡或白喉样黄白色病变为特征，并伴有轻微鼻炎症状。初为鼻炎症状，2~3d后口腔、食道或气管等处的黏膜发生痘疹，初呈圆形的黄色斑点，逐渐形成一层黄白色的伪膜，覆盖在黏膜上面。这些伪膜是由坏死的黏膜组织和炎性渗出物凝固而成的，像人的"白喉"，故称白喉型鸡痘或鸡白喉。随着病程的发展，伪膜逐渐扩大和增厚，阻塞口腔和喉部，影响病禽的呼吸和吞咽，严重时嘴往往无法闭合，频频张口呼吸，发出"嘎嘎"的声音。

3. 眼鼻型 有些严重病鸡，鼻和眼部也受到侵害，产生所谓眼鼻型的鸡痘，病鸡先是眼结膜发炎，眼和鼻流出水样分泌物，以后变成淡黄色黏稠的脓液。时间稍长后，由于眶下窦有炎性渗出物蓄积，因而病鸡的眼部肿胀，可以挤出一种干酪样的凝固物质，甚至引起角膜炎而失明。

4. 混合型 有些病禽皮肤、口腔和食道、气管黏膜同时受到侵害和发生痘斑，称为混合型，病情严重，死亡率高。

【病理变化】

1. 皮肤型 皮肤型禽痘的特征性病变是局灶性表皮和其下层的毛囊上皮增生，

形成结节。痘疹表面凹凸不平，结节坚硬而干燥，切开结节内免出血、湿润，结节脱落后形成一个平滑的灰白色斑痕。

2. 黏膜型 黏膜型禽痘的病变出现在口腔、鼻、咽、喉、眼或气管黏膜上。发病初期只见黏膜表面出现稍微隆起的白色结节，后期连片，并形成干酪样伪膜，可以剥离。有时全部气管黏膜增厚，病变蔓延到支气管时，可引起附近的肺部出现肺炎病变。

3. 眼鼻型 眼结膜发炎、潮红，切开眶下窦，内有炎性渗出物蓄积；切开眼部肿胀部位，可见黄白色干酪样凝固物。

4. 混合型 混合型禽痘出现以上两种或两种以上的症状。

【诊断】 禽痘在皮肤、黏膜上形成典型的痘疹和特殊的痂皮及伪膜，结合其发病情况，如蚊虫发生的夏季、初秋以皮肤型多见，而冬季以黏膜型多发；老龄鸡有一定的抵抗力，而1月龄或开产初期产蛋鸡有多发的倾向，常可做出初步诊断。

【预防和控制】

1. 生物安全措施

（1）在立秋前，通过清除鸡舍周围杂草，清理鸡场周围的水沟等措施，以减少或消灭吸血昆虫。

（2）在鸡舍安装纱窗门帘，并用5%DDT或7%的马拉硫磷喷洒纱窗和门帘防止蚊虫进入鸡舍。

2. 免疫接种

（1）疫苗种类。目前应用最普遍的是我国培育成功的鸡痘鹌鹑化弱毒疫苗，该疫苗对幼鸡有轻微毒力，适合于20日龄以上的鸡接种，用于6～20日龄的小鸡时，需将疫苗加倍稀释后使用。

（2）接种方法。一般采用羽膜刺种法。操作方法：用消毒过的刺种笔蘸取疫苗，在翅膀内侧无血管处皮下刺种1～2下，刺种后7d左右，需要检查刺种效果，如果刺种部位产生痘痂，说明有效。否则，必须再刺种1次。

（3）免疫程序。20～30日龄鸡痘活疫苗首免，70～80日龄二免。

（4）免疫注意事项。①接种方法。一般采用翅膀内侧无血管处皮下刺种。采用饮水免疫或注射效果不佳。②疫苗出痘检查。刺种后4～6d抽查10%左右的鸡，观察有无"出痘"现象。"出痘"即接种部位的皮肤肿胀和结痂，是免疫成功的标志。若抽检鸡80%以上有反应，则刺种成功。反之，若反应率低，应重新接种。③疫苗一定要选用SPF鸡胚制备的疫苗，以减少垂直传播疾病而造成的感染。④鸡群开始暴发鸡痘时，如果只有少数鸡被感染，应立即对其他未受感染的鸡进行免疫接种。

3. 治疗

（1）防止细菌继发感染。尤其要防止葡萄球菌的感染。可用阿莫西林混饮（60mg/L），或恩诺沙星混饮（50mg/L），连用5～7d。

（2）对症治疗。在破溃的部位可用1%碘甘油或紫药水局部治疗。对眼鼻型鸡痘早期可用庆大霉素眼药水点眼治疗。

（3）中草药配方：紫草60g，龙胆末30g，明矾60g。先将紫草用水浸泡20min，再用文火煎1h，过滤去渣取汁，加入明矾和龙胆末，再用慢火熬20min，供100只鸡每天早、晚两次喂服。用本方治疗鸡痘效果很好。

>>> 马立克氏病 <<<

马立克氏病（MD）是由疱疹病毒引起鸡的一种淋巴组织增生性肿瘤病。此病以外周神经、性腺、内脏器官、虹膜、肌肉和皮肤的单独或多发的单核细胞浸润为特征。因此，曾将该病分为神经型、眼型、内脏型和肌肉型。该病具有高度传染性，也是一种免疫抑制性疾病。目前呈世界性分布，对养禽业造成严重经济损失。

【病原】　马立克氏病病毒（MDV）是一种细胞结合性病毒，属于疱疹病毒科中的Ⅱ型鸡疱疹病毒。MDV分为三个血清型：血清Ⅰ型为致瘤的MDV，包括强毒株及其致弱毒株；血清Ⅱ型，在自然情况下存在于鸡体内，但不致瘤；血清Ⅲ型为火鸡疱疹病毒。MDV有两种存在形式，即无囊膜的裸体病毒粒子和有囊膜的完整病毒粒子。前者有严格的细胞结合性，结合在鸡的肿瘤细胞及其他细胞中，与细胞共存亡，一旦离开活体组织和细胞，其致病性会显著下降或丧失；后者有囊膜的完整病毒粒子常被病鸡脱落的上皮组织保护，随皮屑灰尘散播，在鸡舍中存活时间较长，室温下能存活16周以上，对常用的消毒药有较强的抵抗力，需要较大的浓度和较长时间才能将其杀死。

【流行病学】

1. 传染源　感染的鸡只，包括病鸡和带毒鸡。

2. 传播途径　病毒通过直接或间接接触经空气传播。病鸡脱落的羽毛和皮屑含有传染性病毒，使得鸡舍的灰尘由于成年累月积累导致传染性。很多外表健康的鸡可长期持续带毒、排毒。故在一般条件下MDV在鸡群中广泛传播，于性成熟时几乎全部感染。本病不发生垂直传播。

3. 易感动物　主要感染鸡，野鸡、雉鸠、火鸡、鹌鹑、鹦鹉、鸽、鸭、鹅等也可感染。本病多发于2月龄以上的鸡，主要表现为散发死亡。

4. 流行特点　本病的发病率和死亡率受许多因素影响，如感染病毒的毒力、剂量、感染途径、受感染鸡的日龄、性别、遗传特性及其他应激因素。1周龄内的雏鸡对MDV最易感，随着日龄的增长，易感性逐渐降低。1日龄的雏鸡比成鸡（14~26周龄）的易感性大1 000~10 000倍，且母鸡比公鸡易感性高。一般雏鸡阶段感染，育成期以后发病，发病主要集中在2~5月龄的鸡，本病会造成免疫抑制，一般来说发病率和死亡率几乎相等，一旦发病应立即淘汰。

我国对商品白羽肉鸡一直未采取免疫预防措施，但近年来，因毒力极强的马立克氏病病毒的存在，致使发病日龄提前，最早在30~50日龄就开始发病（肉鸡），给本病的防治带来新的问题。在一些污染严重地区的肉鸡群，鸡马立克氏病死亡率达3%~20%，胴体废弃率达10%以上。

【临床症状】　本病是一种肿瘤性疾病，潜伏期较长。自然发病大多发生在8~9周龄以后的鸡，产蛋鸡通常在16~20周龄以后出现临床症状。MD急性暴发时，大多数鸡精神极度委顿，几天后才有特征性瘫痪出现。有些鸡突然死亡。多数鸡则脱水、消瘦和昏迷。

MD的特征性症状是不对称性、进行性不全麻痹（轻瘫），然后是一条或两腿完全麻痹。因侵害的神经不同而表现不同的症状。最常见坐骨神经受侵害，病鸡特征性姿势是一只腿伸向前方，另一只腿伸向后方，呈"劈叉"状。有些病鸡眼睛虹膜受害，导致失明。一侧或两侧虹膜不正常，色彩消退。瞳孔呈同心环状或斑点状以至弥漫性灰白色，开始时边缘变得不齐，后期则仅为一针尖状小孔。病程长者体重减少、肤色苍白、食欲不振和下痢等。死亡通常是由于饥饿、失水或同栏鸡的踩踏所致。

肉鸡感染马立克氏病强毒或超强毒时，特别是在一周龄内感染，主要引起鸡群生长缓慢（僵鸡）、消瘦、瘫痪，造成免疫抑制，抗病力下降，从而导致大肠杆菌、新城疫、慢性呼吸道病以及其他一些传染病发生。抗生素和疫苗使用效果差，死亡率增高。有少数鸡在出栏前有马立克氏病的病理变化。

马立克氏
病病理变化

【病理变化】 最常见的是外周神经病变。应重点检查坐骨神经丛和臂神经丛。受害神经横纹消失，变为灰白色或黄白色，呈水煮样肿大变粗，局部或弥漫性增粗，可达正常的2～3倍以上。病变常发生于一侧，将两侧神经对比有助于诊断。

内脏器官常被侵害的是卵巢、肺、心脏、肝、脾、胸腺；其次为肾、肠系膜、胰腺、肠、虹膜、肌肉和皮肤。在上述器官和组织中可见大小不等的肿瘤块，灰白色，质地坚硬而致密，有时肿瘤呈弥漫性，使整个器官变得很大。个别病鸡因肝、脾高度肿大而破裂，造成内出血而突然死亡。头部苍白，肝有裂口，肝表面有大的血凝块，腹腔内有大量血水。除法氏囊外，内脏的眼观变化很难与禽白血病等其他肿瘤相区别。法氏囊通常萎缩，极少数情况下发生弥漫性增厚的肿瘤变化。皮肤有清晰的白色结节，拔毛后的胴体尤为明显。

【诊断】 本病一般发生于1月龄以上的鸡，3～5月龄为发病高峰时间；病鸡常有典型的肢体麻痹症状；出现外周神经受害、法氏囊萎缩、内脏肿瘤等病变。根据以上特征，一般可做出现场诊断。本病的内脏肿瘤与鸡淋巴白血病、网状内皮组织增生症在剖检变化上很相似，需要做鉴别诊断。

表8-1 马立克氏病、淋巴细胞性白血病和网状内皮组织增生症的鉴别诊断

（崔尚金，2004. 禽病鉴别诊断与防治）

病　　名	马立克氏病	淋巴细胞性白血病	网状内皮组织增生症
病原	马立克氏病病毒	淋巴细胞性白血病病毒	网状内皮组织增生症病毒
发病年龄	4周龄以上	16周龄以上	4周龄以上
麻痹或瘫痪	常见	无	少见
病死率	10%～80%	3%～5%	1%
神经肿瘤	常见	无	少见
皮肤肿瘤	常见	少见	少见
肠道病变	少见	常见	常见
心脏肿瘤	常见	少见	常见
法氏囊肿瘤	少见	常见	少见
法氏囊萎缩	常见	少见	常见
虹膜混浊及病变	常见瞳孔边缘不齐，缩小	无	无

【预防和控制】

1. 生物安全措施 严格的消毒制度是防止雏鸡早期感染的关键因素。加强孵化室的卫生消毒工作和育雏期的饲养管理。育雏场要与产蛋鸡场、育成鸡场分开设立，或在鸡场设有特定的、隔离较好的育雏区域。

2. 免疫接种　本病是迄今为止唯一能用疫苗进行防治的肿瘤性疾病。马立克氏病防控的关键是选用合适的疫苗，并尽早接种，使鸡群产生抵抗力，防止早期感染。使用多价苗或双价苗有效地防止超强毒马立克氏病病毒的感染。多价疫苗的预防效力达91%。多价疫苗或双价疫苗对预防马立克氏病病毒早期感染是有效的，因为细胞结合毒一旦进入机体，病毒的繁殖与激发免疫要比火鸡疱疹病毒苗快得多。

马立克氏病
疫苗种类

出壳雏鸡24h内，每羽注射2 000以上蚀斑单位的CVI988液氮苗或4 000以上蚀斑单位HVT冻干苗。稀释后的疫苗应在0.5~1h内用完。个别污染严重的鸡场，可在出壳1周内用马立克氏冻干苗进行二免。一般认为，二免效果不确切。对大型养殖场也可采用胚胎免疫，即在18~20日龄胚胎进行MD疫苗免疫注射。

>>> 禽白血病 <<<

禽白血病是由禽C型反录病毒群的病毒引起的禽类多种肿瘤性疾病的总称。其特征是在成鸡中缓慢发作，持续性低死亡率和法氏囊、内脏器官（特别是肝、脾、肾）发生肿瘤性病变。最常见的是淋巴细胞性白血病，其次是成红细胞白血病、成髓细胞白血病。此外，还可引起骨髓细胞瘤、内皮肿瘤、纤维肉瘤等。大多数肿瘤侵害造血系统，少数侵害其他组织。

【病原】　禽白血病病毒（ALV）属于反录病毒科禽C型反录病毒群。禽白血病病毒与肉瘤病毒紧密相关，因此统称为禽白血病/肉瘤病毒群。鸡的禽白血病/肉瘤病毒群可分为6个亚群（A、B、C、D、E和J）。本病毒对温度敏感，对热抵抗力弱。

【流行特点】

1. 传染源　本病的传染源是病鸡和带毒鸡。

2. 传播途径　鸡白血病病毒主要以垂直传播方式进行传播；通过直接或间接接触也可发生水平传播，但比较缓慢，多数情况下接触传播被认为是不重要的。

3. 易感动物　后天感染的鸡带毒排毒现象与鸡的日龄有很大关系。日龄越大，排毒带毒现象越低。雏鸡在2周龄以内感染这种病毒，发病率和感染率很高，残存母鸡产的蛋带毒率也很高。4~8周龄雏鸡感染后发病率和死亡率大大降低，其产的蛋也不带毒。10周龄以上的鸡感染后不发病，产的蛋也不带毒。

4. 流行特点　本病潜伏期长，传播缓慢，发病持续时间长，一般无发病高峰。本病的感染虽很广泛，但临床病例的发生率相当低，一般多为散发。多发生在16周龄以上的鸡。病死率为3%~5%。鸡群继发其他疾病和某些应激因素，对白血病发病率有一定影响。饲料中维生素缺乏、内分泌失调等因素可促进本病的发生。

【临床症状】　临床中分为淋巴细胞性白血病、成红细胞性白血病、成髓细胞性白血病、骨髓细胞瘤病、骨硬化病等类型，以淋巴细胞性白血病最为普遍。

1. 淋巴细胞性白血病　本病是最常见的一种病型，14周龄以后开始发病，在性成熟期发病率最高。病鸡精神委顿，鸡冠及肉髯苍白、皱缩，偶见发绀，全身衰弱，食欲减退或废绝，腹泻、进行性消瘦和贫血，衰竭而死。蛋鸡产蛋停止，腹部常明显膨大，用手按压可摸到肿大的肝，最终衰竭死亡。

2. 成红细胞性白血病　分为增生型和贫血型，此病比较少见，常发生于6周龄以上的高产鸡。病程从12d到几个月不等。病鸡消瘦、下痢，冠稍苍白或发绀，全身衰弱，嗜睡。

3. 成髓细胞性白血病　此型很少自然发生。病鸡嗜睡、贫血、消瘦、毛囊出血，病程比成红细胞性白血病长。

4. 骨髓细胞瘤病　此型自然病例极少见。其全身症状与成髓细胞性白血病相似。

5. 骨硬化病　病鸡发育不良、苍白、行走拘谨或跛行，晚期病鸡的骨呈特征性的长靴样外观。

6. 其他类型　其他类型如血管瘤、肾瘤、肾胚细胞瘤、肝癌和结缔组织瘤等，自然病例均极少见。

【病理变化】

1. 淋巴细胞性白血病　肝、脾、肾、法氏囊、心肌、性腺、骨髓、肠系膜和肺等多处形成肿瘤结节或弥漫性肿瘤，白色到淡黄白色，大小不一；骨髓褪色呈胶冻样或黄色脂肪浸润。

2. 成红细胞性白血病　贫血型和增生型均为全身性贫血，皮下、肌肉和内脏有点状出血。贫血型内脏常萎缩，脾萎缩最严重，骨髓色淡呈胶冻样，血液中仅有少量未成熟细胞。增生型肝、脾、肾弥漫性肿大，呈樱桃红色到暗红色，有的剖面有灰白色肿瘤结节。

3. 成髓细胞性白血病　骨髓坚实，呈红灰色至灰色，肝及其他内脏有灰色弥漫性肿瘤。

4. 骨髓细胞瘤病　骨髓细胞瘤呈淡黄色，柔软脆弱或呈干酪状，呈弥散或结节状，且多两侧对称。

5. 骨硬化病　骨干或骨干长骨端区有均匀或不规则的增厚。

【诊断】　鸡白血病的感染非常普遍，又因为感染并不经常导致肿瘤的发生，所以单纯的病原和抗体的检测没有实际的诊断价值。实际诊断中，常根据血液学检查和病理学特征，结合病原和抗体的检查来确诊。淋巴细胞性白血病应注意与马立克氏病区别。但病原的分离和抗体的检测是建立无白血病鸡群的重要手段。

【预防和控制】

（1）减少种鸡群的感染率和建立无白血病的种鸡群是控制本病的最有效措施。定期检测，淘汰阳性鸡，特别是外来引进鸡种更要严格隔离检测，避免引进种鸡的同时带入本病。鸡场的种蛋、雏鸡应来自无白血病种鸡群，同时加强鸡舍孵化、育雏等环节的消毒工作，特别是育雏期（最少1个月）封闭隔离饲养，并实行全进全出制。

（2）本病主要为垂直传播，病毒型间交叉免疫力很低，雏鸡多呈免疫耐受，对疫苗不产生免疫应答，目前无有效的疫苗和药物。

（3）发病鸡无有效的治疗方法，只能淘汰。

▶▶▶ 产蛋下降综合征 ◀◀◀

产蛋下降综合征（EDS-76）是一种由腺病毒引起的能使蛋鸡产蛋率下降的病毒性传染病。病鸡不表现明显的临床症状，而以产蛋量下降、蛋壳异常（软壳蛋、薄壳蛋、破损蛋）、蛋体畸形、蛋质低劣为特征。

【病原】　产蛋下降综合征病毒属于禽腺病毒，在鸭胚中生长良好，可使鸭胚致死。病毒能凝集鸡、鸭、鹅等禽类的红细胞。

禽白血病
病理变化

【流行病学】

1. 传染源 病鸡、带毒鸡及带毒的水禽。

2. 传播途径 本病的主要传播方式是经蛋垂直传播。其水平传播是缓慢和间歇性的，通常在一栋笼养鸡舍内发生后，约两个半月传播到全群。

3. 易感动物 任何年龄的鸡均有易感性，但产蛋高峰的鸡最易感。

4. 传播媒介 病毒污染过的鸡蛋、水源、饲料、工具及人员等均可成为传播的媒介。鸡群发病可能与雏鸡阶段感染传染性支气管炎、呼肠孤病及慢性呼吸道病等有关。

【临床症状】 感染鸡群常无明显的全身症状。最常见的表现是 26～36 周龄产蛋率比正常下降 20%～30%，甚至可达 50%；产出薄壳蛋、无壳蛋、小蛋；蛋体畸形，蛋壳表面粗糙，一端常呈细颗粒状，如砂纸样；褐壳蛋则蛋壳褪色，蛋白呈水样，蛋黄色淡，或蛋中混有血液；异常蛋可占 15% 以上，蛋的破损率增高达 40%；产蛋下降持续 4～10 周后逐渐恢复正常，受精率和孵化率一般不受影响；部分病鸡减食、腹泻、贫血、羽毛蓬乱、精神呆滞等。

【病理变化】 鸡群发病过程中很少因此病死亡，无特异的具有诊断价值的病理变化。但是，会出现输卵管水肿、萎缩或黏膜出血呈卡他性炎症，卵巢萎缩或出血，子宫黏膜发炎，蛋白如水，蛋黄色淡，或蛋白中混有血液等。

【诊断】 主要依靠本病的流行特点和临床表现，在产蛋高峰期发生产蛋下降，特别是异常蛋很多，无其他表现，应考虑本病。临床应注意与以下疾病的鉴别诊断：

（1）禽脑脊髓炎。产蛋率下降，蛋重变小，但蛋壳颜色、强度无任何变化。

（2）传染性支气管炎。也表现产蛋下降，但在临床上有呼吸道症状，并多产畸形蛋，蛋的形状、大小多发生变化，蛋壳粗糙、不光滑，有的蛋清水样化。

（3）非典型新城疫。可见有绿色腹泻，蛋的变化多为软壳蛋。

（4）低致病性禽流感。有呼吸道症状，个别肿眼、流泪，食欲减退，后期小蛋、畸形蛋增多。输卵管内有脓性分泌物。

（5）骨软症。破损蛋增多，病鸡瘫痪，通过调整饲料可逐渐恢复。

【预防和控制】

1. 生物安全措施

（1）本病主要是通过蛋垂直传播的，最好的防治办法是用未感染本病的鸡群留种蛋。

（2）严格执行兽医卫生制度：鸡场应与鸭场分开，加强鸡场和孵化室消毒工作，合理处理粪便。

2. 预防接种 疫苗接种是防治本病的主要措施。应在开产前 2 周用产蛋下降综合征灭活苗或联苗进行免疫。

3. 治疗 发病鸡群饲料中多维素用量加倍，每千克饲料添加 3g 蛋氨酸，同时加抗生素防止输卵管炎，有利于鸡群的恢复。鸡群发病后，应注意隔离、淘汰。

▶▶▶ 病毒性关节炎 ◀◀◀

病毒性关节炎（AVA）又称传染性腱鞘炎，是由禽呼肠孤病毒引起鸡和火鸡以关节炎、腱鞘炎为特征的传染病。主要症状为跗关节肿胀、疼痛、跛行甚至瘫痪，严重的病例发生腓肠肌腱断裂，病鸡跛行、蹲坐，不愿走动，生产性能低下，是肉鸡的主要疫病之一。禽呼肠孤病毒的感染在鸡群中普遍存在，常无症状，但可表现为病毒性关节炎以及暂时性消化系统紊乱（TDSD），曾称为吸收不良综合征（MAS）。禽呼肠孤病毒常见于 MDV、IBDV 等感染的病例，一般认为由于它的混合感染，加剧病情。

【病原】 本病病原为呼肠孤病毒科、呼肠孤病毒属的禽呼肠孤病毒（REOV）。目前查明的有 11 个血清型。对外界环境因素抵抗力强，耐热，有效的消毒剂为碱性消毒液、0.5%有机碘和 5%过氧化氢溶液。

【流行病学】

1. 传染源 病鸡和带毒鸡是主要传染源。

2. 传染途径 水平感染是其主要传播方式。鸡感染呼肠孤病毒后肠道和呼吸道排毒时间最少可持续 10d，但肠道排毒时间更长，因此污染的粪便是接触传染的主要来源。病毒可长期存在于盲肠扁桃体和跗关节内，带毒者是潜在的接触感染源。病毒经蛋传播（垂直传播）率很低，仅为 1.7%。

3. 易感动物 该病仅对鸡和火鸡致病，以大体型鸡为主，且肉鸡比蛋鸡易感，自然病例多见于 4～7 周龄的鸡，也见于更大的鸡，肉种鸡在开产前（16 周左右）发病率较高，而其他禽类和鸟类体内可发现禽呼肠孤病毒，但不发病。

4. 流行特点 本病感染率可为 100%，但发病率为 10%，病死率一般低于 6%。常与葡萄球菌、大肠杆菌等混合发生，造成高死亡率。

【临床症状】 本病分为腱鞘炎型和败血型两种类型。

1. 腱鞘炎型 多表现关节炎和腱鞘炎。急性感染时，鸡表现跛行，部分鸡生长受阻。慢性感染鸡的跛行更加明显，少数病鸡跗关节不能运动。有的患鸡关节炎症状虽不明显，但可见腓肠肌腱或趾屈肌腱部肿胀，有时还发现单侧性或两侧性腓肠肌肌腱断裂，足、趾关节扭转弯曲。当双侧腱断裂时，由于不能固定跖骨，而出现典型蹒跚步态，后者常伴发血管破裂。产蛋率无明显变化。

2. 败血型 病鸡精神委顿，全身发钳、脱水，鸡冠齿端软而下垂，呈紫色；产蛋鸡感染后，产蛋率下降 10%～20%。

【病理变化】 病变主要表现在患肢的胫跗关节（跗关节）。自然感染鸡的肉眼病变是趾屈肌腱及跖伸肌腱肿胀，从跗关节上部触诊能明显感觉到跖伸肌腱的肿胀，拔毛后更容易观察到病变。爪垫和跗关节肿胀比较少见。跗关节腔内有淡黄色或血样渗出物，继发感染的可见大量脓性分泌物。感染早期跗关节和跖关节腱鞘明显水肿，跗关节内滑膜经常有点状出血。此外，还可见心外膜炎，雏鸡可见肝、脾和心肌有小坏死灶。

【诊断】 根据症状及病理变化可做出诊断。本病应注意与传染性滑膜炎、葡萄球菌性关节炎等疾病相鉴别。

（1）葡萄球菌病。可引起骨髓炎、关节炎、股骨头坏死。病鸡胸腹部着地，并可从关节液涂片中发现葡萄球菌。

（2）滑液囊支原体病（MS）。趾部肿胀，切开后有渗出物，临床多伴有呼吸道症状出现，不出现关节扭转弯曲。

【预防和控制】

1. 生物安全措施

（1）对商品鸡采取"全进全出"的饲养方式。每批鸡出售后要用碱液或有机碘消毒剂彻底消毒鸡舍，并利用福尔马林和高锰酸钾进行熏蒸，以彻底消灭环境中的病毒。

（2）种蛋和种苗的选择一定要慎重，严禁从有本病的鸡场引入鸡苗和种蛋。对患病的种鸡要坚决淘汰，防止疫病经种蛋垂直传播。

2. 免疫接种　免疫接种是目前预防鸡病毒性关节炎的最有效方法。病毒性关节炎疫苗分为弱毒活苗和油乳剂灭活苗两种。

常用的弱毒苗有呼肠孤病毒 S1133 疫苗，毒力弱，可用于首免，即使用于 1 日龄雏鸡也安全。但 1 日龄接种，会干扰马立克氏病疫苗的免疫效果，两种疫苗相隔 5d 以上；超过 14 日龄接种，雏鸡免疫效果较差。故常用于 5 日龄左右雏鸡的基础免疫。

油乳剂灭活苗有进口和国产的禽呼肠孤病毒灭活苗和新城疫-病毒性关节炎二联苗。

免疫程序：种鸡，5～7 日龄弱毒苗首免，8～10 周龄再用弱毒苗二免，开产前 2 周（蛋种鸡 100～130 日龄、肉种鸡 130～160 日龄）再肌内注射一次油乳剂灭活苗。肉用仔鸡，5～7 日龄弱毒苗接种一次即可。

3. 治疗　本病无有效的治疗方法，发病后可挑出发病鸡进行隔离饲养，症状严重的应及时淘汰。同时在饲料中添加土霉素等药物，以控制葡萄球菌、滑液囊支原体等病原的继发或并发感染。

>>> 鸡传染性贫血 <<<

鸡传染性贫血（CIA）曾称为蓝翅病、出血性综合征或贫血性皮炎综合征，是由鸡传染性贫血病毒（CIAV）引起的一种以侵害雏鸡为主的免疫抑制性和蛋传性传染病。其特征是再生障碍性贫血和全身淋巴组织萎缩。CIAV 感染鸡群可引起免疫抑制，从而继发感染和疫苗的免疫失败，造成重大损失，特别是肉鸡生产。

【病原】　本病的病原为鸡贫血病毒，属于圆环病毒科，圆环病毒属。只有一个血清型。病毒对一般消毒药物抵抗力较强，对福尔马林、氯制剂等消毒剂敏感。

【流行病学】

1. 传染源　病鸡和带毒鸡是主要传染源。

2. 传播途径　本病的传播方式有两种，第一种为垂直传播，是本病主要的传播方式，成年种鸡感染 CIAV 后，可经卵巢垂直传播，引起新生雏鸡发生典型的贫血病。但在 15 周龄以前感染 CIAV 的母鸡一般不发生垂直传播。第二种为水平传播，健康鸡主要是直接摄入了含有病毒的粪便而引起消化道感染，其次是呼吸道感染，也可经污染了 CIAV 的疫苗而感染。一般认为，CIAV 水平传播不能致病而呈亚临床型，但细胞免疫抑制状态可持续很长时间。这足以加剧其他原发性传染病（如 MD、IBD、IB）的严重程度，也会激发某些继发性感染（如大肠杆菌病、隐孢子虫病、包含体肝炎等）。CIAV 的这种危害远超过临床病型。

3. 易感动物　鸡是唯一的易感动物。所有年龄的鸡都可感染，但对本病毒的易感性随日龄的增长而急剧下降，1～7 日龄雏鸡最易感，自然发病多见于 2～4 周龄鸡，6 周龄以上多呈亚临床感染。肉鸡比蛋鸡易感，公鸡比母鸡易感。

4. 流行特点　本病发病率为 20%～60%，残废率为 5%～10%。往往诱发或继发其他病，尤其是 MD 和 IBD，可加重两者的发病及死亡，如促进 MD 肿瘤形成及排毒，加重 IBD 的法氏囊病变等。反之，MDV、IBDV 也可增加本病的严重性，使胸腺和骨髓破坏更为严重。本病与 MD、IBD、RE 等属于免疫抑制最严重的传染病，往往使感染鸡群发生免疫失败，特别是对 MD 和 IBD。当前，国内许多地区 MD、IBD 免疫效果不佳，往往和 CIAV 的混合感染有关。

【临床症状】　本病的主要临床特征是贫血。病鸡感染后 14～16d 贫血最严重，病鸡表现厌食、精神沉郁、虚弱、消瘦、体重减轻，喙、肉髯和可视黏膜苍白，羽部皮下有出血病灶。生长不良，排白色稀粪。发病后 5～6d 病鸡大量死亡，但死亡率通常不超过 30%。

感染鸡常继发产气荚膜梭菌和金黄色葡萄球菌感染，引起肌肉和皮下组织的坏疽性皮炎；也可使鸡群对大肠杆菌、包含体肝炎腺病毒、传染性法氏囊病病毒、马立克氏病病毒和呼肠孤病毒等病原的易感性增高。有些鸡群在第一个死亡高峰两周后出现第二个死亡高峰，究其原因，除水平传播外，往往是由继发感染所致。

【病理变化】　单纯的鸡传染性贫血最特征性的病变是骨髓萎缩。大腿骨的骨髓发白；胸腺萎缩、充血，严重时可导致完全退化；法氏囊萎缩不明显，大多数病鸡法氏囊的外观呈半透明状态。肌肉及内脏器官苍白，肝、肾肿大并褪色，血液稀薄，凝血时间延长。

【诊断】　6 日龄以内小鸡尤其是肉仔鸡出现严重贫血，生产性能降低和死亡率升高，有明显免疫抑制时，应考虑到 CIAV 感染的可能性。通过病理剖检发现胸腺萎缩和骨髓脂肪变性，有利于对该病的诊断。确诊需进行病毒分离鉴定及血清学试验。

【预防和控制】

1. 生物安全措施

（1）加强种鸡的管理，防止感染传染性贫血病。建立无传染性贫血病污染的种鸡群。

（2）防止由传染病和其他因素导致的免疫抑制，做好 MD、IBD 等病的免疫接种。

2. 免疫接种　对本病的预防主要是采取种鸡主动免疫，通过母源抗体来保护雏鸡。目前常用的疫苗是由鸡胚生产的活疫苗，毒株为 CUX-1 株，可通过饮水免疫途径对 13～15 周龄种鸡进行接种，子代通过母源抗体而获得保护。该疫苗对雏鸡有一定的致病性，产蛋期接种又可经卵垂直传播。所以免疫接种应该在 13～15 周龄，不能过小（如 10 周内），也不能在开产前 3～4 周接种。

3. 治疗措施　目前尚无特效的治疗方法，发病后应及时隔离淘汰病鸡，同时饲料或饮水中添加新霉素、维生素 K_3、磷酸左旋咪唑（混饲：50～100mg/kg，混饮：25～50mg/L）和免疫增强剂。

>>> 鸡包含体肝炎 <<<

鸡包含体肝炎（IBH）又称贫血综合征，是由禽腺病毒引起的一种急性传染病，其特征为病鸡死亡突然增多，严重贫血、黄疸，肝肿大、褪色发黄，有出血和坏死灶。

【病原】　包含体肝炎病毒属于腺病毒科的禽腺病毒属 I 群，有 12 个血清型，目前认为鸡腺病毒 8 型、2 型、5 型、3 型、4 型等血清型是鸡包含体肝炎的主要病原体。本病毒对热较稳定，在室温下其致病力可保持 6 个月，在干燥的 25℃下可存活

7d，对福尔马林、次氯酸钠、碘制剂较敏感。

【流行病学】

1. 传染源 病鸡和带毒鸡。

2. 传播途径 垂直传播和水平传播。本病可通过发育鸡胚垂直传播，一旦传入，很难消除；也可通过接触病鸡或被病鸡污染过的鸡舍、饲料、饮水等经消化道而传染。

3. 易感动物 只有鸡易感，5周龄鸡最易感。

4. 流行特点 本病多发于4～10周龄的鸡，肉鸡多发，产蛋鸡很少发病，以3～9周龄的鸡最常见。包含体肝炎若继发细小病毒病、鸡贫血因子、马立克氏病、白血病、支原体病、大肠杆菌病或坏死性肠炎，导致病情加剧，病死率上升，种禽淘汰率升高。

【临床症状】 病鸡表现精神沉郁，嗜睡，下痢，羽毛粗乱，缺少光泽。有的病鸡出现贫血和黄疸。感染发病后3～4d突然出现死亡高峰，5d后死亡减少或逐渐停止，病程一般为10～14d。鸡群日死亡率的突然上升是一大特点。病鸡或者康复，或者在24h内死亡，总病死率为8%～10%，如有 IBDV 和 CIAV 混合感染时病情会加重，病死率上升。

【病理变化】 肝肿大呈黄棕色，质地脆弱，包膜下可见斑点状出血，并见有隆起黄白色坏死灶；肾肿大呈灰白色，并有出血点；脾有白色斑点状和环状坏死；骨髓呈淡黄色油脂状，有的呈灰白色胶冻状。

【诊断】 幼龄鸡突然发病，迅速死亡，肝出血、坏死，应考虑 IBH 的可能性。IBH 常与 IBD 并发，病理变化有不少相似之处。诊断时要考虑到两种疾病同时存在的可能性。

【预防和控制】

1. 生物安全措施

（1）加强饲养管理，做好消毒工作，可减少本病的发生。

（2）避免从有该病的孵化场和鸡场引进种蛋和雏鸡。

（3）有病的鸡群应全部淘汰；消毒时，可用次氯酸钠或碘制剂等。

2. 免疫接种 本病最有效的控制方法是做好传染性法氏囊病和传染性贫血的免疫接种工作，确保雏鸡有足够的传染性法氏囊病母源抗体，可免受传染性法氏囊病的早期感染，从而有助于预防雏鸡包含体肝炎的发生。另外，由于腺病毒血清型较多，该病目前尚无疫苗可用。

3. 治疗 目前对本病尚无有效的治疗方法，净化种群是最重要的控制措施。发病时，饲料中加倍添加多维素、维生素 K_3，配合龙胆草、茵陈、黄芩、大青叶、板蓝根等中药各等份，按照1%～1.5%比例拌料，连用10d，可以控制并发症和继发感染，同时改善鸡的营养状况，增强抵抗力。

>>> 禽脑脊髓炎 <<<

禽脑脊髓炎（AE）是由病毒引起的主要以侵害幼雏中枢神经系统为特征的急性、高度接触性传染病，又称流行性震颤。典型症状是腿部瘫痪、共济失调、头颈快速震颤，病理变化为非化脓性脑脊髓炎，感染母鸡一过性产蛋下降。近年来，我国雏鸡暴发 AE 的报道日渐增多，尤其是肉鸡，危害较大。

【病原】 禽脑脊髓炎病毒（AEV）属于细小核糖核酸病毒科、肠道病毒属，该病毒只有一个血清型，但各毒株的致病性和对组织的亲嗜性不同，野毒株为嗜肠性，易经口感染和粪便排毒。

【流行病学】

1. 传染源 病鸡和带毒鸡。

2. 传播途径 AEV 通过水平和垂直两种方式传播。污染的垫料、孵化器和育雏设备等都是病毒传播的来源。一般不经过空气、吸血昆虫传播。垂直传播是本病的主要传播方式，产蛋母鸡感染 AEV 后，常通过血液循环将病毒带入蛋内，至少可持续近 20d，产蛋母鸡感染后的 3 周内所产的种蛋均带有病毒，在这些种蛋中的一部分鸡胚可能在孵化过程中死亡，另一些则可以孵化出壳。出壳的雏鸡在 1～20 日龄将陆续出现典型的 AE 临床症状。因此，此期种蛋应禁用。母源抗体可保护后代雏鸡 6 周龄内不发病。一般来说，2 周龄以内鸡发病多与垂直传播有关；2 周龄以上鸡感染多与水平传播有关。

3. 易感动物 自然感染见于鸡和火鸡，各种日龄均可感染，但多发生于 3 周龄以内的雏鸡。一般雏禽感染才有明显的临床症状，具有明显的日龄抵抗性。

4. 流行特点 本病流行无明显的季节性差异，一年四季均可发生。垂直传播的雏鸡潜伏期 1～7d，水平传播的潜伏期 12～30d，若出壳前鸡胚阶段感染则出壳后发病，一般 1～6 周龄雏鸡多发，发病率一般为 60%～80%，病死率为 30%～60%，蛋鸡产蛋率下降，畸形蛋、小蛋增多。

【临床症状】 雏鸡多于 1～3 周龄发病，极少数雏鸡至 7 周龄后发病。雏鸡最初表现两眼呆滞，精神沉郁，行动迟缓，站立不稳。随着病情的发展，病雏开始出现共济失调、头颈震颤，有些病雏翅膀和尾部出现震颤，以致最后发生瘫痪或衰竭；病雏不愿活动，常以跗关节和胫部着地行走。发病初期有食欲，常有啄食动作，但食入的料很少，当病鸡完全麻痹后，常因无法饮食及相互踩踏而死亡。病愈鸡常发育不良，生长迟缓，并易继发新城疫、大肠杆菌等疫病。

产蛋鸡群感染后，采食、饮水、死淘率等与正常鸡群无明显差异，只表现为产蛋率下降，蛋重变小，产蛋曲线呈 V 形，发病期蛋壳颜色、硬度、厚度等均无异常。产蛋鸡发病后产蛋下降 7～10d 开始回升，病程大约 3 周。

【病理变化】 肉眼唯一可见的病变是病雏腺胃壁中有一种白色的小病灶，这是由浸润的淋巴细胞团块所致。成年鸡则无肉眼可见病变。

【诊断】 根据鸡群病史，共济失调，头颈震颤，剖检时又无明显的肉眼病变，可做出初步诊断。鉴别诊断如下：

（1）维生素 E 缺乏症。也出现神经症状及运动失调，但表现有所不同，主要是阵发性的头向后仰或向下挛缩，两腿发生痉挛性抽搐，小鸡的胸肌呈现淡色条纹，小脑柔软坏死，脑膜水肿。

（2）新城疫。对各种年龄的鸡均致病，并有明显症状，消化道及其他内脏器官有明显眼观变化，发病率和病死率均很高。而禽脑脊髓炎主要发生于 3 周龄以下的雏鸡，剖检时没有可见的眼观变化。

（3）维生素 B_1 缺乏症。表现外周神经发生麻痹或多发性神经炎，病鸡出现麻痹或痉挛症状，其特征为身体坐在腿上，头向后背极度弯曲，呈"观星"姿势，剖检小鸡皮肤发生水肿，肾上腺肥大。

（4）减蛋综合征（EDS-76）。产蛋下降严重，恢复后产蛋很难达到原来的水平，且蛋壳变化较大，无壳蛋、软皮蛋、畸形蛋增多。

【预防和控制】

1. 生物安全措施　不从本病疫区引进种苗、种蛋，种鸡感染后 1 个月内的蛋不能用于孵化，种蛋务必来自健康免疫鸡群。

2. 疫苗接种　本病主要靠母源抗体保护雏鸡，故主要预防措施是用疫苗接种种母鸡。鸡体对本病的免疫力主要在于体液免疫，免疫接种主要使用活疫苗，也可使用油乳剂灭活苗加强免疫。

（1）疫苗的种类及免疫方法。活疫苗有两种，一种是 1143 毒株，属嗜肠道型，适于饮水或刺种免疫。另一种是禽脑脊髓炎-鸡痘二联活苗，为翼膜刺种免疫。灭活苗主要为油乳剂灭活苗或联苗。

（2）免疫程序。①蛋鸡父母代。75～90 日龄用活苗 1 羽份饮水或刺种，严重流行地区再于 100～130 日龄肌内注射油乳剂灭活苗 0.5mL/羽。②肉鸡父母代。90～110 日龄用活苗 1 羽份饮水或刺种，严重流行地区再于140～160 日龄肌内注射油乳剂灭活苗 0.7mL/羽。③商品蛋鸡。70～90 日龄用活苗按每只鸡 1 羽份刺种或饮水免疫 1 次即可。

（3）免疫注意事项。①3 周龄以内的鸡不能免疫 AE 活疫苗，正在产蛋的种母鸡禁止使用活疫苗，免疫接种应该在 12～14 周，不能过小（如 10 周内）也不能晚于开产前 3～4 周。②AE 活疫苗免疫后有 1 个多月的排毒期，污染饲养场所，疫苗毒对 3 周龄以下的雏鸡及成年鸡均有一定的致病性。所以免疫时要注意隔离，对接种用具及疫苗瓶等须认真消毒，没有发生脑脊髓炎的地方要慎用活疫苗，可采用油剂苗。③活疫苗免疫后 4 周内所产的种蛋不宜用于孵化。④AE 疫苗必须用 SPF 鸡胚生产。⑤AE活苗与其他活苗不要同时接种，应间隔 7～10d，以免相互干扰。

3. 治疗　种鸡感染本病后 1 个月内所产的蛋不得孵化，对发病鸡应挑出淘汰，全群用抗鸡传染性脑脊髓炎的卵黄抗体作肌内注射，每只雏鸡 0.5 ～ 1mL，1d 1 次，连用 2d。

发病后按照对症治疗的原则进行治疗，如碳酸氢钠饮水降低脑内压；维生素 C、维生素 E、维生素 K 饮水减少细胞渗出、止血；干扰素、白介素等细胞因子饮水抑制病毒复制；抗微生物药控制细菌继发感染；采用清热解毒中药方剂煎煮后饮水，如鱼腥草 9g、板蓝根 9g、穿心莲叶 9g，0.5～3.0g/只。

>>> 鸭　瘟 <<<

鸭瘟（DP）又称鸭病毒性肠炎（DVE），是鸭、鹅和天鹅的一种急性、接触传染性疱疹病毒感染的传染病，其特征为血管损伤、组织出血、消化道黏膜糜烂、淋巴器官出现病变、实质器官严重变性。病禽体温升高，两脚麻痹，下痢，流泪和部分病鸭头颈肿大。本病传播迅速，发病率和病死率都很高，是对养鸭和养鹅业威胁最大的疫病之一。

【病原】　鸭肠炎病毒（DEV）属疱疹病毒。只有一个血清型。病毒对外界的抵抗力不强。对热、干燥、日光和常用消毒剂都很敏感。

【流行特点】

1. 传染源　病鸭和隐性带毒鸭是主要传染源。

2. 传播途径　消化道传播为主，也可经过交配、眼结膜和呼吸道传染。

3. 传播媒介 因为水禽往往在水中采食、饮水和栖居，所以水是病毒从感染禽传播到易感禽的自然媒介。此外，鹅和某些野生水禽也可成为病毒的传递者。

4. 易感动物 自然易感宿主仅限于鸭、鹅和天鹅，7 日龄到成年种鸭均可感染，其他禽类和哺乳动物不会被感染。以麻鸭、番鸭、绵鸭易感性最高，北京鸭次之，30 日龄以内的鸭发病较少。

5. 流行特点 鸭瘟的流行无明显季节性，但以春夏之交和秋季流行最为严重。当鸭瘟传入易感鸭群后，一般 3～7d 后出现零星病鸭，3～5d 后大批病鸭陆续死亡，接着进入流行发展期和流行盛期。鸭瘟整个流行过程为 2～6 周。如果是免疫鸭群感染，流行期可达 2～3 个月。

近年来，在我国养鹅地区（如广东、广西和四川等省、区），鹅感染鸭瘟病毒的报道越来越多，发病率和死亡率都较过去大为提高，甚至可高达 90% 以上，损失惨重。

【临床症状】 家鸭潜伏期为 3～7d。病初体温升高（43℃ 以上）。这时病鸭表现精神委顿，食欲减少或停食，渴欲增加，被毛松乱，两翅下垂，双脚麻痹无力。流泪和眼睑水肿是鸭瘟的特征症状，初为浆性分泌物，后变为黏性或脓性分泌物。严重者眼睑水肿或外翻，结膜充血或出血，形成溃疡。部分病鸭的头颈肿胀，俗称"大头瘟"。

本病一般呈急性经过，病程一般为 3～5d。家鸭总的死亡率 5%～100%，发病鸭一般都死亡，所以发病率与死亡率相近。成年种鸭比小鸭死亡率高。由于低毒力的 DEV 毒株能引起免疫抑制，使得自然发病的雏鸭普遍发生多杀性巴氏杆菌、鸭疫里氏杆菌和大肠杆菌的继发感染。

【病理变化】 病变特点是出现急性败血症，表现为全身组织出血，皮下组织炎性水肿，实质器官严重变性，特别是消化道黏膜的出血、炎症和坏死很有特征，具有诊断意义。

（1）食道黏膜有纵行排列的小出血斑点或灰黄色伪膜覆盖，伪膜易剥离，剥离后食道黏膜留有溃疡斑痕。有些病例腺胃与食道膨大部的交界处有一条灰黄色坏死带或出血带。

（2）泄殖腔黏膜表面覆盖一层灰褐色或绿色的坏死结痂，不易剥离，黏膜上有出血斑点和水肿。

（3）肝不肿大，肝表面和切面有大小不等的灰黄色或灰白色的坏死点。少数坏死点中间有小出血点。

（4）所有的淋巴器官均受害。脾大小正常或变小，色深并呈斑驳状；胸腺有多处出血斑，表面和切面有黄色病变区，严重萎缩；雏鸭法氏囊呈深红色，切开法氏囊表面有针尖状的坏死灶，囊腔充满白色的凝固性渗出物；肠道环状带呈明显的红色环，甚至最后变成深棕色，淋巴集合组织部位形成纽扣状黄白色的坏死灶。

鹅感染鸭瘟病毒后的病变与鸭相似。

【诊断】 根据本病流行特点、临床症状和剖检特征可以做出初步诊断，但确诊还需进行病毒的分离和鉴定或血清学试验。本病应注意与鸭霍乱、禽流感、禽副黏病毒感染、雏鸭病毒性肝炎、小鹅瘟等病相区别。

【预防和控制】

1. 生物安全措施

（1）坚持自繁自养，引进种鸭或鸭苗时必须严格检疫。种鸭或鸭苗运回后隔离饲养，至少观察2周。

（2）严格执行鸭场的卫生消毒制度，对鸭舍、运动场、饲养用具等定期用10%～20%新鲜石灰乳或5%漂白粉消毒。

（3）一旦发生鸭瘟，要按国家防疫条例上报疫情，划定疫区范围，并进行严格的封锁、隔离、焚尸、消毒等工作。对疫区健康鸭群和尚未发病的假定健康鸭群，紧急接种鸭瘟弱毒苗，越早越好，一般每只接种2头份即可，鹅紧急接种的剂量应为每只20～25头份。

2. 疫苗接种　目前使用的疫苗有鸭瘟鸡胚化弱毒苗。在受威胁地区，所有鸭、鹅均应接种鸭瘟弱毒疫苗，肉鸭、肉鹅一般在20日龄左右免疫1次即可。种鸭和蛋鸭15～20日龄首免，每只0.5头份，30～35日龄二免，每只1头份，产蛋前三免，每只2头份。以后每年接种2次，鹅的免疫剂量宜加大5～10倍，首免、二免和三免的疫苗剂量分别为每只10头份、15头份、20～25头份。

3. 治疗

（1）抗微生物药饮水或拌料，控制细菌的继发感染。配合复方阿司匹林（APC）或卡巴匹林钙和维生素C等，缓解病毒引起的高热症；细胞因子如干扰素、白介素等饮水抑制病毒复制等。

（2）肌内注射生物制品时，配合头孢噻呋、头孢喹诺、硫酸庆大小诺霉素等。鸭瘟高免血清，皮下或肌内注射1mL/只；抗鸭瘟高免卵黄，皮下或肌内注射2mL/只；聚肌胞，肌内注射剂量1mg/只，3d 1次，连用2～3次。

（3）选择清瘟败毒、凉血消斑、燥湿止痢的中药制剂治疗。

>>> 鸭病毒性肝炎 <<<

鸭病毒性肝炎又称鸭肝炎（DH），是由鸭肝炎病毒引起雏鸭的一种急性、高致死性传染病。病的特征是发病急、传播快、死亡率高，临床特点为角弓反张，病理特征为肝肿大或出血。目前本病是我国养鸭业的主要威胁之一。

【病原】　病原是鸭肝炎病毒（DHV），有3个血清型，即Ⅰ、Ⅱ、Ⅲ型。我国流行的鸭肝炎病毒血清型为Ⅰ型，该病毒抵抗力较强。

【流行病学】

1. 传染源　病鸭、带毒鸭、隐性感染鸭及康复鸭。

2. 传播途径　本病主要经接触传播，经呼吸道也可感染，无垂直传播。可与病鸭直接接触感染，也可通过被病鸭的粪便污染过的食具、饮水及饲料等水平传播。

3. 易感动物　4～8日龄雏鸭最为易感。

4. 流行特点　本病3周龄以内的雏鸭多发，成年鸭呈隐性感染，具有发病急、传播迅速、死亡率高的特点，无明显的季节性，多发生于孵化雏鸭的季节。饲养管理不良、维生素和矿物质缺乏、鸭舍潮湿拥挤及卫生条件差等均可促使本病发生，一旦发病，传播很快，发病率可达100%，本病多与鸭瘟、禽霍乱、沙门杆菌病、大肠杆菌病、传染性浆膜炎、曲霉菌病等混合感染，造成死亡率增加。

值得注意的是，目前3日龄鸭发病呈上升趋势，常与细小病毒混合感染，死亡率高达100%。

【临床症状】　潜伏期1～4d，雏鸭发病常未见任何症状而突然死亡，几小时后就会波及全群，出现多种不同的临床症状。病初，精神萎靡，缩颈，行动呆滞，食欲废绝，眼半闭呈昏迷状，不久就死亡。后期（发病12~24h）有神经症状，运动失调，双脚呈游泳状，反复踢蹬，头向后仰，翅膀下垂，呼吸困难，死前头颈向背部扭曲，腿伸直向后开张，呈角弓反张姿势，俗称"背脖病"。

【病理变化】 特征性变化是肝肿大，质地脆弱，色暗或发黄，表面有大小不等的出血斑点，个别还有坏死灶。胆囊肿大，充满胆汁，胆汁呈茶褐色或淡绿色。脾有时也肿大，有斑驳状花纹。肾充血、肿胀，血管明显，呈暗紫色树枝状。心肌如煮熟状，心包积液，心包炎，气囊中有微黄色渗出液或纤维素絮片。

【诊断】 本病的特点是小鸭发病死亡、发病急、死亡快、死亡时间集中以及肝有明显的出血点或出血斑等，可做出初步诊断。确诊尚需进行实验室检验。

【预防和控制】

1. 生物安全措施 平时应做好预防工作，严格孵化室、鸭舍及周围环境的卫生消毒；对4周龄以下的雏鸭单独饲养，加强饲养管理，配制全价日粮，实行严格的消毒，防止病毒感染。

2. 疫苗接种 目前使用的疫苗是鸭肝炎鸡胚化弱毒疫苗。

（1）种鸭免疫。在收集种蛋前2~4周，接种疫苗2次，中间间隔2周，产蛋5~6个月后第3次免疫，每次肌内注射1~2头份/只；

（2）雏鸭免疫。1日龄（无母源抗体）或7日龄（有母源抗体）皮下注射1头份/只，此法免疫效果不确实，生产中应用并不广泛。

3. 紧急预防和治疗 对于没有母源抗体保护的雏鸭，可于1~2日龄用鸭病毒性肝炎高免血清或高免卵黄液皮下注射0.5~1mL/只。对发病初期雏鸭，用高免血清或高免卵黄液皮下注射1.5~3mL/只，同时选择适宜的抗生素控制继发感染，如头孢噻呋钠、氨苄西林钠等，在饮水中添加维生素C，以增强机体抵抗力。也可选择清热解毒、疏肝利胆的中药辅助治疗。

>>> 小　鹅　瘟 <<<

小鹅瘟（GP）又称鹅细小病毒感染、雏鹅病毒性肠炎，是由鹅细小病毒引起的雏鹅和雏番鸭的一种急性或亚急性败血性传染病。其病变特征是渗出性肠炎，小肠黏膜大片坏死脱落，与渗出物凝成伪膜状或形成栓子状物堵塞肠腔。本病传播快且病死率高，是危害养鹅业最严重的传染病之一。

【病原】 鹅细小病毒又名小鹅瘟病毒。病毒无血凝活性，国内外只有一个血清型，以前认为来源于鹅和番鸭的细小病毒抗原性密切相关，但在一株毒力更强的番鸭细小病毒出现之后，通过病毒中和试验、分子生物学研究证明，从鹅和番鸭分离的细小病毒有明显的差异。本病毒对环境的抵抗力强。

【流行病学】

1. 传染源 病雏鹅以及带毒种鹅是本病的传染源。

2. 传播途径 自然感染途径主要是消化道，大龄鹅作为带毒者通过种蛋垂直传播给雏鹅，被污染的孵坊及用具、饲料、场地、运输工具等都可使本病传播蔓延。

3. 易感动物 本病主要侵害4~20日龄的雏鹅和雏番鸭，雏鸭和雏鸡均有抵抗力。雏鹅的易感性随着日龄的增长而逐渐下降。育成鹅、成鹅自然感染病毒后往往不表现明显的临床症状。

4. 流行特点 1周龄以内的雏鹅死亡率可达 70%～95%。10 日龄以上的雏鹅死亡率一般不超过 60%，20 日龄以上的发病率低，1月龄以上者极少自然发病。近年来，1月龄以上鹅发病的病例增多。

【临床症状】 潜伏期 3～5d，7 日龄内雏鹅感染常突然死亡。较大的鹅和番鸭发病后表现为：精神委顿，缩头蹲伏，离群独处，步行艰难，食欲废绝；严重下痢，排出黄白色水样的混有气泡的稀粪；鼻分泌物增多，病鹅摇头，口角有液体甩出；临死前出现神经症状，颈部扭曲，全身抽搐或发生瘫痪。一般病鹅的日龄越大，病程越长，症状越轻，死亡率也较低。

【病理变化】 特征性病理变化为小肠急性浆液性-纤维素性坏死性肠炎。典型病变为小肠中、下段黏膜发炎，肠黏膜成片坏死、脱落，呈带状与纤维素性渗出物凝固，形成管状伪膜栓子或包裹在肠内容物表面，堵塞肠腔。靠近卵黄柄与回盲部肠段，见有外观异常膨大，质地坚硬，形如香肠状（俗称腊肠粪），栓子切面可见中心为深褐色内容物，外包有纤维素性渗出物和坏死物凝固形成的伪膜。有的病例小肠内未见栓子，仅见扁平长带状的纤维素性凝固物。

【诊断】 根据流行特点，结合临床症状和特有病理变化，可做出初步诊断。本病应与鹅副黏病毒病、鹅病毒性肠炎进行鉴别诊断。

（1）鹅副黏病毒病。主要发生于 15～60 日龄雏鹅。其中以 10～15 日龄雏鹅最敏感。症状主要为排白色或黄绿色稀便，呼吸困难，流泪及鼻汁，软脚或头颈扭曲；肠黏膜有淡黄色或灰白色芝麻粒大坏死灶；除去痂后有出血性溃疡面，胰腺、心肌、脾、食管黏膜等处有芝麻粒大小、灰白色坏死灶。

（2）鹅病毒性肠炎。主要发生于 3～30 日龄雏鹅，10～18 日龄为发病高峰期，30 日龄以上几乎无死亡。主要表现为行动缓慢、嗜睡、饮欲增加，排淡黄绿色或蛋清样恶臭、混有气泡的粪便，呼吸困难，喙端变暗；小肠后段有香肠样病变，较细，长度 10cm 以上，有 1～2 段栓塞。

【预防和控制】

1. 生物安全措施

（1）严禁从该病正在流行地区购进种蛋、种苗及种鹅，对入孵的种蛋应严格进行药液冲洗和福尔马林熏蒸消毒，以防止病毒经种蛋传播。

（2）孵化场必须定期用消毒剂进行彻底消毒，孵坊一旦发现被污染，应立即停止孵化，在进行严密的消毒后方能继续进行孵化。

（3）新购进的雏鹅，应隔离饲养 20d 以上，在确认无小鹅瘟发生时，才能与其他雏鹅混群饲养。

（4）病死的雏鹅应焚烧深埋，对病毒污染的场地进行彻底消毒。严禁病鹅外调或出售。

2. 免疫接种 目前国内多采用小鹅瘟鸭胚化弱毒疫苗在种母鹅产蛋前 1 个月、半个月各接种 1 次，半年后再免 1 次。这是目前预防小鹅瘟最为经济有效的办法。如果种鹅未进行免疫，也可用雏鹅弱毒苗接种 1 日龄的雏鹅。

3. 紧急预防和治疗 用抗小鹅瘟高免血清或高免卵黄给无母源抗体雏鹅注射，能有效预防本病。1～3 日龄雏鹅，每只注射 0.5～1mL。

对于已感染发病的雏鹅，使用抗小鹅瘟高免血清，血清的用量，对处于潜伏期的雏鹅每只 0.5mL，已出现初期症状者为 2～3mL，10 日龄以上者可相应增加用量，一律皮下注射。此法对已被感染但尚未发病的雏鹅，保护率可达 80%～90%，对于发病初期的雏鹅治愈率为 40%～50%，对于临床症状严重的病雏，抗血清的治疗效果甚微。

>>> 番鸭细小病毒病 <<<

番鸭细小病毒病（MDPD）是由番鸭细小病毒（MDPV）引起的一种急性、败血性传染病，主要危害 1～3 周龄的雏番鸭，故又名"三周病"。本病具有高度传染性，发病率和死亡率高。主要临床症状为腹泻和喘气。其临床表现和剖检与小鹅瘟相似。本病可造成雏番鸭大批死亡，耐过的番鸭生长迟缓，羽毛发育不良，给养鸭业造成严重经济损失。

【病原】 番鸭细小病毒只有一个血清型，与鹅细小病毒在抗原性上既相关又有一定差异，能抵抗乙醚、胰蛋白酶、酸和热，但对紫外线辐射很敏感。

【流行特点】

1. 传染源 病鸭、带毒鸭和孵化场是主要的传染源。

2. 传播途径 本病主要通过水平传播，病鸭通过粪便排出大量病毒，污染饲料、饮水、用具、人员和周围环境造成传播。种蛋蛋壳被污染后可引起孵房内污染，使出壳的雏番鸭成批发病。

3. 易感动物 3 周龄以内的雏番鸭，其他鸭、鹅和鸡未见发病。

4. 流行特点 发病率和死亡率与日龄密切相关，日龄越小发病率和死亡率越高。一般从 4～5 日龄初见发病，10 日龄左右达到高峰，以后逐日减少，20 日龄以后表现为零星发病。近年来雏鸭发病日龄有延迟的趋势，40 日龄的番鸭也可发病，但发病率和死亡率低。

值得注意的是番鸭细小病毒病与病毒性肝炎常混合感染，多为 3～5 日龄发病。

【临床症状】 本病潜伏期为 4～9d，病程 2～7d，病程长短与发病日龄密切相关。

1. 最急性型 出壳后 6d 内的雏番鸭多见，传播迅速，病程较短，几小时波及全群。部分病鸭精神差，羽毛松乱；多数病鸭突然衰竭死亡，死前两脚做游泳状划动，头颈向一侧扭曲。

2. 急性型 多发生于 7～21 日龄的雏番鸭。目前临床常见"大舌"症状。发病初期，精神沉郁，离群独处，羽毛蓬松，两翅下垂，尾端向下弯曲，怕冷，食欲不振或废绝，两脚发软；发病中期，腹泻，排黄绿色、灰白色或白色稀粪，甚至水便，或混有絮状物，肛门附近羽毛被粪便污染；发病后期，鼻孔流出浆液性分泌物，流泪，张口伸颈，喘气等。部分鸭喙端、蹼间及脚趾间有不同程度的发绀。死前两脚麻痹，倒地抽搐，侧卧，角弓反张，衰竭死亡。

3. 亚急性型 多数由急性型转化而来。精神委顿，喜欢蹲伏，行动缓慢，两脚无力，排黄绿色或灰白色稀粪，并黏附于肛门周围羽毛。

【病理变化】

1. 最急性型 肠黏膜呈急性卡他性炎症，充血、出血。

2. 急性型 肛门附近羽毛被粪便污染，泄殖腔扩张、外翻；胰腺肿大，针尖大小的出血点散在；肝稍肿呈紫褐色，胆囊肿胀，胆汁充盈，肾、脾肿大等。

3. 亚急性型 以消化道黏膜充血、出血并形成类似小鹅瘟的"腊肠粪"和胰呈点状坏死为典型特征。肠管呈出血性卡他性炎症，十二指肠、空肠和直肠后段的黏膜充血、出血，肠黏膜有不同程度的脱落，肠壁菲薄，空肠和回肠交界处附近或回肠前段的肠管外观膨大，切开膨大处肠管，管内有栓子状、灰白色或黄白色干酪样物的肠芯，类似小鹅瘟的"腊肠粪"。

胰腺呈灰白色，在其背、腹及中间三叶的表面均有散在性、数量不等、针尖大小的白色坏死灶；部分胰腺肿大，尤其背叶肿大明显，有针尖大小的出血点散在；心脏呈灰白色，质软如水煮样，心包积聚淡黄色的液体；肝肿大呈暗红色或灰黄色；胆囊肿胀；肾呈暗红色或灰白色水煮样；脾微肿，表面和切面有少量针尖大的灰白色坏死点；肺淤血、微肿，切面有暗红色泡沫状血液流出；脑呈苍白色，脑膜充血，有小出血点散在。

【诊断】 根据流行特点、临床症状及剖检变化可以做出初步诊断，但本病常与小鹅瘟、鸭病毒性肝炎或鸭传染性浆膜炎混合感染，容易造成误诊和漏诊。

【预防和控制】

1. 生物安全措施 对种蛋、孵坊和育雏室的严格消毒尤为重要。

2. 疫苗接种 番鸭细小病毒弱毒疫苗对1月龄雏鸭接种安全，接种疫苗后7d全部产生免疫，21d抗体水平达到高峰。也可通过免疫种鸭，使出壳雏鸭得到一定的保护。

3. 高免血清防治 番鸭细小病毒高免血清用于雏番鸭预防，可大大地减少发病率，用量为每只雏鸭皮下注射1mL。对发病鸭进行治疗时，使用剂量为每只雏鸭皮下注射3mL，治愈率可达70%。

任务二 禽细菌性传染病防治

任务描述

重点讲述禽大肠杆菌病、禽沙门菌病、禽霍乱、禽传染性鼻炎、禽葡萄球菌病和鸭传染性浆膜炎等病的病原、流行病学、临床症状、病理变化、诊断和防治方法；充分理解加强饲养管理和消毒的重要性，能制订预防疾病的综合防治措施，旨在降低这些疾病对养禽业的危害。

任务实施

>>> 禽大肠杆菌病 <<<

禽大肠杆菌病是由致病性大肠杆菌引起禽类的急性或慢性的细菌性传染病，临床表现为急性败血症、肉芽肿、输卵管炎、脐炎、滑膜炎、气囊炎、眼炎、卵黄性腹膜炎等多种病型，是禽类胚胎和雏鸡死亡的重要病因之一。

【病原】 大肠杆菌病的病原属于大肠杆菌科埃希氏菌属，大肠埃希氏菌（简称大肠杆菌）是该属的代表种。大肠杆菌为革兰氏阴性、中等大小的短杆状细菌，无芽胞，多数无荚膜，有鞭毛，能运动。

大肠杆菌的抗原由菌体抗原（O抗原）、荚膜抗原（K抗原）和鞭毛抗原（H抗原）组成，根据抗原的不同，可将大肠杆菌分为许多血清型。

大肠杆菌为需氧或微厌氧菌，在普通培养基上容易生长。在麦康凯琼脂培养基上形成红色菌落，在伊红美蓝琼脂培养基上则形成黑色带金属光泽的菌落，可与肠杆菌科其他菌初步鉴别。

大肠杆菌对外界环境抵抗力中等，对物理、化学因素较敏感。常用的消毒剂在短时间内即可将其杀灭，但黏液和粪便可降低这些消毒剂的效果。大肠杆菌一般对庆大霉素、新霉素、丁胺卡那、环丙沙星敏感，但易产生耐药性。

【流行病学】

1. 传染源　病禽、带菌禽是本病的主要传染源。

2. 传播途径　病菌随病禽或带菌禽的分泌物、排泄物排出后，污染饲料、饮水、用具和空气，经消化道和呼吸道感染。种蛋带菌，孵化后可造成垂直传播，并引起禽胚和雏禽的早期死亡。患本病的公、母禽与易感禽交配也可传播本病。

3. 易感动物　各种禽类都可感染，以鸡、火鸡和鸭最为常见。幼雏和中雏发病较多，发病较早的为4日龄、7日龄和9～10日龄，通常1月龄前后的幼雏发病较多。

4. 流行特点　本病一年四季都可发生，以冬春气温多变季节多发。饲养管理不善、鸡舍通风不良、气候变化、饲养密度过大、营养不良、维生素A缺乏、消毒不彻底以及禽群存在其他疾病等均可成为诱发本病的因素。

【临床症状】

1. 急性败血型　此型比较多见，病鸡常不显症状而突然死亡；部分病鸡表现精神沉郁，羽毛松乱，食欲减退或废绝，排黄白、灰白或黄绿色稀粪，粪便腥臭，肛门周围常被粪便污染。该型病禽的发病率和病死率都较高。

2. 卵黄性腹膜炎型　多见于产蛋中后期。病鸡的输卵管常因感染大肠杆菌而发生炎症，表现为腹部膨胀、重坠。

3. 生殖器官感染型　体温升高，鸡冠萎缩或发紫，羽毛蓬松；食欲减少并很快废绝，喜饮少量清水；腹泻，粪便稀软呈淡黄色或黄白色，混有黏液或血液，常污染肛门周围的羽毛；产蛋率低，产蛋高峰上不去或产蛋高峰持续时间短，腹部明显增大、下垂，触之敏感并有波动，鸡群死淘率增加。

4. 关节滑膜炎型　多发于雏鸡和育成鸡。一般呈慢性经过，病鸡消瘦、生长发育受阻，指关节和跗关节肿大，跛行或卧地不起。

5. 肉芽肿型　该型较少见，但病死率较高。

6. 雏鸡脐炎型　本病俗称"大肚脐"。病鸡多在1周内死亡，精神沉郁、虚弱，常堆积在一起，少食或不食；腹部大，脐孔及其周围皮肤发红、水肿或呈蓝黑色，有刺激性臭味；剧烈腹泻，粪便呈灰白色，混有血液。

7. 眼球炎型　精神萎靡，闭眼缩头，采食减少，饮水量增加，排绿白色粪便；眼球炎多为一侧性，少数为两侧性；眼睑肿胀，眼结膜内有炎性干酪样物，眼房积水，角膜混浊，流泪怕光，严重时眼球萎缩、凹陷、失明等，终因衰竭而死亡。

8. 脑炎型　大肠杆菌突破鸡的血脑屏障进入脑部，引起病禽昏睡、神经症状和下痢，食欲减退或废绝，多以死亡告终。

9. 肿头综合征　多发于30～100日龄的鸡，初期多从一侧或两侧眼眶周围肿胀，继而发展至整个面部，并波及下颌及皮下组织和肉髯，也有从肉髯开始肿胀。

【病理变化】

1. 急性败血型 剖检可见有纤维素性肝周炎、纤维素性心包炎和纤维素性腹膜炎。肝周炎主要表现为肝肿大，表面有不同程度纤维素性渗出物，或者整个肝被一层纤维素性薄膜所包裹；心包炎主要表现为心包积液，心包膜混浊、增厚，甚者内有纤维素性渗出物与心肌粘连；腹膜炎表现为腹腔有不同程度的腹水，混有纤维素性渗出物，或纤维素性渗出物充斥于腹腔肠道和脏器间。肾肿大，呈紫红色。胆囊肿大，胆汁外渗。小肠臌气，肠黏膜充血、出血。

禽大肠杆菌病
病理变化

2. 卵黄性腹膜炎型 输卵管伞部粘连，漏斗部的喇叭口在排卵时不能打开，因此卵泡不能进入输卵管而坠入腹腔引发本病。腹腔积有大量卵黄，肠道或脏器间相互粘连。

3. 生殖器官感染型 患病母鸡卵泡膜充血，卵泡变形，局部或整个卵泡呈红褐色或黑褐色，有的硬变，有的卵黄变稀，有的卵泡破裂。输卵管感染时输卵管充血、出血，内有黄色絮状或块状的干酪样物。公鸡表现为睾丸充血，交媾器充血、肿胀。

4. 关节滑膜炎型 关节肿大，关节周围组织充血、水肿，关节腔内有纤维素性蛋白质渗出或混浊的关节液，滑膜肿胀、增厚。

5. 肉芽肿型 部分成鸡感染后常在肠道等处产生大肠杆菌性肉芽肿，主要见于十二指肠、盲肠、肝和脾。病变可造成从较小的结节至大块的凝固性组织坏死。

6. 雏鸡脐炎型 卵黄吸收不良，卵黄囊充血、出血且囊内卵黄液黏稠或稀薄，多成黄绿色；脐孔周围皮肤水肿，皮下淤血、出血，或有黄色或黄红色的纤维素性蛋白质渗出；肝肿大呈土黄色、质脆，有淡黄色坏死灶散在，肝包膜略有增厚；肠道呈卡他性炎症。病理变化与鸡白痢相似，临床很难区分。

7. 眼球炎型 眼球炎型大肠杆菌病病理变化和临床症状相同。

8. 脑炎型 头部皮下出血、水肿，脑膜充血、出血，实质水肿，脑膜易剥离，脑壳软化。

9. 肿头综合征 头部、眼部、下颌及颈部皮下有胶冻样水肿液、出血点、出血斑，肠黏膜及浆膜出血，鼻有黏液。

鸭的大肠杆菌病主要表现为败血症和生殖道感染等，鹅则主要为生殖器官感染和卵黄性腹膜炎等，其他禽类多表现败血症。

【诊断】 根据流行特点、临床症状和病理变化可作出初步诊断，要确诊此病需要做细菌分离、致病性试验及血清鉴定。

1. 病原学诊断 病料采取部位一般是：败血型为血液、内脏组织；肠毒血型为小肠前段黏膜；肠炎型为发炎肠黏膜。

（1）镜检。取病料涂片，革兰氏染色后镜检，发现单个存在的革兰氏阴性、中等大小的短杆状细菌，可怀疑为本菌。

（2）分离培养。将病料接种于麦康凯琼脂培养，如形成红色菌落，可进一步进行生化鉴定、血清学鉴定和动物致病性试验。

2. 鉴别诊断 本病在诊断中应注意与沙门氏菌病、球虫病等相区别。鸭大肠杆菌病还应注意与鸭疫巴氏杆菌病相区别。

【防治】

1. 预防 搞好环境卫生，加强饲养管理是预防本病的关键。严格控制饲料、饮水的卫生；禽舍及用具经常清洗和消毒；注意育雏期保温及饲养密度；避免种蛋沾染粪便，凡是被污染的一律不能作蛋孵化，对种蛋和孵化过程严格消毒；做好各种疫病的免疫工作；定期进行带禽消毒工作。此外，定期对鸡群投喂乳酸菌等生物制剂对预防大肠杆菌有很好作用。

2. 免疫接种　用本场分离的致病性大肠杆菌制成油乳剂灭活苗，免疫本场鸡群对预防大肠杆菌病有一定作用。需进行两次免疫，第一次为 4 周龄，第二次为 18 周龄。也可用于雏鸡的免疫。

3. 治疗　对已出现肝周炎、心包炎、气囊炎和腹膜炎的病鸡无治疗意义，应及时淘汰。由于大肠杆菌极易对药物产生耐药性，发生本病后最好对分离到的大肠杆菌进行药物敏感试验，选用敏感药物进行饮水或拌料，连用 3～5d。

>>> 禽沙门氏菌病 <<<

禽沙门氏菌病是由沙门氏菌属中的一种或多种沙门氏菌引起的禽类急性或慢性疾病的总称。禽沙门氏菌病依病原体的抗原结构不同可分为 3 种：由禽白痢沙门氏菌引起的称为鸡白痢；由禽伤寒沙门氏菌引起的称为禽伤寒；由其他有鞭毛、能运动的沙门氏菌引起的禽类疾病则统称为禽副伤寒。

【病原】　禽沙门氏菌属肠杆菌科、沙门氏菌属。细菌菌体为两端钝圆、中等大小的直杆菌。革兰氏染色阴性。不形成芽孢和荚膜，除鸡白痢沙门氏菌和禽伤寒沙门氏菌外，都具有周鞭毛，能运动，绝大多数具有菌毛。

本菌为需氧、兼性厌氧菌。鸡白痢沙门氏菌和禽伤寒沙门氏菌在普通营养琼脂平板上形成灰色、湿润、圆形、边缘整齐的细小菌落。禽伤寒沙门氏菌在各种培养基上生长良好。在麦康凯、SS 琼脂上，形成淡粉色或无色透明的菌落，在伊红美蓝琼脂上形成淡蓝色菌落。鸡白痢沙门氏菌和禽伤寒沙门氏菌具有很高的交叉凝集特性，可使用同一种抗原进行检测。

本属细菌对干燥、腐败、日光等环境因素有较强的抵抗力，在水中可存活 2～3 周，在粪便中能存活 1～2 月，在冰冻土壤中可存活过冬，在温暖潮湿处只能存活 4～5 周，但在干燥处可保持 8～20 周的活力。对热抵抗力不强，在 70℃ 下经 10～20min 死亡。对于各种化学消毒剂抵抗力不强，5％苯酚、2％氢氧化钠、0.1％升汞溶液等于数分钟内即可使本菌灭活。对广谱抗生素、磺胺、呋喃类化学合成药敏感，易产生耐药性。

【流行病学】

(1) 鸡白痢。主要侵害鸡和火鸡，鸡对本病最易感，各种品种和年龄的鸡都易感，但以 2 周龄以内的雏鸡最易感。

(2) 禽伤寒。鸡和火鸡最易感，成年鸡和青年鸡最易感，雏鸡亦可感染，较少见。雉、珠鸡、鹌鹑、孔雀等亦有自然感染的报道，鸽子、野鸡和鹅则有抵抗力。

(3) 禽副伤寒。主要危害雏鸡和火鸡。

本病的发生没有明显的季节性，一年四季均可发生。病禽和带菌禽是主要传染源，患病禽类的分泌物、排泄物以及病禽的蛋、羽毛等均含有大量病原。病原排出后，可污染饲料、饮水和用具以及周围环境而经消化道感染。本病也可垂直传播，带菌蛋孵化可出现死胚、死雏和弱雏，公鸡带菌交配或人工授精，亦可造成垂直传播。

也可经呼吸道和眼结膜传播。被污染而消毒不彻底的孵化室、用具、蛋盘等，也是垂直传播和水平传播的重要媒介。染病的苍蝇、鸟类也可成为传播媒介。

【临床症状】

1. 鸡白痢 各种年龄鸡都可感染，不同日龄感染的鸡临床表现有明显差异。

（1）雏鸡。带菌蛋孵出的小鸡，一般不表现临床症状而立即死亡，也可能呈现昏睡和食欲消失等症状，不久便死亡。以后病鸡逐渐增加，2～3 周龄时达到发病和死亡高峰。病雏怕冷、扎堆，特别喜在热源周围。精神委顿，眼半闭，嗜睡，不食或少食。两翅下垂，绒毛松乱。常排白色、糊糊状的稀粪，肛门周围绒毛被粪便污染，有的因粪便干结封住肛门周围，影响排粪。由于肛门周围炎症引起疼痛，故病雏排便时常发生尖锐叫声。最后因呼吸困难及心力衰竭而死。有的病雏出现眼盲，或肢关节肿胀，呈跛行症状。死亡率最高可达 80%。病程持续 3 周以上，症状消退的鸡也多羽毛缺损，生长发育不良，而成为带菌鸡。

（2）青年鸡（育成鸡）。主要表现腹泻，排出颜色不一的粪便，个别鸡有死亡。

（3）成年鸡。成年鸡不表现明显症状，成为隐性带菌者或慢性经过。极少数病鸡腹泻，产卵停止。有的因卵黄囊炎引起腹膜炎，腹膜增生而呈"垂腹"现象，有时成年鸡可呈急性发病。

2. 禽伤寒 潜伏期一般为 4～5d。雏鸡和雏鸭发病时，其症状与鸡白痢相似。年龄较大的禽只或成年禽常呈急性经过，表现为突然停食，精神委顿，排黄绿色稀粪，羽毛松乱，冠和肉髯苍白而皱缩，体温上升 1～3 ℃。病禽可迅速死亡，病死率在雏禽与成年禽有差异，一般为 10%～50% 或更高些。

3. 禽副伤寒 经带菌卵感染或出壳雏禽在孵化器感染病菌，常呈败血症经过，往往不显任何症状迅速死亡。年龄较大的幼禽则常呈亚急性经过，表现为嗜睡呆立、垂头闭眼、两翅下垂、羽毛松乱、厌食、饮水增加、水样下痢、肛门黏有粪便，怕冷而靠近热源处或相互拥挤。病程 1～4d，1 月龄以上幼禽一般很少死亡。雏鸭感染本病常见颤抖、喘息及眼睑肿胀等症状，常猝然倒地而死，故有"猝倒病"之称。

【病理变化】

1. 鸡白痢 各种年龄鸡都可感染，不同日龄感染的鸡临床表现有明显差异。

（1）雏鸡。急性死亡的雏鸡病变不明显。病期延长者，肝肿大、充血，呈暗红色至深紫色，肝表面可见大小不等的坏死点；卵黄吸收不良，内容物呈奶油状或干酪样；有呼吸道症状的雏鸡肺可见有坏死或灰白色结节；心包增厚，心脏可见有坏死和结节；脾肿大或见坏死点；肾肿大、充血或出血，输尿管充满尿酸盐；肠道呈卡他性炎症，盲肠内充满灰白色干酪样物，有时混有血液。

（2）青年鸡（育成鸡）。青年鸡病变时肝明显肿大淤血，呈暗红色或暗黄色，表面有灰白色或灰黄色坏死点，质脆易碎，有的肝被膜破裂，故常见腹腔内有大量血水或血凝块；脾肿大；心包增厚，心肌可见有数量不一黄色坏死灶，严重的病鸡心脏变形、变圆，在肌胃上也可见到类似的病变；肠道呈卡他性炎症。

（3）成年鸡。成年母鸡最常见的病变为卵子变形、变色，呈囊状，有腹膜炎。有些卵自输卵管逆行而坠入腹腔，引起广泛的腹膜炎及腹腔脏器粘连；常有心包炎。成年公鸡的病变主要在睾丸及输精管，睾丸极度萎缩，有小脓肿，输精管管腔增大，充满浓稠渗出液。

2. 禽伤寒　死于禽伤寒的雏禽的肺、心脏和肌肉可见灰白色病灶。雏鸭可见心包膜出血，脾轻度肿大，肺及肠呈卡他性炎症。成年鸡，最急性者眼观病变不明显，常见肝、脾、肾充血肿大；亚急性和慢性病例，特征性病变是肝肿大呈青铜色或绿褐色，肝和心肌有灰白色粟粒大坏死灶，卵子及腹腔病变与鸡白痢相同。公鸡发生睾丸炎并有病灶。

3. 禽副伤寒　最急性者无可见病变；病期稍长的病死鸡消瘦、脱水、卵黄凝固；肝、脾充血，有条纹状或针尖状出血和坏死灶；肺及肾出血；心包炎并常有粘连；常有出血性肠炎。成年禽肝、脾、肾充血肿胀；有出血性或坏死性肠炎、心包炎及腹膜炎；产蛋禽输卵管坏死、增生，卵巢坏死、化脓。

【诊断】　根据流行病学、临床症状和病理变化可做出初步诊断，确诊应进行实验室检验。

1. 病原学诊断　镜检。取患病禽只的血液、肝、肺、脾、卵黄囊、肠等抹片，革兰氏染色，镜检可见两端钝圆、中等大小、革兰氏阴性的直杆菌。通常采取患病禽只的血液、肝、肺、脾、卵黄囊、肠为病料，将其接种于麦康凯琼脂培养基，培养24h后可见针尖大小、透明、圆形、光滑的菌落，培养基不变色（大肠杆菌在麦康凯琼脂培养基上可形成红色菌落），必要时可进一步进行生化试验以确诊。

2. 平板凝集试验　对鸡白痢可采取鸡的血液或血清用鸡白痢伤寒双价平板凝集抗原做平板凝集试验，鸡白痢伤寒双价平板凝集抗原也可用于禽伤寒的检疫。

【防治】

1. 预防　加强禽群的饲养管理，经常保持育雏舍、养禽舍、运动场的干净卫生，做好日常消毒工作。育雏舍的温度、湿度、密度和光照要适宜，食槽、饮水器数量要充足。慎重从外地引种，建立和培育无鸡白痢的种禽群。对种禽群以全血平板凝集试验进行检疫，发现阳性禽及时淘汰，直至禽群阳性率不超过 0.5% 为止。孵化前后对孵化室、各种用具及种蛋进行严格消毒。

2. 治疗　发现病禽时可选用抗生素类、磺胺类、喹诺酮类等药物进行治疗，但治愈的家禽可能长期带菌，不能作种用。

>>> 禽 霍 乱 <<<

禽霍乱又称禽巴氏杆菌病、禽出血性败血症，是由多杀性巴氏杆菌引起的鸡、火鸡、鸭、鹅等多种禽类的传染病。急性型以下痢、败血症和炎性出血为特征，慢性型则表现为鸡冠、肉髯水肿及关节炎。

【病原】　多杀性巴氏杆菌属于巴氏杆菌属，为两端钝圆、中央微凸的短杆状细菌，多单个存在。革兰氏染色阴性，无鞭毛，不形成芽孢，新分离的强毒菌株具有荚膜。组织、血液和新分离的培养物用瑞氏、吉姆萨氏或美蓝染色，菌体呈明显的两极着色。

本菌为需氧及兼性厌氧菌，可在普通培养基上生长，在添加血液或血清的琼脂培养基中生长良好，菌落为光滑、湿润、隆起、边缘整齐、灰白色、中等大小菌落，并有荧光性，不溶血。肉汤培养时，初期均匀混浊，24h后上清液清亮，管底有灰白色絮状沉淀，轻摇时呈絮状上升，表面形成菌环。

巴氏杆菌对外界抵抗力不强。56℃15min、60℃10min 即被杀死，在干燥空气中

2～3d 死亡，直射阳光下数分钟死亡，在血液、排泄物和分泌物种能存活 6～10d。常用消毒剂如 5％～10％生石灰水、1％～2％漂白粉溶液、3％～5％苯酚、1％火碱等在短时间内都可将其杀灭。本菌对大多数抗生素、磺胺类药物及其他抗菌药物敏感。

【流行病学】

1. 传染源 患病禽和带菌禽是主要的传染源。

2. 传播途径 病禽通过排泄物、分泌物、咳出物排出大量病原菌，常污染周围环境，经消化道、呼吸道和损伤的皮肤、黏膜感染。

3. 易感动物 各种家禽和野禽都易感，以鸡、火鸡和鸭最易感，鹅、鸽易感性较低。3～4 月龄的鸡和成年鸡易感，雏鸡很少发生。

4. 诱发因素 该病一年四季均可发生，但以冷热交替、气候骤变、闷热、潮湿、多雨时节发生较多。饲养管理不当、营养不良、寄生虫感染、饲料和环境的突然变换及长途运输等都可诱发本病。

【临床症状】 潜伏期为 2～5d。根据病程长短可分为最急性、急性和慢性型。

1. 最急性型 常见于流行初期，多发于肥壮、高产的家禽，常呈最急性经过。病禽常无前驱症状，突然表现不安，痉挛抽搐，倒地挣扎，翅膀扑动几下即死亡。常有午夜猝死现象，早晨喂食时发现鸡死在笼内。

2. 急性型 最为常见。病禽体温升高到 43～44℃，全身症状明显。常有剧烈腹泻，排灰黄色或绿色稀粪，泄殖腔周围羽毛污秽；减食或不食，渴欲增加；呼吸困难，口、鼻分泌物增加；鸡冠和肉髯发绀，呈青紫色，有的病鸡肉髯肿胀，有热痛感。产蛋禽群表现为产蛋量下降或停止。最后衰竭、昏迷而死亡，病程 1～3d。

3. 慢性型 多见于流行后期。病禽精神不振，食欲减少，鼻孔流出少量黏液。关节肿胀跛行，甚至不能走动。常腹泻，病禽逐渐消瘦。伴有慢性肺炎症状。鸡冠及肉髯苍白，一侧或两侧肉髯肿大。

【病理变化】

1. 最急性型 最急性型病例常无特异性病变，有时仅见心冠脂肪有少量针尖大出血点，肝表面有数个针尖大、灰黄色或灰白色坏死点。

2. 急性型 急性型以败血症为主要变化。皮下组织、腹部脂肪和肠系膜常见大小不等的出血点；心包变厚，心包积有淡黄色液体并混有纤维素，心外膜、心冠脂肪有出血点；肝肿大、质脆，棕红色或棕黄色或紫红色，表面广泛分布针尖大小、灰白色或灰黄色、边缘整齐、大小一致的坏死点；肠道黏膜红肿，暗红色，有弥漫性出血或溃疡，肠内容物含有血液。

3. 慢性型 慢性型病变因侵害部位不同而有差异，一般可见鼻腔、气管和支气管内有大量黏性分泌物；肺硬变；关节肿大变形，有炎性渗出物和干酪样坏死；肉髯肿大，内有干酪样的渗出物；产蛋母禽的卵巢出血，卵泡破裂，有时在卵巢周围有一种坚实、黄色的干酪样物质。

【诊断】 根据流行病学、临床症状及病理变化可以做出初步诊断，确诊需进行实验室诊断。

1. 病原学诊断

（1）镜检。取急性病例的心、肝、脾或体腔渗出物以及其他病型的病变组织、渗出物、脓汁等病料涂片，瑞氏或美蓝染色后镜检，可见两极着色的小杆菌。

（2）细菌培养。将病料接种于鲜血琼脂、血清琼脂、普通肉汤等培养基上，置37℃培养24h，观察结果。在鲜血或血清琼脂培养基上，可长出圆形、湿润、表面光滑、边缘整齐的露滴状小菌落，不溶血。普通肉汤中呈均匀混浊，放置后有黏稠沉淀，摇动时沉淀物呈絮状上升。必要时可进一步做生化反应。

2. 动物试验　取病变组织研磨，用生理盐水做成1∶10悬液，取上清液（或24h肉汤纯培养物）0.2mL接种小鼠、鸽或鸡，接种动物在1～2d后发病，呈败血症死亡，再取病料涂片染色镜检，或做血液琼脂培养，即可确诊。

3. 鉴别诊断　注意与鸡新城疫、败血性大肠杆菌病、鸡白痢及禽副伤寒相区别。

【防治】

1. 预防　加强饲养管理，注意通风换气和防暑防寒，合理设置饲养密度。定期对禽场和禽舍进行消毒消除诱因。尽量做到自繁自养，引进种禽时，必须从无病禽场引进。坚持全进全出的饲养管理制度。

在常发地区可考虑注射禽霍乱氢氧化铝菌苗、禽霍乱油乳剂灭活苗及禽霍乱蜂胶灭活苗。必要时可制作自家禽场灭活苗以提高防制效果。

2. 治疗　发病后应及时隔离患禽，病死禽全部烧毁或深埋。对禽舍、饲养环境和饲养管理用具进行严格消毒，及时清理粪便并堆积发酵沤熟后利用。对患禽可选用青霉素、链霉素、金霉素、四环素、壮观霉素、卡那霉素、磺胺类、喹诺酮类等药物进行治疗。也可使用高免血清或康复动物的抗血清1～2mL/只，连用2～3d进行治疗。

>>> 禽传染性鼻炎 <<<

禽传染性鼻炎是由副鸡嗜血杆菌所引起的一种禽的急性呼吸系统疾病。主要症状为鼻腔与鼻窦发炎，流鼻涕，单侧或双侧脸部肿胀和打喷嚏，并伴有结膜炎。本病主要发生于育成鸡及产蛋鸡群，造成鸡群生长停滞、死淘率增加以及产蛋量显著下降。

【病原】　副鸡嗜血杆菌属巴氏杆菌科、嗜血杆菌属。本菌两端钝圆，不形成芽孢，无荚膜，无鞭毛。在鼻分泌物抹片中呈两极着色。本菌为兼性厌氧菌，在含5%～10%CO_2的条件下生长较好。对营养的需求较高，多数菌株需要在培养基中加入V因子，即烟酰胺腺嘌呤二核苷酸（NAD）。葡萄球菌在生长过程中可合成V因子，若将两者交叉划线于琼脂平板上进行培养，可在葡萄球菌菌落周围形成副鸡嗜血杆菌菌落，这是嗜血杆菌属成员的特有现象，称为"卫星现象"。在鲜血琼脂培养基上经24h培养后可形成灰白色、半透明、圆形、凸起、边缘整齐的光滑菌落，不溶血。

本菌的抵抗力不强，对一般消毒剂敏感。分离到的细菌在4℃时能存活两周，在自然环境中数小时即死亡。对热敏感，在45℃存活不超过6min。在真空冻干条件下可以保存10年。

【流行病学】

1. 传染源　病鸡及隐性带菌鸡是传染源，而慢性病鸡及隐性带菌鸡是鸡群中发生本病的重要原因。

2. 传播途径　本病可通过飞沫及尘埃经呼吸道传染，也可通过污染的饲料和饮水经消化道传染。通常认为本病不能垂直传播。

3. 易感动物　本病可发生于各种年龄的鸡，随年龄的增加易感性增强。以育成鸡及产蛋鸡群易感，尤其是产蛋鸡。商品肉鸡发病也比较多见。雉鸡、珠鸡、鹌鹑偶然也能发病，其他禽类、小鼠、家兔均不感染。

4. 发病因素 本病一年四季均可发生，但最常发生于秋冬两季。寒冷、潮湿、鸡群拥挤、不同年龄的鸡混群饲养、通风不良、鸡舍内闷热、气温骤变、寄生虫病、维生素缺乏等都能诱发本病。鸡群接种禽痘疫苗引起的全身反应，也常常是传染性鼻炎的诱因。

5. 流行特点 本病的发生具有传播迅速的特点。3～5d内可波及全群，发病率可高达70%或更高。单纯的传染传鼻炎在发病早期死亡率很低，但发病后期因继发大肠杆菌、支原体等病死亡率会增加。

【临床症状】 本病的潜伏期很短，用培养物或鼻腔分泌物人工鼻内或窦内接种易感鸡，24～48h发病。自然接触感染，常在1～3d内出现症状，很快蔓延至整个鸡群。临床主要表现为鼻腔和鼻窦炎症，鼻腔有浆液性或黏液性分泌物，有时打喷嚏，眼部肿胀、结膜发炎；食欲及饮水减少，或有下痢，体重减轻；仔鸡生长不良，成年母鸡产蛋减少甚至停止，公鸡肉髯常见肿大；炎症蔓延至下呼吸道，则呼吸困难并有啰音，病鸡常摇头欲将呼吸道内的黏液排出，最后常窒息而死。

【病理变化】 主要病变在鼻腔、鼻窦和眼睛。鼻腔和窦黏膜呈急性卡他性炎，黏膜充血肿胀，表面覆有大量黏液，窦内有渗出物凝块，后成为干酪样坏死物。眼结膜充血肿胀，脸部及肉髯皮下水肿，或有干酪样物。严重时可见气管黏膜炎症，偶有肺炎及气囊炎。临床上由于混合感染的存在，病变往往复杂多样，有的死鸡有2～3种疾病的病理变化特征。

【诊断】 根据流行病学、临床症状、病理变化可以做出初出诊断。确诊本病有赖于实验室检查。

1. 病原学诊断 取病鸡眶下窦或鼻窦渗出物，涂片染色、镜检，可见大量革兰氏阴性的球杆菌。用从病鸡鼻窦深部采取的病料，直接在血琼脂平板上划直线，然后再用葡萄球菌在平板上划横线，置于厌氧培养箱中，37℃培养24～48h后，在葡萄球菌菌落边沿可长出一种细小的卫星菌落，而其他部位很少见细菌生长。

2. 动物试验 取病鸡的窦分泌物或培养物，接种于2～3只健康鸡的鸡窦内，可在24～48h出现传染性鼻炎症状。

3. 鉴别诊断 本病与慢性禽霍乱、禽流感、鸡传染性支气管炎、鸡传染性喉气管炎、鸡眼型葡萄球菌病在临床表现上有相似之处，应予以鉴别。

【防治】

1. 预防 加强饲养管理、改善鸡舍通风条件、避免过密饲养、带鸡消毒等措施可减轻发病。采用全进全出的制度，对鸡场进行全面的消毒，不从疾病情况不明的鸡场购进种公鸡或生长鸡，均有利于控制本病的发生。定期对鸡舍及各种用具、饮水进行消毒，搞好清洁卫生，降低病原浓度对控制本病的发生有积极意义。有条件者可安装供暖设备和自动控制通风装置，以保证舍内温度和降低舍内有害气体。

2. 免疫接种 用传染性鼻炎油乳剂多价（A、C二价或A、B、C三价）灭活苗于30～42日龄和开产前4～5周分两次接种，可取得满意的预防效果。

3. 治疗 副鸡嗜血杆菌对磺胺类药物非常敏感，是治疗本病的首选药物。选用磺胺类药、泰乐菌素、硫氰酸红霉素、氟苯尼考等饮水或拌料，连用5～7d，间隔

3～5d，重复1个疗程。对于发病急的鸡群可以肌内注射链霉素或泰乐菌素。

发病鸡群用传染性鼻炎油乳剂多价灭活苗作紧急接种，对饮水和鸡舍带鸡消毒，可以较快地控制本病。

>>> 禽葡萄球菌病 <<<

禽葡萄球菌病是由金黄色葡萄球菌引起禽的一种急性败血性或慢性传染病。主要引起禽的腱鞘炎、化脓性关节炎、脐炎、眼炎、细菌性心内膜炎和脑脊髓炎等多种病型。

【病原】 金黄色葡萄球菌属微球菌科、葡萄球菌属。菌体呈圆形或卵圆形，革兰氏阳性菌，无鞭毛，不形成芽孢和荚膜。需氧或兼性厌氧菌，在普通培养基上生长良好。在固体培养基上形成圆形、光滑的菌落，直径1～3mm，镜检呈葡萄串状排列。在液体培养基中可能呈短链状。培养物超过24h，革兰氏染色可能呈阴性。在5%的血液培养基上容易生长，18～24h生长旺盛。

本菌对外界环境的抵抗力较强。在尘埃、干燥的脓血中能存活几个月，加热80℃30min才能将其杀死。对龙胆紫、青霉素、林可霉素、红霉素、庆大霉素、氟喹诺酮类等药物敏感，但易产生耐药性。因此，临床用药最好经药敏试验选择敏感药物。

【流行病学】

1. 传染源 病禽是主要的传染源，病禽的分泌物、排泄物中含有大量的病原微生物。

2. 传播途径 伤口感染（脐带、断喙、刺种、刮伤等）是葡萄球菌感染的主要途径，也可通过呼吸道、消化道和种蛋感染发病。

3. 易感动物 各种家禽不分品种、年龄、性别均可感染，但以30～70日龄的鸡多发。笼养鸡比平养鸡多发，肉鸡比蛋鸡易感。

4. 流行特点 该病一年四季均可发生，但雨季、蚊虫多时较易发生。葡萄球菌广泛分布于自然界和健康家禽的羽毛、皮肤、眼睑、结膜、肠道等，也是养鸡饲养环境、孵化车间和禽类加工车间的常在微生物。鸡群管理不良如通风不良、饲料营养不全面或种蛋及孵化器消毒不严时都可诱发本病。凡是能够造成鸡只皮肤、黏膜完整性破坏的因素均可成为发病的诱因。

【临床症状】

1. 急性败血型 多发于40～60日龄的雏禽。病禽体温升高，精神沉郁，常呆立一处或蹲伏，双翅下垂，眼半闭呈嗜睡状。食欲减少或废绝。特征性症状是在翼下、皮下组织出现浮肿，进而扩展到胸、腹及股内，呈泛发性浮肿；外观呈紫黑色，内含血样渗出液、皮肤脱毛坏死，有时出现破溃，流出污秽血水，并带有恶臭味；有的病禽在体表发生大小不一的出血灶和炎性坏死，形成黑紫色结痂。死亡率较高，病程多在2～5d，快者1～2d。

2. 脐炎型 多发于新生雏禽。俗称"大肚脐"，是因为新生雏禽脐环闭合不全，葡萄球菌感染后脐部肿大发炎所致。主要表现为雏禽脐孔发炎肿大，有时脐部有暗红色或黄色液体，病程稍长则变成干涸的坏死物。

3. 关节炎型 多发于成年鸡和肉用鸡的育成阶段。多发于跗关节和跖关节，表现为受害关节肿大，呈黑紫色，内含血样浆液性或干酪样物，有热痛感。病鸡站立困难，以胸骨着地，行走不便，跛行，喜卧。有的出现趾底肿胀，溃疡结痂。病鸡常因运动、采食障碍，导致衰竭或继发其他疾病而死亡。

4. 肺型 主要表现为全身症状及呼吸障碍。

5. 眼炎型 表现为头部肿大，眼睑肿胀，闭眼，有炎性分泌物。结膜充血、出血等，眼内有多量分泌物，并具有肉芽肿。时间久者，眼球下陷、失明。最后多因饥饿、被踩踏、衰竭死亡。

【病理变化】

1. 急性败血型 肝、脾肿大、出血，病程稍长者，肝上还可见数量不等的白色坏死点。有的病死鸡心包扩张，积有黄白色心包液，心冠脂肪和心外膜偶见出血点。肺充血，肾淤血肿胀。

2. 脐炎型 主要病变为脐部肿大，呈紫红色或紫黑色，有暗红色或黄红色液体。卵黄吸收不良，呈黄红或黑灰色，并混有絮状物。

3. 关节炎型 关节肿胀处皮下水肿，关节液增多，关节腔内有淡黄色干酪样渗出物，关节周围结缔组织增生及关节变形。

4. 肺型 肺部淤血、水肿和肺实质病变，甚至见到黑紫色坏疽样病变。

5. 眼炎型 眼部病理变化跟临床症状相同，少数病鸡胸腹部皮下有出血斑点，心冠脂肪有少量出血点。

【诊断】 根据流行病学特点、临床症状及病理变化，可做出初步诊断，但确诊需要进行实验室诊断。

1. 病原学诊断

（1）镜检。取皮下渗出液、血液、肝、关节腔渗出液、雏鸡卵黄囊、脐炎部、眼分泌物等涂片，革兰氏染色、镜检，可见有革兰氏阳性单在或排列成短链状球菌可做初步的诊断。

（2）分离培养。采取化脓灶的脓汁或败血症病例的血液、肝、脾等，将无污染的病料（如血液等）接种于血琼脂平板，对已污染的病料同时接种于7.5%氯化钠甘露醇琼脂平板，置37℃培养48h后，再置室温48h。致病性金黄色葡萄球菌的主要特点是可以产生金黄色素，有溶血性，发酵甘露醇，产生血浆凝固酶。挑取金黄色、溶血或甘露醇阳性菌落，革兰氏染色、镜检，可见革兰氏阳性、呈葡萄串状排列的菌体，即可确诊。

2. 动物试验 将分离到的葡萄球菌培养物经肌肉（胸肌）接种于40～50日龄健康鸡，经20h可见注射部位出现炎性肿胀，破溃后流出大量渗出液。24h后开始死亡。症状和病变与自然病例相似。

【防治】

1. 预防 加强饲养管理；防止皮肤外伤，圈舍、笼具和运动场地应经常打扫，注意清除带有锋利尖锐的物品；夏秋季做好蚊虫的消灭工作对于预防该病的发生有重要意义。

2. 治疗 发病鸡群可使用青霉素、链霉素、红霉素、庆大霉素、硫酸卡那霉素及磺胺类等药物治疗，同时应对环境及鸡群进行全面消毒。金黄色葡萄球菌对药物极易产生抗药性，选用抗生素进行治疗前最好进行药物敏感试验，选择敏感药物。

>>> 鸭传染性浆膜炎 <<<

鸭传染性浆膜炎又称鸭疫里默氏杆菌病、鸭疫巴氏杆菌病、新鸭病或鸭败血病，是由鸭疫里默氏杆菌引起的侵害雏鸭的一种慢性或急性败血性传染病。临床表现为精神沉郁、眼鼻分泌物增多、腹泻，部分感染鸭可出现神经症状。剖检可见典型的纤维素心包炎、肝周炎、气囊炎和关节炎。本病的发病率和死亡率很高，可引起雏鸭大批死亡或导致鸭的生长发育迟缓、胴体淘汰率增加等。

【病原】 鸭疫里默氏杆菌，革兰氏阴性小杆菌，有荚膜、不能运动、不能形成芽孢。纯培养菌落涂片可见菌体呈单个、成对或短链状排列。菌体大小不一，（0.2～0.4）$\mu m \times$（1～5）μm。瑞氏染色大部分菌体呈两极浓染，墨汁负染见有荚膜。细菌在巧克力琼脂平板培养基、血液平板、胰酶大豆琼脂、马丁肉汤、胰酶大豆肉汤等培养基中生长良好。在胰酶大豆琼脂中添加2%的小牛血清可促进其生长，增加CO_2的体积分数细菌生长更旺盛，初代分离时将其放置于体积分数为5%～10%CO_2培养箱或烛缸中培养可提高细菌的分离率。

大多数鸭疫里默氏菌菌株不发酵糖类，不产生吲哚和硫化氢，不还原硝酸盐，不利用柠檬酸盐，甲基红试验阴性，可液化明胶。应用凝集试验和琼脂扩散试验可将鸭疫里默氏杆菌分为不同的血清型，不同的血清型分别以阿拉伯数字表示。除少数血清型之间有微弱的交叉免疫反应外，绝大多数血清型之间无交叉反应。

【流行病学】

1. 传染源 病鸭为主要的传染源。

2. 传播途径 病鸭的排泄物和分泌物中含有大量病菌，能够污染饲料、饮水、用具和场地、尘土和飞沫等，然后经呼吸道、消化道或皮肤的伤口（尤其是足蹼部皮肤）而感染。

3. 易感动物 在自然情况下，2～8周龄雏鸭易感，其中以2～3周龄雏鸭最易感。1周龄以内和8周龄以上雏鸭不易感染发病。不同品种的鸭如北京鸭、樱桃谷鸭、狄高鸭、水鸭、番鸭、半番鸭、麻鸭等都可以感染发病。火鸡、鸡、鹅及某些野禽也可感染。

4. 流行特点 该病无明显的季节性，一年四季均可发生，以春冬季节较为多发。育雏舍鸭群密度过大、空气不流通、地面潮湿、卫生条件不好、饲料中蛋白质水平过低、维生素和微量元素缺乏以及其他应激因素（雏鸭转换环境、气候骤变、受寒、淋雨）等均可促进该病的发生和流行。

【临床症状】 潜伏期为1～3d，有时可达1周。一般分为最急性型、急性型和慢性型。

1. 急性型 表现为精神沉郁，缩颈，嗜睡，嘴拱地，腿软，不愿走动，行动迟缓，步态不稳或共济失调，食欲减退或不思饮食。眼有浆液性或黏液性分泌物，常使两眼周围羽毛粘连脱落。鼻孔周围也有分泌物，排绿色或黄绿色稀粪。死前有痉挛、摇头、背脖和伸腿，呈角弓反张，抽搐而死。病程一般为1～2d。

2. 慢性型 病程1周以上，呈急性或慢性经过，主要表现为精神沉郁，食欲减退，肢软卧地，不愿走动，常呈犬坐姿势，进而出现共济失调，痉挛性点头或摇头摆尾，前仰后翻，呈仰卧姿态，有的可见头颈歪斜，转圈，后退行走，身体消瘦，最后衰竭死亡。

【病理变化】 特征性病理变化是纤维素性心包炎、肝周炎、气囊炎和脑膜炎。急性病例可见心包膜被覆着淡黄色或干酪样纤维素性渗出物，病程稍长者可见心包膜增厚，心包囊内充满黄色絮状物和淡黄色渗出液。肝肿大，肝表面覆盖一层灰白色或灰黄色纤维素性膜。气囊混浊增厚，气囊壁上附有纤维素性渗出物。脾肿大或肿大不明显，呈大理石样外观。脑膜及脑实质血管扩张、淤血；慢性病例常见胫跗关节及跗关节肿胀，切开可见关节液增多。

【诊断】 根据流行病学特点、临床病理特征可以对该病做出初步诊断，确诊必须依赖于实验室诊断。

1. 病原学诊断 取病死鸭肝、脾或脑组织接种于胰酶大豆琼脂平板或巧克力琼脂平板，置于体积分数为 5%～10% CO_2 培养箱或烛缸中 37℃ 培养 24h，可形成表面光滑、稍突起、直径为 1～2mm 的圆形露珠样菌落，取典型菌落做玻片凝集试验或进行荧光抗体染色鉴定。

2. 荧光抗体技术诊断 取病死鸭肝、脾或脑组织切片，丙酮固定，然后用直接或间接免疫荧光抗体技术进行检测，在荧光显微镜下观察可见组织切片中菌体周边荧光着染发亮，中央稍暗，呈散在分布或成簇排列。

3. 鉴别诊断 本病在临床特征上应注意与雏鸭大肠杆菌、衣原体感染相区别。本菌在麦康凯培养基上不能生长可与大肠杆菌区别；衣原体在人工培养基上不能生长，可与本病相鉴别。

【防治】

1. 预防 加强饲养管理，改善饲养条件，注意鸭舍的通风、环境干燥、清洁卫生。饲喂优质全价饲料，满足其生长需要，以增强雏鸭的体质。适当调整鸭群的饲养密度，注意控制鸭棚内的温度、湿度，尤其是在春天多雨、夏天炎热和冬天寒冷的季节，做好雏鸭的保暖、防湿和通风工作，尽量减少受寒、淋雨、驱赶、日晒及其他不良因素的影响。实行"全进全出"的饲养管理制度，不同批次、不同日龄的鸭不能混养。建立完善的消毒制度，定期对饮水器、料槽清洁消毒，鸭群出栏后对各种用具、场地、棚舍、水池等要全部进行消毒。

2. 疫苗接种 目前国外研制成功的鸭疫里默氏杆菌菌苗有单价和多价灭活菌苗、弱毒疫苗和亚单位疫苗及混合大肠杆菌制成的二联灭活疫苗等，在我国目前应用较多的是各种佐剂的灭活苗，如福尔马林灭活苗、油佐剂灭活苗、蜂胶佐剂灭活苗和加有其他佐剂的灭活苗等。

由于鸭疫里默氏杆菌的血清型较多，各个国家和地区的主要流行血清型有所不同，在不同时期流行的血清型又有所不同，而且在同一鸭场，甚至是同一批鸭群可能同时存在多个血清型。因此，目前较为有效的方法是针对当地主要流行血清型，选取相应菌株研制疫苗，可以达到更有效的防治效果。

3. 治疗 由于细菌对抗菌药物极易产生耐药性，有条件的话，可对病死鸭进行病原分离，对分离菌株进行药物敏感性试验，筛选高敏药物进行交叉使用，可达到较好的治疗效果。个别严重的病鸭，采用个体给药法。

(1) 5%氟苯尼考注射液。每千克体重 0.1～0.2mL，连用 2d。

(2) 庆大霉素注射液。每千克体重雏禽 0.2 万～0.4 万 IU，每天 1 次，连续治疗 2～3d。

(3) 阿米卡星注射液。每千克体重 2 万～4 万 IU，每天 1 次，连续治疗 2～3d。

任务三　禽其他传染病防治

 任务描述

　　重点讲述鸡败血支原体感染、禽衣原体病、禽曲霉菌病、禽念珠菌等病的病原、流行病学、临床症状和病理变化，以及发病后如何进行快速诊断与治疗，日常预防又该采取哪些措施，从而使这些疾病对养禽业的危害降到最低，以提高养禽户的经济效益。

任务实施

>>> 鸡败血支原体感染 <<<

　　鸡败血支原体感染是由鸡败血支原体引起的一种慢性呼吸道传染病，该病又称为鸡毒支原体感染或慢性呼吸道病，临床以咳嗽、流鼻液、呼吸道啰音、喘气和窦部肿胀为主要特征。

　　【病原】　鸡败血支原体，呈细小球杆状，用吉姆萨氏或瑞氏染色着色良好，呈淡紫色，革兰氏染色时着色淡，呈弱阴性。需氧和兼性厌氧。最适培养温度 37～38℃，最适 pH7.8。在液体培养基中培养 5～7d，可分解葡萄糖产酸。在固体培养基上，生长缓慢。病原分离时，培养基中需加入 10%～15% 灭活的猪、禽或马血清和酵母浸出液才能生长，培养 3～5d 后，才能形成表面光滑、圆形、透明、中央突起呈乳头状或煎蛋状或草帽状、边缘整齐、直径很少超过 0.2～0.3mm 的细小菌落。在马新鲜血琼脂平板上能引起溶血。

　　鸡败血支原体对外界抵抗力不强，离开禽体即失去活力。对干热敏感，45℃下 1h 或 50℃下 20min 即被杀死，但冻干后保存于 4℃冰箱可存活 7 年。对紫外线抵抗力极差，在阳光照射下很快失去活力。一般消毒药可很快将其杀死。对链霉素、红霉素、泰乐菌素敏感，但抗新霉素和磺胺类药物。

　　【流行病学】

　　1. 传染源　病鸡和隐性感染鸡是本病的传染源。

　　2. 传播途径　病鸡通过咳嗽、喷嚏或排泄物污染空气、饮水、饲料、用具等，经呼吸道或消化道传播。本病也可经交配传播。隐性感染或慢性感染的种鸡所产的带菌蛋，可使 14～21 日龄的胚胎死亡或孵出弱雏，弱雏因携带病原体又可引起水平传播。

　　3. 易感动物　主要感染鸡和火鸡。各种年龄的鸡和火鸡都能感染本病，4～8 周龄鸡和火鸡最敏感，成年鸡多为隐性感染。纯种鸡比杂种鸡易感。

　　4. 流行特点　本病一年四季均可发生，以寒冷季节流行最为严重。鸡舍卫生不良、氨气浓度高、鸡群过度拥挤、营养缺乏、气候突变等均可促进或加剧本病的发生和流行。带有本病病原体的幼雏，用气雾或滴鼻等途径免疫时，能诱发本病。新城疫、传染性支气管炎等呼吸道病毒感染及大肠杆菌混合感染可使呼吸道病症明显加重。

　　【临床症状】　幼龄鸡发病，症状较典型，表现为浆液性或黏液性鼻液，使鼻孔堵塞影响呼吸，病鸡频频摇头、喷嚏、咳嗽，还见有窦炎、结膜炎和气囊炎。当炎症蔓

延到下部呼吸道时，则喘气和咳嗽更为显著，有呼吸道啰音。病鸡食欲不振，生长停滞。后期可因鼻腔和眶下窦中蓄积渗出物而引起眼睑肿胀。成年鸡很少死亡，幼鸡如无并发症，病死率也低。产蛋鸡感染后，只表现产蛋量下降和孵化率低，孵出的雏鸡活力降低。

【病理变化】 眼结膜潮红，鼻腔、鼻窦、眶下窦内黏膜水肿、出血，腔内有豆腐渣样分泌物，气管壁水肿、充血。气囊壁混浊、增厚，气囊内和腹腔内有黄白色豆腐渣样渗出物或片状物。肠系膜有大量黄色干酪样物，卵黄性腹膜炎等。若感染滑液囊支原体时主要为渗出性滑膜炎、腱鞘滑膜炎或黏液囊炎液增多等，关节液初期清亮后混浊，最后成奶油状黏稠，也会出现鸡败血支原体症状。

【诊断】 根据本病的流行情况、临床症状和病理变化可做出初步诊断，确诊须进行病原分离鉴定和血清学检查。

1. 病原学诊断 可取气管或气囊的渗出物制成悬液，直接接种支原体肉汤或琼脂培养基。在液体培养基中培养5～7d，可分解葡萄糖产酸。固体培养基培养3～5d后，可见表面光滑、圆形、透明、中央突起呈乳头状或煎蛋状或草帽状、边缘整齐的细小菌落。

2. 血清学诊断 用鸡败血支原体平板凝集试验抗原进行血清平板凝集试验是最常用的方法。在20℃以上室温条件下，取被检血清25～30μL滴于白色瓷板上，然后滴加等量抗原，以细棒或牙签快速搅拌，上下倾斜转动使二者充分混合，在2min内如出现背景清亮、有明显凝集颗粒，则为阳性反应，否则为阴性反应。其他血清学方法还有HI和ELISA。

3. 鉴别诊断 禽败血支原体病与鸡传染性支气管炎、传染性喉气管炎、传染性鼻炎、新城疫等呼吸道传染病极易混淆，应注意鉴别诊断。

【防治】

1. 预防 "净化"种禽是防治本病的关键措施，加强饲养管理，健全卫生管理制度，严格消毒，采用"全进全出"的饲养方式，消除引起鸡抵抗力下降的一切因素。采取措施建立无支原体病的种鸡群。在引种时，必须从无本病鸡场购买。

2. 免疫接种 进行免疫接种对于控制该病的感染有一定效果，目前应用的疫苗有弱毒活疫苗和灭活疫苗。国际上和国内使用的活疫苗主要是F株疫苗。F株致病力极为轻微，给1日龄、3日龄和20日龄雏鸡滴眼接种不引起任何可见症状或气囊上变化，不影响增重。油佐剂灭活疫苗效果良好，用后能防止本病的发生并减少诱发其他疾病，增加鸡蛋产量。

3. 治疗 对发病鸡群，可选择喹诺酮类药物、泰乐菌素、泰妙霉素、北里霉素、林可霉素和红霉素等进行治疗。抗生素治疗时，停药后往往复发，应考虑几种药物轮换使用。

>>> 禽 衣 原 体 病 <<<

禽衣原体病又称鹦鹉热、鸟疫，是由鹦鹉热衣原体引起的禽类的一种高度接触性传染病。病禽以结膜炎、鼻炎和下痢等症状为主要特征。鹦鹉热衣原体不仅会感染家禽和鸟类，也会危害人类的健康，给公共卫生带来严重危害。

【病原】 鹦鹉热衣原体是一种专性细胞寄生菌，其大小介于立克次体和病毒之间，以原体和始体两种独特形态存在。原体又称原生小体，是一种小的、致密的球形体，不运动，无鞭毛和纤毛，吉姆萨染色呈现紫色，是衣原体的感染形态。始体又称网状体，通过二分裂方式进行增殖，其成熟的子代即为原体，无传染性。衣原体可以在鸡胚、细胞培养物和常用的哺乳动物细胞内形成胞浆内"包含体"，成熟的包含体吉姆萨染色呈深紫色，内含 100～500 个原体和正在分裂增殖的始体。包含体的膜破裂后，大量的原体释放于胞浆内，并继续感染新的细胞。

衣原体不能合成自身的高能化合物，必须依靠宿主细胞提供这些化合物，故它不能在无生命的人工培养基中生长繁殖。鸡胚、小鼠和某些传代细胞可用于衣原体的分离培养。

衣原体对低温的抵抗力较强，在禽类的干燥粪便和垫草中，可存活数月。衣原体对能影响脂类成分或细胞壁完整的化学因子非常敏感，容易被季铵类化合物如新洁尔灭等灭活。对酸、碱类消毒剂不敏感。70%酒精、3%过氧化氢、碘配溶液和硝酸银等几分钟便可破坏其感染性。四环素、金霉素和红霉素对衣原体具有强烈的抑制作用，青霉素抑制能力较差。衣原体对杆菌肽、庆大霉素和新霉素不敏感。

【流行病学】

1. 传染源　病禽和带菌禽是本病的主要传染源。

2. 传播途径　本病主要通过呼吸道和消化道传播。病禽的排泄物中含有大量病原体，干燥后可随风飞扬，禽类吸入含有病原体的尘土通过呼吸道感染。另外，排泄物中的病原体可污染饲料、饮水等，通过消化道感染。吸血昆虫也可传播该病。

3. 易感动物　各种家禽和多种野禽对衣原体都有易感性，目前已知易感禽类达140 多种。家禽和野禽常是衣原体的普通贮存宿主。海鸥和白鹭是衣原体强毒株的携带者并可向外大量排毒，但对宿主本身无明显影响。

4. 流行特点　该病一年四季均可发生，以秋冬和春季发病最多。饲养管理不善、密度过大、营养不良、阴雨连绵、气温突变、禽舍潮湿、通风不良等应激因素，都可促使本病的发生和加剧。

【临床症状】　鸡尤其是成年鸡对鹦鹉热衣原体有较强的抵抗力，大多数自然感染的鸡症状不明显或呈隐性感染。幼龄鸡常呈急性感染，发病严重，全身震颤，步态不稳，食欲消失并排出黄绿色或红色胶状粪便，眼及鼻孔周围有浆液性或脓性分泌物。随着病程发展，有的病鸡角膜混浊、失明，呼吸困难，病鸡明显消瘦，肌肉萎缩，病鸡常发生晕厥而死。鸭群发病率一般在 10%～80%，死亡率可达 30%。幼鸭感染本病后，症状严重，致死率高，表现为颤抖、共济失调和恶病质，食欲丧失并排出绿色水样粪便，眼及鼻孔周围同幼鸡一样有浆液性或脓性分泌物。随着病程的发展，病鸭消瘦，死于痉挛。发病率及死亡率取决于感染时的年龄、是否并发沙门菌病。火鸡感染衣原体后表现为恶病质、厌食，体温升高，病禽排出黄绿色胶冻状粪便，严重感染的母火鸡产蛋率迅速下降，死亡率 4%～30%。

【病理变化】　剖检气囊和体腔的浆膜有纤维素性到化脓性炎症。气囊膜增厚，表面覆盖泡沫状白色纤维素性渗出物，腹腔内有大量泡沫样黏性物。胸肌萎缩。常伴有浆液性或浆液纤维素性心包炎、心外膜增厚、充血，表面有纤维素性渗出物覆盖。肝肿大、颜色变淡，表面覆盖有纤维素。脾肿大，有些肝和脾有灰色或黄色坏死灶。

【诊断】　实验室检查是诊断本病的主要方法。

1. 病原学诊断 取病禽的肝、脾表面，气囊、心包和心外膜做切片，空气干燥或火焰固定后，吉姆萨染色镜检，衣原体原生小体呈红色或紫红色，网状体呈蓝绿色。只有包含体中的原生小体具有诊断意义。

2. 鸡胚接种 将病料经卵黄囊接种于 6～7 日龄鸡胚，收集接种后 3～10d 死亡的鸡胚卵黄囊。观察鸡胚病变，制备切片，染色镜检。

3. 血清学试验 采取发病初期和康复后的双份血清，通过间接补体结合反应、间接血凝反应或酶标抗体法来检查抗体。

4. 鉴别诊断 怀疑为衣原体病时必须与巴氏杆菌病区别开来，特别是火鸡的巴氏杆菌病，其症状和病理变化与衣原体病相似。火鸡的衣原体病还易与大肠杆菌病、支原体病、禽流感等相混淆，在诊断上应注意鉴别，以免误诊。

【防治】

1. 预防 该病尚无有效疫苗，预防应加强饲养管理。注意禽舍、饲喂用具的清洁卫生，鸡舍和设备在使用之前应进行彻底清洁和消毒。对粪便、垫草和脱落的羽毛要堆积发酵。引进禽群，应先进行检疫，以防将病原体带入禽场。严禁野鸟和野生动物进入禽舍。发现病禽应立即淘汰，并销毁被污染的饲料，禽舍用 0.3% 过氧乙酸、5% 漂白粉等进行消毒。清扫时应避免尘土飞扬，以防工作人员感染。

2. 治疗 治疗可选用四环素、土霉素、金霉素等抗菌药物，对该病都有很好的治疗效果。

>>> 禽曲霉菌病 <<<

禽曲霉菌病是由真菌中的曲霉菌引起的多种禽类的真菌性疾病，主要侵害呼吸器官。临床特征以肺、支气管及气囊发生炎症和形成肉芽肿结节为主，偶见于眼、肝、脑等组织，故又称曲霉菌性肺炎。

【病原】 该病主要病原体为子囊菌纲曲霉菌属中的烟曲霉和黄曲霉，此外，黑曲霉、构巢曲霉、土曲霉等也有不同程度的致病性，偶尔也可从病灶中分离出青霉、木霉、头孢霉、毛霉、白曲霉等菌体。曲霉菌的形态特征是分生孢子呈串珠状，在孢子柄膨大形成顶囊，囊上有放射状排列的小梗，并分别产生许多分生孢子，形如葵花状。曲霉菌为需氧菌，在室温和 37～45℃ 均能生长。曲霉菌在一般霉菌培养基如沙氏、马铃薯和其他糖类培养基上均可生长。在沙保弱氏葡萄糖琼脂等固体培养基上，37℃ 温箱中培养生长迅速，菌落最初为白色绒毛状结构，经 24～30h 后开始形成孢子，菌落逐渐变成浅灰色、灰绿色、暗绿色、烟熏色以及黑色。

曲霉菌在自然界适应能力很强，一般冷热干湿的条件下均不能破坏其孢子的生存能力，煮沸 5min 才能将其杀死。一般的消毒剂须经 1～3h 才能灭活。曲霉菌孢子抵抗力很强，干热 120℃、煮沸 5min 才能将其杀灭。对化学药品也有较强的抵抗力，在一般消毒药物中，如 2.5% 福尔马林、水杨酸、碘酊等，需经1～3h 才能使其灭活。曲霉菌类能产生毒素，其中影响家禽健康的有三种霉菌毒素，即黄曲霉毒素、褐黄曲霉毒素和镰刀菌毒素，黄曲霉毒素可以引起组织坏死，使肺发生病变，肝发生硬化和诱发肝癌。

【流行病学】

1. 传染源 病禽、霉变的饲料及被污染的垫料、孵化器、饮水、空气等是主要传染源。

2. 传播途径 呼吸道和消化道为主要传播途径，以吸入携带曲霉菌孢子的空气感染为主，也可以在蛋中感染，还可经消化道及被污染的孵化器传染。

3. 易感动物 曲霉菌可引起多种禽类发病，鸡、鸭、鹅、鸽、火鸡及多种鸟类（水禽、野鸟、动物园的观赏禽等）均有易感性，以幼禽易感性最高，特别是20日龄以内的雏禽常呈急性暴发和群发性发生，发病率和死亡率较高。成年禽多为散发。

4. 诱发因素 空气污浊、通风不良、湿度大、温度高、垫料、谷物霉变或种蛋霉变等因素可诱发本病，并加重曲霉菌病病情。

【临床症状】

1. 鸡曲霉菌病 雏鸡发病后精神不振，羽毛松乱，翅膀下垂，闭目嗜睡，食欲减退，生长停滞，消瘦、贫血；鸡冠和肉髯呈紫色，结膜潮红，眼睑肿胀，一侧眼睑膜下形成绿豆粒大小的隆起，可挤压出黄白色干酪样物，有的角膜中央溃疡；病雏鸡张口呼吸，头颈伸直，喘气，摇头，甩鼻，打喷嚏等；部分病雏鸡扭颈，头向后背，转圈，共济失调，全身痉挛，消化功能紊乱，下痢等。

育成鸡和成年鸡多为慢性经过。病鸡羽毛松乱，呆立，发育不良，消瘦，贫血，下痢，呼吸困难，死亡等；产蛋鸡产蛋减少或停产，病程数天至数月，若种蛋或其孵化时受霉菌侵害，则孵化率下降，胚胎死亡率增加。

2. 鸭鹅曲霉菌病 精神沉郁，羽毛无光泽，食欲减退或废绝，饮水量增加，缩颈嗜睡，不喜行动，不愿游水，常蹲在一边不动。鼻孔流浆液性鼻涕，咳嗽，呼吸困难，严重时头向上伸直，口张开，用力吸气，并发出咯咯叫声和粗大喘鸣声。流泪，下眼睑黏着闭合，眼结膜囊内有灰白色或黄色干酪样物阻塞，角膜混浊，逐渐失明。粪便稀薄初带白色，很快变为铜绿色粪汁，双腿麻痹。病情严重时，头、眼睑和颈部明显水肿；口角、咽喉等处均附有较厚的灰白色或黄色伪膜状物。慢性病例表现为跛行，逐渐消瘦而死。

【病理变化】 本病以肺、气囊以及胸腹腔浆膜等处表面形成曲霉菌性结节或菌斑为典型病理特征。

1. 鸡曲霉菌病 气囊壁点状或局限性混浊，增厚，有大小不等的霉菌结节，或有肥厚隆起的圆形霉菌斑，隆起中心凹下呈深褐色或烟绿色，拨动时见粉状飞扬。

肺的霉菌结节形状与大小不一，结节呈黄白色、淡黄色、灰白色，散在分布于肺，稍柔软，有弹性，切开呈干酪样，少数融合成团块。

大脑脑回有粟粒大的霉菌结节，大、小脑轻度水肿，表面有针尖大小的出血点，黄豆粒大小的淡黄色坏死灶。

肌胃、腺胃、小肠、肾等处有霉菌结节，肝肿大2～3倍，有结节或弥漫型的类肿瘤病状。胸前皮下和胸肌等处有大小不等的圆形或椭圆形肿块。气管、支气管黏膜充血，有淡灰色渗出物。

2. 鸭鹅曲霉菌病 鼻黏膜上覆盖污灰色坏死伪膜或黄色伪膜，将鼻道完全阻塞，伪膜剥离后鼻道黏膜呈弥漫性出血。喉头、气管、口角等处有较厚的灰白色或黄色伪膜状物，难剥离，剥离后呈出血斑样。

气囊、肺、胸膜腔浆膜、胃和肠管浆膜等处有大小不等的霉菌结节，结节颜色多样化，如灰白色、黄白色或淡黄色，结节富有弹性，硬度呈软骨样，有一定的层次，中心呈干酪样坏死组织。

食管和膨大部有麸皮状膜附着于黏膜口，易剥离；腺胃黏膜有出血烂斑，腺胃与肌胃交界处有大小不等的出血溃疡；小肠、直肠黏膜出血；心外膜出血；肝肿大，质脆呈古铜色，有暗红色出血斑点；胆囊充盈；肾及脾出血等。

【诊断】 根据流行病学、临床特征、病理变化可作出初步诊断，确诊需依赖于实验室检查。

1. 镜检 取气囊、肺组织上的霉菌或霉菌斑置于载玻片上，滴加 20% 氢氧化钾 1～2 滴，用针划破病料，加盖玻片轻压至透明状，显微镜下镜检可见大量霉菌孢子，并见有多个菌丝形成的菌丝团，菌丝排列成放射状。

2. 分离培养 无菌采取气囊、肺等病料接种于马铃薯琼脂培养基中，置 37℃ 恒温箱中培养 24h，可见绒毛样菌丝，未见其他细菌生长。48h 后形成白色菌落。72h 后菌落呈纽扣状，由中心向外周逐渐变深，菌落由白色变为暗绿色。取培养物镜检可见大量霉菌菌丝和分生孢子即可确诊。

【防治】

1. 预防 不使用发霉的垫料和饲料是预防禽曲霉菌病的关键措施。垫料要经常翻晒和更换，特别是阴雨季节，更应翻晒防止霉菌生长。购进饲料原料要严格把关，禁止使用发霉变质的饲料原料。育雏室应保持清洁、干燥；每日温差不要过大，按雏禽日龄逐步降温；合理通风换气，减少育雏室空气中的霉菌孢子；饲槽和饮水器具经常清洗；雏禽进入前应彻底清扫，用甲醛液熏蒸或 0.4% 过氧乙酸消毒后，再进雏饲养。保持孵化室地面、墙壁、孵化机和室内的清洁卫生。发现疫情时应迅速查明原因并迅速排除，立即更换垫料，冲洗、消毒环境、禽舍及用具。

2. 治疗 本病目前尚无特效的治疗方法。制霉菌素、克霉唑、硫酸铜溶液对防治本病有一定疗效。制霉菌素按每千克饲料 100 万 IU，或每 100 只雏鸡 1 次用 50 万～80 万 IU，每日 2 次，拌料，连用 2～4d；0.05% 硫酸铜溶液饮水，连用 3～5d，也有一定效果；也可用克霉唑按每 100 只雏鸡用 1g，拌料，连用 3～5d。为防止继发感染，可同时选用恩诺沙星进行治疗。用药期间要注意通风换气。

>>> 禽念珠菌病 <<<

禽念珠菌病又称霉菌性口炎、白色念珠菌病，是由白色念珠菌引起的一种霉菌性传染病，本病也可感染哺乳动物和人类，其主要特征是在禽的上消化道（口腔、咽部、食道、食管膨大部）黏膜发生白色伪膜和溃疡。

【病原学】 白色念珠菌是一种类酵母状的真菌。菌体小而椭圆，能够长芽，可形成孢子和分隔菌丝。革兰氏染色呈阳性，着色不均匀。兼性厌氧。在沙氏葡萄糖琼脂上 37℃ 培养 24～48h，可形成圆形、光滑、中央隆起、白色奶油状菌落。明胶穿刺试验可看到沿穿刺线出现短绒毛状或树枝状旁枝，不液化明胶。若接种于含有玉米浸汁的伊红美蓝琼脂膜上，能迅速发酵，菌落呈红色。

白色念珠菌在自然界广泛存在，可在健康畜禽及人的口腔、上呼吸道和肠道等处寄居。病鸡的粪便中含有大量病菌，在病鸡的嗉囊、腺胃、肌胃、胆囊以及肠内，都能分离出病菌。该菌对外界环境及消毒药有很强的抵抗力。

【流行病学】

1. 传染源 病禽和带菌禽是主要传染源。

2. 传播途径 病原通过分泌物、排泄物污染饲料、饮水经消化道感染。雏鸽感染主要是带菌母鸽通过鸽乳将病原传给乳鸽。

3. 易感动物 各种禽类均易感，尤其鸡、鸽更甚。该病以幼龄禽多发，成年禽也有发生。4周龄以下的家禽感染后迅速大批死亡，3月龄以上的家禽多数康复。鸽以青年鸽易发且病情严重。15日龄至2个月龄的幼鸽最易感，刚离开母鸽的童鸽感染后病情最严重。成年鸽不明显，成为隐性带菌鸽。

4. 流行特点 该病多发生在夏秋炎热多雨季节。白色念珠菌是一种内源性的条件性真菌，该病原与机体长期共生，当条件骤然改变（饲养管理不良、发生传染病、温差过大等）、机体营养不良、维生素缺乏、长期或大量使用抗生素，或各种原因使机体抵抗力较弱时，都会破坏禽群体内的微生态环境，从而诱发本病。

【临床症状】 鸡患病后生长不良、病鸡精神不振、羽毛粗乱、食量减少或停食，消化障碍。嗉囊胀满，但明显松软，挤压时有痛感，并有酸臭气体自口中排出。有时病鸡下痢，粪便呈灰白色。一般1周左右死亡。

雏鸽感染后口腔与咽部黏膜充血、潮红、分泌物稍多且黏稠。青年鸽发病初期可见口腔、咽部有白色斑点，继而逐渐扩大，演变成黄白色干酪样伪膜。口气微臭或带酒糟味。个别鸽引起软嗉症，嗉囊胀满，软而收缩无力。食欲废绝，排墨绿色稀粪，多在病后2～3d或1周左右死亡。

幼鸭主要表现为呼吸困难，喘气，叫声嘶哑。发病率和死亡率都很高。

【病理变化】 病理变化主要集中在上消化道，可见喙结痂、口腔、咽和食道有干酪样伪膜和溃疡。嗉囊黏膜明显增厚，被覆一层灰白色斑块状伪膜，易刮落。伪膜下可见坏死和溃疡。少数病禽引起胃黏膜肿胀、出血和溃疡，颈胸部皮下形成肉芽肿。肺有坏死灶及干酪样物。腺胃与肌胃交界处出血，肌胃角质层有出血斑。心肌肥大，肝肿大呈紫褐色，有出血斑。肠黏膜呈炎性出血，肠壁变薄，肠系膜有黑红色或黄褐色的干酪样渗出物附着。

【诊断】 病禽上呼吸道黏膜的特征性增生和溃疡病灶常作为本病的诊断依据。确诊必须采取病变器官的渗出物作抹片检查，观察酵母状的菌体和菌丝，或是进行霉菌的分离培养和鉴定。

1. 镜检 取棉蓝染液一滴置于载玻片上，再刮取嗉囊病变部位的病料混于染色液中，加盖玻片镜检，可见到蓝色串珠样菌体，是一般细菌的30～60倍，与酵母菌相似，即可确诊。

2. 分离培养 将嗉囊病料接种在沙氏琼脂培养基上，37℃培养24～48h后，菌落特征为白色奶油状凸出、圆形隆起、边缘整齐、有一定的黏性。取培养物镜检与上述菌体一样即可确诊。

【防治】

1. 预防 加强饲养管理，降低饲养密度，保持清洁饮水和良好卫生。禽舍要干燥、通风，2～3d带禽消毒1次，每周禽场环境消毒1次。料槽、饮水器等用具每周清洗消毒。严禁饲喂发霉变质饲料。发现病禽立即隔离，及时更换垫草，环境、用具立即消毒。

2. 治疗　使用硫酸铜溶液、制霉菌素、克霉唑进行治疗都可取得一定疗效。1∶(2 000～3 000) 硫酸铜溶液饮水，连用 3～5d；制霉菌素按每千克饲料加入 50 万～100 万 IU（预防量减半）连用 1～2 周；克霉唑，每 100 只雏禽 1.0g 拌料，连用 3～5d。适量补给复合维生素 B，对大群防治有一定效果。

技能训练

技能 8-1　鸡白痢的检疫技术

【技能目标】　能够熟练掌握鸡白痢的全血平板凝集试验、血清凝集反应方法。

【实训材料】　鸡白痢鸡伤寒多价染色平板抗原、标准阳性血清、弱阳性血清、阴性血清、玻璃板（白瓷板）、微量移液器、20 或 22 号注射针头、75％酒精棉、酒精灯、接种环（金属环直径约 4.5mm）、镊子、记号笔等。

【方法步骤】

（一）全血平板凝集试验

1. 实验步骤

（1）洁净玻璃板打好格，在检测开始前，先将抗原瓶充分摇匀，作阳性血清和抗原对照试验，用移液器吸取鸡白痢鸡伤寒多价抗原液 50μL，加入玻璃板 3 个方格里，每格 50μL，分别加入标准强、弱阳性血清及阴性血清 50μL，混合均匀，在 2～3 min，强阳性血清出现 100％凝集（＋＋＋＋）；弱阳性血清出现 50％凝集（＋＋）；阴性血清不凝集（－－），方可进行检测工作。

（2）在玻璃板上滴加抗原 50μL，用采血针头刺破鸡的翅静脉或冠尖，待血流出后，用移液器取出 50 μL，把血液放入抗原液中，用该取血移液器吸头混合均匀，并摊开约 2cm 宽度，轻轻摇动反应板，观察结果。

2. 结果与分析

（1）结果判定。①抗原与全血混合后 2～3min，发现明显颗粒状或块状凝集者为阳性。②2min 内不出现凝集或出现均匀一致的极微小颗粒，或在边缘处由于临干前出现絮状者判为阴性反应。③在上述情况之外而不易判断为阳性或阴性者，判为可疑反应。

（2）全血平板凝集反应判定标准。①出现大块凝集、液体清亮为 100％（＋＋＋＋）凝集。②出现明显凝集块，但是液体稍有混浊为 75％（＋＋＋）凝集。③出现凝集颗粒、液体混浊为 50％（＋＋）凝集。④出现液体均匀一致混浊无凝集现象为阴性。

3. 注意事项　抗原应在 2～15℃冷暗处保存，从杀菌之日算起有效期 6 个月，在使用前必须充分摇匀，有沉淀的不能用，过期失效的不能用。做本试验前必须做阴、阳血清对照。做本试验室温要求在 20℃左右进行；室温达不到 20℃时用酒精灯加温。采血针头只能使用一次，移液器吸头每次换，不能重复使用。本抗原适用于产蛋鸡及 1 年以上的公鸡，幼龄鸡敏感度较差。

（二）血清凝集反应

1. 血清试管凝集反应

（1）实验步骤。

①抗原。固体培养中洗下的抗原需保存于 0.25％～0.5％石炭酸生理盐水中，使

用时将抗原稀释成每毫升含菌 10 亿个，并把 pH 调至 8.2～8.5，稀释的抗原限当天使用。

②抗体。以 20 或 22 号针头刺破鸡翅静脉，使之出血，用清洁、干燥的灭菌试管靠近流血处，采集 2 mL 血液，斜放凝固以析出血清，分离出血清，置 4℃待检。

③在试管架上依次摆 3 支试管，吸取稀释抗原 2mL 置第 1 管，吸取各 1mL 分置第 2、3 管。先吸取被检血清 0.08mL 注入第 1 管，充分混合后再吸取 1 mL 移入第 2 管，充分混合后吸取 1 mL 移入第 3 管，混合后吸出混合液 1mL 舍弃，最后将试管摇振数次，使抗原与血清充分混合，在 37℃温箱中孵育 20h 后观察结果。与此同时分别按上述方法做标准阳性血清、弱阳性血清、阴性血清的对照组，以便观察。

（2）结果与分析。试管 1、2、3 的血清稀释倍数依次分别为 1∶25、1∶50、1∶100，凝集阳性者，抗原显著凝集于管底，上清液透明；阴性者，试管呈均匀混浊；可疑者介于前两者之间。在鸡血清稀释倍数为 1∶50 以上凝集者为阳性，在火鸡血清稀释倍数为 1∶25 以上凝集者为阳性。

2. 血清平板凝集反应

（1）抗原与试管凝集反应者相同，但浓度比试管法的大 50 倍，悬浮于含 0.5％ 石炭酸的 12％氯化钠溶液中；血清采集同试管凝集法。

（2）用一块玻板以蜡笔按约 3cm² 画成若干方格，每一方格加入被检血清和抗原各 1 滴，用牙签充分混合，30～60s 后观察结果。

（3）结果判定。观察 30～60s，凝集者为阳性，不凝集者为阴性。试验应在 10℃以上室温进行。

【提交作业】 根据实验记录写出全血平板凝集反应和血清凝集反应的操作步骤和实验结果。

【考核标准】

鸡白痢检疫

考核方式	考核项目	评分标准		考核方法	考核分值	熟悉程度
		分值	扣分依据			
	学生互评	10	根据小组代表发言、小组学生讨论发言、小组学生答辩及小组间互评打分情况而定			
考核评价	全血平板凝集试验	25	实验步骤不正确扣 10 分；结果判定不准确扣 10 分；注意事项不到位扣 5 分	小组操作考核		基本掌握/熟练掌握
	血清试管凝集反应	25	实验步骤不正确扣 10 分；结果判定不准确扣 10 分；注意事项不到位扣 5 分			基本掌握/熟练掌握
	血清平板凝集反应	25	实验步骤不正确扣 10 分；结果判定不准确扣 10 分；注意事项不到位扣 5 分			基本掌握/熟练掌握
	实验操作过程	15	操作动作不规范扣 10 分；凝集反应结果不理想扣 5 分			基本掌握/熟练掌握
	总分	100				

技能 8-2 大肠杆菌病诊断技术

【技能目标】 通过技能训练，初步掌握大肠杆菌病的微生物学诊断步骤和方法。

【实训材料】 病料、普通营养琼脂、麦康凯琼脂、伊红美蓝琼脂、营养肉汤培养基、细菌微量生化反应管、肠杆菌科细菌生化编码鉴定管、革兰氏染色液、显微镜、香柏油、酒精灯、接种环、超净工作台、恒温培养箱、无菌的平皿和试管、外科刀、外科剪、镊子、玻片、3～5 日龄健康雏鸡、小鼠。

【方法步骤】

1. 病料采集 无菌采集病料至灭菌平皿或试管，临床症状及病理变化不同，病料采集部位有所区别。败血型一般取感染的心脏、血液、肝等；脐炎取卵黄物质；眼型的取眼内脓性或干酪样物质；关节炎的取关节脓液；输卵管炎、腹膜炎的取干酪样物等。

2. 检验程序

（1）染色镜检。将病料用铂金耳以无菌操作的方法做抹片或触片，革兰氏染色、镜检可见两端钝圆，成对或单个存在的阴性短杆状细菌。

（2）分离培养。将病料划线接种于普通琼脂培养基、营养肉汤培养基、麦康凯培养基、伊红美蓝琼脂平板上，37℃恒温培养箱中培养 24h，观察结果如下：

①普通肉汤。肉汤均匀混浊，管底有黏性沉着物，表面有菌环。

②普通琼脂培养基。菌落边缘整齐，表面光滑、湿润、低而隆凸、无色。

③麦康凯培养基。菌落呈粉红色。

④伊红美蓝琼脂培养基。菌落呈深紫色、隆凸、表面湿润、带有蓝绿色金属光泽。

（3）纯化。挑取以上麦康凯培养基中的光滑、粉红色单个菌落接种在麦康凯琼脂上进一步纯化。挑取分离纯化的单个菌落的一半，进行革兰氏染色、镜检，可见革兰氏阴性、两端钝圆、成对或单个存在的短杆状细菌。

（4）生化试验。将纯化后细菌接种于微量生化反应鉴定管，置 37℃培养 24～48h，观察结果，记入表 8-2。

表 8-2 大肠杆菌主要生化特性

项目	三糖铁 STI			糖发酵					靛基质	MR	V-P	枸橼酸盐利用	尿素分解	硝酸盐还原
	斜面	底层	硫化氢	葡萄糖	蔗糖	乳糖	麦芽糖	甘露醇						
结果	＋	⊕	－	⊕	－	⊕	⊕	⊕	＋	＋	－	－	－	＋

注：1.⊕表示产酸产气；－表示阴性；＋表示能利用或阳性。2.因大肠杆菌血清型较多，生化结果略有差异。

（5）动物致病性试验。用来判断分离出来的大肠杆菌是致病性的，还是非致病性的，以及大肠杆菌的毒力如何。

①取大肠杆菌 24h 的营养肉汤纯培养物，给 3～5 日龄的健康雏鸡腹腔注射，0.2～0.3mL/只。

②用灭菌生理盐水轻轻洗去麦康凯平板培养物进行 1∶10 稀释，给小鼠腹腔注射，0.2mL/只。然后观察实验动物的发病和死亡情况，从而判断大肠杆菌是否具有致病性，进而根据死亡只数及时间来判断大肠杆菌毒力的强弱。期间设对照组，每只腹腔接种等量的灭菌生理盐水。

③取死亡小鼠和雏鸡的组织，抹片、染色、镜检及划线接种，应分离到与接种菌完全一致的病原菌。

【提交作业】 记录大肠杆菌剖检变化、细菌分离培养、染色镜检、生化试验与动物致病性试验的结果，综合分析作出诊断并写出实验报告。

【考核标准】

考核方式	考核项目	评分标准		考核方法	考核分值	熟悉程度
		分值	扣分依据			
学生互评		10	根据小组代表发言、小组学生讨论发言、小组学生答辩及小组间互评打分情况而定			
考核评价	病料采集	10	病料采集前准备不充分扣5分；病料采集部位不适当扣5分	小组操作考核		基本掌握/熟练掌握
	染色镜检	10	染色体镜检方法不当扣5分；染色体镜检结果不准确扣5分			基本掌握/熟练掌握
	分离培养及纯化	35	培养基选择不当扣10分；划线接种方法不正确扣10分；培养结果不准确扣5分；纯化过程及结果正确扣10分			基本掌握/熟练掌握
	生化试验及动物致病性试验	35	生化试验过程不正确扣10分；生化试验结果判定不正确扣10分；动物致病试验方法不当扣10分；结果判定不准确扣5分			基本掌握/熟练掌握
总分		100				

自测练习

项目九

禽寄生虫病防治

【知识目标】 了解寄生虫的种类及对家禽的危害方式；熟悉寄生虫的生活史；掌握常见禽寄生虫病的病原、流行病学、临床症状、病理变化、诊断要点及防治措施；充分理解科学的防疫制度是养禽场获得最大经济效益的重要保证。

【能力目标】 通过剖检采集家禽的全部寄生虫标本，进行鉴定和计数，确定寄生虫的种类、感染率及感染强度，为诊断和理解寄生虫病的流行情况和防治措施提供科学依据。

【思政目标】 科学用药，减少药物残留，巩固绿色发展理念，站在人与自然和谐共生的高度求发展。

任务一 禽原虫病防治

任务描述

重点讲述禽球虫病、禽组织滴虫病、禽住白细胞原虫病的病原、流行病学、发病后的临床症状、病理变化和诊断方法，以及日常预防措施和药物治疗方案，从而使这些疾病对养禽业的危害降到最低，以提高养禽户的经济效益。

 **任务实施**

>>> 禽 球 虫 病 <<<

禽球虫病是一种常见的禽类原虫病，其造成的经济损失非常惊人，其中鸡球虫病最为严重。本病分布极广，世界各地普遍发生，多危害 15～50 日龄的雏鸡，死亡率 80% 以上。耐过的雏鸡生长缓慢，发育不良。成鸡多为带虫者，增重和产蛋受到一定影响。

【病原】 寄生于鸡的艾美耳球虫，全世界报道的有 9 种，但被公认的有 7 种，即柔嫩艾美耳球虫、毒害艾美耳球虫、堆型艾美耳球虫、巨型艾美耳球虫、哈氏艾美耳球虫、和缓艾美耳球虫和早熟艾美耳球虫。前两种的致病力较强，其余的几种依次减弱。柔嫩艾美耳球虫寄生在盲肠黏膜内，称盲肠球虫。毒害艾美耳球虫寄生在小肠段黏膜内，称小肠球虫。球虫卵的形态呈卵圆形、圆形或椭圆形。

鸡球虫的发育要经过 3 个阶段：裂殖生殖和配子生殖阶段是在肠黏膜上皮细胞内进行的，孢子生殖阶段是在体外形成孢子囊和孢子，而成为感染性球虫卵。鸡球虫的感染过程是：从粪便排出的卵囊，在适合的温度和湿度下，经 1～2d 发育成孢子化卵囊即感染性卵囊。这种卵囊被鸡吃了以后，子孢子游离出来，钻入肠上皮细胞内进行裂殖生殖和配子生殖，而后产出新一代卵囊并随粪便排出体外。刚排出的卵囊不具有感染性。裂殖生殖和配子生殖合称内生性生殖，孢子生殖又称外生性生殖。

【流行病学】

1. 传染源　病禽和带虫禽。

2. 传播途径　本病唯一感染途径是消化道，主要是由雏鸡吃了孢子化卵囊而发生感染。饲料、饮水、垫料和尘埃是主要传播媒介，其次鸟类、苍蝇、甲虫、蟑螂、饲养员、用具等也会机械传播本病。

3. 易感动物　球虫病主要发生于 3 月龄以内的雏鸡，以 15～50 日龄雏鸡最易感染，2 周龄以内幼雏很少发病。

4. 流行特点　饲养管理条件不良能促进本病的发生。鸡舍潮湿、拥挤、卫生不良，以及维生素 A 和维生素 K 的缺乏等都是引起发病的诱因。本病通常在温暖多雨的季节流行，每年春夏季发病最多。

【临床症状】　鸡球虫病主要分为两种：

1. 盲肠球虫病　多由柔嫩艾美耳球虫引发，发病 4～5d 后开始死亡，耐过鸡生长缓慢，蛋鸡产蛋量下降。病鸡精神不振，鸡冠、肉髯苍白，羽毛松乱，缩颈，眼紧闭，呆立或喜卧，不食，饮水增加，腹泻，排暗红色或巧克力色血便，严重时排鲜血，甚至死亡等。

2. 小肠球虫病　由毒害艾美耳球虫或几种球虫混合感染，症状轻，病程长，可达数周或数月。病鸡间歇性腹泻，贫血，消瘦，多排混有灰白色黏液的稀粪，衰竭死亡。

【病理变化】　内脏的变化仅见于肠道，其他器官无变化。盲肠显著肿胀，外观呈棕红色或暗红色，质地比正常坚实。肠内容物主要是血液、血凝块或坏死物质及炎性渗出物凝固形成的干硬栓子，堵塞肠腔。小肠中段胀气，肠道内含有大量血液黏液，黏膜上有无数粟粒大的出血点和白色斑点。

【诊断】　根据雏鸡表现的症状、剖检变化，特别是肠道的特异性病变，可做出初步诊断。确诊必须用显微镜检查肠内容物中的球虫卵囊。

【防治】

1. 预防　球虫疫苗已在生产中取得较好的预防效果，疫苗不能用于紧急接种，接种前后不得用抗球虫药，也不可应用影响免疫的药物及影响球虫发育的药物（如磺胺、四环素等）。平时及时清理粪便并做无害化处理，做好通风与换气，保持舍内空气新鲜，控制环境的湿度，做好环境的消毒，饲养密度适中，合理搭配日粮，勤换垫料，及时清洗笼具、饲槽、水具等可降低发病率。传统的方法是药物预防，即从鸡 1 日龄即开始使用药物预防，采用穿梭用药和轮换用药的方法进行。预防用的抗球虫药主要有以下几种：

（1）尼卡巴嗪（球虫净）。按每千克饲料加 125mg 拌料，休药期为 4d。

（2）莫能菌素。按每千克饲料加 100～120mg 拌料，无休药期。

（3）盐霉素（优素精）。按每千克饲料加 50～60mg 拌料，休药期为 5d。

（4）马杜拉霉素（抗球王）。按每千克饲料加 5mg 拌料（只能用于肉鸡），无休药期。

（5）常山酮。按每千克饲料加 3～4mg 拌料，休药期为 5d。

（6）地克珠利（杀球灵）。按每千克饲料加 1mg 拌料，无休药期。

2. 治疗 由于患病鸡食欲不佳，但饮欲增加，故治疗时应选用水溶性抗球虫药物。

（1）磺胺二甲基嘧啶（SM2）。按 0.1％混入饮水，连用 2d；或按 0.05％混入饮水，饮用 4d，休药期为 10d；

（2）磺胺二甲氧嘧啶（SDM）。按 0.1％混入饮水，连用 6d，休药期为 5d。

（3）磺胺氯吡嗪钠（三字球虫粉）。按 0.03％混入饮水，连用 3d，休药期为 5d；

（4）氨丙啉。按每千克水加 120～240mg 饮水，连用 3d，无休药期；

（5）百球清（2.5％溶液）。按 0.002 5％混入饮水，即按 1∶1 000 比例稀释（1L 水中用百球清 1mL）。在后备母鸡群可用此剂量混饲或混饮 3d。

>>> 禽组织滴虫病 <<<

组织滴虫病是由火鸡组织滴虫引起的禽类盲肠和肝机能紊乱的一种急性原虫病。该病原主要侵害肝和盲肠，故又称盲肠肝炎；因发病后期出现血液循环障碍，头部颜色发紫，因而又称黑头病。本病呈世界性分布，在加拿大、法国、英国、美国、意大利等一些主要火鸡饲养国，非常普遍。本病以侵害火鸡为主，其他家禽易感性不高，但组织滴虫可以引起家禽生长发育迟缓、产蛋下降，阻碍养禽业健康发展，对畜牧业生产造成巨大的经济损失。

【病原】 组织滴虫是一种很小的原虫，根据其寄生部位可分为：组织型原虫，寄生在细胞里，虫体呈圆形或卵圆形，没有鞭毛，大小为 6～20μm；肠腔型原虫，寄生在盲肠腔的内容物中，虫体呈阿米巴状，直径为 5～30μm，具有一根鞭毛，在显微镜下可以见到鞭毛的运动。

【流行病学】

1. 传染源 组织滴虫因有异刺线虫虫卵的卵壳保护，在外界能生存较长的时间，成为重要的传染源。

2. 传播途径 本病通过消化道感染。蚯蚓吞食土壤中的异刺线虫虫卵或幼虫后，组织滴虫随即进入蚯蚓体内而使之成为重要的传播媒介。

3. 易感动物 组织滴虫的自然宿主很多，如火鸡、鸡、鹧鸪、鹌鹑、孔雀、珍珠鸡、锦鸡等均可感染组织滴虫，其中火鸡最易感，感染死亡率可达 100％。

4. 流行特点 本病多发生于春夏季节、多见于地面育雏、饲养管理较差的鸡群。成年鸡的死亡率较低，主要为温和型感染。组织滴虫可与球虫、蛔虫、隐孢子虫、大肠杆菌、沙门氏菌等混合感染，其他感染因素的存在也可促进组织滴虫病的发生与发展，加剧病情，使病程加快，死亡率增加。

【临床症状】 该病的潜伏期一般为 7～12d，最短 5d。病鸡表现精神沉郁、食欲减退或废绝、羽毛蓬乱、两翅下垂、行走如踩高跷步态、闭目、头弯于翅内、下痢、排浅黄色或硫黄色粪便，严重的病例粪便带血。由于病鸡的鸡冠呈暗黑色，所以也称之为"黑头病"。

【病理变化】 组织滴虫病主要病变是盲肠肝炎。盲肠肿大，肠壁肥厚变硬。切开肠管可见干酪样物堵塞肠腔，内容物切面呈同心轮层状，中心是黑红色的血凝块，外围是黄白色的渗出物和坏死物质。肠黏膜发生坏死和溃疡。急性病例，盲肠发生急性出血性肠炎，肠内含有血液。

肝肿大、肝表面可见大小不等的坏死斑，坏死斑呈黄绿色或灰绿色，中心稍凹陷、边缘稍隆起，有时许多小坏死斑连在一起呈花环状或连成大片溃疡区。

【诊断】 诊断此病一般是以生前排出特征性硫黄色粪便，剖检肝典型坏死灶及盲肠的干酪样肠芯和肿大变化为依据。但确诊必须依靠实验室诊断，以排除侵害盲肠和肝的其他因素的感染。同时，组织滴虫可与球虫、蛔虫、隐孢子虫、大肠杆菌、沙门氏菌等混合感染，诊断时应注意区别。

虫体检查是本病确诊的依据。采用刚扑杀或刚死亡的病禽的肝组织和盲肠黏膜制作悬液标本，在保温的显微镜台上观察可见大量圆形或卵圆形的虫体，以其特有的急速的旋转或钟摆状态运动，虫体一端有鞭毛，若维持在 30～40℃还可见到虫体的伪足。也可作肝组织切片检查虫体。用肝组织和盲肠制作石蜡切片时，组织滴虫在 HE 染色时虫体着色较淡，以单个、成群或连片的形式存在于坏死的组织中，虫体大小为5～20μm。

【防治】

1. 预防 由于组织滴虫的主要传播方式是通过异刺线虫卵进行，所以定期驱除体内的异刺线虫是预防本病的有效措施之一。此外，还应注意加强饲养管理，搞好环境卫生，控制球虫感染，保持鸡舍的干燥、清洁、通风和光照良好。应防止鸡群过分拥挤，注意饲料的营养平衡。

2. 治疗 本病尚无特效药物，临床常采用下列药物：

（1）甲硝唑治疗用 0.02％，混于饲料，每日 3 次，连用 5d，疗效率达 90％。

（2）二甲基咪唑治疗用 0.06％，混于饲料，疗程不得超过 5d，不要喂正在产蛋的鸡群；预防用 0.015％～0.02％，混于饲料，休药期为 5d。

（3）卡巴砷预防用 0.015％～0.02％，混于饲料，休药期为 5d。

（4）异丙硝唑咪治疗用 0.025％，混于饲料，疗程 7d；预防用 0.062 5％，混于饲料，休药期为 4d。

（5）硝苯胂酸预防用 0.018 7％，混于饲料，休药期为 4d。

本病还可选用新胂凡钠明或盐酸二氯苯胂，中药四季青煎剂治疗有一定效果。若混合感染，应查明病因，联合用药。

>>> 禽住白细胞原虫病 <<<

住白细胞原虫病是由住白细胞虫侵害血液和内脏器官的组织细胞而引起的一种原虫病。本病在我国南方比较严重，常呈地方性流行，近年来北方地区也陆续发生。本病对雏鸡危害严重，发病率高，症状明显，常引起大批死亡。

【病原】 住白细胞虫属于原生动物门、复顶亚门、孢子虫纲、血孢子虫亚目、疟原虫科、住白细胞虫属。我国已发现鸡有两种住白细胞虫即卡氏住白细胞虫和沙氏住白细胞虫。前者在鸡体内的配子生殖阶段可分为 5 个时期；后者成熟的配子体为长形，宿主细胞呈纺锤形，细胞核呈深色狭长的带状，围绕着虫体的一侧。大配子体的大小为 22μm×6.5μm，呈深蓝色，色素颗粒密集，褐红色的核仁明显。小配子体的

大小为 $20\mu m \times 6\mu m$，呈淡蓝色，色素颗粒稀疏，核仁不明显。

住白细胞虫的生活史由 3 个阶段组成：孢子生殖在昆虫体内；裂殖生殖在宿主的组织细胞中；配子生殖在宿主的红细胞或白细胞中。本虫的发育需要有昆虫媒介，卡氏住白细胞虫的发育在库蠓体内完成，沙氏住白细胞虫的发育在蚋体内完成。

【流行病学】 卡氏住白细胞虫的流行季节与库蠓的活动密切相关。一般在气温20℃以上时，库蠓繁殖快，活动力强，该病的流行也严重。沙氏住白细胞虫的流行季节与蚋的活动密切相关。鸡的年龄与住白细胞虫病的感染率成正比例，而和发病率却成反比例。一般雏鸡（2~4 月龄）和中鸡（5~7 月龄）的感染率和发病率均较高，而 8~12 月龄的成年鸡或 1 年以上的种鸡，虽感染率高，但发病率不高，血液里的虫体也较少，大多数为带虫者。土种鸡对住白细胞虫病的抵抗力较强。

【临床症状】 自然感染时的潜伏期为 6~10d。雏鸡和童鸡的症状明显，死亡率高。病初发热，食欲不振，精神沉郁，流口涎，下痢，粪便呈绿色，贫血，鸡冠和肉垂苍白，生长发育迟缓，两肢轻瘫，活动困难。感染 12~14d，病鸡突然因咯血、呼吸困难而发生死亡。中鸡和成年鸡感染后病情较轻，死亡率也较低，病鸡鸡冠苍白，消瘦，排水样的白色或绿色稀粪，中鸡发育受阻，成年鸡产蛋率下降，甚至停止产蛋。

【病理变化】 病死鸡剖检的主要特征是口流鲜血，冠白，全身性出血，肌肉及某些内脏器官有白色小结节，骨髓变黄。全身性出血包括皮下出血，特别多见于肺和肾，严重的可见两侧肺充满血液，肾包膜下有大片血块。心脏、脾、胰及胸腺也见有出血点，腭裂常被血样黏液充塞。有时气管、胸腔、嗉囊、腺胃、肌胃及肠道也见有出血斑点。胸肌、腿肌等浅部及深部肌肉，以及肝、肺、脾等脏器常见到白色小结节，结节为针尖大或粟粒大，与周围组织有明显的界线。

【诊断】 根据临床症状、病理变化特点及发病季节可做出初步诊断。确诊需进行病原体的检查。

【防治】 鸡住白细胞虫的传播与库蠓和蚋的活动密切相关，因此消灭这些昆虫媒介是防治本病的重要环节。防止库蠓和蚋进入鸡舍，可用杀虫剂将它们杀灭在鸡舍及周围环境中，这对减少本病所造成的经济损失具有十分重要的意义。每隔 6~7d 用杀虫药进行喷雾，可收到很好的预防效果。发病后，可选择以下 1~2 种敏感药物使用：

（1）复方敌菌净。每千克饲料 0.5~1g，混饲，2 次/d，连用 4~5d。

（2）可爱丹：每千克饲料 1g，混饲，2 次/d，连用 3~4d。

（3）乙胺嘧啶：每千克饲料 4mg。

（4）磺胺二甲嘧啶：每千克饲料 0.04g，混合后混饲，2 次/d，连用 3~5d。

任务二　禽蠕虫病

任务描述

重点讲述禽吸虫病、禽绦虫病、禽线虫病的病原、流行病学、发病后的临床症状、病理变化和诊断方法，以及日常预防措施和药物治疗方案，从而使这些疾病对养禽业的危害降到最低，以提高养禽户的经济效益。

【任务实施】

>>> 禽 吸 虫 病 <<<

寄生于家禽的吸虫种类很多，对家禽危害比较严重的吸虫病有前殖吸虫病和棘口吸虫病。

1. 前殖吸虫病　前殖吸虫病又称蛋蛭病，是由于前殖吸虫寄生于鸡的直肠、输卵管、法氏囊、泄殖腔而引起的一种寄生虫病，以输卵管炎、产蛋机能紊乱为特征。常引起输卵管炎，使卵的形成和产卵功能发生紊乱，患禽生无壳蛋和软壳蛋，有时因继发腹膜炎而死亡。本病在我国分布较广，以华东、华南地区多见，常呈地方性流行，春、夏两季多发，各种年龄的家禽均能感染。

【病原】　我国迄今报道有 19 种，常见有以下 6 种：卵圆前殖吸虫（P. ovatus）、透明前殖吸虫（P. pellucidus）、楔形前殖吸虫（P. cuneatus）、鸭前殖吸虫（P. anatinus）、鲁氏前殖吸虫（P. rudolnhi）、日本前殖吸虫（P. japonicus）。前殖吸虫的发育需要两个中间宿主，第一中间宿主为淡水螺，第二中间宿主为各种蜻蜓的成虫及其稚虫。成虫在寄生部位产卵，卵随粪便及泄殖腔的排泄物排出体外。虫卵被淡水螺吞食，在其肠内孵出毛蚴，或虫卵遇水孵出毛蚴，进入螺肝发育为胞蚴和尾蚴，尾蚴离开螺体游于水中，遇到蜻蜓稚虫时，经其肛孔进入体内，钻入腹肌，发育为囊蚴。蜻蜓以稚虫越冬或变为成虫时，囊蚴在其体内均保有活力。家禽因啄食含有囊蚴的蜻蜓稚虫或成虫而感染。囊蚴被家禽消化液溶解，童虫脱囊而出，经肠道进入泄殖腔，转入输卵管或腔上囊，经 1~2 周发育为成虫。

【临床症状】　前殖吸虫主要对鸡引起症状，对鸭一般症状不甚明显。初期病鸡无明显症状，食欲和活动正常，但开始产薄壳蛋，易破，产蛋率下降。继而食欲减退，消瘦，羽毛蓬乱，腹部膨大，下垂，腹部肿胀压痛。有时产畸形蛋或流出石灰样液体。病鸡喜蹲窝，但不产蛋。步态不稳，呈鹅式步伐。后期体温高达 43 ℃，渴欲增加，全身无力，腹部压痛，泄殖腔突出，肛门潮红，腹部及肛周羽毛脱落，严重者于此时死亡。

【病理变化】　输卵管炎，黏膜充血、出血，极度增厚，黏液增多，有的发生输卵管破裂，引起卵黄性腹膜炎，这时在腹腔内有大量黄色混浊的渗出液或混有脓液、卵黄块。

【诊断】　病初可用水洗沉淀法检查粪便虫卵，结合症状和剖检变化确诊，输卵管和泄殖腔内可见虫体。

【防治】

（1）防止感染。防止家禽吃到蜻蜓或其幼虫。鸡粪要勤清理，进行发酵处理，杀死虫卵后才能作肥料，而且要防止鸡粪落入水中。

（2）普查、隔离、治疗。丙硫咪唑：按每千克体重 20mg 混入饲料一次内服；吡喹酮：按每千克体重 10~20mg 混入饲料一次内服。

2. 棘口吸虫病

【病原】　棘口吸虫呈长叶状，体表有小刺，呈淡红色，长几毫米至十几毫米，宽1~2mm。

成虫寄生在家禽的肠道内，虫卵随禽粪排出，在30℃左右的适宜温度下，于水中7～10d孵化成为毛蚴。毛蚴在水中游动，钻入中间宿主淡水螺（第一中间宿主）体内，产生许多尾蚴，经过一段时期发育又钻入某些螺蛳、鱼类和蛙（第二中间宿主）的体内变为囊蚴。囊蚴离开螺蛳在水中游动，家禽吞食含有囊蚴的第二中间宿主而受感染，童虫附着在肠内发育为成虫并产卵。

【临床症状与病理变化】 少量寄生时危害并不严重，雏鸡感染时可引起食欲不振，表现为消化机能紊乱、下痢、贫血、消瘦，最后由于极度衰弱和全身中毒而死亡。剖检肠道有出血性炎症。

【诊断】 尸体剖检发现虫体或生前粪便直接涂片，查找虫卵即可做出诊断。

【防治要点】 在流行区的鸭、鹅应定期驱虫，粪便堆积发酵以杀灭虫卵，用化学药物或结合土壤改良消灭中间宿主，勿以蝌蚪、小鱼、贝类、浮萍等喂鸭、鹅。

治疗方案参照前殖吸虫病。

3. 背孔吸虫病 背孔吸虫病是由背孔科、背孔属的吸虫寄生于鸭、鹅、鸡等禽类盲肠和直肠内引起的。虫体种类很多，常见的为细背孔吸虫，在我国各地普遍存在。

【病原】 细背孔吸虫呈淡红色，体细长，两端钝圆，大小为（2～5）mm×（0.65～1.4）mm。只有口吸盘。腹面有3行呈椭圆形或长椭圆形的腹腺。两个分叶状睾丸，左右排列于虫体后部。卵巢分叶，位于两睾丸之间。生殖孔开口于肠分叉后方。虫卵大小为（15～21）μm×12μm，两端各有1条卵丝，长约0.26mm。

【生活史】 成虫在宿主肠腔内产卵，卵随粪便排到外界，在适宜的条件下，经3～4d孵出毛蚴。遇到中间宿主圆扁螺后毛蚴钻入其体内，发育为胞蚴、雷蚴和尾蚴。成熟尾蚴在同一螺体内或离开螺体，附着于水生植物上形成囊蚴。禽类因啄食含有囊蚴的螺蛳或水生植物而遭感染，童虫附着在盲肠或直肠壁上，约经3周发育为成虫。

【临床症状及病理变化】 由于虫体的机械性刺激和毒素作用，导致肠黏膜损伤、发炎，患禽精神沉郁，贫血，消瘦，下痢，生长发育受阻，严重者可引起死亡。

【诊断】 根据症状，结合粪便检查发现虫卵及剖检死禽发现虫体可确诊。

【防治】 可参考前殖吸虫病。

>>> 禽 绦 虫 病 <<<

1. 赖利绦虫病 鸡赖利绦虫属戴文科、赖利属，常见的种类有3种：四角赖利绦虫（Raillietina tetragon）、棘沟赖利绦虫（R. echinobothrida）和有轮赖利绦虫（R. cesticillus），寄生于家鸡和火鸡等禽类的小肠中。鸡大量感染后，常表现贫血，消瘦，下痢，产蛋减少甚至停止，可引起雏鸡大批死亡。

【病原和生活史】 四角赖利绦虫寄生于鸡、火鸡、野鸡的小肠，虫长10～25cm，宽1～4mm。头节细小，顶突上有1～3列小钩，数目为90～130个。吸盘呈卵圆形，上有8～12列小钩。生殖孔位于节片一侧。睾丸数18～32个，分散节片中部，雄茎囊呈梨状，长75～100μm。卵巢位于节片后部，卵黄腺位于卵巢之后。孕节中子宫崩解为50～100个卵袋，每个卵袋中含有6～12个虫卵，虫卵直径为25～50μm。

棘沟赖利绦虫寄生于鸡、火鸡、鸽的小肠，大小和形状颇似四角赖利绦虫，但其顶突上有两列小钩，数目为200～240个。吸盘呈圆形，上有8～10列小钩。生殖孔位于节片一侧。睾丸 20～30 个，位于节片两纵排泄管之间的中央部，雄茎囊较大，长达 130～180μm。卵巢在体节中央，呈分叶状，卵巢之后为卵黄腺。孕节内子宫形成 90～150 个卵袋，每个卵袋含 6～12 个虫卵，虫卵直径为 25～40μm。

有轮赖利绦虫寄生于鸡、火鸡、野鸡的小肠，虫体较小，一般不超过 4cm，偶尔可达 15cm。头节大，顶突宽大肥厚，形如轮状，突出于前端，上有两列共 400～500 个小钩，吸盘无小钩。生殖孔左右不规则的交互开口。睾丸 15～30 个，雄茎囊长 120～150μm。孕节内子宫崩解成许多卵袋，每个卵袋仅有一个虫卵。虫卵直径为 75～88μm。

三种绦虫的生活史都需中间宿主，四角赖利绦虫和棘沟赖利绦虫的中间宿主是蚂蚁类和家蝇，有轮赖利绦虫的中间宿主为金龟子、步行虫和家蝇等昆虫。虫卵被中间宿主吞下后，经两周左右发育为具有感染性的似囊尾蚴，禽类因啄食了含有似囊尾蚴的中间宿主而感染，经 2～3 周发育为成虫。

【流行病学】 赖利绦虫呈全球性分布，我国各地均有报道。各种年龄的鸡均可感染，但以 17 日龄以后的雏鸡最易感染，以致使 26～40 日龄的雏鸡发生大批死亡。使用曾饲养过患鸡的运动场，是传播本病的主要来源。据观察，有轮赖利绦虫的孕卵节片随粪排到外界后，节片也可能在粪便表面移行，因此容易被中间宿主所吞食。

【致病作用和临床症状】 致病作用主要是虫体以其前端的头节深入到肠黏膜下层，使肠壁上形成结节，并以其吸盘和小钩破坏肠黏膜，引起显著的肠炎。严重感染时，除夺取宿主大量的营养物质外，还因大量虫体聚集在肠内，引起肠堵塞，甚至造成肠破裂而引起腹膜炎。虫体的代谢产物可引起中毒，出现痉挛等神经症状。

轻度感染时可能没有临床症状的表现。严重感染时呈现消化障碍，粪便稀薄或混有淡黄色血样黏液，有时发生便秘。食欲减退，渴感增加，精神沉郁，不喜活动，两翅下垂，羽毛逆立，黏膜初现苍白，继呈黄疸而后变蓝色。呼吸迫促，蛋鸡产卵量减少或停产，雏鸡发育受阻或停止。当患鸡十分消瘦时，常致死亡。

【病理变化】 尸体消瘦，黏膜贫血和黄疸。肠黏膜肥厚，有时有出血点。肠腔内有多量黏液，常发恶臭。感染棘沟赖利绦虫的病鸡，在十二指肠壁上有结节，结节的中央有米粒大火山口状的凹陷，凹陷内有虫体或黄褐色凝乳样栓塞物，此类凹陷以后可变成大的溃疡。肠内有虫体。

【诊断】 根据鸡群的临床表现，粪检查获虫卵或孕节，剖检病鸡发现虫体即可确诊。

【治疗】

(1) 预防。

①雏鸡应放入清洁的禽舍和运动场上饲养，新购入鸡应驱虫后再合群。

②鸡舍内外应定期杀灭昆虫、并翻耕运动场等。

③鸡粪应及时清除并作无害化处理，防止病原扩散。

④鸡群应定期预防性驱虫，发现病鸡立即隔离治疗。

(2) 治疗。常用驱虫药物有：

①阿苯达唑。剂量为每千克体重 15～20 mg，一次口服。

②吡喹酮。剂量为每千克体重 10～15 mg，一次口服。

③氯硝柳胺。剂量为每千克体重 50～60 mg，一次口服。

2. 剑带绦虫病 剑带绦虫属膜壳科、剑带属，常见的为矛形剑带绦虫 (Drepanidotaenia lanceolata)，寄生于鹅和鸭等水禽的小肠中，对雏鹅的危害特别严重，有时引起大批的死亡。

【病原和生活史】 虫体呈乳白色，前窄后宽，形似矛头，长达 13cm。头节小，有 4 个吸盘，顶突上有 8 个小钩。颈短。链体的节片 20～40 个，节片由前往后逐节加宽，最后的节片可宽达 5～18mm。成节内有一套雌、雄生殖器官，睾丸 3 个，椭圆形，稍偏于生殖孔一侧，而卵巢和卵黄腺位于相反的一侧，生殖孔开口于体节一侧上缘。虫卵椭圆形，大小为（46～106）$\mu m \times$（37～103）μm，内含椭圆形的六钩。

本虫以多种剑水蚤为中间宿主，孕节或虫卵随终末宿主粪便排至体外，在水中被剑水蚤吞食，在 18～32 ℃的条件下经 7～13d 发育为成熟的似囊尾蚴。当水禽吞食此类剑水蚤后，似囊尾蚴经 19d 发育为成虫。

【流行病学】 本虫呈世界性分布，我国江苏、福建、江西、湖南、四川、吉林及黑龙江等省均有报道，往往呈地方性流行。各种年龄的鹅均可感染，但雏鹅最易感，严重感染者可发病死亡，成年鹅往往为带虫者。雁形目的鸟类也可感染，是家鹅感染的重要来源。

中间宿主剑水蚤在福建有 7 种，其中主要为绿剑水蚤（Cyclops viridis）、锯缘剑水蚤（C. serralatus）、英勇剑水蚤（C. strenuns）和刘氏剑水蚤（C. leuckarti）4 种。它们常大量集中于死水、浅水塘、沼泽及江河支流等覆有植物的近岸水域中，生活期间为一年，似囊尾蚴可在剑水蚤体内过冬并生活到春季。因此，雏鹅多在早春以后放牧于水塘内而获得感染。

【致病作用和临床症状】 致病作用相同于赖利绦虫。成年鹅感染后症状一般较轻，常为带虫者。幼鹅感染后可出现明显症状，腹泻、食欲不振、消瘦、贫血、生长发育受阻等。夜间病鹅伸颈、张口、如钟摆样摇头，然后后仰，做划水动作。有时由于其他不良因素（如气候、温度）而使大批幼鹅突然死亡。剖检时可见小肠发生卡他性炎症和黏膜出血，其他浆膜组织和心外膜上有大小不一的出血点。

【诊断】 粪便中检出孕节或虫卵，或尸体剖检查见虫体和病变，并结合临床症状做出确诊。

【防治】

（1）预防。在流行区，水池应轮换使用，必要时可停用 1 年后再用。对成年鹅进行定期驱虫，一般在春秋两季进行。早春幼鹅在放牧开始后第 18 天，全群驱虫一次。幼鹅和成年鹅分开饲养和放牧。

（2）防治。常用药物有：

①吡喹酮。剂量为每千克体重 10～15 mg，一次口服。

②阿苯达唑。剂量为每千克体重 20～50 mg，一次口服。

③氯硝柳胺。剂量为每千克体重 50～60 mg，一次口服。

④氢溴酸槟榔碱。剂量为每千克体重 1.0～1.5 mg，溶于水内服，投药前绝食 16～20h。

>>> 禽 线 虫 病 <<<

1. 鸡蛔虫病 鸡蛔虫病的病原是禽蛔科的鸡蛔虫寄生于鸡小肠内而引起的鸡常

见的一种线虫病。除鸡外，还见于火鸡、珠鸡、孔雀及野禽。本病常常影响雏鸡的生长发育，甚至引起大批死亡，造成严重损失。

【病原和生活史】 鸡蛔虫是寄生在鸡体内最大的一种线虫，虫体呈淡黄色或乳白色，表皮有横纹。头端有三片唇围绕，唇片的游离缘布有小齿。雄虫长26～70mm，尾端有尾翼和10对尾乳突（肛前乳突3对，肛侧乳突1对，肛后乳突6对），有一个圆形或椭圆形的肛前吸盘，吸盘边缘有较厚的角质隆起。有一对近于等长的交合刺，长0.65～1.95mm。雌虫长65～110mm，阴门开口于虫体中部。虫卵呈椭圆形，大小为（70～90）μm×（47～51）μm，卵壳光滑较厚，深灰色，新鲜的虫卵内含一个卵细胞。

鸡蛔虫的发育不需要中间宿主参与。鸡蛔虫一天可产卵72 500个。受精的雌虫在鸡小肠内产卵，卵随粪便排到体外，在外界有氧及适宜温度和湿度条件下，经17～18d，卵内形成幼虫并蜕化而成感染性虫卵，鸡吞食了被感染性虫卵污染的饲料和饮水而感染。

卵内的幼虫在腺胃和肌胃内破卵壳而出，进入十二指肠内停留9d，在此期间进行第二次蜕化为第三期幼虫；而后钻进黏膜深处，进行第三次蜕化为第四期幼虫，再经17～18d后重返肠腔，进行第四次蜕化变为第五期幼虫，以后继续发育长大为成虫。幼虫在鸡体内不经移行，而直接在小肠内发育为成虫。从鸡食入虫卵到发育为成虫，需35～50d。成虫在鸡体内的寿命为9～14个月。

【流行病学】 本病主要危害3～4月龄以内的雏鸡，超过5个月龄的鸡抵抗力增强，一岁以上的鸡多为带虫者。虫卵在外界环境中有较强的抵抗力。感染性虫卵在潮湿、凉爽的地方可以生存几个月，仍保持活力。但在阳光直射、沸水处理和粪便堆沤等情况下，可使其迅速死亡。

蚯蚓可以作为鸡蛔虫的贮藏宿主，鸡吞食了含有蛔虫卵的蚯蚓时，也可感染。

饲养条件与易感性有很大关系。饲料中含动物性蛋白质多，营养价值完全时，可使鸡有较强的抵抗力；如动物性蛋白质不足，或饲料配合过于单纯，饲料利用率不高时，可使鸡的抵抗力降低；含有丰富的维生素A和B族维生素的饲料，可使鸡具有较强的抵抗力，特别是维生素A与鸡蛔虫病关系尤为密切。试验证明：当雏鸡获得少量维生素时，其体内的蛔虫较正常营养的雏鸡数量多，虫体也较大。能正常获得维生素A的雏鸡，每只雏鸡体内平均有蛔虫11条，虫体平均长度为6mm；没有获得维生素A的，每只雏鸡平均有蛔虫50条，其平均长度为49mm。获得B族维生素的雏鸡，每只平均有4条蛔虫；没有获得B族维生素的雏鸡平均每只有13条。因此，注意饲料中维生素的含量对预防本病的发生具有重要意义。

不同品种的鸡对鸡蛔虫的抵抗力不同，肉用鸡较蛋鸡对鸡蛔虫的抵抗力强；本地鸡较外来鸡抵抗力强。

【致病作用和临床症状】 成虫和幼虫对鸡都有危害作用。幼虫侵入肠黏膜时，破坏黏膜及肠绒毛，造成出血和发炎，并易招致病原菌继发感染，此时，在肠壁上常见颗粒状化脓或结节形成。结节粟粒大，带微红色，结节内幼虫长约1mm。严重感染时，成虫大量积聚于肠道，引起肠的阻塞，可引起肠管的破裂和腹膜炎。鸡蛔虫的代谢产物也是有害的，常使雏鸡发育迟缓，成年鸡产卵力下降。

雏鸡常表现为生长发育不良，精神萎靡，行动迟缓，常呆立不动，翅膀下垂，羽毛蓬乱，鸡冠苍白，黏膜贫血。食欲减退，便秘和下痢交替，有时粪便中含有带血黏液，以后逐渐衰弱而死亡。成年鸡多为带虫者，不表现明显的症状。感染严重的，表现为下痢、贫血和产蛋量下降等。

【诊断】 由于本病缺乏特异症状，故必须进行粪便检查和尸体剖检才能确诊。粪便检查时要注意与鸡异刺线虫卵的区别，鸡蛔虫卵的大小为（70～90）$\mu m \times$（47～51）μm，而鸡异刺线虫卵为（50～70）$\mu m \times$（30～40）μm。对死亡鸡或在患病鸡群中找一只或几只作代表进行剖检，可以发现病变和大量虫体。

【防治】

（1）预防。雏鸡与成年鸡分群喂养，以保护雏鸡免受感染。在蛔虫病流行的鸡场，每年应定期驱虫 2～3 次。雏鸡第一次在两月龄左右，第二次在冬季。成年鸡第一次在 10～11 月，第二次在春季产蛋前一个月进行。平时应加强饲养管理，注意鸡舍和运动场的卫生，经常清扫，粪便进行发酵处理，以杀灭虫卵。鸡舍内垫草应勤更换。运动场应定期铲去表土，换垫新土。场地保持干燥。鸡舍、饲槽、用具等经常清洗和消毒（用开水或热碱水）。在每千克饲料中加入 25g 硫化二苯胺，长期服用，可防止鸡蛔虫病的发生。

（2）治疗。

①枸橼酸哌嗪（驱蛔灵）。剂量为每千克体重 200～300 mg，拌入饲料喂服或配成 1 ％水溶液让其自饮。

②噻苯达唑。剂量为每千克体重 500 mg，混饲料内喂服或饮水。

③硫化二苯胺（吩噻嗪）。成鸡剂量为每千克体重 500～1000 mg，（总量不得超过 2g），幼鸡剂量为每千克体重 300～500 mg，混饲料中饲喂，连喂 2d。

④左旋咪唑。剂量为每千克体重 20 mg，一次口服或混饲料中喂给。

⑤噻嘧啶。剂量为每千克体重 60 mg，混饲料中喂给。

⑥阿苯达唑。剂量为每千克体重 5 mg，混饲料中喂给。

2. 鸡异刺线虫病 异刺线虫病又称盲肠虫病，是由尖尾目异刺科（Heterakidae）异刺属（Heterakis）的异刺线虫（H. gallinae）寄生于鸡、火鸡、鸭、鹅等禽和鸟类的盲肠内引起的一种线虫病。本病在鸡群中普遍存在。

【病原和生活史】 异刺线虫细小，呈白色，头端略向背面弯曲，有侧翼，向后延伸的距离较长。食道末端有一膨大的食道球。雄虫长 7～13mm，尾直，末端尖细；两根交合刺不等长；有一个圆形泄殖腔前吸盘。雌虫长 10～15mm，尾细长，阴门位于虫体中部稍后方。虫卵呈灰褐色，椭圆形，大小为（65～80）$\mu m \times$（35～46）μm，卵壳厚，内含一个胚细胞，卵的一端较明亮，可区别于鸡蛔虫卵。

成熟雌虫在盲肠内产卵，卵随粪便排于外界，在适宜的温度和湿度条件下，约经 2 周发育成含幼虫的感染性虫卵，家禽吞食了被感染性虫卵污染的饲料和饮水或带有感染性虫卵的蚯蚓而感染，幼虫在小肠内脱掉卵壳并移行到盲肠而发育为成虫。从感染性虫卵被吃到在盲肠内发育为成虫需 24～30d。

【致病作用和临床症状】 严重感染时，可以引起盲肠炎和下痢。此外，异刺线虫还是鸡盲肠肝炎（火鸡组织滴虫病）病原体的传播者，当一只鸡体内同时有异刺线虫和火鸡组织滴虫寄生时，组织滴虫可进入异刺线虫卵内，并随虫卵排到体外，当鸡吞食了这种虫卵时，便可同时感染这两种寄生虫。

患禽消化机能障碍，食欲不振或废绝，下痢，贫血。雏禽发育停滞，消瘦甚至死亡。成禽产蛋量下降或停止。

【病理变化】 尸体消瘦，盲肠肿大，肠壁发炎和增厚，有时出现溃疡灶。盲肠内可查见虫体，尤以盲肠尖部虫体最多。

【诊断】 检查粪便发现虫卵，或剖检在盲肠内查到虫体均可确诊，但应注意与蛔虫卵相区别。

【防治】

（1）预防。搞好环境卫生；及时清除粪便，堆积发酵，杀灭虫卵；做好鸡群的定期预防性驱虫，每年2～3次；发现病鸡，及时用药治疗。

（2）治疗。驱虫可用下列药物：

①阿苯达唑。每千克体重10～20 mg，一次内服。

②左旋咪唑。每千克体重20～30 mg，一次内服。

③噻苯达唑。每千克体重500 mg，配成20％混悬液内服。

④枸橼酸哌嗪（驱蛔灵）。每千克体重250 mg，一次内服。

任务三　禽外寄生虫病防治

任务描述

重点讲述禽虱病、禽螨病的病原、流行病学、发病后的临床症状、病理变化和诊断方法，以及日常预防措施和药物治疗方案，从而使这些疾病对养禽业的危害降到最低，以提高养禽户的经济效益。

任务实施

>>> 禽　虱　病 <<<

禽羽虱属于节肢动物门、昆虫纲、食毛目，是鸡、鸭、鹅的常见外寄生虫。它们寄生于禽的体表或附于羽毛、绒毛上，严重影响禽群健康和生产性能，常造成很大的经济损失。

【病原】 虱个体较小，一般体长1～5mm，呈淡黄色或淡灰色，由头、胸、腹三部分组成。有咀嚼式口器，头部一般比胸部宽，上有一对触角，由3～5节组成。有3对足，无翅。虱的种类很多，常见的寄生于鸡的有：鸡大体虱、鸡头虱、鸡羽干虱等。寄生于水禽的有：细鸭虱、细鹅虱、鸭巨毛虱和鹅巨毛虱等。

【生活史】 虱的一生均在禽体上度过，属永久性寄生虫，其发育为不完全变态，所产虫卵常簇结成块，黏附于羽毛上，经5～8d孵化为稚虫，外形与成虫相似，在2～3周内经3～5次蜕皮变为成虫。虱的寿命只有几个月，一旦离开宿主，它们只能存活数天。

【临床症状】 禽虱以家禽的羽毛和皮屑为食，有时也吞食皮肤损伤部位的血液。寄生量多时，禽体奇痒，因啄痒造成羽毛断折、脱落，影响休息。病鸡瘦弱，生长发育受阻，产蛋量下降，皮肤上有损伤，有时皮下可见有出血块。

【诊断】 在禽皮肤和羽毛上查见虱或虱卵确诊。

【防治】 主要是用药物杀灭禽体上的虱，同时对禽舍、笼具及饲槽、饮水槽等用具和环境进行彻底杀虫和消毒。杀灭禽体上的虱，可根据季节、药物制剂及禽群受侵袭程度等不同情况，采用不同的用药方法。

（1）烟雾法。20%杀灭菊酯（敌虫菊酯、速灭杀丁、氰戊菊酯、戊酸氰醚酯）乳油，按每立方米空间0.02mL，用带有烟雾发生装置的喷雾机喷雾。烟雾后鸡舍需密闭2～3h。

（2）喷雾或药浴法。20%杀灭菊酯乳油按3 000～4 000倍用水稀释，或2.5%敌杀死乳油（溴氰菊酯）按400～500倍用水稀释，或10%二氯苯醚菊酯乳油按4 000～5 000倍用水稀释，直接向禽体上喷洒或药浴，均有良好效果。一般间隔7～10d再用药一次，效果更好。

（3）沙浴法。沙中加入10%硫黄粉，充分混匀后，铺成10～20cm的厚度，让禽自行沙浴。

（4）阿维菌素。按每千克体重0.2mg，混饲或皮下注射，均有良效。

>>> 禽 螨 病 <<<

1. 鸡膝螨病 鸡膝螨病是由疥螨科、膝螨属的突变膝螨和鸡膝螨寄生于鸡引起的。

【病原】 突变膝螨雄虫大小为（0.195～0.2）mm×（0.12～0.13）mm，卵圆形，足较长，足端各有一个吸盘。雌虫大小为（0.4～0.44）mm×（0.33～0.38）mm，近圆形，足极短，足端均无吸盘。雌虫和雄虫的肛门均位于体末端。鸡膝螨比突变膝螨更小，直径仅0.3mm。

【生活史与临床症状】 生活史全部在鸡体上进行，属永久性寄生虫。突变膝螨寄生于鸡腿无毛处及脚趾部皮的坑道内进行发育和繁殖，引起患部炎症、发痒、起鳞片，继而皮肤增厚、粗糙，甚至干裂，渗出物干燥后形成灰白色痂皮，如同涂石灰样，故称"石灰脚"，严重病鸡腿瘸，行走困难，食欲减退，生长缓慢，产蛋减少。鸡膝螨寄生于鸡的羽毛根部，刺激皮肤引起炎症，皮肤发红，发痒，病鸡自啄羽毛，羽毛变脆易脱落，造成"脱羽症"，多发于翅膀和尾部大羽，严重者，羽毛几乎全部脱光。

【防治】 治疗鸡突变膝螨病，应先将病鸡腿浸入温肥皂水中使痂皮泡软，除去痂皮，涂上20%硫黄软膏或2%苯酚软膏，或将病鸡腿浸在机油、柴油或煤油中，间隔数天再用一次。也可将20%杀灭菊酯乳油用水稀释1 000～2 500倍，或2.5%敌杀死乳油用水稀释250～500倍，浸浴患腿或患部涂擦均可，间隔数天再用药一次。治疗鸡膝螨病，可用上述杀灭菊酯或敌杀死水悬液喷洒患鸡体或药浴。

2. 鸡刺皮螨 鸡刺皮螨属节肢动物门、蛛形纲、蜱螨目、刺皮螨科，是一种常见的外寄生虫，寄生于鸡、鸽等宿主体表，刺吸血液为食，也可侵袭人吸血，危害颇大。

【病原】 虫体呈淡红色或棕灰色，长椭圆形，后部稍宽，体表布满短绒毛。体长0.6～0.75mm，吸饱血后体长可达1.5mm。刺吸式口器，一对螯肢呈细长针状，以此穿刺皮肤吸血。腹面有四对足，均较长。

【生活史】 属不完全变态。虫体白天隐匿在鸡巢内、墙壁缝隙或灰尘等隐蔽处，主要在夜间侵袭鸡体吸血。雌虫吸饱血后离开宿主到隐蔽处产卵，虫卵经2～3d孵化出 3 对足的幼虫，其不吸血，经 2~3d 蜕化为第一期若虫；第一期若虫吸血后，经 3~4d 蜕化为第二期若虫，第二期若虫再经 0.5~4d 蜕化为成虫。

【临床症状】 轻度感染时无明显症状，侵袭严重时，患鸡不安，日渐消瘦，贫血，生长缓慢，产蛋减少，并可使小鸡成批死亡。人受侵袭时，虫体在皮肤上爬动和穿刺皮肤吸血引起轻微痒痛，继而受侵部位皮肤剧痒，出现针尖大到指头肚大的红色丘疹，丘疹中央有一小孔。

【诊断】 在宿主体表或窝巢等处发现虫体即可确诊，但虫体较小且爬动很快，若不注意则不易发现。

【防治】 主要是用药物杀灭禽体和环境中的虫体，用药方法同"虱"。人受侵袭时，应彻底更换衣物和被褥等，并用杀虫药液浸泡 1~3h 后洗净；房舍地面和墙壁、床板等用杀虫药液喷洒。

技能训练

技能 9-1 禽球虫病的诊断技术

【技能目标】 熟悉球虫卵囊的形态特征，掌握分离球虫卵囊的方法，了解常见球虫的种类，熟悉鸡球虫感染后的病变记分和粪便记分方法。

【实训材料】 仪器设备：上海 XSP-2C 生物显微镜（具备 10 倍目镜和低倍、高倍物镜及油镜）、目镜测微尺和物镜测微尺、盖玻片、载玻片、牙签、洗瓶、平皿、剪刀及手术刀、离心管、血细胞计数板。

实验材料：感染球虫的患鸡、常见的球虫卵囊、蔗糖、苯酚、食盐、硫酸镁、铬硫酸、重铬酸钾等。

【方法步骤】

（一）球虫的形态观察

1. 鸡球虫 报道的有 9 个种，属艾美耳属，世界公认的有 7 个种。

2. 鸭球虫 鸭球虫常见于北京鸭群中，对北京鸭具有致病力的球虫有两种。

鸡球虫的种类

（二）卵囊的分离与孢子化

1. 卵囊的分离 卵囊存在于宿主粪便和组织中。分离粪便中的卵囊较多采用饱和食盐（或硫酸镁、蔗糖等）溶液漂浮法和离心法；分离组织中的卵囊一般采用铬硫酸分离法和蛋白酶消化法。单卵囊分离法是指从混合虫种的卵囊中分离出单个卵囊，以备进一步扩增所需的"克隆"卵囊。

鸭球虫的种类

尽管有许多分离卵囊的方法，但其基本原理是一样的，即根据卵囊与杂质密度的不同。对于组织中的卵囊，尚需借助消化液或酸的作用，破坏组织中的细胞，以利卵囊的提纯。

（1）漂浮法。可用很多种溶液和很多种方法，其关键是溶液的密度要适当（一般 $1.2g/cm^3$ 左右）。再者，溶液对卵囊的活性没有不良影响。这里介绍几种常用方法：

①糖溶液漂浮法。

a. 糖溶液的制备。称 500g 糖和 6.5g 苯酚（或 6~7mL 苯酚溶液）溶于 320mL 蒸馏水中即可。此法配制的溶液常称为 Sheather 氏糖溶液。

b. 卵囊的分离。在一容器里将粪便和两倍于粪便体积的自来水（或生理盐水，或食用专用洗剂）混成均匀的悬浮液；将粪便混悬液经两层粗棉布（或先经 50 目后经 100～200 目网筛）滤到第二个容器中，再与等量 Sheather 氏糖溶液混合，而后将混合液注入离心管中；离心（3 000r/min，3min）；用直径略小于离心管口径的捞网（20～50 目）捞取表层浮液，抖落于另一盛水容器中。水的多少视卵囊的多少而定，卵囊多带进的糖溶液也多，应多加水稀释；离心（3 000r/min，3min），沉淀物即为所需卵囊。

②饱和食盐溶液漂浮法。

a. 饱和食盐溶液的配制。在 1 000mL 开水中加食盐 380g，充分搅拌，密度约为 1.18g/cm^3。

b. 卵囊的分离。将粪便和 5 倍于粪便体积的生理盐水搅成混悬液；将粪便混悬液经两层粗棉布（或先经 50 目后经 100～200 目网筛）滤过到第二个容器中，并将第二个容器中的滤过液倒入离心管中；离心（3 000r/min，3min），弃去上清液；向沉淀中加入 10 倍的饱和盐水（先加少许，充分混匀后再加其余的）充分混匀；离心（3 000r/min，3min）；同糖溶液漂浮法，捞取表层浮液，离心取沉淀。

③饱和硫酸镁溶液漂浮法。

a. 饱和硫酸镁溶液的配制。称 64.4g 硫酸镁于 1 000mL 温水中充分搅拌溶解即成。

b. 卵囊的分离。步骤同前法，只是悬浮液换为饱和硫酸镁溶液而已。鸭球虫的两个种：菲莱氏温扬球虫和毁灭泰泽球虫的卵囊在饱和食盐水中较易变形，以此法分离为佳。

④铬硫酸分离法。适用于从肠内容物、肠黏膜组织、肝组织、肾组织及其他组织中分离球虫卵囊。无菌条件下操作时所制备的卵囊为无菌卵囊。

a. 铬硫酸溶液的制备。先配好 20% 的重铬酸钠溶液 100mL 于 500mL 锥形瓶中，然后在冰浴条件下逐渐加入浓硫酸 100mL，边加边充分搅拌。用玻璃过滤器或离心方法除去其他结晶，即为所需铬硫酸液。

b. 卵囊的分离。将组织或肠内容物放在乳钵中充分研碎，加水充分搅拌后离心（1 500r/min，5min）；向沉淀物中加入 4～5 倍铬硫酸溶液，冰浴条件下充分搅拌，然后立即离心（1 500r/min，5min）；将浮液中的卵囊用吸管吸出，加入 20 倍以上的冷却水（冰水），离心（1 500r/min，5min），沉淀物即为卵囊。

（2）蛋白酶消化法。在分离组织中的卵囊时，常有许多组织碎块或细胞团块混杂于卵囊中或黏附卵囊壁上，致使纯化工作十分棘手。在捣碎的组织中加入 0.5%～1% 胰蛋白酶，将 pH 调到 8.0，39℃ 下消化 20min；或者加入 0.2% 胃蛋白酶，将 pH 调至 2.0，在 39℃ 下消化 1h，使卵囊分散游离出来，再依次用 200 目、300 目和 400 目网筛过滤，滤液经 2 000r/min，10min 离心沉淀，弃掉上清液，在沉淀中加入 1M 蔗糖溶液，2 000r/min，10min 离心，管上层漂浮的白色似"塞子状"的物质即为卵囊。将其移入装有 0.5M 蔗糖溶液小离心管中，2 000r/min 离心 10min，重复几次充分洗涤除去相对密度较小的杂质，然后加入 5% 次氯酸钠，在 4℃ 下作用 10min，最后在低浓度（0.5M）的蔗糖溶液中离心洗涤，除去小的杂质和次氯酸钠，即可得纯化的未孢子化卵囊。

（3）糖溶液梯度离心法。适用于从少量溶液中分离卵囊。

①糖溶液的制备。将 128g 精制白糖溶解于 100mL 水中，以此作为总量，加入

0.5%苯酚，混匀作为 A 液。以 A 液为基础，再按下述混合比，制成 B、C、D 液。

B 液：3 份 A 液＋1 份水，充分混合；

C 液：3 份 B 液＋1 份水，充分混合；

D 液：3 份 C 液＋1 份水，充分混合。

②梯度离心管的装备。用 10～50 mL 的离心管，从底部开始，轻轻将等量的 A、B、C、D 液分层次地依次加入管中，这几种液体不得相互掺混。

③卵囊的分离。将粪便混匀在 5 倍体积的水中，离心（1 000r/min，3min），弃去上清液。沉淀物加 1/2 体积的水，混匀后取少量放置在 D 液的上部，厚度约为 1cm。离心（1000r/min，3 min）。用吸管将液层上部的液体吸掉，只将 D 液层（含卵囊）移入另外的离心管中，用大约 10 倍的水稀释后，离心（2 000r/min，5min），沉淀物即为卵囊。

（4）单卵囊分离（扩增）法。

①稀释法。将粪便或组织捣碎物混匀在 20 倍体积的 2.5%重铬酸钾溶液中，置 25～27℃下培养 2～7d，至 95%的卵囊孢子化。培养物经 3 层纱布或 50 目网筛过滤。用干净的滴管吸取滤过物一小滴于载玻片上，并加一滴生理盐水稀释，使在低倍显微镜下观察时，一个视野只有 1～2 个卵囊。在显微镜下，右手持玻璃毛细吸管的尖端正对视野中的一个卵囊时，将吸管向卵囊直伸过去，卵囊随溶液吸入毛细吸管内。把毛细吸管中的液体吹落到铺有薄层琼脂的载玻片上，在显微镜下观察，确证是一个卵囊时，单卵囊分离即完成。分离单卵囊的目的是为了进一步扩增其"克隆"卵囊。再用细的解剖刀将玻片上含有单卵囊小滴液的琼脂周围划破，以小滴液为中心，将前后左右的琼脂薄膜折叠覆盖起来。将包有卵囊的琼脂团小心地喂给一日龄的雏鸡。感染后，雏鸡需隔离饲养。于感染后第 2 天开始，每天检查粪便，观察有无卵囊排出。收集粪便中的克隆卵囊。

②显微操作器分离法。高级显微镜都有显微操作器，可在显微视野下方便地吸取所需的单个卵囊或其他发育阶段的球虫（如孢子囊、子孢子、裂殖子、裂殖体、配子和配子体等）。

2. 孢子化 卵囊孢子化需要合适的温度和湿度及充足的氧气。可以在分离卵囊前，也可在分离卵囊后进行。因为杂质的存在影响氧气的扩散，致使卵囊摄入氧气不足，发育不良；加上培养（孵化）卵囊时，细菌的生长常常竞争消耗氧气，所以用水培养卵囊时应添加青霉素和链霉素（1 000 IU/mL），或者用具抑菌作用的液体来培养。最好的培养液是 2.5%的重铬酸钾液。

向盛有分离卵囊的平皿中加入一定量的培养液，放在 25～28℃的恒温箱中培养 1～7d。此间每天应对培养液轻轻搅拌 3～5 次，并观察孢子发育情况，当有 80%以上的卵囊完成孢子化时，停止培养。完成孢子化的卵囊（或称成熟卵囊、感染性卵囊、孢子化卵囊）内含有 4 个孢子囊，孢子囊前端的斯氏体清晰可见，孢子囊内的 2 个子孢子的折光体也清楚。如果有加氧器，则可以用生理盐水瓶或其他容器培养。孢子化卵囊应放入 10 倍体积以上的 2.5%的重铬酸钾液中，低温 3～7℃下保存。在这种条件下，卵囊的感染性可保持一年以上。

（三）鸡球虫病的诊断技术

1. 卵囊计数方法 主要用于计算 1g 粪便和 1g 垫料中球虫卵囊数值（OPG）或

实验室内收集的卵囊悬液和球虫疫苗保存液中的卵囊数值。常用方法有以下几种：

（1）血球计数板计数。称取 1g 鸡粪，溶于 10mL 水中制成 10 倍的稀释液，经充分搅拌均匀后，取其 1 滴置血球计数板中，在低倍镜下计算计数室四角 4 个大方格（每个大方格又分为 16 个中方格）中球虫卵囊总数，除以 4 求其平均值，乘 10^4 即为 1mL 液体的卵囊数，然后乘 10 即为 OPG 值。如果计数室四角没有大方格则用正中的一个大方格，连数几次，求其平均数，乘 10^5 即为 OPG 值。

计算公式：OPG ＝a×10×1/（0.1×0.1×0.01）＝a×10^5

（2）载玻片计数。从上述的 10 倍稀释液中，取出 0.05mL 置于载玻片上，再覆加盖玻片，计数整个盖玻片内的卵囊。

计算公式：OPG ＝b×10×1/0.05＝b×200

（3）浮游生物计数板计数。从上述的 10 倍稀释液中，吸取 0.04mL，滴于浮游生物计数板中，覆加 32mm×28mm 的盖玻片，然后数出 64 列中的 10 列所见到的卵囊数。

计算公式：OPG ＝（c×10×1/0.04×64）/10＝c×1 600

注：a、b、c 为数到的卵囊数。

（4）麦克马斯特法（McMaster's method）。计数时取粪便 2g 置研钵中，先加入 10mL 水，搅匀，再加饱和盐水溶液 50mL，混匀后立即吸取粪液充满两个计数室，静置 1～2min，镜检计数两个计数室的卵囊数。计数室容积为 1×1×0.15＝0.15mL，0.15mL 内含粪便 2/（10＋50）× 0.15＝0.005g，两个计数室则为 0.01g。故所得卵囊数乘 100 即为 OPG 值。

计算公式：OPG＝a×100

（5）铬硫酸卵囊计数法。先向 2～5g 鸡粪中加入 20～30mL 的水，经充分搅拌后，取出 2mL 放入带刻度的离心管中（10mL 装），进行离心（2 000r/min，5min）。离心后除去上清液，测出粪的容量。用 10 倍的铬硫酸溶液（20%重铬酸钠溶液，加入等量的硫酸，再用玻璃滤器将析出的结晶除去后的滤液）稀释，用水管的流水不断冷却离心管的外壁，再向粪液中加入铬硫酸溶液，充分搅拌。因操作过程产生气泡，故静置 5min 使气泡释出后检查为宜。

此外，由于雏鸡个体的粪便状态不尽相同，如从粪便排出到采样的间隔时间所致干燥程度上的差异及症状轻重不同所致水分含量的差异等条件，对通过称量鸡粪计算 OPG 值具有明显影响。为此，可以采用以下方法：先将鸡粪便溶于适量水中，再将粪液放入带有刻度的离心管中，通过离心（2 000r/min，5min），舍去上清液，通过离心管上的刻度测出沉渣的容量，再重新加水制成 10 倍的稀释液，然后计算卵囊的数量。

2. 鸡球虫各发育阶段虫体的检查　在肠组织或粪便涂片上证实确有虫体（子孢子，滋养体，裂殖子，裂殖体，大、小配子体，大、小配子，合子，卵囊）存在，便可确诊为球虫感染；而根据鸡群的表现，诸如生产性能、临床症状和病变记分等，以及每克粪便或垫料中的卵囊数，便可判断鸡群是仅仅有球虫感染，还是在流行亚临床型或临床型球虫病。

（1）具体操作。用小型外科刀从最显著的感染区域取材，并在所有病例中从每一处至少取两个样品，一个取自黏膜表层，另一个取自黏膜的深处。浅层刮取物的显微镜观察应该查到卵囊或其他阶段虫体，深层刮取物应该查到内生发育阶段的虫体。显微镜检查结果可用于确定引起感染的艾美耳球虫种。对虫体内生阶段形态不熟悉的诊断人员，最好先做涂片进行吉姆萨染色。

（2）各阶段虫体形态简述。子孢子呈香蕉形，其最显著和最典型的结构是折光体。通常有两个折光体，一前一后。结构致密、匀质、无界膜。折光体大小可以变化，偶尔无前端的折光体。光学镜下观察，折光体发亮，不透明；染色后，折光体着色深而均匀。

滋养体呈圆球形，单个细胞核，吉姆萨染色时，核着色较深呈暗红色。

成熟裂殖体形状为圆球形，由许多香蕉形裂殖子紧凑地排列组成，类似于剥皮后的橘子外观。裂殖体成熟后，裂殖子成簇散开。裂殖子一端钝圆，一端稍尖，单个细胞核位于偏中部，胞质呈颗粒状结构，内有空泡。吉姆萨染色后核呈深红色，胞质呈淡红色。

吉姆萨染色涂片上见到的成熟配子体的胞浆内含紫色颗粒，大小不等，白色颗粒散在核的周围，核浅红色。大配子呈亚球形，细胞质中含有 1～2 层嗜酸性颗粒，由黏蛋白组成，镜下观察细胞质呈大理石状外观。成熟小配子体近似球形，内含近千个深紫色眉毛状小配子，成熟后小配子向外散出，中央留有残体。

合子呈亚球形，大小与大配子相似，大、小配子结合后形成合子，此时大配子细胞质中的嗜酸性颗粒即开始向周边膜下迁移，由于颗粒状物位于膜下即可与大配子区别。之后颗粒状物均匀散开，凝固形成卵囊壁。

卵囊呈圆形、椭圆形、卵圆形。囊壁两层，个别种较小端有卵膜孔。在组织中的卵囊内有颗粒状的孢子体；垫料及粪便中的卵囊，部分已孢子化，内含 4 个孢子囊；每个孢子囊中有 2 个子孢子。

3. 卵囊鉴定方法

（1）大小。虽然卵囊的大小可能有助于确定种，但也有其局限性。除巨型艾美耳球虫与和缓艾美耳球虫之外，单独用此特征鉴别虫种尚有困难。操作者不测算而试图判别卵囊大小是不现实的。用目镜测微尺测大量卵囊后，其大小才是有用的标准。卵囊长、宽的最大值、最小值和平均值均需列出。卵囊大小仅是球虫种鉴别中几个有用特征之一。任何确定种的卵囊大小总有不同，因此对虫种的任何判断必须依赖于测量至少 50 个卵囊的大小。

（2）颜色。只有巨型艾美耳球虫凭其外形和颜色可与其他 6 个种区别开。该种最有用的特征是卵囊呈醒目的金黄色。其他种是浅绿色或无色。巨型艾美耳球虫卵囊壁外层有时局部呈波浪状，而其他种则光滑。这些特征有助于鉴定出该种。

（3）形状。柔嫩艾美耳球虫、巨型艾美耳球虫、堆型艾美耳球虫、早熟艾美耳球虫和布氏艾美耳球虫是长椭圆形到卵圆形，和缓艾美耳球虫是亚球形到球形。对这些特征必须加以量化（形状指数），方能更有助于种的鉴别，其量化的公式为：

$$形状指数＝平均长度/平均宽度$$

（4）孢子化时间。虫种之间的孢子化时间应该在标准温度下进行测定才有比较意义。虫种最适孢子化温度在 28～30℃。粪便样品必须在排出 1h 内收集，卵囊必须经过滤和饱和盐水漂浮后迅速从粪便中分离出来。随后悬浮在 2%～4% 重铬酸钾溶液的平皿中，在 30℃ 下孵育。按规定时间间隔在显微镜下检查样品，当发育完全的孢子囊出现于第一个卵囊时记录孢子化时间。

4. 鸡球虫感染的病变记分 病变的严重性通常是和鸡摄入卵囊数量成比例的，并且是和其他指标如增重相关的。最常用的记分方法是由 Johnson 和 Reid（1970）设计的病变记分法。按照这种方法，把肠道病变分为 0～+4 分 5 个等级，0 分表示正常，+4 分表示最严重的病变。这一技术在实验感染中最为常用，虽然因测定人的不同而有主观影响，及时用药和疫苗接种的鸡只评分不准，但由于其快速、实用的特点，仍不失为较好的诊断技术。在试验条件下，卵囊和药物的剂量都是指定的，虫种也是已知的。在野外条件下，病变记分对于测量感染的严重性也往往是有用的。即使同时存在几种球虫，通常也只需将小肠分为 4 段来记分。包括：十二指肠袢的小肠上段；小肠中段，即卵黄蒂上端及下端各 10cm 的肠道；小肠下段和直肠；盲肠。

（1）混合感染情况下肠道病变记分。

0 分，无肉眼可见病变；

+1 分，有少量散在病变；

+2 分，有较多稀疏的病变，多处肠区被感染和由柔嫩艾美耳球虫感染引起的盲肠出血；

+3 分，有融合性大面积病变，一些肠壁增厚；

+4 分，病变广泛融合，肠壁增厚。柔嫩艾美耳球虫感染，可见大型盲肠芯。巨型艾美耳球虫感染，可见肠内容物带血；

（2）单个虫种感染情况下肠道病变记分。

①柔嫩艾美耳球虫（感染后 5～7 d）两侧盲肠病变不一致时，以严重的一侧为准。

0 分，无肉眼可见病变；

+1 分，盲肠壁有很少量散在的淤点，肠壁不增厚，内容物正常；

+2 分，病变数量较多，盲肠内容物明显带血，盲肠壁稍增厚，内容物正常；

+3 分，盲肠内有多量血液或有盲肠芯（血凝块或灰白色干酪样的香蕉形块状物），肠壁肥厚明显，盲肠中粪便含量少；

柔嫩艾美耳球虫病变记分

+4 分，因充满大量血液或肠芯而盲肠肿大，肠芯中含有粪渣或不含，死亡鸡只也记+4 分。

②毒害艾美耳球虫（感染后 5～7 d）。

0 分，无肉眼可见病变；

+1 分，从小肠中部浆膜面看有散在的针尖状出血点或白色斑点，黏膜损伤不明显；

毒害艾美耳球虫病变记分

+2 分，从小肠中部浆膜面看有多量的出血点，也可见到中部肠管稍充气；

+3 分，小肠腔有大量出血，浆膜面见有红色或白色斑点。黏膜面粗糙、增厚、有许多针尖状出血点。肠内容物含量少。充气到达小肠下半段，小肠粗度明显加大但长度明显缩小；

+4 分，小肠因严重出血而呈暗红色、褐色，大部分肠管气胀明显，黏膜增厚加剧，肠腔内充满血液和黏膜组织的碎片，从浆膜面看，在感染部位组织见到白色或红色病状，在死亡鸡只病灶为白色和黑色，呈"白盐与黑胡椒"之外观，有些情况，可见到寄生性肉芽肿，肠管增粗一倍，长度缩短一倍。死亡鸡只也计+4 分。

③布氏艾美耳球虫（感染后 6～7 d）。

布氏艾美耳球
虫病变记分

0分，无肉眼可见病变；

+1分，仔细观察时疑有病变；

+2分，小肠下段增厚，肠壁呈灰色，从其上可剥下橙红色物质；

+3分，小肠壁增厚，有带血的卡他性渗出物，直肠段有横向的红色条纹，病变发生在盲肠扁桃体时，有软的黏液栓；

+4分，小肠下段可能出现广泛的凝固性坏死。病变可能扩展到小肠中段或上段。部分鸡小肠黏膜面的干性坏死膜可能使小肠出现皱痕以及干酪样盲肠芯。病死鸡也计+4分。

④巨型艾美耳球虫（感染后6～7 d）。

0分，无肉眼可见病变；

+1分，小肠中段浆膜面隐约可见出血点，肠腔中有少量橘黄色黏液，肠管形状不见异常；

+2分，小肠中段浆膜面有多量出血点，肠腔中见有多量橘黄色黏液，肠壁增厚；

巨型艾美耳
虫病变记分

+3分，小肠充气，壁增厚，黏膜面粗糙，小肠内容物含有小血凝块和黏液；

+4分，小肠充气明显，肠壁高度增厚，肠内容物含有大量血凝块和红褐色血液。病死鸡也计+4分。

⑤堆型艾美耳球虫（感染后5～7 d）。

0分，无肉眼可见病变；

+1分，十二指肠浆膜面有散在的白色斑，每平方厘米不超过5处；

+2分，白色斑增多但不融合，形成白色梯形条纹状外观，3周龄以上的鸡，病变可扩展到十二指肠下20cm，肠壁不增厚，内容物正常；

堆型艾美耳
虫病变记分

+3分，白色病灶增多且融合成片，小肠壁增厚。内容物呈水样，病变蔓延到卵黄囊憩室之后；

+4分，被感染的肠绒毛缩短融合，使十二指肠和小肠黏膜呈灰白色，肠壁高度肥厚，肠内容物呈奶油状。死亡鸡也计为+4分。

5. 鸡球虫感染的粪便记分　在实验室感染中，粪便记分和病变记分的方法同样可用于对球虫感染程度的判断。

划分在0～+4分内，0分表示粪便正常，+4分表示最严重的腹泻，带有黏液或血液。对于不具明显拉血的球虫感染，如堆型、巨型、布氏、早熟与和缓艾美耳球虫的感染，对给定12～24h时间范围内，0分表示100%粪便正常，+1分表示25%的粪便不正常，+2分表示50%的粪便不正常，+3分表示75%的粪便不正常，+4分表示100%的粪便不正常；对于有明显拉血的球虫感染，如柔嫩和毒害艾美耳球虫的感染，对给定12～24h时间范围内，0分表示100%的粪便不带血，+1分表示25%的粪便带血，+2分表示50%的粪便带血，+3分表示75%的粪便带血，+4分表示100%的粪便带血。

【注意事项】

（1）分离不同的卵囊时，实验过程中所用的离心管、洗管、烧杯等器皿需彻底洗净，以防污染。

（2）卵囊孢子化需要合适的温度、湿度及充足的氧气，最好的培养液是2.5%的重铬酸钾液。培养时，卵囊的密度也不应超过 10^6 个/mL，培养液的深度不超过 0.7cm。

（3）在卵囊计数的几种方法中，载玻片的计算方法准确，但费时；血球计数板计算卵囊的方法，虽然简便易行，但在卵囊数量少的情况下，误差较大，可靠性差；而浮游生物计数板的方法，介于前两者之间，具有利用价值；麦克马斯特法方便准确，若所测卵囊数量很多，可酌情稀释后再计数；用铬硫酸卵囊计数时，如果鸡粪中的杂物碎片扰乱视野，可用铬硫酸溶液稀释粪便，溶解杂质。

（4）鸡球虫感染的病变记分制用于阐述抗球虫药物的效果和球虫疫苗的保护效果时存在相当大的局限性，而且随检测人的不同而有所变化，尤其是重要的球虫种的不同，如巨型艾美耳球虫的感染程度并不总是与肠道眼观病变的严重性相关。

（5）鸡球虫病是最常见的疾病，但许多诊断者很少注意到肠道寄生的球虫种的鉴别。柔嫩艾美耳球虫寄生于盲肠，比较容易鉴定。球虫种的鉴定需要眼观病理变化和肠黏膜刮取物镜检识别发育阶段虫体两者相结合，所发现的虫体形态需要与 7 种艾美耳球虫的特征相比较加以识别。

【提交作业】

（1）绘制艾美耳属球虫的孢子化卵囊形态图，并标出其结构特征。

（2）阐述一种分离卵囊的方法，并说明该方法的优缺点。

【考核标准】

考核方式	考核项目	评分标准 分值	评分标准 扣分依据	考核方法	考核分值	熟悉程度
学生互评		10	根据小组代表发言、小组学生讨论发言、小组学生答辩及小组间互评打分情况而定			
考核评价	球虫的形态观察	10	鸡、鸭球虫类型不熟悉扣 5 分；鸡、鸭球虫形态观察不正确扣 5 分	小组操作考核		基本掌握/熟练掌握
考核评价	卵囊的分离与孢子化	20	卵囊的分离漂浮法操作不当扣 5 分；蛋白酶消化操作不当扣 5 分；糖溶液梯度离心法操作不当扣 5 分；卵囊孢子化操作过程不正确扣 5 分	小组操作考核		基本掌握/熟练掌握
考核评价	鸡球虫病的诊断技术	50	卵囊计数方法选择和使用不当扣 10 分；鸡球虫各发育阶段虫体的检查方法不当扣 10 分；卵囊鉴定方法不当扣 10 分；鸡球虫感染的病变记分不正确扣 10 分；鸡球虫感染的粪便记分不正确扣 10 分	小组操作考核		基本掌握/熟练掌握
考核评价	注意事项	10	分离过程操作不熟练扣 5 分；计数和记分方法不准确扣 5 分	小组操作考核		基本掌握/熟练掌握
总分		100				

自测练习

自测练习

项目十

禽普通病防治

【知识目标】 了解家禽营养代谢病、中毒病、其他普通病的类型；熟悉并掌握各种禽普通病的发病原因、临床症状、病理变化，使学生具备家禽常见普通病的预防、诊断和发病后处理技术，充分理解科学的卫生防疫制度和饲养管理是养禽场获得最大经济效益的重要保证。

【能力目标】 能根据患病鸡的临床症状、粪便特点和实验室检测结果，准确地诊断禽营养代谢病、中毒病和其他普通病，并能提出科学的治疗方法。

【思政目标】 树立整体观念，精益求精，理论联系实际，在实践中总结、升华。

任务一 禽营养代谢病防治

任务描述

重点讲述维生素 A 缺乏症、B 族维生素缺乏症、维生素 E 与硒缺乏症、锰缺乏症、骨骼发育异常、脂肪肝综合征、家禽通风等病的发病原因、临床症状、病理变化和诊断方法，以及日常预防措施和药物治疗方案，从而使这些疾病对养禽业的危害降到最低，以提高养禽户的经济效益。

任务实施

>>> **维生素A缺乏症** <<<

维生素 A 缺乏症是由于动物缺乏维生素 A 引起的以皮肤上皮角质化和角膜、结膜、气管、食管黏膜角质化、夜盲症、眼干燥症、生长停滞等为特征的营养缺乏疾病。

【发病原因】

（1）供给不足或需要量增加。鸡体不能合成维生素 A，必须从饲料中采食维生素 A 或类胡萝卜素。不同生理阶段的鸡，对维生素 A 的需要量不同，应分别供给质量较好的成品料，否则容易引起严重的缺乏症。

（2）维生素 A 性质不稳定，非常容易失活，在饲料加工工艺条件不当时，损失很大。饲料存放时间过长、饲料发霉、烈日暴晒等皆可造成维生素 A 或类胡萝卜素损坏，脂肪酸败变质也能加速其氧化分解过程。

（3）日粮中蛋白质和脂肪不足，不能合成足够的视黄醛结合蛋白质去运送维生素 A，脂肪不足会影响维生素 A 类物质在肠中的溶解和吸收。

（4）胃肠道吸收障碍，发生腹泻或肝胆疾病会影响饲料维生素 A 的吸收、利用及储藏。

【临床症状】

1. 雏鸡症状 厌食，生长停滞，消瘦，嗜睡，衰弱，羽毛松乱，运动失调，瘫痪，不能站立。黄色鸡种胫喙色素消褪，冠和肉垂苍白。病程超过 1 周仍存活的鸡，眼睑发炎或粘连，鼻孔和眼睛流出黏性分泌物，眼睑不久即肿胀，蓄积有干酪样的渗出物，角膜混浊不透明，严重者角膜软化或穿孔失明。口腔黏膜有白色小结节或覆盖一层白色的豆腐渣样的薄膜，但剥离后黏膜完整无出血溃疡现象。食道黏膜上皮增生和角质化。

2. 成年鸡症状 患鸡食欲不振、消瘦、精神沉郁、鼻孔和眼睛常有水样液体排出，眼睑常常黏合在一起，严重时可见眼内乳白干酪样物质（眼屎），角膜发生软化和穿孔，最后失明。鼻孔流出大量黏稠鼻液，病鸡呈现呼吸困难。鸡群呼吸道和消化道黏膜抵抗力降低，易诱发传染病。继发或并发家禽痛风或骨骼发育障碍所致的运动无力、两腿瘫痪，偶有神经症状，运动缺乏灵活性。鸡冠白有皱褶，爪、喙色淡。母鸡产蛋量和孵化率降低，公鸡繁殖力下降，精液品质退化，受精率低。

【病理变化】 口腔、咽、食管黏膜上皮角质化脱落，黏膜有小脓疱样病变，破溃后形成小的溃疡。支气管黏膜可能覆盖一层很薄的伪膜。结膜囊或鼻窦肿胀，内有黏性的或干酪样的渗出物。严重时肾呈灰白色，有尿酸盐沉积。小脑肿胀，脑膜水肿，有微小出血点。

【诊断】

1. 病因调查 饲料中维生素 A 供给不足或消化吸收障碍。

2. 实验室化验 血浆和肝中维生素 A 和胡萝卜素的含量都有明显变化。正常动物每 100mL 血浆中含维生素 A $10\mu g$ 以上，如降到 $5\mu g$ 则可能出现症状。

【防治】

（1）根据生长与产卵不同阶段的营养要求特点，调节维生素、蛋白质和能量水平，保证其生理和生产需要。

（2）防止饲料放置时间过久，也不要预先将脂溶性维生素 A 掺入到饲料中或存放于油脂中，以免维生素 A 或类胡萝卜素遭受破坏或被氧化。

（3）对患维生素 A 缺乏症的动物，首先应该查明病因，积极治疗原发病，同时改善饲养管理条件，加强护理；其次要调整日粮组成，增补富含维生素 A 或类胡萝卜素的饲料。

（4）治疗时要先消除致病的病因，急性病例必须立即对病禽用维生素 A 治疗，剂量为日维持需要量的 10～20 倍。由于维生素 A 不易从机体内迅速排出，长期过量使用会引起中毒，注意防止。对于后期已经造成失明的则不可逆转。

>>> **B族维生素缺乏症** <<<

B 族维生素是一组多种水溶性维生素，共 19 种，其中维生素 B_1（硫胺素）、维

生素 B_2（核黄素）、维生素 B_3（烟酸）、维生素 B_5（泛酸）、维生素 B_6（吡哆醇、吡哆醛、吡哆胺）、维生素 B_7 或维生素 H（生物素）、维生素 B_9（叶酸）、维生素 B_{12}（钴胺素）最为常见。B 族维生素在动物体内分布大体相同，在提取时常互相混合，在生物学上作为一种连锁反应的辅酶，故统称复合维生素 B。

1. 维生素 B_1 缺乏症 维生素 B_1 即硫胺素，是鸡体糖类代谢必需的物质，其缺乏会导致糖类代谢障碍和神经系统病变，是以多发性神经炎为典型症状的营养缺乏性疾病。

【发病原因】

（1）饲料中硫胺素含量不足，通常由于配方失误、饲料碱化、蒸煮等造成。饲料发霉或贮存时间太长等也会造成维生素 B_1 分解损失。

（2）饲料中含有蕨类植物、抗球虫病、抗生素等对维生素 B_1 有拮抗作用的物质，如氨丙啉、硝胺、磺胺类药物。

（3）鱼粉品质差，硫胺素酶活性太高，大量鱼、虾和软体动物内脏所含的硫胺素酶也可破坏硫胺素。

【临床症状】 家禽缺乏维生素 B_1 的典型症状是多发性神经炎，成年鸡一般在维生素 B_1 缺乏日粮 3 周后发病。发病时食欲废绝，羽毛蓬乱，体重减轻，体弱无力，严重贫血和下痢，鸡冠发蓝，所产种蛋孵化中常有死胚或逾期不出壳。其特征为外周神经发生麻痹，或初为多发性神经炎，进而出现麻痹或痉挛的症状。开始为趾的屈肌发生麻痹，以后向上蔓延到翅、腿、颈的伸肌发生痉挛，这时病鸡瘫痪，坐在屈曲的腿上，角弓反张，头向背后极度弯曲，后仰呈"观星状"。有的鸡呈进行性的瘫痪，不能行动，倒地不起，抽搐死亡。雏鸡症状大体与成鸡相同，但发病突然，多在两周龄以前发生。

【病理变化】 无特征性病理变化，胃肠道有炎症，睾丸和卵巢明显萎缩，心脏轻度萎缩。小鸡皮肤水肿，肾上腺肥大，母鸡比公鸡更明显。

【诊断】 可根据临床症状和剖检变化做出诊断。

【防治】

（1）防止饲料发霉，不能饲喂变质、劣质鱼粉。

（2）适当多喂各种谷物、麸皮和青绿饲料。

（3）控制嘧啶环和噻唑药物的使用，必须使用时疗程不宜过长。

（4）注意日粮配合，在饲料中添加维生素 B_1，满足家禽需要，鸡的需要量为每千克饲料 1～2mg，火鸡和鹌鹑为 2mg。

（5）小群饲养时可个别强饲或注射硫胺素，每只内服为每千克体重 2.5mg。肌内注射量为每千克体重 0.1～0.2mg。

2. 维生素 B_2（核黄素）缺乏症 核黄素是动物体内十多种酶的辅基，与动物生长和组织修复有密切关系，家禽因体内合成核黄素很少，必须由饲料供应。维生素 B_2 缺乏症的典型症状为卷爪麻痹症。

【发病原因】

（1）饲料补充核黄素不足。常用的禾谷类饲料中核黄素特别缺乏，又易被紫外线、碱及重金属破坏。

（2）药物的拮抗作用。如氯丙嗪等能影响维生素 B_2 的利用。

（3）动物处于低温等应激状态，需要量增加；胃肠道疾病会影响核黄素转化吸收；饲喂高脂肪、低蛋白饲料时核黄素需要量增加。种鸡需要量比非种鸡需要量多。

【临床症状】 维生素 B_2 缺乏症主要影响上皮组织和神经。雏鸡最为明显的外部症状是卷爪麻痹症状，趾爪向内蜷缩呈"握拳状"。两肢瘫痪，以飞节着地，翅展开以维持身体平衡，运动困难，被迫以踝部行走，腿部肌肉萎缩或松弛，皮肤粗糙，眼睛发生结膜炎和角膜炎。发病后期，腿伸开卧地，不能走动。成年鸡产蛋量明显下降，蛋白稀薄，种鸡孵化率明显降低，在孵化后 12～14d 胚胎大量死亡，孵出雏鸡因皮肤机构障碍绒毛无法突破毛鞘而呈结节状。雏鸡生长减慢、衰弱、消瘦，背部羽毛脱落，贫血，严重时发生下痢。病鸡不愿走动，爪向下卷曲。

【病理变化】 内脏器官没有反常变化。但可见胃肠道黏膜萎缩，肠道内有大量泡沫状内容物，重症鸡坐骨、肱骨神经鞘显著肥大，其中坐骨神经变粗为维生素 B_2 缺乏症典型症状。

【诊断】 可根据临床症状和剖检变化做出诊断。

【防治】 饲料中添加蚕蛹粉、干燥肝粉、酵母、谷类和青绿饲料等富含维生素 B_2 的原料。雏鸡一开食就应喂标准配合日粮，或在每千克饲料中添加核黄素 2～3mg，可以预防本病。

一般缺乏症可不治自愈，对确定维生素 B_2 缺乏造成的坐骨神经炎，在日粮中加10～20mg/kg 的核黄素，个体内服维生素 B_2 0.1～0.2mg/只，育成鸡 5～6mg/只，出雏率降低的母鸡内服 10mg/只，连用 7d 可收到好的疗效。

3. 烟酸缺乏症 烟酸缺乏症是指由烟酸和色氨酸同时缺乏引起的对家禽物质代谢的损害，该缺乏症主要表现为癞皮病症状，烟酸又称为抗癞皮病维生素。

【发病原因】 饲料中长期缺乏色氨酸，使禽体内烟酸合成减少，玉米等谷物类原料含色氨酸量很低，不额外添加即会发生烟酸缺乏症。

长期使用某种抗菌药物，或鸡群患有热性病、寄生虫病、腹泻病、肝、胰和消化道等机能障碍时引起肠道微生物烟酸合成减少；其他营养物如日粮中核黄素和吡哆醇的缺乏，也影响烟酸的合成，造成烟酸需要量的增加。

【临床症状】 烟酸缺乏时，家禽的能量和物质代谢发生障碍，皮肤、骨骼和消化道出现病理变化，患鸡以口炎、下痢、跗关节肿大为特征。多见于幼雏，均以生长停滞、羽毛稀少和皮肤角化过度而增厚等为特有症状，发生严重化脓性皮炎，皮肤粗糙，舌发黑色暗，口腔、食道发炎，呈深红色，食欲减退，生长受到抑制，并伴有下痢，胫骨变形弯曲，飞节肿大，呈短粗症状，腿弯曲，脚和爪呈痉挛状。成鸡较少发生缺乏症，缺乏时其症状为羽毛蓬乱无光、甚至脱落；产蛋量下降，孵化率降低；皮肤发炎，可见到足和皮肤有磷状皮炎。

【病理变化】 可见口腔、食道黏膜表面有炎性渗出物，胃肠充血，十二指肠、胰腺溃疡。

【防治】

(1) 避免饲料原料单一，尽可能使用富含 B 族维生素的酵母、麦麸、米糠和豆饼、鱼粉等，调整日粮中玉米比例。

(2) 饲料中添加足量的色氨酸和烟酸，家禽的烟酸需要量雏鸡为每千克饲料26mg，生长鸡 11mg，蛋鸡为每天 1mg。

(3) 患鸡口服 30～40mg/只，或在饲料中给予治疗剂量为每千克饲料 200mg。

4. 泛酸缺乏症 泛酸是两种重要辅酶的组成部分，与脂肪代谢关系极为密切。

正常情况下，动植物饲料原料中泛酸含量较丰富，但家禽日粮尤其玉米豆粕型日粮泛酸含量少，容易发生缺乏症，所以应补充泛酸（一般用泛酸钙）。

【发病原因】 泛酸缺乏症通常与饲料中泛酸量不足有关，尤其饲料加工过程中的加热会造成泛酸的较大损失。特别是当长时间处于100℃以上高温加热而且 pH 偏碱或偏酸情况下，损失更大。长期饲喂玉米，也可引起泛酸缺乏症。

【临床症状】 泛酸缺乏主要损伤神经系统、肾上腺皮质和皮肤，其特征症状是皮炎、羽毛生长受阻和粗糙。

成鸡产蛋量和孵化率降低，鸡胚皮下出血、严重水肿，胚胎死亡率增高，大多死于孵化后的 2～3d，孵出的雏鸡体轻而弱，24h 内死亡率可达 50% 左右。

雏鸡衰弱消瘦，口角、眼睑以及肛门周围有局限性的小结痂，眼睑常被黏性渗出物黏着，头部、趾间或脚底发生小裂口、结痂、出血或水肿，裂口加深后行走困难。有些腿部皮肤增厚、粗糙、角质化，甚至脱落。羽毛零乱，头部羽毛脱落。骨粗短，甚至发生滑腱症。雏火鸡泛酸缺乏症与雏鸡相似，而雏鸭则表现为生长缓慢，但死亡率高。

【防治】

（1）饲喂酵母、麸皮和米糠、新鲜青绿饲料等富含泛酸的饲料可以防止本病的发生。

（2）合理配合饲料，添加泛酸钙，每千克饲料蛋鸡需要量为 2.2mg，其他家禽10～15mg。

（3）患禽可在饲料中添加正常用量的 2～3 倍的泛酸，并补充多维。

5. 生物素缺乏症 生物素缺乏症是由于生物素缺乏引起机体糖、蛋白、脂肪代谢障碍的营养缺乏性疾病，其特征病变为鸡喙底、皮肤、趾爪发生炎症，骨发育受阻呈现短骨。

【发病原因】 谷物类饲料中生物素含量少，利用率低，如果谷物类在饲料中比例过高，就容易发生缺乏症；抗生素和药物影响微生物合成生物素，长期使用会造成生物素缺乏；其他影响生物素需要量的因素如饲料中脂肪含量等。

【临床症状】 该症发生与泛酸缺乏症相似的皮炎症状。轻者难以区别，只是结痂时间和次序有别。雏鸡首先在脚上结痂，而缺乏泛酸的小鸡先在口角出现。雏鸡食欲不振，羽毛干燥变脆，逐渐衰弱，发育缓慢，脚、喙和眼周围皮肤发炎，有时表现出胫骨短粗。鸡脚底粗糙、结痂，有时开裂出血。爪趾坏死、脱落。脚和腿上部皮肤干燥，嘴角出现损伤，眼睑肿胀，分泌炎性渗出物并黏结，病鸡嗜睡并出现麻痹。种母鸡产蛋率下降，所产种蛋孵化率低，胚胎死亡率以第一周最高，最后三天其次，胚胎和出雏鸡先天性胫骨短粗，共济失调，骨骼畸形。

【病理变化】 可见肝苍白肿大，小叶有微小出血点，肾肿大且颜色异常，心脏苍白，肌胃内有黑棕色液体。

【防治】

（1）饲喂富含生物素的米糠、豆饼、鱼粉和酵母等可防治生物素缺乏症。

（2）因为谷物类饲料中生物素来源不足，所以添加生物素添加剂产品很有必要。种鸡日粮中应添加生物素 200μg/kg，产蛋鸡、肉鸡等添加生物素 150μg/kg。应减少较长时间喂磺胺、抗生素类药物。

（3）生物素缺乏时，成鸡口服或肌内注射生物素每只鸡 0.01～0.05mg，或者每千克饲料中添加生物素 40～100mg。

6. 叶酸缺乏症　叶酸缺乏症是由于动物体内缺乏叶酸而引起的以贫血、生长停滞、羽毛生长不良或色素缺乏为特征的营养缺乏性疾病。叶酸对于正常的核酸代谢和细胞增殖极其重要，而家禽饲料原料中含量又不丰富，如果补充量不足很容易发生缺乏症。

【发病原因】　使用的商品饲料中添加量太低；抗菌药物如磺胺类影响微生物合成叶酸；特殊生理阶段和应激状态下需要量增加；其他影响叶酸合成吸收的因素如疾病等。

【临床症状】　雏禽贫血，红细胞数量减少，比正常者大而畸形，血红蛋白下降，血液稀薄，肌肉苍白，羽毛色素消失，出现白羽，羽毛生长缓慢，无光泽。雏鸡生长缓慢，骨短粗。产蛋鸡产蛋率、孵化率下降，胚胎畸形，出现胫骨弯曲，下颌缺损，趾爪出血。火鸡颈部麻痹，并很快死亡（一般 3d 内）。

【防治】

（1）添加酵母、肝粉、黄豆粉、亚麻仁饼等富含叶酸的物质，防止单一用玉米做饲料，可防止叶酸缺乏。

（2）正常饲料中应补充叶酸，家禽对叶酸的需要量为：雏鸡 0.55mg/kg，成鸡 0.25mg/kg，种鸡 0.35mg/kg，火鸡 0.8mg/kg。

（3）治疗用 5mg/kg 剂量拌饲或肌内注射雏鸡 50～100μg/只，育成鸡 100～200μg/只，一周内可恢复。配合维生素 B_{12}，维生素 C 进行治疗，效果更好。

7. 维生素 B_{12} 缺乏症　维生素 B_{12} 缺乏症是由于维生素 B_{12} 或钴缺乏引起的恶性贫血为主要特征的营养缺乏性疾病。

【发病原因】　饲料中长期缺维生素 B_{12}；长期服用磺胺类抗生素等抗菌药，影响肠道微生物合成维生素 B_{12}；笼养和网养鸡不能从环境（垫草等）获得维生素 B_{12}；肉鸡和雏鸡需要量较高，必须加大添加量。

【临床症状】　雏鸡贫血症与维生素 B_6 缺乏症相同。食欲不振，发育迟缓，羽毛生长不良，稀少无光泽，发生软脚症，死亡率增加。成鸡产蛋量下降，蛋重减轻，种蛋孵化率低，鸡胚多于孵化后期死亡，胚胎出现出血和水肿。

【病理变化】　可见肌胃糜烂，肾上腺肿大，鸡胚腿肌萎缩，有出血点，骨短粗。

【防治】　补充鱼粉、肉粉、肝粉和酵母等富含钴的原料，或正常饲料中添加氯化钴制剂，可防止维生素 B_{12} 缺乏；鸡舍的垫草也含有较多量的维生素 B_{12}；种鸡饲料中每千克加入 4μg 维生素 B_{12} 可使种蛋孵化率提高。患鸡肌内注射维生素 B_{12} 2～4μg/只，或按 4μg/kg 饲料的治疗剂量添加。

>>> 维生素E与硒缺乏症 <<<

维生素 E 的主要功能是维持禽的正常生育功能、维持肌肉和血管的正常功能，同时具有很强的抗氧化作用，可保护维生素 A 和多种营养物质不受氧化。

硒和维生素 E 有相似的作用，很多情况下两者可以互补，但硒不具有维持正常生殖功能的作用。当饲料中添加不足、因种种原因被破坏或吸收障碍均可导致本病发生。

【发病原因】

（1）日粮中缺乏含维生素 E 的饲料或饲料保存、加工不当导致维生素 E 被破坏，或含硫氨基酸缺乏时，容易发生维生素 E 缺乏症。

（2）球虫病及其他慢性胃、肠道疾病，可使维生素 E 的吸收利用率降低而导致缺乏。

（3）本病在我国的陕西、甘肃、山西、四川、黑龙江等缺硒地带发生较多，常呈地方性发生。各种动物均可发病，以幼畜、幼禽最为严重。多发生于缺乏青饲料的冬末、春初季节。

【临床症状及病理变化】

1. 脑软化症　病雏表现运动共济失调，头向下挛缩或向一侧扭转，有的前冲后仰，或腿翅麻痹，最后衰竭死亡。病变主要在小脑，脑膜水肿，有点状出血，严重病例见小脑软化或青绿色坏死。

2. 渗出性素质　主要发生于肉鸡。病鸡生长发育停滞，羽毛生长不全，胸腹部皮肤青绿色浮肿。病鸡的特征病变是颈、胸部皮下青绿色，胶冻样水肿，胸部和腿部肌肉充血、出血。

3. 肌肉营养不良（白肌病）　病雏消瘦、无力，运动失调，胸、腿肌肉及心肌有灰白色条纹状变性坏死。

4. 繁殖障碍　种鸡患维生素 E 与硒缺乏症时，表现为种蛋受精率、孵化率明显下降，死胚、弱雏明显增多。

一般认为单一的维生素 E 缺乏时，以脑软化症为主；在维生素 E 和硒同时缺乏时，以渗出性素质为主；而在维生素 E、硒和含硫氨基酸同时缺乏时，以白肌病为主。雏鸭维生素 E 缺乏主要表现为白肌病；成年公鸡可因此睾丸退化变性而生殖机能减退；母鸡所产的蛋受精率和孵化率降低；胚胎常于 4～7 日龄时开始死亡。

【诊断】　可依据病因调查即饲料供给量不足或饲料贮存时间过长，结合临床症状及剖检病变做出初步诊断。还要做好脑软化病与脑脊髓炎的鉴别诊断：脑脊髓炎的发病年龄常为 2～3 周龄，比脑软化症发病早；脑软化症的病变特征是脑实质发生严重变性，可和脑脊髓炎相区别。

【防治】

（1）饲料中添加足量的维生素 E，每千克鸡日粮应含有 10～15IU，鹌鹑为15～20IU。

（2）饲料中添加抗氧化剂。防止饲料贮存时间过长，或受到无机盐、不饱和脂肪酸所氧化及拮抗物质的破坏。饲料的硒含量应为 0.25 mg/kg。

（3）临床实践中，脑软化、渗出性素质和白肌病常交织在一起，若不及时治疗可造成急性死亡，通常每千克饲料中加维生素 E 20IU，连用两周，也可在用维生素 E的同时用硒制剂。渗出性素质病每只禽可以肌内注射0.1%亚硒酸钙生理盐水 0.05mL，或添加 0.05mg/kg 饲料硒添加剂。白肌病每千克饲料再加入亚硒酸钠 0.2mg，蛋氨酸 2～3g 可收到良好疗效。脑软化症可用维生素 E 油或胶囊治疗，每只鸡一次喂250～350IU。饮水中供给速溶多维。

（4）植物油中含有丰富的维生素 E，在饲料中混有 0.5% 的植物油，也可达到治疗本病的效果。

>>> 锰 缺 乏 症 <<<

锰是家禽正常生长、繁殖所必需的微量元素之一，对骨骼生长发育、蛋壳形成、胚胎发育及能量代谢都具有重要作用。锰缺乏症以骨短粗症或滑腱症为特征。

【发病原因】

（1）日粮中锰缺乏。以玉米、豆粕为主的家禽饲料，由于含锰量很低，如果微量元素添加剂质量低劣，含锰不足，极易发生锰缺乏症。

（2）饲料中钙、磷含量过多时，会影响锰的吸收。

（3）饲料中胆碱、烟酸、生物素及维生素 D_3、维生素 B_2、维生素 B_1 含量不足，使家禽对锰的需要量增加从而引起锰的缺乏。

【临床症状】 幼禽缺锰的特征症状是生长停滞、骨短粗症和滑腱症。表现为跗关节肿大，胫骨变短增粗，胫骨下端和跗骨上端弯曲扭转，最后腓肠肌腱（后跟腱）从跗关节的骨槽中滑出而呈现脱腱症状，俗称"滑腱症"或"脱腱症"。病禽腿部变弯曲或扭曲，腿关节扁平，患肢发生侧伸而出现跛行，但家禽可跳跃式行走，尚可采食和饮水，若两腿都受损时，则卧地不起，因饮水采食困难而很快死亡。

产蛋鸡缺锰时，表现为产的蛋孵化率显著下降，鸡胚大多数在快要出壳时死亡。死胚呈现软骨发育不良，翅短，腿短粗，头呈圆球状，喙短弯呈特征性的"鹦鹉嘴"。

根据特征性症状和病变可做出诊断，本病很容易被误诊为佝偻病，幼鸡患滑腱症时骨骼的钙化正常，骨质坚硬，而患佝偻病时骨质钙化不全，骨质变软。

【防治】

1. 预防 配合饲料时注意添加锰。鸡对锰的需要量为：种鸡、肉鸡、0～6 周龄雏鸡为每千克饲料 60mg，7～20 周龄及产蛋鸡为 30mg。可根据各原料的含锰量计算其具体添加量。

2. 治疗 对已发病的个别鸡治疗价值不大。确诊后迅速向饲料中加入硫酸锰、胆碱或维生素 B_6，可使其余的鸡少受损害。治疗本病可用硫酸锰，每千克饲料加入 0.1～0.2g，混饲，3～5d；或用 1∶3 000 高锰酸钾溶液作饮水，每日更换 2～3 次，连饮 2d，以后再用 2d。

>>> 骨骼发育异常 <<<

骨骼发育异常，是指维生素 D 缺乏或钙、磷吸收和代谢障碍，骨骼正常发育受阻，以雏鸡佝偻病和缺钙症状为特征的营养缺乏症。

【发病原因】

1. 钙、磷含量不足 一是设计配方时没有满足家禽对钙、磷的需要量；二是因饲料原料质量低劣或掺假，致使配方计算值和原料实际含量不符，特别是磷不足更为常见。

2. 钙、磷比例失调 钙、磷在饲料中要有适当的比例才有利于吸收。钙过多的常见原因是用产蛋鸡的饲料喂给雏鸡或青年鸡，或是饲料中贝壳粉和石粉添加过多。

3. 维生素 D 不足 维生素 D 能够调节钙、磷的代谢，促进钙、磷的吸收。饲料中如果缺乏维生素 D，即使钙、磷含量充足也不能完全吸收。

4. 氟过量 作为钙、磷来源的磷酸氢钙含氟量超标，过量氟可影响骨的钙化、使骨骼脱钙，骨质变得疏松。

【临床症状】

1. 钙缺乏 病雏禽主要表现为生长发育受阻，行走时两腿变软，站立不稳，跛行，或卧地不起。雏鸡有时表现为强行站立时两腿强直叉开呈"八"字形，或向内弯曲呈 O 形，食欲废绝，最后衰竭死亡。成年鸡钙缺乏主要见于产蛋鸡。特征是两腿变软无力，重者瘫痪，产蛋量下降，蛋壳变薄或产软壳蛋。

2. 磷缺乏 临床特征为雏禽突然发病，病初便出现明显跛行和站立困难，但食欲正常，虽然瘫痪但还采食。其症状与钙缺乏相似。

【病理变化】 雏鸡喙壳变软，胸骨弯曲变形，严重者呈 S 形。翅、腿部长骨骨质变软，较易弯曲，其中股骨、胫骨和跗骨近端切面可见生长盘增宽，腿骨折而不断。脊柱骨质变软呈 S 形弯曲。最具诊断意义的病变是肋骨增粗变圆，质软弯曲呈 V 形或波浪状。成年鸡钙缺乏的病变为骨骼变薄甚至发生骨折，尤以椎骨、肋骨、胫骨和股骨最为常见。

雏鸭剖检特征为肋骨质软易弯，骨干内表面出现绿豆大、白色半球状突起的佝偻病串珠；上颌骨极度柔软似橡皮，对折不断；胫骨多呈弓形弯曲，骨干增粗，中部多见骨折且呈球状膨大、质硬。

【诊断】 根据症状和剖检骨骼硬度检查，结合分析饲料中钙、磷、维生素 D 的配方设计量及比例，或饲料的化验分析确定实际含量，基本可做出诊断。

【防治】

1. 预防 保证日粮中足够的钙、磷和维生素 D，并且比例要适当。生长鸡日粮中钙最适需要量为 0.9%～1.0%，产蛋鸡的最适需要量为 2.25%～3.25%，磷的最适需要量为 0.55%～0.65%。用时需化验所用原料（如骨粉、鱼粉、贝壳粉、石粉等）的钙、磷含量，根据鸡的需要量，算出实际添加量，而且要调整好钙、磷的比例，一般说来，生长期家禽日粮的钙、磷比例以 2∶1 为宜，产蛋鸡较高，约为 3.5∶0.4。所用原料要确保质量，不合格的不用。

2. 治疗 发病后先化验饲料，确定钙、磷和氟的含量，若日粮中钙多磷少，则在补钙的同时要重点补磷，使用磷酸氢钙、过磷酸钙等制剂补磷。若日粮中磷多钙少，则主要是补钙，可选用贝壳粉。

在缺乏化验条件的情况下，可添加 1%～2% 的优质骨粉，同时补充维生素 D_3（3 倍于平时剂量），连用 2～3 周，恢复到正常剂量，必要时可添加鱼肝油，按 0.5%～1% 的浓度拌料口服，个别较重的鸡，可喂服鱼肝油 2 滴，每日 1～2 次，连喂 2～3d。

>>> 脂肪肝综合征 <<<

鸡脂肪肝综合征又称为脂肪肝出血综合征，是肝发生脂肪变性和伴有出血特征的一种营养代谢性疾病。

【发病原因】 本病与饲喂高能量、高脂肪的日粮有密切关系。或长期饲喂过量饲料，摄入能量过多。或高产蛋品系鸡、笼养和环境温度高等因素，高产品系鸡对脂肪肝综合征较敏感，高产蛋量与高雌激素活性相关，而雌激素可刺激肝合成脂肪；笼养鸡活动空间少，采食过量，啄食不到粪便而缺乏 B 族维生素，刺激脂肪肝的发生；环境温度高使新陈代谢旺盛，失去原有的平衡，故本病多发生于高温时。此外，饲料中霉菌毒素或油菜籽饼中芥子酸可引起肝变性；蛋白质含量过高，可转化为脂肪蓄积；营养过好，产蛋高峰期，突然光照减少，饮水不足或应激因素，产蛋下降，营养过剩转化为脂肪。

【临床症状】 发病和死亡的鸡都是母鸡，大多过度肥胖，发病率为50%左右，死亡率为发病数的6%以上。产蛋量明显下降，从高产蛋的75%～85%突然下降到25%～55%，尤其体况良好的鸡更易发病，往往突然发病。病鸡喜卧，腹部大而软绵下垂，鸡冠肉髯褪色乃至苍白。严重的嗜睡、瘫痪，体温41.5～42.8℃，进而鸡冠肉髯及脚变冷，可在数小时内死亡，一般从发病到死亡1～2d。

【病理变化】 死鸡的皮下、腹腔及肠系膜均有多量的脂肪沉积。肝肿大，边缘钝圆，呈黄色油腻状，表面有出血点和白色坏死灶，质度极脆，易破碎如泥样。有的鸡由于肝破裂而发生内出血，肝周围有大小不等的血凝块；有的鸡心肌变性呈黄白色；有些鸡的肾略变黄，脾、心、肠道有程度不同的小出血点。

【诊断】

1. 病理剖检 可见鸡尸肥胖，皮下脂肪多。肝呈黄褐色或深黄色的油腻状，质脆易碎，肝表面和体腔有大的血凝块。腹腔内和肠表面有大量脂肪沉积。输卵管末端常有一枚完整而未产出的硬壳蛋。

2. 实验室检查 肝糖原和生物素含量少，血清胆固醇增高达每100mL605～1 148mg或以上（正常为305μg/mL），血钙增高为每100mL28～74mg（正常为每100mL15～26mg）。

【防治】

1. 加强饲养管理 夏季一定要注意防暑降温，及时供应充足清凉饮水。鸡舍内按时消毒，防止惊吓，保持合理饲养密度。

2. 适当限饲 一般减少喂料10%左右，要注意原料质量，防止饲料变质。

3. 调整日粮配方 炎热的夏季应提高饲料中的蛋白质1%～2%，降低饲料中的能量水平0.2～0.4MJ/kg，适当增加粗纤维含量。鸡发生此病后，可在正常用量之外，在饲料中添加药物可减轻产蛋鸡群的病情。每千克饲料中加入氯化胆碱1g、蛋氨酸1.2g、维生素E 20IU、维生素B$_{12}$ 0.012mg、肌醇1g、生物素0.3mg、维生素C 0.1g，连喂2周后，检查效果。

▶▶▶ 家 禽 痛 风 ◀◀◀

家禽痛风又称尿酸盐沉积症和结晶症，是一种核蛋白代谢障碍引起的高尿酸血症，以尿酸盐沉积体内及关节肿大、运动障碍为特征。依尿酸盐沉着部位的不同，常将痛风分为内脏型痛风和关节型痛风两种类型，有时两者同时发生。本病多取慢性经过，禽类多发，主要见于鸡、火鸡、水禽，鸽偶尔可见。发病率和死亡率都很高，是禽类常见的疾病之一，其他动物也可发生。

【发病原因】

1. 饲料因素 饲料蛋白质过高，富含核蛋白和嘌呤碱的蛋白质饲料，尤其是添加鱼粉，动物内脏（肝、脑、肾、胸腺、胰腺）、肉屑、大豆、豌豆等，导致尿酸量过大，造成尿酸的排泄受阻时，在体内形成尿酸盐，尿酸盐沉积于肾、输尿管、内脏等器官，引起痛风。

另外饲料变质、盐分过高、维生素A缺乏、饲料中钙、磷过高或比例不当等都是其诱因。饲料含钙或镁过高，用蛋鸡料喂肉鸡引起痛风。补充矿物质用石灰石粉，也引起痛风，这是由于含镁量过高，病禽血清经化验分析，每 100mL 含钙 8～11mg，无机磷 6～11mg，而镁 4～12mg（正常为 1.8～3mg）。

2. 疾病因素　传染病如肾型传染性支气管炎、传染性法氏囊病、鸡白痢、鸡蓝冠病、鸡球虫病、鸡滑液囊支原体、盲肠肝炎等都能引起本病。家禽患淋巴性白血病、单核细胞增多症和长期消化紊乱等疾病过程，都可能继发或并发痛风。

3. 管理因素　育雏温度过高或过低、缺水、运动不足、长途运输等。饲养在潮湿和阴暗的禽舍、密集的管理、运动不足、日粮中维生素缺乏和衰老等因素皆可能成为促进本病发生的诱因。

4. 遗传因素　某些品系的鸡存在对关节痛风的遗传易感性，如新汉夏鸡就有关节痛风的遗传因子。

5. 中毒性因素　包括一些嗜肾性的化学毒物、药物、霉菌毒素。磺胺类药中毒，引起肾损害和结晶的沉留。慢性铅中毒、苯酚、氯化汞、草酸、霉玉米等中毒，引起肾病，其中霉菌毒素的中毒更为重要。

【临床症状】　内脏型痛风的患禽开始无明显症状，逐渐表现为精神萎靡，食欲不振，消瘦，贫血，鸡冠萎缩，苍白。泄殖腔松弛，收缩无力，不自主地排白色稀粪，开始水样，后期呈石灰样。产蛋鸡有时无明显症状，但在产蛋高峰期突然死亡，体况良好或消瘦，冠小且苍白，泄殖腔周围的羽毛有白色物质黏附；关节型痛风，一般表现为慢性经过，表现食欲下降，生长迟缓，羽毛松乱，衰弱。关节肿胀，换腿站立，行走困难，瘫痪。幼雏痛风，出壳数日至 10 日龄，死亡率为 10％～80％，排白色粪便。

【病理变化】　内脏型痛风也称尿酸盐沉积，在病禽的肾、心脏、肝、脾的浆膜表面、腹膜、气囊及肠系膜等覆盖一层白色尿酸盐，似石灰样白膜。同时可见肾肿大，颜色变浅，表面有白色斑点。输尿管变粗，变硬，内含有大量白色尿酸盐。血液中尿酸、钾、钙、磷的浓度升高，钠的浓度降低。关节型痛风可见到关节内充满白色黏稠半流质的尿酸盐沉积，严重时关节的组织发生溃疡、坏死。

家禽痛风
病理变化

【诊断】　根据饲喂富含核蛋白和嘌呤碱的蛋白质饲料过多病史及临床症状和病理剖检即可初步诊断。结合实验室检查如出现高尿酸血症（血液中尿酸浓度高达每 100mL 10mg 以上）时即可进一步诊断。确诊尚需取内脏表面或肿胀关节内的石灰样沉着物镜检。

【防治】

（1）加强饲养管理，保证饲料的质量和营养的全价，尤其不能缺乏维生素 A，钙磷比例适当，以添加沙砾的方式补钙。不喂含霉菌毒素的饲料。

（2）不要长期或过量使用对肾有损害的药物及消毒剂，如磺胺类药物、庆大霉素、卡那霉素、链霉素等。

（3）降低饲料中蛋白质的水平，特别是限制动物性蛋白的摄入。饲料和饮水中添加有利于尿酸盐排出的药物，饮水中加入 0.05％的碘化钾，连饮 3～5d。或取车前草 1kg 煎汁后用凉开水 15kg 稀释，供鸡饮水，严重的口服 2～3mL，每天两次，连服 3d。

（4）其他如氢氯噻嗪、阿托品、肾肿解毒药、微生物 A 等都可应用。

任务二　禽中毒病防治

重点讲述黄曲霉毒素中毒、食盐中毒、棉籽饼中毒、药物中毒和一氧化碳中毒等的发病原因、临床症状、病理变化和诊断要点，以及生产中去毒措施和药物治疗方案，从而使这些疾病对养禽业的危害降到最低，以提高养禽户的经济效益。

黄曲霉毒素中毒

黄曲霉毒素是由黄曲霉菌和寄生曲霉菌代谢产生的一种有毒物质，广泛存在于自然界，在温暖潮湿的环境中最易生长繁殖。因此，各种饲料如干花生苗、花生饼、玉米粉、谷类、豆类及其饼类、棉籽粉、酒糟，以及贮藏过的混合饲料，由于保管、贮存不当，在高温、高湿的环境条件下，黄曲霉、寄生曲霉极易生长，产生黄曲霉毒素。家禽采食发霉、变质的饲料即可发生中毒，尤以幼鸭的敏感性最高。

【临床症状】　幼禽中毒主要表现为食欲不振，生长不良，贫血，冠苍白，排血样稀粪，叫声嘶哑。幼鸭还常有鸣叫，脱毛，步态不稳，跛行，呈企鹅状行走，腿和脚呈淡紫色。死亡前出现共济失调，角弓反张等症状。慢性中毒时，症状不明显，主要为食欲减少，消瘦，衰弱，贫血，表现全身恶病质现象，时间长者可产生肝组织变性（即肝癌），开产期推迟，产蛋量下降，蛋小，有时颈部肌肉痉挛，头向后背。

【病理变化】　特征病变主要在肝。急性中毒时肝肿大为正常的2～3倍，质变硬，有肿瘤结节，色泽苍白变淡，有出血斑点或坏死。胆囊扩张。肾苍白、肿大、质地脆弱。胰腺有出血点。胸、腿部肌肉有出血点。小肠有炎症；慢性中毒时，肝发生硬化、萎缩。肝呈土黄色，偶见紫红色，质地坚硬，表面有白色点状或结节状增生病灶。肾出血、心包和腹腔有积水。

【诊断要点】

1. 病史调查　检查饲料品质有无霉变情况。

2. 血液检验　血液检验显示出重度的低蛋白血症、红细胞减少、白细胞增多、凝血时间延长和肝功能异常。

3. 初步诊断　根据临床症状、血液化验和病理变化进行综合性分析，排除传染病与营养代谢病的可能性，并且符合真菌毒素中毒病的基本特点，即可做出初步诊断。

4. 实验室诊断

（1）可疑饲料直观法。取代表性可疑饲料样品（玉米、花生等）2～3kg，分批放盘内，摊成薄层，直接放在365nm波长的紫外线灯下观察荧光，如样品中有黄曲霉毒素G1、G2，可见G族毒素的饲料颗粒发出亮黄绿色荧光。若含黄曲霉B族毒素，可见蓝紫色荧光。若不见荧光，可将颗粒摔碎后再观察。

（2）化学分析法。将可疑饲料中黄曲霉毒素提取和净化，用薄层层析法与已知标准黄曲霉毒素相对照，可知所测毒素性质和数量（参照食品卫生法有关资料）。

（3）生物鉴定法。取待测样品溶于丙二醇或水中，经胃管投给1日龄雏鸭，连喂4～5d。对照的各雏鸭给喂黄曲霉毒素 B_1 的总量为0～16μg。在最后1次喂毒素后再饲养2d。然后扑杀全部雏鸭，按胆管上皮细胞异常增生的程度（一般分为0到4或5+几个等级），来判定黄曲霉毒素含量的多少。雏鸭黄曲霉毒素 B_1 的 LD 50 为12.0～28.2μg/只。也可取肝组织固定，作组织检查。上述方法为世界法定通用的方法，也可将可疑饲料作动物发病试验。

【防治】

（1）去除饲料中的黄曲霉毒素。挑选霉粒或霉团去毒法；用石灰水浸泡或碱煮、漂白粉、氯气等方法解毒；辐射处理法；氨气处理法；利用微生物（无根霉、米根霉）的生物转化作用，使黄曲霉毒素解毒，转变成毒性低的物质；采用热盐水浸泡，是经济安全的好方法，但需时较长；加热加压相结合的办法对许多霉菌及毒素有破坏作用，但黄曲霉毒素、玉米赤霉烯酮、单端孢霉毒素对热的反应稳定。

（2）发现中毒病禽，就立即更换饲料，加强护理，供给多种维生素，葡萄糖混于饮水中。

（3）应用制霉菌素治疗，每禽口服制霉菌素3万～5万IU，每天2次，连续2～3d。

（4）用0.1％的硫酸铜溶液饮水3～5d，或服泻剂（盐类）每只1～3g排毒，或饮水中加0.5％～1％碘化钾3～5d。

（5）彻底消除鸡场上粪便（含有毒素），集中用漂白粉处理，用具用0.2％次氯酸钠溶液消毒。

（6）加强饲料保管，防止饲料发霉。特别是梅雨季节，更要注意防霉。

>>> 食 盐 中 毒 <<<

食盐中毒是指家禽摄取食盐过多或连续摄取食盐而饮水不足，导致中枢神经机能障碍的疾病。其实质是钠中毒，有急性中毒与慢性中毒之分。

【发病原因】 饲料中添加食盐量过大，或大量饲喂含盐量高的鱼粉，同时饮水不足，即可造成家禽中毒。家禽中以鸡、火鸡和鸭最常见。正常情况下，饲料中食盐添加量为0.25％～0.5％。当雏鸡饮服0.54％的食盐水时，即可造成死亡；饮水中食盐浓度达0.9％时，5d内死亡率100％。如果饲料中添加5％～10％食盐，即可引起中毒。另据资料报道，饲料中添加20％食盐，只要饮水充足，不至于引起死亡。饮水充足与否，是食盐中毒的重要原因。饲料中其他营养物质，如维生素E、钙、镁及含硫氨基酸缺乏时，可增加食盐中毒的敏感性。

【临床症状】 精神沉郁，不食，饮欲异常增强，饮水量剧增。口、鼻流黏液，嗉囊胀大，水泻。肌肉震颤，两腿无力，运动失调，行走困难或瘫痪。呼吸困难，最后衰竭死亡。雏鸭还表现为不断鸣叫，盲目冲撞，头向后仰或仰卧后两肢泳动，头颈弯曲，不断挣扎，很快死亡。

【病理变化】 可见皮下组织水肿，食道、嗉囊、胃肠黏膜充血、出血，黏膜脱落。心包积水，心脏出血，腹水增多，肺水肿，脑血管扩张充血，并有针尖状出血。肾、输尿管和排泄物中有尿酸沉积。

【诊断】 依据病因调查即有摄取过量食盐而饮水不足的情况，再根据临床症状和剖检变化可做出初步诊断。确诊需实验室化验，可检查嗉囊或肌胃内容物，或是血清氯化物含量。还要注意与聚醚类抗生素中毒、禽脑脊髓炎等鉴别诊断。

【防治】

（1）严格控制饲料中食盐添加量，添加盐粒要细，并且在饲料中搅拌要均匀，平时饲喂干鱼和鱼粉要测定其含盐量，保证给予充足饮水。

（2）若发现可疑食盐中毒时，应立即停止饲喂含盐量多的饲料，改换其他饲料，供给充足新鲜饮水或 5％葡萄糖溶液，也可在饮水中适当添加维生素 C。对严重病例也可采用手术治疗法。

>>> 棉籽饼中毒 <<<

棉籽饼中毒是指棉籽饼或棉仁饼中含有一种有毒物质——棉酚所引起的中毒。

【发病原因】

（1）用带壳的土榨棉籽饼配制饲料。随着榨油工业逐步向现代化发展，带壳的土榨棉籽饼已经越来越少。

（2）用去壳的棉仁饼配制饲料，占的比例过大，超过 10％且长期连续饲喂，致使棉酚在体内蓄积中毒。

（3）棉籽（仁）饼发热变质，其游离棉酚的含量相对增高。

（4）日粮中缺乏蛋白质、钙、铁、维生素 A，均可增加鸡对棉酚中毒的敏感性。

【临床症状】 病鸡采食量减少，排黑褐色稀粪，并可能混有黏液、血液甚至肠黏膜。严重者，呼吸困难，循环衰竭，伴有贫血和维生素 A 缺乏的症状，出现抽搐。母鸡产蛋减少，受精率及种蛋孵化率明显下降，胚胎早期死亡增加。商品蛋的品质下降，蛋清发红色，蛋黄颜色变淡呈茶青色。

【病理变化】 最明显的病变为胃肠炎和出血，心外膜出血，肺水肿，胸腔和腹腔积液，肝、肾淤血肿大，母鸡的卵巢和输卵管出现高度萎缩。

【诊断】 曾有过较长期饲喂未脱毒棉籽（仁）饼的情况，结合鸡群临诊症状和剖检变化，即可作出诊断。

【防治】

1. 限量使用 棉仁饼在蛋鸡饲料中所占比例，以 5％～6％为宜，最多不超过 8％；在肉用仔鸡饲料中不超过 10％，种鸡不宜使用。

2. 间歇使用 由于棉酚在体内蓄积作用较强，鸡饲料中最好不要长期配入棉仁饼，每隔 1～2 个月停用 10～15d。

3. 去毒处理

（1）铁剂处理。用 0.1％～0.2％硫酸亚铁溶液浸泡 4h 后即可直接饲喂。

（2）煮沸法。将棉仁饼打碎加水煮沸 1～2h，若再加入 10％的任何谷物粉同煮，可使毒性大大减弱。

（3）干热法。将棉仁饼置锅里，以 80～85℃干热 2h，或以 100℃加热 30min。

（4）碱处理。用 2％石灰水或 2.5％草木灰水浸泡 24h，再经清水洗净即可用。

4. 合理搭配饲料 供足钙、铁、蛋白质和维生素 A。尽量供给充足的青饲料，缺乏青饲料时，可添加足量的多维素。

5. 发病后处理 发生中毒后，立即停喂含棉仁饼的饲料，多喂青饲料，经 1～3

周可逐渐恢复正常，对病鸡的胃肠炎采取对症疗法，可饮用口服补液盐。

>>> 药 物 中 毒 <<<

1. 磺胺类药物中毒

【临床症状】 各日龄的家禽如果磺胺类药物用量过大，连续用药时间过长（7d以上）都能引起急性严重中毒，雏禽表现尤其明显。主要表现为：精神沉郁，全身虚弱，食欲锐减或废绝，呼吸急促，冠髯青紫，可视黏膜黄染，贫血，翅下有皮疹，粪便呈酱油色，有时呈灰白色，蛋禽产蛋量急剧下降，出现软壳蛋，部分家禽死亡。

【防治】

（1）预防。①1月龄以下的雏家禽和产蛋家禽应避免使用磺胺类药物。②各种磺胺类药物治疗剂量不同，应严格掌握，防止超量，连续用药时间不超过5d。③选用含有增效剂的磺胺类药物，如复方敌菌净、复方新诺明等，其用量较小，毒性也就比较低。④治疗肠道疾病，如球虫病，应选用肠内吸收率较低的磺胺药，如复方敌菌净。这样药物在肠内浓度高，可增进疗效，而在血液中浓度低，毒性较小。⑤用药期间务必供给充足的饮水。

（2）治疗。发现中毒应立即停药，供给充足的饮水，并于其中加1‰～2‰的小苏打，每千克饲料加维生素C 0.2g，维生素K 35mg，连续数日至症状基本消失为止。

2. 喹乙醇中毒

喹乙醇又称快育灵，是一种广谱抗菌药，有促进生长及抗菌作用，可用于防治禽霍乱，也可作为肉用仔鸡的饲料添加剂。因其价格便宜、不易产生耐药性及效果可靠，在养禽业中广泛使用，但使用不当往往引起中毒，甚至会引起大批死亡。

【发病原因】

（1）使用过量。喹乙醇的治疗量与中毒量很接近，所以安全范围小，并且蓄积性强，鸡对喹乙醇较敏感，每千克体重一次服用90mg以上即引起中毒死亡，或者按每千克体重每日服50mg，连服6d，约有50%的鸡会发生中毒死亡。

（2）混合不均匀。没有按照逐级混合法混合。

（3）计算或换算添加量单位错误。误将g和mg混淆，或将每千克饲料的药物添加量与每千克禽只体重的用药量混淆。

（4）重复添加。某些饲料厂家生产的浓缩或全价饲料中已按规定剂量添加有喹乙醇，而未做说明，在饲喂时又添加喹乙醇或含喹乙醇的添加剂如灭霍灵、禽菌灵、灭败灵等，致使实际用量过大。

【临床症状】 采食减少或停止，缩头，鸡冠呈紫黑色，排黄白色稀粪。死前痉挛、角弓反张。出现死亡时间较晚，一般在停药后2～3d才开始大批死亡，并持续一段时间才能平息。

【病理变化】 血液凝固不良和消化道糜烂、出血为特征性病变。血液暗红，凝固不良，心肌弛缓，心外膜严重充血、出血。口腔内有大量黏液，腺胃黏膜色黄、易脱落、充血，间有出血、溃疡。肌胃角质膜下有出血斑点，腺胃与肌胃交界处有出血带，十二指肠与泄殖腔黏膜弥漫性出血，小肠内容物呈灰黄白色稀糊状。肝、肾淤血肿大，质脆软。这些病变与新城疫或最急性禽霍乱很相似，但喹乙醇中毒时肝、肾肿大2～5倍。

【诊断】 根据症状与剖检变化，有超常量使用喹乙醇史或正常量喂用时间过长的情况。每1 000kg饲料添加喹乙醇60～100g以上长期服用，或添加400g以上连用1周，都能引起一定程度的中毒。

【防治】

(1) 预防。①严格按规定的添加量应用。按《中华人民共和国兽药典》规定，每千克饲料加入25～35mg。按此添加量已满足家禽生长的需要，切不可加大用量。近年来在欧洲一些国家喹乙醇已被禁用。②严格控制剂量和用药时间。预防量为1 000kg饲料中添加50～60g，连用1周后，应停药3～5d或每千克体重用20～30mg喹乙醇，混饲喂服，每日1次。用作治疗时，连续用药一般为3d，最多5d。必要时隔几天重复一个疗程。喹乙醇难溶于水，不宜采用混饮给药，蛋鸡不宜使用喹乙醇。③混料必须均匀。采用逐级混合法。先将计算和称好的喹乙醇与少量的饲料混合均匀，然后逐级扩大，搅拌均匀，最后再混入全部饲料中。④为防止重复添加，应了解所购的配合饲料是否已添加喹乙醇。

(2) 发病后处理。发现中毒时应立即停药，含药饲料也应更换。对中毒病禽采取对症治疗。喹乙醇中毒时会引起高血钾、低血钠，应用5%硫酸钠（芒硝）水溶液，连饮1～2d，然后饮用0.5%的碳酸氢钠溶液。也可在饮水中加入5%葡萄糖或6%～8%蔗糖和0.1%维生素C，让家禽自由饮用。

3. 痢菌净中毒 痢菌净又称乙酰甲喹（Maquindox），是人工合成的广谱抗菌药物，由于价格低廉，对大肠杆菌病、沙门氏菌病、巴氏杆菌病等都有较好的治疗效果，在养鸡生产中被广泛应用。但由于养殖户对此药缺乏正确的认识、盲目乱用以及兽药生产厂家对含有乙酰甲喹的产品缺乏明显标示等原因，致生产中经常发生本病。

【临床症状】 病鸡精神沉郁，羽毛松乱，不食，拉黄色稀粪，有的瘫痪，尖叫，死前痉挛，角弓反张。发病率高，死亡率高，尤以20日龄以内的雏鸡严重。蛋鸡和种鸡发病后，表现产蛋率下降，出雏率降低，但死亡率较低。

【病理变化】 腺胃、肌胃交界处有溃疡，肌胃角质膜下出血。盲肠肠黏膜出血，盲肠内容物红色，肠壁变薄，小肠中段有规则出血斑。肝肿大，有时可见出血点。肾偶见肿大。心外膜及心内膜有时可见出血。

【诊断】 根据病史、症状及剖见变化可以做出诊断。但应注意与盲肠球虫、新城疫等进行鉴别诊断。

【防治】 预防本病的关键是合理使用痢菌净，即不超量和不超时使用。鸡的正常用量为每千克饲料60～120mg或每升水30～60mg，连用3d；搞清楚所用兽药的有效成分，不使用无中文标示或者无任何标示的兽药；2周内的雏鸡尽量不要使用本品；不得长期使用本品。兽药主管部门要加大对流通兽药的检查力度，严格查处不法兽药生产厂家。

本病目前尚无特效的治疗方法，关键是早确诊，早停药。可以在饮水中加入葡萄糖和多维素。

4. 马杜拉霉素中毒 马杜拉霉素为新型聚醚类广谱高效抗球虫药物，其商品名称较多，如加福、杜球、克球皇、抗球王和球杀死等，均含马杜拉霉素1%。马杜拉霉素的用量不分预防量和治疗量，只有一个标准用量，就是按纯品计算，混饲浓度应为每千克饲料加入5mg，即1 000kg饲料中加入纯品5g。抗球王等预混剂一般包装为每袋100g，含马杜拉霉素1g，应拌料200kg。按此用量，并在饲料中充分拌匀，肉用仔鸡和100日龄以下的蛋鸡，长期服用无不良反应。

【发病原因】

(1) 剂量加大。该药规定用量和中毒量很接近，混饲浓度每千克饲料超过6mg对生长有明显抑制作用。目前市售的含马杜拉霉素的商品药物较多，一些用户习惯于加倍使用，或将几种含该药的商品药联合使用，或在已经添加马杜拉霉素的浓缩料中随意添加药物，造成用量过大。

(2) 混合不均。马杜拉霉素混料不均，特别是用纯粉拌料更是危险。

【临床症状】 发病迅速，采食混药饲料后10～20h即可出现中毒症状。病鸡起初采食减少，饮欲增加。特征性症状主要有：腿部麻痹，严重时瘫痪，侧卧地面，两腿向后伸直，触摸关节无异常，排绿色稀粪，体温降低。

【病理变化】 剖检通常见不到特征性病变。

【诊断】 根据鸡群用药情况调查结果，结合临诊症状（软脚、瘫痪、侧卧地面）等进行诊断。

【防治】

(1) 预防。①严格按规定量使用。混饲，每千克饲料肉鸡5mg；混饮，每升水肉鸡2～2.5mg，切忌超量用药，并在使用时做到计算和称量准确，混饲时须拌匀，以防引起中毒。②本品仅用于肉鸡，休药期为5d，产蛋鸡禁用。禁与其他抗球虫药并用。

(2) 发病后处理。发现中毒，应立即停用该药或更换饲料，可于15L饮水中加口服补液盐250g，速补14类水溶性多维素30g，连续用至基本康复。对不能站立和行走的病鸡，每只用5%葡萄糖生理盐水5～10mL，皮下注射，每日1～2次，可收到一定的效果。

>>> 一氧化碳中毒 <<<

一氧化碳中毒是由于家禽吸入一氧化碳气体所引起的以血液中形成多量碳氧血红蛋白所造成的全身组织缺氧为主要特征的中毒疾病。禽舍往往有烧煤保温的病史，由于暖炕裂缝，或烟囱堵塞、倒烟、门窗紧闭、通风不良等原因，都能导致一氧化碳不能及时排出，引起中毒。

【临床症状】 一般多易发生亚急性中毒。中毒鸡表现精神沉郁，羽毛松乱，食欲减退，生长发育迟缓，严重中毒者表现精神不安，烦躁，呼吸困难，昏迷，嗜睡，运动失调，瘫痪，头向后仰，死前出现痉挛或惊厥。

【病理变化】 急性中毒时的特征性病变为全身各组织器官和血液呈鲜红色或樱桃红色；肺淤血，切面流出多量粉红色泡沫状液体；心血管淤血，血液凝固不良；肝轻度肿胀，淤血，个别肝实质或边缘呈灰白色斑块或条状坏死；脾和肾淤血、出血；脑软膜充血、出血。慢性中毒时病变不明显。

【诊断】

1. 病因调查 在禽舍烧煤加温时，由于暖炕裂缝，或烟囱堵塞、倒烟，门窗紧闭、通风不良等原因，都能导致一氧化碳不能及时排出。只要舍内含有 0.1%～0.2% 一氧化碳时，就会引起中毒；超过 3% 时，可使禽窒息死亡。对长期饲养在低浓度一氧化碳环境中的家禽，可造成生长迟缓，免疫功能下降等慢性中毒，也应注意。

2. 在病因调查基础上结合临床症状和剖检变化做出初步诊断

3. 实验室化验 检验病禽血液内的碳氧血红蛋白更有助于本病的确诊。

（1）氢氧化钠法。取血液 3 滴，加 3mL 蒸馏水稀释，再加入 10% 氢氧化钠液 1 滴，如有碳氧血红蛋白存在，则呈淡红色而不变，而对照的正常血液则变为棕绿色。

（2）鞣酸法。取血液 1 份溶于 4 份蒸馏水中，加 3 倍量的 1% 鞣酸溶液充分振摇。病鸡血液呈洋红色，而正常鸡血液经数小时后呈灰色，24h 后最显著。也可取血液用水稀释 3 倍，再用 3% 鞣酸溶液稀释 3 倍，剧烈振摇混合，病鸡血液可产生深红色沉淀，正常鸡血液则产生绿褐色沉淀。

（3）碳氧血红蛋白含量测定。取 4mL 蒸馏水，加入病鸡血液 1 滴，立即混合，呈淡粉红色，同时用正常鸡血液做对照。在两种试管中分别加 2 滴 10% 氢氧化钠溶液，拇指按住管口，迅速混合，立即记下时间。正常鸡的血液立即变成草黄色。而含 10% 以上碳氧血红蛋白的血清，须在一定时间才能变成草黄色，根据此时间的长短可大致判定被检血中碳氧血红蛋白的浓度。

注意在以上的方法中皆不要使用草酸盐抗凝剂的血样。检验时最好使用两种以上方法。

【防治】 鸡舍和育雏室采用煤火取暖装置应注意通风条件，以保持通风良好，温度适宜。只要思想上不要麻痹，是可以预防的。一旦出现中毒现象，应迅速开窗通风。

任务三 其他普通病防治

任务描述

重点讲述肉鸡猝死综合征、肉鸡腹水综合征、中暑和啄癖等病的发病原因、临床症状和病理变化，以及日常预防措施和药物治疗方案，从而使这些疾病对养禽业的危害降到最低，以提高养禽户的经济效益。

任务实施

>>> 肉鸡猝死综合征 <<<

肉鸡猝死综合征（SDS），又称急性死亡综合征、翻跳病，是肉鸡生产中常见的一种疾病，一年四季都可发生，发病率 0.5%～4% 或更高。公鸡比母鸡发病高，生长快的较生长慢的鸡发病率高。

【发病原因】 本病发生的原因尚无明确解释，但一般认为与代谢、遗传、营养、环境等因素有关。

1. 遗传育种 目前肉鸡培育品种逐步向快速型发展，生长速度快，体重大，而相对自身内脏系统发育不完全，导致体重发育与内脏不同步。

2. 饲养因素 营养较好、早期采食能量高的饲料、自由采食或采食量大和吃颗粒饲料的鸡发病严重。

3. 环境因素 温度高、潮湿大、密度大、通风不良、连续光照时间长的条件下死亡率高。

4. 新陈代谢 猝死综合征病鸡体膘良好，嗉囊、肌胃装满饲料，导致血液循环向消化道集中，血液循环发生障碍，导致心力衰竭。

【临床症状】 多发生于生长快、体型大、肌肉丰满的鸡只。发病前无明显征兆，行动突然失控，向前或向后跌倒，双翅剧烈扇动，肌肉痉挛，发出尖叫声，继而颈腿伸直倒地而死。

【病理变化】 外观体型较丰满，除鸡冠、肉髯略潮红外无其他异常。嗉囊和肌胃内充盈刚采食的饲料。心房扩张，心脏较正常鸡大，心肌松软。肝肿大、质脆、色苍白。肺淤血。胸肌、腹肌湿润苍白，少数死鸡偶见肠壁有出血症状。成年鸡泄殖腔、卵巢及输卵管严重充血。

【防治】

（1）肉鸡饲养前期，适当进行限饲，降低肉鸡生长速度。

（2）合理的饲料配方，保持蛋白能量的平衡，防止蛋能比例失调导致脂肪代谢障碍；在饲料中添加维生素及矿物质元素，维持机体酸碱平衡。

（3）优化饲养环境，消除各种应激因素，保持环境安静，防止惊吓鸡群。

（4）在本病易发阶段，每千克日粮中添加 300mg 以上的生物素。另外添加氯化胆碱 1g/kg、维生素 E 10IU/kg 及维生素 B_1、维生素 B_{12} 适量等，可以降低发病率。

（5）在饲料中添加碳酸氢钠，每只鸡用量为 0.62g，将碳酸氢钠溶于饮水中连饮 3d。或用碳酸氢钠以 3.6kg/t 饲料的比例拌入料中，效果相同。

>>> 肉鸡腹水综合征 <<<

肉鸡腹水综合征又称"高海拔"症，是在世界范围内流行较快的新的肉鸡疾病，是以幼龄肉鸡腹中聚集起大量的浆液为特征的一种综合征，主要侵害 4 周龄以上的肉鸡，但死亡一般发生于后期。由于它能引起幼鸡高达 35% 以上的死亡率，直接影响养鸡者的经济效益，故必须引起肉鸡饲养户的密切关注。

【发病原因】 引起肉鸡腹水综合征的病因尚不十分清楚，但大多数人认为与缺氧有关，且遗传因素是引起腹水综合征的潜在主要因素。

（1）饲料能量和蛋白质含量过高导致肉仔鸡心肺功能和肌肉的增长速度不协调，造成心肺代偿性肥大和心力衰竭，从而导致腹水。饲料中维生素 E、硒的缺乏，导致肝坏死，引起腹水，饲料中钠含量过高，造成血液渗透压增高导致腹水。

（2）饲养环境条件不良，如卫生条件差、密度过大、潮湿、通风不良等则发病率高，舍内通风不良，二氧化碳、氨、一氧化碳、硫化氯等有害气体增多，致使鸡舍含氧量下降，鸡的心脏长期在慢性缺氧状态下，出现过速运动，从而造成心脏疲劳、衰竭及静脉压升高。静脉血管通透性增强，形成腹水，而腹水大量聚积后又压迫心脏，加重心脏负担，使鸡只的呼吸更加困难。尤其是管理不当的鸡群则发病率很高，有人又称其为"埋汰病"。

（3）饲喂霉败饲料或使用劣质添加剂及饲喂变质油脂均可导致慢性中毒，破坏肝功能，改变血管通透性，引起腹水。食盐中毒、煤酚类消毒剂和有毒的脂肪中毒、莫能菌素、含有介子酸的菜籽油中毒等均可引起血管损伤，增加血管的通透性，导致腹水综合征的发生。

（4）鸡只患呼吸系统疾病，机体缺氧时会发生腹水。鸡患白痢、霍乱、大肠杆菌病时会破坏肝功能，引起腹水。

（5）其他原因诸如舍温低、饲养密度大、高海拔地区氧气稀薄、饲喂颗粒料、垫料潮湿、食盐中毒等均可引发腹水综合征。

【临床症状】 病鸡初期表现精神沉郁，呼吸困难，减食或不食，羽毛粗乱，个别排白色稀粪。以后迅速发展为腹水症，突出表现为腹部膨大、发紫，外观呈水袋状，手触有明显的波动感。病雏常以腹部着地，行动困难，只有两翅可上下扇动。多在出现腹水后 1～2d 死亡，一般死亡率在 10%～30%，最高可达 50% 以上。

【病理变化】 突出变化是腹腔内有大量的腹水，一般都在 20mL 以上。腹水呈淡黄色，透明，内有大小不等的半透明状胶冻状物。心脏肿大、变形、柔软，尤其右心房扩张显著，部分鸡心包积有淡黄色液体。肝肿大或萎缩、质硬、淤血、出血。肺淤血、水肿，呈花斑状，切面流出多量带有小气泡的血样液体。肠系膜及浆膜充血，肠黏膜有少量出血，肠壁水肿增厚。

【防治】

1. 预防

（1）加强环境管理，解决好通风和控温的矛盾，保持舍内空气新鲜，氧气充足，减少有害气体，合理控制光照。经长途运输的雏鸡禁止暴饮。

（2）早期进行合理限饲，适当控制肉鸡的生长速度。可用粉料代替颗粒料或饲养前期用粉料，同时减少脂肪的添加。若发病鸡群在 2～3 周龄时，限制饲料或改换低能、低蛋白饲料后，病鸡好转，腹水吸收，死亡率下降。

（3）执行严格的防疫制度，预防肉鸡呼吸道传染性疾病的发生。另外要合理用药，对心脏、肺、肝等脏器有毒副作用的药物不可使用。

（4）饲料中磷水平不可低于 0.05%，食盐的含量不要超过 0.5%，Na^+ 水平应控制在 2 000mg/kg 以下，否则易引起腹水综合征。在日粮中适量添加 $NaHCO_3$ 代替 NaCl 作为钠源。

（5）饲料中维生素 E 和硒的含量要满足营养标准或略高，可在饲料中按 0.5g/kg 的比例添加维生素 C，以提高鸡的抗病、抗应激能力。

2. 治疗

（1）用 12 号针头刺入病鸡腹腔先抽出腹水，然后注入青霉素、链霉素各 2 万 IU，经 2～4 次治疗后可使部分病鸡康复。

（2）发现病鸡首先使其服用大黄苏打片（20 日龄雏鸡1片/只/日，其他日龄的鸡酌情处理），以清除胃肠道内容物，然后喂服维生素 C 和抗生素。以对症治疗和预防继发感染，同时加强舍内外卫生管理和消毒。

>>> 中 暑 <<<

鸡中暑又称热衰竭，是日射病（太阳光的直接照射所致）和热射病（环境温度、湿度过高，体热散发不出去所致）的总称，是炎热酷暑季节的常见病。中暑多发于气温超过 36℃时，通风不良且卫生条件较差的鸡舍易发，中暑的严重程度随舍温的升高而加大。当舍温超过 39℃时，可迅速导致鸡中暑而造成大批死亡。特别是肉种鸡对高温的耐受性较低，中暑后看上去体格健壮、身体较肥胖的鸡往往最先死亡。19：00～21：00 是中暑鸡死亡的高峰时间。

【发病原因】 天气炎热时阳光强烈的直接照射。夏季气温过高，鸡舍通风不良，鸡群过分拥挤，饮水供应不足。炎热季节运输家禽也是引起中暑的原因之一。

【临床症状】 张口呼吸，翅膀张开，部分鸡喉内发出明显的呼噜声。采食量下降，严重时可下降 25%，最严重的鸡会出现拒绝采食现象。饮水量大幅度增加，饮水过多会导致肠道内菌群失调，黏膜脱落，降低饲料消化率和利用率，严重腹泻增加肠道用药，加大养殖成本。精神萎靡、不爱动、部分鸡趴着。鸡冠、肉髯先充血鲜红，后发绀呈蓝紫色，有的苍白，鸡发热，体温极高，最后惊厥死亡，也有趴着死亡。

【病理变化】 死鸡一般肉体发白，似开水烫过一样。嗉囊多水，粪便过稀。心外膜及腹腔内有稀薄的血液。肺淤血、水肿，颜色变深或黑色。喉头、气管充血。肝易碎，个别的会有腹腔淤血。脑或颅腔内出血。

【防治】

1. 预防

（1）降低舍内温度和湿度。

（2）加强饲养管理，供给新鲜清洁的饮水。

（3）日粮中补加抗热应激添加剂。每千克饲料加入 200～400mg 维生素 C，混饲。氯化钾，每千克饲料加入 35g，混饲。或每升水加入 1.5～2.2g 混饮。碳酸氢钠，每千克饲料加入 2～5g，混饲。或每升水加入 1～2g 混饮（夏季混饮用量不宜超过 0.2%）。口服补液盐及多种维生素，混饮。

2. 治疗 发现鸡中暑后，应立即将鸡转移到阴凉通风处，用冷水喷雾浸湿鸡体、用小苏打水或 0.9% 盐水饮喂，并在鸡冠、翅翼部位扎针放血，同时给鸡加喂十滴水 1～2 滴、仁丹 4～5 粒，多数中暑鸡很快即可恢复。

>>> 啄 癖 <<<

啄癖，又称异食癖，是由于代谢机能紊乱、味觉异常和饲养管理不当等引起的一种非常复杂的多种疾病的综合征。家禽有异食癖的不一定都是营养物质缺乏与代谢紊乱，有的属恶癖，因而，从广义上讲异食癖也包含有恶癖。

【发病原因】 未断喙或断喙不当。缺乏某种营养，如日粮中必需氨基酸、食盐、钙不足，或某种微量元素和维生素缺乏，或粗纤维含量很低。鸡舍内通风不好，尤其是夏季高温时，易发生啄肛癖。饲养密度过大，活动场所过小。光照太强，光照度不合理，或阳光直射入鸡舍。不同年龄、不同品种、强弱混群饲养，也会发生啄癖。产蛋箱太少或不合规格，或不及时捡蛋，蛋壳薄以至破损，被母鸡啄食后就会发生和蔓延啄蛋癖。喂料时间不正常，如间隔时间太长，或料水不足，鸡饥渴时也会发生啄癖。喂颗粒饲料的鸡，因采食时间短，多余时间常发生互啄成癖。其他诱因，如输卵管或直肠脱垂、羽毛脱落、外寄生虫的刺激等也会引起啄癖。

【临床症状】

1. 啄羽癖 以鸡、鸭多发。幼鸡、中鸭在开始生长新羽毛或换小毛时易发生，产蛋鸡在盛产期和换羽期也可发生。先由个别鸡自食或互食羽毛，导致背后部羽毛稀疏残缺。然后，很快传播开，影响鸡群的生长发育、产蛋量。鸭毛残缺，新生羽毛根很硬，品质差而不利于屠宰加工利用。

2. 啄肛癖 多发生在产蛋母鸡和母鸭，尤其是产蛋时期，由于腹部韧带和肛门括约肌松弛，产蛋后不能及时收缩回去而留露在外，造成互相啄肛。有的鸡、鸭于腹泻、脱肛、交配后而发生的自啄或其他鸡、鸭啄之，容易引起群起攻之，甚至导致死亡。

3. 啄蛋癖 多见于鸡产蛋旺盛的春季。由于饲料中缺钙和蛋白质不足。

4. 啄趾癖 大多是幼鸡喜欢互啄脚趾，引起出血跛行症状。

【防治】

（1）断喙。可在雏鸡出壳当天采用红外线断喙法切去喙尖，或者在雏鸡7～10日龄时用专用断喙器进行断喙，上喙断去喙尖到鼻孔的1/2，下喙断去1/3，切去生长点即可。

（2）有啄癖的鸡、鸭和被啄伤的病禽，要及时、尽快地挑出，隔离饲养与治疗。

（3）检查日粮配方是否达到了全价营养，找出缺乏的营养成分及时补给，如蛋白质和氨基酸不足，则需添加豆饼、鱼粉、血粉等；若是因缺乏铁和维生素 B_2 引起的啄羽癖，则每只成年鸡每天给硫酸亚铁1～2g和维生素 B_2 5～10mg，连用3～5d；若暂时弄不清楚啄羽病因，可在饲料中加入1％～2％石膏粉，或是每只鸡每天给予0.5～3g石膏粉；若是缺盐引起的恶癖，在日粮中添加1％～2％食盐，供足饮水，此恶癖很快消失，随之停止增加食盐，只能维持在0.25％～0.5％，以防发生食盐中毒；若缺硫引起啄肛癖，在饲料中加入1％硫酸钠，3d之后即可见效，啄肛停止以后，改为0.1％的硫酸钠加入饲料内，进行暂时性预防。总之，只要及时补给所缺的营养成分，皆可收到良好疗效。

（4）改善饲养管理，消除各种不良因素或应激原的刺激，如疏散密度，防止拥挤；通风，室温适度；调整光照，防止强光长时间照射，产蛋箱避开曝光处；饮水槽和料槽放置要合适；饲喂时间要安排合理，肉鸡和种禽在饲喂时要防止过饱，限饲日也要少量给饲，防止过饥；防止笼具等设备引起外伤。只要认真的管理，便可收到效果。

自测练习

项目十一

禽场的经营管理

【知识目标】 了解禽场经营方向的确定方法；掌握禽场经营管理的内容和方法；掌握养禽生产主要的成本项目；掌握禽场经济效益分析的基本方法；了解禽场商业化经营的内容。

【能力目标】 能参与禽场的市场调研与预测，认识禽场的经营方向和适度规模；能合理编制禽群周转计划、产品生产计划、饲料供应计划、家禽孵化计划，以确保很好的指导生产、检查进度、了解成效；能对企业生产进行科学管理，制订合理的操作规程、建立岗位责任制、确定劳动定额；了解生产成本的构成，并能对禽场经济效益组成进行分析，从而能有效地提高禽场的经济效益。

【思政目标】 培养大局意识，科学经营决策，合理利用资源，精于战略管理，谋划企业未来。艰苦创业，扎根乡村产业振兴，推动禽产品实现量的有序增长和质的稳步提升。

任务一　禽场经营管理的内容

任务描述

禽场的经营管理主要是以科学的经营思想及先进的管理手段对企业的经济活动和生产工作进行有效的谋划、决策、组织及管理。经营是在国家法规允许的范围内，根据市场需要及企业内外部的环境、条件，合理组织供、产、销活动，争取用最少的人、财、物消耗获得最多的利润。管理是根据企业经营的总体目标，对其生产过程及经济活动进行计划、组织、指挥、监督及协调等工作。经营与管理相互协调提高禽场的生产水平、经济效益与竞争能力。

任务实施

一、禽场的经营决策

（一）市场调研与预测

1. 收集经营信息　信息是资源，可以出效益。有人说"掌握养鸡经营信息的能力可决定鸡场的命运"不无道理。经营信息的种类很多，有市场需求信息、货源供应信息、流通渠道信息、商品竞争信息、价格信息、经营管理信息、科技信息、新产品信息等。信息处理要做到及时、准确、完整、适用与经济。

禽场经营者要具体收集国内外禽产品市场及家禽业有关信息资料，了解消费者的心理及对禽产品的具体意见，及时掌握竞争者同类产品的产销情况、价格与质量变化、服务方法及经营方式等，并分析对本场的影响大小。

2. 市场需求调查 可以对消费者和客户直接调查市场需求，这样得来的数据可靠。可以通过销售部门直接向客户调查；在大城市、大商场设调查员，定点、定时抽样调查市场价格，形成网络，及时汇总分析；充分利用禽场积累的原有资料和社会有关部门提供的信息资料。

3. 市场预测 主要进行市场需求预测，即根据有关资料，对禽产品未来的需求变化规律与发展趋势进行分析、判断和估测。预测的目的是为正常经营、上新产品或者建新禽场进行正确决策奠定基础。

市场预测的主要内容有：预测产品的需求量及发展趋势；某种产品需求的变化情况；城乡居民对禽产品的消费习惯、结构特点及心理变化；国家有关政策及国际形势对禽产品市场供求关系的影响；国内养禽场的变化情况等。中小型鸡场及养鸡专业户通常采用的市场预测方法有：

（1）直观判断法（又称经验判断法）。这是一种定性预测。主要靠业务熟悉、富有经验及综合判断能力强的专家、行家凭直观、经验来进行市场预测。此法简单易行，对缺乏历史资料而制约因素又多的新建禽场适用。缺点是不够准确，误差较大。

（2）实销趋势分析法（又称百分比率法）。即根据过去实际销售增长的趋势（即百分比），推算下一期销售值的预测方法。计算方法如下：

$$下期销售预测值＝本期销售实际值 \times \frac{本期销售实际值}{上期销售实际值}$$

这种预测法对市场的变化也只能作出粗略的判断。

（3）人口需求预测法。即根据人口数量及营养需求结构的变化，推算某一时期市场对禽产品的需求量。这种预测方法目前采用较多，在短期内效果尚好。

（二）可行性论证

一般在上新产品或建新禽场时应先进行可行性论证。我国新建农业项目可行性论证的主要内容有：

（1）通过市场调研和预测，了解市场对新产品的需求量，目前的产销状况及缺口大小，判断新产品的实际需求，从而确定生产规模、产品规格及建设时限等。

（2）考察新产品的生产条件、生产设备等有关情况，进而确定设计方案、建场投资及流动资金需要量，落实资金数量与筹集渠道以及生产所用原材料的来源。

（3）分析本企业上新项目的有利条件及在同类企业中具有的优势。

（4）进行法规、政策等相关评估。一是分析项目的社会、生态效益是否良好；二是分析国家政策支持与否；三是进行环境保护方面的分析，评估项目产生的三废对环境的污染程度，并说明新项目对环境的要求。

（5）通过投资、成本、收入、利润及风险分析，确定新产品的经济效益及偿还贷款和抵御风险的能力。

（6）得出结论。如果新产品销路好，原料可靠，属国家政策支持项目，并符合环保要求，投资落实，项目具有较好的经济、社会及生态效益，还贷及抵御风险能力较强，即可通过可行性论证。

（三）经营策略

（1）遵循少投入、多产出、低消耗、高效益的经营宗旨；坚持以质量保销售，以销售保效益，以效益保生存，以科技促发展的指导思想。

（2）强化竞争意识，搞好市场预测，重视搜集信息，随时掌握市场、产品的发展趋势及同类养殖场的动态。

（3）千方百计搞好销售，力争做到大力促销、薄利多销、扩销促产、多销增盈。

（4）树立长远观念，重视科技投入，搞好防疫保障，稳定产品质量，塑造企业形象，确保良好信誉，增强竞争实力。

（5）根据鸡场特点，抓住经营要点。①商品蛋鸡场重在提高产量，降低成本；及时掌握信息，顺应市场变化。②肉仔鸡场首先要加快增重速度，提高饲料报酬，其次才是降低成本，不应本末倒置。出场日龄与体重大小应随市场需求变化而灵活调整。③种鸡场的经营策略是尽可能地争取多销优质种蛋和苗鸡，即一要多销，二要优质，并要搞好售后服务，而售价则应适当灵活。

（四）适度规模经营

1. 衡量禽场经营规模大小的指标

（1）禽类数量。畜牧业生产经营单位不论经营何种禽类，其规模大小首先体现为家禽数量的多少，这是最常用、最直观、最主要的指标。

（2）投入量。即用生产资料如禽舍、饲料、禽药、机械设备等的投入量来衡量，也就是固定资产、流动资产等的投入量，用价值形态来表示，称为资金投入量。

（3）产出量。如产蛋量、活重、出栏活重、产肉量、出栏率及相应的产值等指标，可用产出总量或销售总量（或者总产值、销售总额）来衡量规模大小。

（4）饲养时间。饲养时间可作为规模的一个间接衡量指标。家禽只数是肉禽规模经营的横向衡量指标，而家禽增重、活重、出栏活重、饲养时间是规模经营的纵向衡量指标。两者从横纵两个方面构成一个完整的缺一不可的综合衡量。

2. 适度规模经营的评价指标　　经营规模是否最佳，关键在于其规模是否适度，体现为其规模是否使技术和经济指标达到了最佳状态，这需要用一些指标来衡量和评价。

（1）单位产品成本。在一定条件下，最佳的规模应是此条件下的单位产品成本最低的规模。

（2）纯收入或利润。在一定条件下，纯收入最大才能说明在此条件下的规模取得了最好的经济效益。

（3）家禽的生产水平。最佳规模应是使家禽发挥最大的生产能力，使产量增加。

（4）资金利润率和成本利润率。这两个相对指标越大，说明规模的效益越好。适度规模经营的资金利润率与成本利润率应是在一定条件下最高的。

（5）劳动生产率。适度规模经营的劳动生产率即平均每个职工在单位劳动时间内生产的产品数量应比非适度规模经营的情况下更高。

以上几个指标既有产量方面的指标，又有效益方面的指标，它们相互联系，并反映不同侧面，从而构成评价畜牧业适度规模经营的指标体系。

3. 影响禽场经营规模的因素

（1）内部影响因素。

①资金状况。资金状况好坏直接影响养禽场的规模大小。规模经营应有一定的资金保证，尤其是流动资金的保证。

②生产设备及防疫条件。禽舍、机械设备等的数量及水平也是影响养禽场规模的重要因素。先进的技术设备及防疫设施等是规模经营的重要保证。

③饲养方式、生产方向及不同的品种。养禽场中禽的饲养方式也直接影响规模大小。采用笼养方式就比采用平养方式饲养的禽只数量多，因而规模大。同时，生产方向不同，经营禽的种类不同、品种不同，规模也不同。

④生产单位内部的技术力量和经营管理水平。生产单位内部的科研队伍强大，畜牧兽医技术力量雄厚，经营管理水平高，有利于扩大规模。

⑤劳动者的职业和技术素质。在生产第一线直接从事家禽饲养、饲料或产品加工、销售等职工的技术水平和思想素质高，每个劳动者负责家禽多、承担工作量大、质量好，则有利于扩大经营规模。

（2）外部影响因素。

①社会化服务水平。健全发达的社会化服务，能为经营者提供良好的技术咨询、交通运输、生产资料供应、产品销售等产前、产中、产后的服务，将有利于规模扩大的经营。

②畜牧科学技术发展状况。畜牧科学技术先进，有利于大规模生产，并能进行良好的防疫，从而将有利于规模较大的经营；反之，则不利于大规模的经营。另外，当新的畜牧技术出现之后，规模较大的经营，则有利于采取较为先进的技术；规模小，则会妨碍新技术的应用。

③市场需求、市场竞争及畜牧业生产的集中程度。市场需求量大，将有利于生产规模扩大。规模大的企业，在市场竞争中往往处于有利地位，因而市场竞争也将促进企业经营规模扩大。畜牧业生产集中的地区，因市场竞争激烈，也会促进经营规模的扩大。

④信贷条件。信贷条件好，能够获得充足的资金来源，有利于促进规模的扩大；信贷条件差，则不利于规模扩大。

⑤饲料资源状况。充足、营养丰富的饲料资源是畜牧业生产的基础。饲料资源丰富，能够保证充足的饲料供应，规模可以扩大；饲料资源不足，生产经营规模就会受到影响。

二、禽场的计划管理

任何一个养禽场必须有详尽的生产计划，用以指导饲养管理的各个环节。养禽业的计划性、周期性、重复生产性较强。应不断修订、完善计划，提高生产效益。在制订生产计划时应考虑生产工艺流程、经济技术指标、生产条件、创新能力、经济效益、规章制度等因素。

（一）禽场的远景规划

远景规划又称长期计划，从总体上规划家禽场若干年内的发展方向、生产规模、进展速度和指标变化等，以便对生产与建设进行长期、全面的安排，统筹成为一个整体，避免生产盲目性，并为职工指出奋斗目标。长期计划时间一般为5年，其内容、措施与预期效果分述如下：

1. 内容与目标 确定经营方针；规划禽场部门结构、发展速度、专业化方向、生产结构、工艺改造进程；技术指标的进度；产品产量；对外联营的规划与目标；科研、新技术与新产品的开展与推广等。

2. 措施 实现奋斗目标应采取的技术、经济和组织措施，如基本建设计划、资金筹集和投放计划、优化组织和经营体制的改革等。

3. 预期效果 主产品产量与增长率、劳动生产率、利润、全员收入水平等的增量与增幅。

（二）禽场的年度生产计划

禽场年度生产计划应由两部分组成，即编制年度生产计划的依据和计划的具体内容。

1. 编制计划的依据 任何一个养禽场必须有详尽的生产计划，用以指导禽生产的各环节。养禽生产的计划性、周期性、重复生产性较强。不断修订、完善的计划，可以大大提高生产效益。制订生产计划常依据下面几个因素。

（1）生产工艺流程。制订养禽生产计划，必须以生产流程为依据。生产流程因企业生产的产品不同而异。例如：综合性鸡场，从孵化开始，育雏、育成、蛋鸡以及种鸡饲养，完全由本场解决。各鸡群的生产流程顺序，蛋鸡场为：种鸡（舍）—种蛋（室）—孵化（室）—育雏（舍）—育成（舍）—蛋鸡（舍）。肉鸡场的产品为肉用仔鸡，多为全进全出生产模式。为了完成生产任务，一个综合性鸡场除了涉及鸡群的饲养环节外，还有饲料的贮存、运送，供电、供水、供暖，疾病防治，对病死鸡的处理，粪便、污水的处理，成品贮存与运送，行政管理和为职工提供必备生活条件。一个养鸡场总体流程有两条：一条是饲料（库）—鸡群（舍）—产品（库）；另外一条流程为饲料（库）—鸡群（舍）—粪污（场）。

不同类型的养禽场生产周期日数是有差别的。如饲养地方鸡种，其各阶段周转的日数差异与现代鸡种差异很大，地方鸡种生产周期日数长，而现代鸡种生产周期日数短得多。

（2）经济技术指标。各项经济技术指标是制订计划的重要依据。制订计划时可参照饲养管理手册上提供的指标，并结合本场近年来实际达到的水平，特别是最近1～2年来正常情况下场内达到的水平，这是制订生产计划的基础。

（3）生产条件。将当前生产条件与过去的条件对比，主要在房舍设备、家禽品种、饲料和人员等方面比较，看是否改进或倒退，根据过去的经验，酌情确定新计划增减的幅度。

（4）创新能力。采用新技术、新工艺或开源节流、挖掘潜力等可能增产的措施。

（5）经济效益制度。效益指标常低于计划指标，以保证承包人有产可超，也可以两者相同，提高超产部分的提成，或适当降低计划指标。

2. 计划的主要内容 禽场年度生产计划的具体内容主要包括产品生产计划、禽群周转计划、饲料消耗计划、物资供应计划、劳动工资计划、财务及利润计划等。其中3项主要计划：

（1）产品生产计划。这个计划决定了一个禽场的主要收入来源，是年度生产计划的主体。种禽场的种蛋生产计划要反映各月的种蛋产量和总产蛋量、全年的种蛋产量和年总产蛋量，以及平均每只种鸡年产蛋量；肉仔禽场的仔禽生产计划要反映各批、各月的出场仔禽只数和体重，以及全年出场的总只数和总体重。

（2）禽群周转计划。制订禽群周转计划首先要确定年初与年末只数、全年平均只数、正常死亡率与淘汰率、适宜的进雏与淘汰时间、禽群合理的年龄组成和利用期限，结合各种禽舍栋数及容禽只数，再按照实现高产与全年均衡生产的目标，进行具体安排计算，确定各月、各舍、各龄禽的存栏只数，并列出相应的死亡、淘汰及补充只数。

禽群周转计划是各项计划的基础，只有根据各月存栏禽数情况，才能拟订禽舍与设备的利用、调整及维修计划，才能拟订各月的饲料消耗、物资供应、人力安排及防疫计划等。

（3）财务及利润计划。这是年度生产计划的经济反映，需要周密调查、准确测算。需将利润指标分解下达各科室、班组，逐月完成。

（三）禽群周转计划的制订

1. 养鸡场周转计划的制订 鸡群周转计划是根据鸡场的生产方向、鸡群构成和生产任务编制的。鸡场应以鸡群周转计划作为生产计划的基础，以此来制订引种、孵化、产品销售、饲料供应、财务收支等其他计划。

制订禽群周转计划必须考虑家禽场合理的结构和足够的更替，以便确定全年总的淘汰和补充只数，同时根据生产指标确定每月的死淘数（率）和存栏数（存笼率）等。在实际编制鸡群周转计划时还要考虑鸡群的生产周期，一般蛋鸡的生产周期是育雏期 42 d（0～6 周龄）、育成期 98 d（7～20 周龄）、产蛋期 364 d（21～72 周龄），而且每批鸡生产结束还要留一定时间的清洗、消毒。各阶段的饲养日数不同，只有各种鸡舍的比例恰当才能保证工艺流程正常运行（表 11-1）。

表 11-1　6.6 万只蛋禽场周转模式

项目	雏禽	育成禽	蛋禽
饲料阶段日龄	1～49	50～140	141～532
饲养天数	49	91	392
空舍天数	19	11	16
每栋周期天数	68	102	408
禽舍数	2	3	12
每栋禽位数	6 864（成活率 90%）	6 177（成活率 90%）	5 560
408d 饲养批数	6	4	1
总笼数	13 728	18 531（成活率高于 90%，笼位可减少）	66 720

（1）雏鸡群的周转计划。专一的雏鸡场，必须安排好本场的生产周期以及本场与孵化场鸡苗生产的周期同步，一旦周转失灵，衔接不上，会打乱生产计划，经济上造成损失。

①根据成鸡的周转计划确定各月份需要补充的鸡只数。

②根据鸡场生产实际确定育雏、育成期的死淘率指标。

③计算各月份现有鸡只数、死淘鸡只数及转入成鸡群只数，并推算出育雏日期和育雏数。

④统计出全年总饲养只数和全年平均饲养只数。

（2）商品蛋鸡群的周转计划。商品蛋鸡原则上以养一个产蛋年为宜。这样比较合乎鸡的生物学规律和经济规律，遇到意外情况才施行强制换羽，延长产蛋期。

①根据鸡场的生产规模确定年初、年末各类鸡的饲养只数。

②根据鸡场生产实际确定各月死淘率指标。

③计算各月各类鸡群淘汰数和补充数。

④统计出全年总饲养只数和全年平均饲养只数。1 只母鸡饲养 1 d 就是 1 个饲养只日，总饲养只日除以 365 即为年平均饲养只数。

⑤入舍鸡数。一个鸡场可能有几批日龄不同的鸡群，计算当年的入舍鸡数的方法是：把入舍时（141 日龄）鸡只数乘到年底应饲养日数，各群入舍鸡饲养日累计被 365 除，就可求出每只入舍鸡的产蛋量。按笼位计算、按饲养日平均饲养只数计算或按入舍只数计算是 3 种不同的计算方法，都可以用来评价鸡场生产水平的高低。

表 11-2、表 11-3 分别列出雏禽、育成禽与蛋禽的周转计划表。

表 11-2 雏禽、育成禽周转计划

日期	0～42 日龄					43～132 日龄				
	期初只数	转入数	转出数	成活率	平均饲养只数	期初只数	转入数	转出数	成活率	平均饲养只数
合计										

表 11-3 蛋禽周转计划（133～504 日龄）

日期	初期数	转入数量	死亡数	淘汰数	存活率	总饲养只日数	平均饲养只数
合计							

（3）种鸡群周转计划。

①根据生产任务首先确定年初和年末饲养只数，然后根据鸡场实际情况确定鸡群年龄组成，再参考历年经验定出鸡群大批淘汰和各自死淘率，最后再统计出全年总饲养只日数和全年平均饲养只数。

②根据种鸡周转计划，确定需要补充的鸡数和月份，并根据历年育雏成绩和本鸡种育成率指标，确定育雏数和育雏日期，再与祖代鸡场签订订购种雏或种蛋合同。计算出各月初现有只数、死淘只数及转入成年鸡只数，最后统计出全年总计饲养只日数和全年平均饲养只数。计算公式如下：

全年总饲养只日数＝∑（1 月＋2 月＋……＋12 月饲养只日数）

月饲养只日数＝（月初数＋月末数）÷2×本月天数

全年平均饲养只日数＝全年总计饲养只日数÷365

例如：某父母代种鸡场年初饲养规模为 10 000 只种母鸡和 800 只种公鸡，年终保持这一规模不变，实行"全进全出"饲养制度，并且只养 1 年，在 11 月大群淘汰。其周转计划见表 11-4。

2. 养鸭场周转计划的制订 目前，我国鸭的生产经营多数比较分散，商品性生产和自给性生产并存，销售产品市场的需求影响很大。因此，发展养鸭生产时，要尽可能与当地有关部门或销售商签订购合同，根据合同及自己的资源、经营管理能力，合理地组织人力、物力、财力，制订出养鸭的生产计划，进行计划管理，以减少盲目性。

（1）肉鸭周转计划。有的鸭场引进种蛋，也有的引进种雏。现以拟引进种鸭，年产 3 万只樱桃谷肉鸭为例，制订生产计划。

生产肉鸭，首先要饲养种鸭。年产 3 万只肉鸭，需要计算种鸭的数量。计算种鸭数量时，要考虑公母鸭的比例、种鸭产蛋量、种蛋合格率、受精率和孵化率等。樱桃谷鸭在公母比例为 1：5 的情况下，种蛋合格率和受精率均为 90％以上，受精蛋孵化率 80％～90％。每只种母鸭年产蛋数量在 200 枚以上，雏鸭成活率平均为 90％。为留余地，以上数据均取下限值。

生产 3 万只雏鸭，以成活率为 90％计算，最少要孵出的雏鸭数为：

$$30\ 000 \div 90\% = 33\ 334\ （只）$$

需要受精种蛋数：

$$33\ 334 \div 80\% = 41\ 668\ （枚）$$

全年需要种鸭生产合格种蛋数：

$$41\ 668 \div 90\% = 46\ 298\ （枚）$$

全年需要种鸭蛋量：

$$46\ 298 \div 90\% = 51443\ （枚）$$

全年需要饲养的种母鸭只数：

$$51\ 443 \div 200 = 258\ （只）$$

考虑到雏鸭、肉鸭和种鸭在饲养过程中的病残、死亡数、应留一些余地，可饲养母鸭 280 只。由于公母配为 1：5，还需要养种公鸭 60 只。共需饲养种鸭 340 只。

由于种母鸭在一年中各个月份产蛋率不同。所以，在分批孵化、分批育雏、分批育肥时，各批的总数就不相同。养鸭场在安排人力和场舍设施时，要与批次、数量相适应。同时，在孵化、育雏、育肥等方面，要做具体安排。

①孵化方面。当母鸭群进入产蛋旺季，产蛋率达 70％以上时，280 只母鸭每天可产 200 枚种蛋，每 7d 入孵一批，则每批入孵数为 1 400 枚种蛋，孵化期为 28d，有 2d 为机动时间，以 30d 计算，则在产蛋旺季，每月可入孵近 5 批种蛋，孵化种蛋数量最多时可达 7 000 枚。养鸭场孵化设备的能力应完成孵化 7 000 枚种蛋的任务。以后孵出一批，又入孵一批，流水作业。

②育雏方面。樱桃谷鸭种蛋受精率 90％，孵化率为 80％～90％，7 000 枚种蛋最多可孵化 5 670 只雏鸭，平均一批约 1 134 只。育雏期 20d。所以，养鸭场的育雏舍、用具和饲料应能承担同时培育 3 批雏鸭，约 3 402 只雏鸭的任务。育肥鸭场舍、用具、饲料也要与之相适应。

③育肥方面。以成活率均为 90％计算，每批孵出的雏鸭约 1 134 只，可得成鸭 1 020 只（1 134×90％=1020）。鸭的育肥期为 25d，则养鸭场的场舍、用具和育肥饲料应能完成同时饲养 4 批，约 4 080 只肉鸭的育肥任务。

表11-4 种鸡群周转计划

群别		项目	月份 1	2	3	4	5	6	7	8	9	10	11	12	合计	全年总计饲养只日数	全年平均饲养只数
成鸡	种公鸡	月初现有数	800	800	800	800	800	800	800	800	800	800	800	800		292 000	800
		淘汰率/%											100		100		
		淘汰数											800		800		
		由雏鸡转入											800		800		
	一年种母鸡	月初现有数	10 000	9 800	9 600	9 400	9 200	9 000	8 750	8 500	8 200	7 900	7 400			2 825 925	7 742
		淘汰率（占年初数）/%	2.0	2.0	2.0	2.0	2.0	2.5	2.5	3.0	3.0	5.0	74.0		100		
		淘汰数	200	200	200	200	200	250	250	300	300	500	7 400		10 000		
	当年种母鸡	月初现有数											10 400	10 231		623 986	1 710
		淘汰率（占转入数）/%											2.0	2.0	4.0		
		淘汰数											209	209	418		
雏鸡	种公雏	转入数（月底）					1 800										
		月初现有数						1 800	1 620	1 404	1 381	1 340				214 255	587
		死淘率（占转入数）/%						10.0	12.0	1.3	2.3	30			55.6		
		死淘数						180	216	23	41	540			1 000		
		转入当年种公鸡数（月底）										800			800		
	种母雏	转入数（月底）					12 000										
		月初现有数						12 000	11 040	10 800	10 680	10 560				1 661 160	4 551
		死淘率（占转入数）/%						8.0	2.0	1.0	1.0	1.0			13.0		
		死淘数						960	240	120	120	120			1 560		
		转入当年种母鸡数（月底）										10 440			10 440		

通过以上计算，养鸭场要年产商品肉鸭 3 万只，每月孵化数最高时需要种蛋 7 000 枚，饲养数量最高时，包括种鸭、雏鸭、育肥鸭在内，共计 7 822 只，其中经常饲养种鸭 340 只，最多饲养雏鸭 3 402 只，育肥鸭约 4 080 只。此外，还要考虑种鸭的更新，饲养一些后备种鸭。然后可根据以上数据制订雏鸭、育肥鸭的日粮定额，安排全年和月份饲料计划。

（2）蛋鸭周转计划。现以拟引进种蛋，年饲养 3 000 只蛋鸭为例，制订生产计划的方法如下。要获得 3 000 只产蛋鸭，需要计算购进种蛋数，一般种蛋数与孵出的母雏鸭数比例为 3：1，即在正常情况下，9 000 枚种蛋才能获得 3 000 只产蛋鸭。现从种蛋孵化、育雏、育成 3 个方面进行计算。

①孵化方面。先购进蛋用鸭种蛋 9 000 枚，进行孵化，能获得的雏鸭数如下。

破壳蛋数：种蛋在运输过程中会有一定数量的破损，破损率通常按 1％计算。

$$破损蛋数 = 9\ 000 \times 1\% = 90（枚）。$$

受精蛋数：种蛋受精率为 90％以上。

$$受精蛋数 = 8\ 910 \times 90\% = 8\ 019（枚）。$$

孵化雏鸭数：受精蛋孵化率为 75％～85％，为留有余地取孵化率为 80％。

$$孵出雏鸭数 = 8\ 019 \times 80\% = 6\ 415（只）$$

孵化的母雏数：公母雏的比例通常按 1：1 计算。

$$母雏数 6\ 415 \div 2 = 3\ 207（只）。$$

②育雏期。育雏期通常为 20d。

成活的雏鸭数：雏鸭经过 20d 培育，到育雏期末的成活率为 95％。

$$育成的雏鸭数 = 3\ 207 \times 95\% = 3\ 046（只）。$$

③育成期。对 3 046 只选留下 3 000 只母雏进行饲养，其余的淘汰。

通过以上计算，如果在春季 3 月初进行种蛋孵化，由于蛋鸭性成熟早，一般16～17 周龄开产，在饲养管理正常的情况下，20～22 周龄产蛋率可达 50％，即在当年 7 月下旬，每天可收获 1 500 个鸭蛋，母鸭可利用 1～2 年，以第 1 个产蛋年产蛋量最高。

（四）产品生产计划的制订

主要包括产蛋计划和产肉计划。产蛋计划包括各月及全年每只禽平均产蛋量、产蛋率、蛋重、全场总产蛋量等。产蛋指标须根据饲养的商用品系生产标准，综合本场的具体饲养条件，同时参考上一年的产蛋量，计划应切实可行，经过努力可完成或超额完成；商品肉禽场的产肉计划比较简单，主要根据每月及全年的淘汰禽数和重量来编制。商品肉禽场的产品计划中除每月的出栏数、出栏重外，应订出合格率与一级品率，以同时反映产品的质量水平。

产品生产计划应以主产品为主，如肉禽以进雏禽数的育成率和出栏时的体重进行估算；蛋禽则按每饲养日即每只禽日产蛋重量估算出每日、每月、每年产蛋总重量，按产蛋重量制订出禽蛋产量计划。

（1）根据种禽的生产性能和禽场的生产实际，确定月均产蛋率和种蛋合格率。

（2）计算每月每只种母禽产蛋量和每月每只种母禽产合格种蛋数。

$$每月每只种母禽产蛋量 = 月平均产蛋率 \times 本月天数$$

$$每月每只种母禽产合格种蛋数 = 每月每只种母禽产蛋量 \times 月平均种蛋合格率$$

（3）根据禽群周转计划中的月平均饲养母禽数，计算月产蛋量和月产种蛋数。

月产蛋量＝每月每只种母禽产蛋量×月平均饲养母禽数

月产合格种蛋数＝每月每只种母禽产合格种蛋数×月平均饲养母禽数

根据以上数据就可以计算出每只禽产蛋个数和产蛋率。产蛋计划可根据月平均饲养产蛋母禽数和历年的生产水平，按月规定产蛋率和各月产蛋数。

（五）饲料供应计划

饲料是养禽生产的基础。饲料计划一般根据每月、每个饲养阶段禽数乘以各自的平均采食量，求出各个月的全价配合饲料需要量，然后根据饲料配方中各种饲料的配合比例，算出每月所需各种饲料的数量。

（1）根据禽群周转计划，计算月平均饲养禽只数。月平均饲养成禽数为种公禽、一年种母禽和当年种母禽的月平均数之和；月平均饲养雏禽数为母雏、公雏的月平均饲养数之和。

（2）根据禽场生产记录及生产技术水平，确定各类禽群每只、每月饲料消耗定额。

（3）计算每月饲料消耗量

每月饲料消耗量＝每只、每月饲料消耗定额×月平均饲养禽只数

每个禽场年初都必须制订所需全价配合饲料的数量和各种原料的详细计划，防止饲料不足而影响生产的正常进行。目的在于合理利用饲料，既要喂好禽，又要获得良好的主副产品，节约饲料。

饲料费用一般占养禽生产总成本的 60%～70%，所以在制订饲料计划时要特别注意饲料价格，同时又要注意饲料品质，饲料计划应按月制订。不同品种、不同饲养阶段禽所需饲料量差异很大，不同饲养阶段所需饲料量，如肉仔禽 4～5kg，雏禽 1kg，育成禽 8～9kg，蛋用型成年母禽 39～42kg，肉用型成年母禽 40～45kg。根据上述数据可推算出每月、每周、每日禽场饲料需要量。

如果当地饲料供应充足时，质量稳定，每次购进的饲料以一般不超过 3d 的量为宜。如果养禽场自制全价配合饲料，还需按照上述禽的饲料需要量和饲料配方中的各种原料所占比例折算出各种原料用量，并依照市场价格情况和禽场资金实际，做好原料的订购和储备工作。拟定饲料计划时，可根据当地饲料资源灵活掌握。但饲料计划一旦确定，一般不要轻易变动，以确保全年饲料配方的稳定性，维持正常生产。

此外，编制饲料计划时应考虑以下因素：

（1）禽的品种、日龄。不同品种和不同日龄的禽，饲料需要量各有不同，在确定禽的饲料消耗定额时，一定要严格对照品种标准，结合本场生产实际，决不能盲目照搬，否则将导致计划失败，造成严重经济损失。

（2）饲料来源。禽场如果自配饲料，还需按照上述计划中各类禽群的饲料需要量和相应的饲料配方中的各种原料所占的比例，折算出原料用量，另外增加 10%～15% 的保险量；如果采用全价配合饲料且质量稳定、供应及时，每次购进的饲料以一般不超过 3d 用量为宜。饲料来源要保持相对稳定，禁止随意更换，以免引起应激。

（3）饲料方案。采用分段饲养，在编制饲料计划时应注明饲料的类别，如育雏料、育成料、产蛋料等。

根据各阶段禽群每月的饲养数、月平均耗料量编制。饲料如为购入的，只注明饲

料标号，如幼雏料、中雏料、大雏料、蛋禽 1 号、蛋禽 2 号料即可，如为本厂自配，须列出饲料种类及其数量，详见表 11-5、表 11-6。

表 11-5　雏禽育成禽饲料计划

雏禽周龄	平均饲养只数	饲料总量/kg	各种料量/kg						添加剂
			玉米	豆粕	鱼粉	麸皮	骨粉	石粉	
1～6									
7～14									
15～20									
合计									

表 11-6　蛋禽饲料计划

月份	饲养只日数	饲料总量/kg	各种料量/kg						添加剂
			玉米	豆粕	鱼粉	麸皮	骨粉	石粉	
合计									

（六）种禽场的孵化计划

种禽场应根据本场的生产任务和外销雏禽数，结合当年饲养品种的生产水平和孵化设备及技术条件等情况，并参照历年孵化成绩，制订全年孵化计划。

（1）根据禽场孵化生产成绩和孵化设备条件，确定月平均孵化率。

（2）根据种蛋生产计划（表 11-7），计算每月、每只母禽提供雏禽数和每月总出雏数。

　　每月、每只母禽提供雏禽数＝平均每只母禽产种蛋数×平均孵化率

　　每月总出雏数＝每月、每只母禽提供的雏禽数×月平均饲养母禽数

一般要求的孵化技术指标为：全年平均受精率，蛋用种禽种蛋 85%～90%，肉用种禽种蛋 80% 以上；受精蛋孵化率，蛋用种禽种蛋 88% 以上，肉用种禽种蛋 85% 以上。出壳雏禽的健雏率 96% 以上。

（3）统计全年总计概数。仍以前例，根据鸡群周转计划资料，假设在鸡场全年孵化生产的情况下，编制孵化计划见表 11-8。

在制订孵化计划的同时对入孵工作也要有具体安排，包括入孵的批次、入孵日期、入孵数量、照蛋、移盘、出雏日期等，以便统筹安排生产和销售工作。此外，虽然鸡的孵化期为 21 d，但种蛋预热及出雏后期的处理工作也要一定的时间，在安排入孵工作时也要予以考虑。

（七）家禽生产的阶段计划

家禽生产的阶段计划是指禽场在年度计划内一定阶段的计划。一般按月编制，把每月的重点工作，如进雏、转群等预先安排组织、提前下达，尽量做到搞好突击性工作，同时使日常工作照样顺利进行。要求安排尽量全面、措施尽量明确具体。

表 11-7　种蛋生产计划

项　目	月　份												全年总计概数
	1	2	3	4	5	6	7	8	9	10	11	12	
平均饲养母鸡数/只	9 900	9 700	9 500	9 300	9 100	8 875	8 625	8 350	8 050	7 650	14 036	10 127	9 434
平均产蛋率/%	50	70	75	80	80	70	65	60	60	60	50	70	65.8
种蛋合格率/%	80	90	90	95	95	95	95	95	90	90	90	90	91.25
平均每只产蛋量/枚	16	20	23	24	25	21	20	19	18	19	15	22	242
平均每只产种蛋数/枚	13	18	21	23	24	20	19	18	16	17	14	20	223
总产蛋量/枚	158 400	194 000	218 500	223 200	227 500	186 375	172 500	158 650	144 900	145 350	210 540	222 794	2 262 709
总产种蛋量/枚	128 700	174 600	199 500	213 900	218 400	177 500	163 875	150 200	128 800	130 050	196 504	202 540	2 084 569

表 11-8　孵化计划

项　目	月　份												全年总计概数
	1	2	3	4	5	6	7	8	9	10	11	12	
平均饲养母鸡数/只	9 900	9 700	9 500	9 300	9 100	8 875	8 625	8 350	8 050	7 650	14 036	10 127	9 434
入孵种蛋数/枚	128 700	174 600	199 500	213 900	218 400	177 500	163 875	150 300	128 800	130 500	196 504	202 540	2 084 669
平均孵化率/%	80	80	85	86	86	85	84	82	80	80	78	76	81.4
每只母鸡提供雏鸡数/只	10.4	14.4	17.9	19.9	20.6	17.0	16.0	14.8	12.8	13.6	10.9	15.2	183.5
总出雏数/只	102 960	139 680	170 050	185 070	187 460	150 875	138 000	123 580	103 040	104 040	152 992	153 930	1 711 677

三、禽场的生产管理

(一) 健全管理组织

家禽场一般由场长（法人代表）负责全面工作，下设生产与经营 2 名副场长或助理，分别管辖生产部、技术部、供应部及销售部、财务部等部门。各部门应分工明确，各负其责。

(二) 实施制度管理

1. 生产责任制　禽场实行生产责任制是当前处理好第一线生产工人责、权、利关系的较好形式，常见的是定包奖生产责任制。

（1）基本内容。定包奖是生产责任制的基本内容，也是责、权、利的具体化。"定"就是给予承包者的生产权力与条件，一般包括定劳力、定禽群、定房舍设备等；"包"就是明确承包者的责任，如包产出与投入，即生产指标和物资消耗；"奖"即承包者的物质利益，包括奖与罚两个方面。其实，"定"是生产责任制的必要条件，"包"是具体内容，"奖"是保障措施，三者缺一不可，成一整体。这种责任制的优点是能够使生产者的表现好坏同个人的收益多少挂起钩来，有利于调动个人的生产积极性。同时，也可以促进企业提高生产水平，增加经济效益。这对个人、企业和国家皆有好处，因而被普遍推广采用。

这种定包奖生产责任制又称生产承包责任制，具体做法是按照畜牧业生产和技术常规，将每个班组或个人所管的禽舍、禽数及所需设备用具等条件固定，再经双方商定承包的生产指标和物耗指标，如能超产、低耗即可获奖；相反，若欠产、超耗就得受罚。

（2）应注意的问题。

①承包指标适宜。不应过高或过低。

②奖罚尺度适当。第一，应使全场的奖金总额随产值与利润总额而升降，防止出现职工奖金增高而全场利润减少的情况；第二，当一个增收指标要被分解为几项有关的承包指标来计算奖罚时（如与肉鸡总产量有关的指标有出场体重、成活率、料肉比、饲养期等），要注意防止出现几项指标的奖金总额高于增产部分创造的增收总额；第三，对经济效益影响较大的指标应重奖重罚，对经济效益影响较小的指标则轻奖轻罚；第四，奖罚比例要恰当，一般做法是奖一罚一即等额奖罚，初搞承包的场也可多奖少罚，如奖一罚半。

③奖罚必须兑现。承包方案确定并签订合同后即生效，企业法人必须信守合同，奖罚兑现，且应及时兑现。值得一提的是信守诺言、一视同仁、奖罚严明乃是有效的治场之道，应予足够重视。

2. 岗位责任制　建立岗位责任制对非生产第一线人员是一种较好的管理办法。即每个工作岗位拟订几条工作任务及目标要求，据以检查、衡量任职人员的工作好坏。这样各个岗位上的任职人员都能明确自己的岗位职责、任务目标，可以督促自己尽力工作，同时也便于上级检查及相互监督。

禽场一些主要岗位的职责及基本要求简述如下。

（1）场长（企业法人）。场长是禽场成败兴衰的关键人物，应有一定的畜牧兽医知识和相当的经济管理知识；重视技术、资料和信息；有敬业精神和魄力；要关心职工，知人善用，团结部属，善于调动全员的积极性；重信誉、守诺言、纪律严、赏罚明。此外场长还应具有下列能力：

①筹集资金的能力。

②正确决策的能力。

③信息分析、市场预测及应变能力。

④善于协调各种关系并调动下属积极性的能力。

（2）畜牧技术人员（总畜牧师）。应该具有丰富的畜牧专业知识和熟练的养禽生产技能，熟悉养禽生产全过程；能经常观察禽群及设备状况，掌握全场生产动态；工作认真负责，精细准确，注意方法，讲究效率。

其职责是在场长领导之下，负责全场养禽生产技术工作。具体职责：

①全面负责养禽生产技术工作，主持制订及修订技术措施，总结经验教训，不断改进技术并引进新技术，提高生产水平。

②负责编制年度生产计划并检查执行情况，发现问题，及时采取有效对策。

③搞好职工的技术培训，提高技术素质。

④统管畜牧技术资料工作，负责安排统计员的工作及技术档案管理等。

（3）兽医技术人员。

①负责健全并贯彻卫生防疫制度及各种具体措施和免疫程序。

②制订兽医工作计划，并负责实施与检查监督。

③负责日常性的疾病防治工作。

④负责各种兽医工作记录及防疫卡片的记载整理和存档管理。

⑤引进先进的技术和手段，提高控制传染病的能力。

（4）统计员。规模较大的禽场应设专职统计员，在总畜牧师指导下开展工作：

①统计并公布生产日报（每班组、禽舍完成各项生产指标的情况）。

②按周龄、按月统计整理各项生产指标，并汇总上报。

③按生产阶段定期整理统计有关资料。

④根据总畜牧师的要求，进行特定资料的分析、总结。

⑤负责畜牧技术资料的存档保管。

（5）饲养员。

①热爱本职工作，努力学习专业知识，熟练掌握操作技能。

②遵守纪律制度，工作认真负责、踏实肯干。

③按技术措施和防疫规程要求，严格认真搞好饲养、管理及防疫工作。

④经常观察禽群健康及设备状况，发现异常及时报告有关负责人。

⑤认真、准确、及时记录所有表格资料并按时上报。

⑥熟悉所管禽群各阶段的主要生产指标要求，不查记录即可随时说出本舍禽群状况、生产水平及当前应该进行的重要工作。

⑦对所管禽群的增产保健和增收节支措施心中有数。

⑧注意安全生产、避免责任事故。

3. 生产会议制度

（1）场级生产会议。每月至少召开1次场级生产会议，内容主要是总结上月生产计划的完成情况及经验教训，布置本月的生产任务，并落实具体措施。

（2）班组生产会议。每月应开两次，月初会议内容与场级会议一致。月中再开 1 次会，检查本月计划的执行情况，发现问题研究对策并及时上报场领导。

四、禽场的财务管理

1. 资金筹措 资金对企业十分重要，家禽企业所需资金分为两类，一类为新建或扩建禽场所需的一次性投资，主要用于土地、房舍、设备等固定资产的购置及项目论证、设计、筹建等费用，资金量很大，集中一次性用完。另一类为流动资金，用于人员工资、购置鸡苗、饲料、药品等费用。流动资金相对较少，使用周期也短，可以周转，反复使用，又称周转资金。一次性投资要摊入产品成本，以折旧费形式分期逐年提取收回。流动资金由于可周转反复使用，故而本金不计入成本，只将其利息计入成本中。

2. 建章立制 财务制度主要应包括财务人员目标责任制，会计、统计、出纳、保管等人员的工作守则，工资、奖金、福利、劳保等发放标准及发放办法，差旅费、医疗费、招待费、加班误餐费报销标准及审批手续等。这些制度和办法一经定出，就应认真贯彻执行，不仅要做成制度牌悬挂于相应的工作场所，还要汇编装订人手一册。它是全场财务工作的准则和纲领，是约束财务及有关人员的行为规范，也是全场员工监督领导及财务人员的必要依据。

3. 分工负责 场内应由场长或一名副场长分管财务工作。负责监督和检查日常财务工作，协调各部门之间的财务工作关系，审查批复年度预决算方案和各项支出计划，审核各种支出单据，对事先有报告、支出不超标、手续完备、填写真实清楚的单据签字报销，否则不予签字。

财务科长或主管会计负责本科室的全面工作。制订年度预算计划，编制财务月报、季报及年度决算报表，同时应提供财务分析报告，具体分析期内各项财务收支状况，与上期及上年度同比增减幅度及原因，指出存在的问题和解决办法，提出下一步财务工作建议，组织人员对库存现金和物资进行定期清点盘查，确保账钱物相符。在不设分项会计的单位，还应负责审核收支单据记账凭证，进行记账、核算以及财务档案的管理保管工作。

统计是全场的数字汇集和处理中心。统计人员应认真负责地把各部门、各生产单位提供的各项基础数据进行科学系统的统计处理和统计分析，将统计结果及时报送有关领导并反馈到各相应部门，为领导决策和各部门指导下一步生产提供数字依据。

出纳是全场经济活动的重要环节，是全部资金的进出关口。出纳人员必须严格遵守规章制度，认真负责，扎实工作。本着该收的钱一分不漏、不该支的钱一分也不支的原则，严把收支关。特别是对那些不合理支出和没有负责人批准的支出项目，手续不完备、用途不明确、填写不清楚、票据不正规的支出单据要坚决拒绝支付，要坚持原则，秉公办事，自觉抵制各种违法违纪行为。管好用好各种票据，及时编制记账凭单，记好现金日记账，真正做到日清月结、账钱相符。

保管是全场的"管家"。保管员对各种物资要进行分类存放、登记造册、出入凭单、账物相符。购入物品要逐项核对数量，重审查质量，要严格出库手续，只有审核无误后方可在出入库单据上签字或加盖专用章。对库存物资要严加管理，谨防变质、损坏或丢失。

4. 分级核算 一定规模的种鸡场大都是集饲养、孵化、饲料加工、销售服务于一体的综合性生产经营企业，必须以各生产单位及科室为基础进行分级核算，制订生产、经济双重指标，实行增产提成、盈余奖励、减产降资、亏损罚款的双重挂钩办法，最大限度地挖掘生产潜力，降低消耗、增加效益。制订各项指标时，应本着科学合理既符合实际又留有余地的原则，让生产人员能够完成或超额完成各项指标。

饲养场应以饲养分场、饲养区或每栋禽舍为基本单位，从进雏至淘汰实行阶段生产指标定额和全期经济指标包干相结合的核算办法。生产指标主要包括育雏期成活率，后备期育成率、均匀度、产蛋期产蛋总量、提供合格种蛋数、种蛋受精率、死淘率以及各阶段饲料消耗量等。经济指标的制订应参考饲料原料价格、市场行情及动态，结合本场实际，确定合理的饲料、种蛋内部核算价格。在实际工作中既可实行全年一次定价，也可根据具体情况采取阶段定价，如饲料价格可按原料成本加 3‰～5‰来确定，种蛋可按雏鸡平均销售价的 50%～60%来确定。然后结合生产指标算出产品收入、成本支出和利润指标。饲养场收入主要是种蛋、商品蛋和淘汰鸡等销售收入；支出项目主要有种雏费、饲料费、疫苗药械费、人工费、取暖费、水电费、房屋设备修缮折旧费及后勤管理费用摊派等。

孵化场的定额及核算相对简单些，主要是孵化率、健雏率和利润指标，其收入主要来源于雏鸡销售，其次是无精蛋、毛蛋等的销售收入；支出主要有种蛋费、水电费、人工费、取暖费、固定资产维修及折旧、管理费用摊派等。

饲料厂的生产定额和利润指标应根据设备的生产能力来确定，其收入项为饲料收入；支出有各种原料、运输、人工、电力、包装、折旧及管理费等。

销售服务、后勤供应等单位，根据其工作范围和工作性质确定相应的定额指标和核算办法。各项指标及奖罚比例确定后，要根据各单位生产和经济情况及时核算兑现，奖优罚劣，决不含糊。

5. 开源节流 种鸡场与其他企事业单位一样，应把增产节约、增收节支作为一项基本任务常抓不懈，要千方百计调动各方积极性，努力提高员工的劳动素质和技术水平，充分挖掘生产潜力，抓好节水节电节能特别是节约饲料等工作，最大限度地压缩办公费、电话费、劳保福利费、运输费、招待费等非生产性支出，降低消耗，杜绝浪费，充分利用现有房屋及设备，加速资金周转，尽量避免资产闲置，从而发挥其应有的作用。

任务二　禽场经济效益的分析

 **任务描述**

生产中只有通过对生产成本的分析与估测，才能很好地了解家禽场的效益的高低，以便为进一步管理、降低成本、增加盈利提供可靠的依据。

任务实施

一、生产成本的分析与估测

生产成本就是把养禽场为生产产品所发生的各项费用，按用途、产品进行汇总、分配，计算出产品的实际总成本和单位产品成本的过程。

（一）家禽生产成本的构成

家禽生产成本一般分为固定成本和可变成本两大类。

1. 固定成本 固定成本是在已经正常生产的禽场中，凡是不因生产的产品量多少而变动的成本费用，由养禽企业的房屋、禽舍、饲养设备、运输工具、动力机械、生活设施、研究设备等折旧费、土地税、基建贷款利息等组成，在会计账面上称为固定资金。固定成本使用期长，以完整的实物形态参加多次生产过程；并可以保持其固有物质形态。随着养禽生产的不断进行，其价值逐渐转入到产品中，并以折旧费用方式支付。

2. 可变成本 可变成本是指随生产规模、产品产量大小而变化的成本费用，在生产和流通过程中使用的资金，也称为流动资金。可变成本包括饲料费、防疫费、燃料费用、能源费用、临时工工资等支出。其特点是仅参加一次养禽生产过程即被全部消耗，价值全部转移到家禽产品中。

家禽生产成本按国家新规定指直接材料、直接工资、制造费用、进货费用及业务支出等。

从生产成本构成中可以看出，要提高养禽企业的经营业绩，首先应降低固定资产折旧费，尽量提高饲料费用在总成本中所占比重，提高每只禽的产蛋量、活重和降低死亡率。

（二）生产成本的支出项目

根据家禽生产特点，禽产品成本支出项目的内容，按生产费用的经济性质，分直接生产费用和间接生产费用两大类。

1. 直接生产费用 即直接为生产禽产品所支付的开支。具体项目如下：

（1）工资和福利费。指直接从事养禽生产人员的工资、津贴、奖金、福利等。

（2）疫病防治费。指用于禽病防治的疫苗、药品、消毒剂和检疫费、专家咨询费等。

（3）饲料费。指禽场各类禽群在生产过程中实际耗用的自产和外购的各种饲料原料、预混料、饲料添加剂和全价配合饲料等的费用，自产饲料一般按生产成本（含种植成本和加工成本）进行计算，外购的按买价加运费计算。

（4）种禽摊销费。指生产每千克蛋或每千克活重所分摊的种禽费用。

种禽摊销费（元/kg）＝（种禽原值－种禽残值）÷禽只产蛋重

（5）固定资产修理费。是为保持禽舍和专用设备的完好所发生的一切维修费用，一般占年折旧费的 5%～10%。

（6）固定资产折旧费。指禽舍和专用机械设备的折旧费。房屋等建筑物一般按10～15 年折旧，禽场专用设备一般按 5～8 年折旧。

（7）燃料及动力费。指直接用于养禽生产的燃料、动力和水电费等，这些费用按实际支出的数额计算。

（8）低值易耗品费用。指低价值的工具、材料、劳保用品等易耗品的费用。

（9）其他直接费用。凡不能列入上述各项而实际已经消耗的直接费用。

2. 间接生产费用 即间接为禽产品生产或提供劳务而发生的各种费用。包括经营管理人员的工资、福利费；经营中的办公费、差旅费、运输费；季节性、修理期间的停工损失等。这些费用不能直接计入某种禽产品中，而需要采取一定的标准和方法，在养禽场内各产品之间进行分摊。

除了上两项费用外，禽产品成本还包括期间费用。所谓期间费用就是养禽场为组织生产经营活动发生的、不能计入特定核算对象的成本，而应计入发生当期损益的费用，包括管理费用、财务费用和销售费用。管理费用是指禽场为组织管理生产经营活动所发生的各种费用，包括非直接生产人员的工资、办公费、差旅费、各种税金和研发费用、排污费等；销售费用是指禽场为组织销售活动所发生的各种费用，包括产品运输费、产品包装费、广告费及销售人员费用等；财务费用主要是贷款利息、银行及其他金融机构的手续费等。按照我国新的会计制度，期间费用不能进入成本，但是养禽场为了便于各禽群的成本核算，便于横向比较，都把各种费用列入来计算单位产品的成本。

以上项目的费用，构成禽场的生产成本。计算禽场成本就是按照成本项目进行的。产品成本项目可以反映企业产品成本的结构，通过分析考核找出降低成本的途径。

（三）生产成本的核算

生产成本的核算是以一定的产品为对象，归集、分配和计算各种物料的消耗及各种费用的过程。

1. 生产成本核算对象 养禽场生产成本的核算对象为每枚种蛋、每只雏禽、每只育成禽、每只肉用禽和每千克禽蛋等。

2. 生产成本核算方法

（1）种蛋生产成本的计算

每枚种蛋成本＝（种蛋生产费用－副产品价值）÷入舍种禽出售种蛋数

种蛋生产费为每只入舍种禽自入舍至淘汰期间的所有费用之和。种蛋生产费包括种禽育成费、饲料、人工、房舍与设备折旧、水电费、医药费、管理费、低值易耗品等。副产品价值包括期内淘汰禽、期末淘汰禽、禽粪等收入。

（2）雏禽生产成本的计算

每只雏禽成本＝（种蛋费＋孵化生产费－副产品价值）÷出售种雏数

孵化生产费包括种蛋采购费、孵化房舍与设备折旧、人工、水电、雌雄鉴别费、疫苗注射费、雏禽运送费、销售费等。副产品价值主要是未受精蛋、毛蛋和公雏等收入。

（3）每只育成禽生产成本的计算

每只育成禽成本＝（期内全部饲养费－副产品价值）÷期内饲养只日数

育成禽生产费用包括蛋雏、饲料、人工、房舍与设备折旧、水电、管理费和低值易耗品等；副产品价值是指禽粪、淘汰禽等收入。

（4）每只肉禽生产成本的计算

每只肉仔禽成本＝（肉仔禽生产费用－副产品价值）÷出栏肉仔禽只数

肉仔禽生产费用包括入舍雏禽禽苗费与整个饲养期其他各项费用之和。副产品价值主要是禽粪收入。

（5）每千克禽蛋生产成本的计算

每千克禽蛋成本＝（蛋禽生产费用－副产品价值）÷入舍母禽总产蛋量

蛋禽生产费用包括蛋禽育成费用，饲料、人工、房舍与设备折旧、水电、医药、管理费和低值易耗品等。副产品价值主要是蛋禽残值、禽粪收入。

（四）总成本中各项费用的大致构成

1. 禽蛋的成本构成　每枚禽蛋的成本构成见下表 11-9。

表 11-9　禽蛋的成本构成

项　　目	每项费用占总成本的比例/%
后备禽摊销费	16.8
饲料费	70.1
工资福利费	2.1
疫病防治费	1.2
燃料水电费	1.3
固定资产折旧费	2.8
维修费	0.4
低值易耗品费	0.4
其他直接费用	1.2
期间费用	3.7
合　　计	100

2. 育成禽的成本构成　达 20 周龄育成禽总成本的构成可见表 11-10。

表 11-10　育成禽（达 20 周龄）总成本构成

项　　目	每项费用占总成本的比例/%
雏禽费	17.5
饲料费	65.0
工资福利费	6.8
疫病防治费	2.5
燃料水电费	2.0
固定资产折旧费	3.0
维修费	0.5
低值易耗品费	0.3
其他直接费用	0.9
期间费用	1.5
合　　计	100

二、生产效益的分析与估测

家禽生产是以流动资金购入饲料、雏禽、医药、燃料等，在人的劳动作用下转化为禽蛋产品，其中每个生产经营环节都影响着养禽场的经济效益，而产品的产量、禽群工作质量、成本、利润、饲料消耗和职工劳动生产率的影响尤为重要。下面就以上因素对禽场的经济效益进行分析。

1. 成本分析 产品成本直接影响着养禽场的经济效益。进行成本分析，可弄清各个成本项目的增减及其变化情况，找出引起变化的原因，寻求降低成本的最佳途径。成本分析时要确保数据的真实性，统一计算方法，确保成本资料的准确性和可比性。

（1）成本结构分析。分析各生产成本构成项目占总成本的比例，并找出各阶段的成本结构。成本构成中饲料是一大项支出，而该项支出最直接地用于生产产品，它占生产成本比例的高低直接影响着养禽场的经济效益。

（2）成本项目增减及变化分析。根据实际生产报表资料，与本年计划指标或先进的禽场比较，检查总成本、单位产品成本的升降，分析构成成本的项目增减情况和各项目的变化情况，找出差距，查明原因。

2. 饲料消耗分析 饲料消耗分析应从饲料日粮、饲料消耗定额和饲料利用率 3 个方面进行。先根据生产报表统计各类禽群在一定时期内的实际耗料量，然后同各自的消耗定额对比，分析饲料在加工、运输、贮藏、保管、饲喂等环节上造成的浪费情况及原因。此外，还要分析在不同饲养阶段饲料的转化率。生产单位产品耗用的饲料愈少，说明饲料报酬就越高，经济效益就愈好。

3. 禽群工作质量分析 禽群工作质量是评价养禽场生产技术、饲养管理水平、职工劳动质量的重要依据。禽群工作质量分析主要通过家禽的生活力、产蛋力、繁殖力和饲料报酬等指标的计算、比较来进行。饲养人员的劳动成效通常也可通过家禽的工作状况表现出来。只有家禽工作质量处于好的状态情况下，才有可能获得较多的产品和经济效益。

4. 产品产量分析

（1）计划完成情况分析。通过产品的实际产量与计划产量的对比，对养禽场的生产经营状况做概括评价及原因分析。

（2）产品产量增长动态分析。通过对比历年历期产量增长动态，查明是否发挥自身优势，是否合理利用资源，进而找出增产增收的途径。

5. 劳动生产率分析 劳动生产率反映着劳动者的劳动成果与劳动消耗量之间的对比关系。劳动生产率分析包括下面两个方面：

（1）劳动力数量一定的条件下，分析劳动生产率的变动对劳动产量的影响。

（2）产量一定的条件下，分析劳动生产率的变动对劳动力数量的影响。

6. 利润分析

（1）禽场利润的构成。禽场利润是指产品收入多于全部支出的部分。禽场产品分为主产品、联产品与副产品 3 类。如同商品蛋鸡场的主产品为鸡蛋一样，各类鸡场的主产品不言而喻；鸡粪皆为副产品；淘汰的老残鸡皆为联产品。

（2）禽场利润的影响因素。

①商品蛋禽场。其利润的影响因素首先是蛋价高低，其次是产蛋数与蛋重构成的

总产蛋重及饲料报酬，再次是淘汰禽产值，最后是禽粪收入。

②肉仔禽场。其利润大小首先看活禽售价高低，其次是出场活重及饲料报酬，三是成活率及正品率高低，四是禽粪收入。

③种禽场。其利润的影响因素首推主产品合格种蛋或苗禽的产量和销量，其次才是售价高低，再次是淘汰禽的收入，最后是禽粪收入。其他因素还有市场需求变化、产品质量与售后服务等影响也较大。

（3）禽场利润的考核指标。

①产值利润及产值利润率

$$产值利润＝产品产值－产品成本$$

$$产值利润率＝产值利润÷产品产值×100\%$$

②销售利润及销售利润率

$$销售利润＝销售收入－生产成本－销售费用$$

$$销售利润率＝销售利润÷销售收入×100\%$$

③营业利润及营业利润率

$$营业利润＝销售利润－推销费用－推销管理费$$

推销费用包括推销人员工资及差旅费、接待费、广告宣传费等。

$$营业利润率＝营业利润÷销售收入×100\%$$

④经营利润及经营利润率

$$经营利润＝营业利润±营业外损益$$

$$经营利润率＝经营利润÷销售收入×100\%$$

⑤资金周转率及资金利润率

$$资金周转率（年）＝年销售总额÷年流动资金总额×100\%$$

$$资金利润率＝年利润总额÷（年流动资金额＋年固定资金平均值）×100\%$$

禽场盈利的最终指标一般以资金利润率为主。

（4）禽场利润的预测。

①商品蛋禽场

A. 盈亏临界产蛋率。其计算公式为：

$$盈亏临界产蛋率＝\frac{饲料价格（元/kg）×平均采食量（kg/只/日）}{饲料费占总成本比率×蛋价（元/kg）×平均蛋重（kg/枚）}×100\%$$

应用此公式计算后，如果实际产蛋率超过盈亏临界产蛋率（也称保本点产蛋率），即表明当天或该阶段禽场处于盈利状态；相反，若实际值低于计算值，则表明禽场处于亏损状态。

B. 保本点蛋价。可由上式推导而来：

$$保本点蛋价（元/kg）＝\frac{饲料价格（元/kg）×平均采食量（kg/只/日）}{饲料费占总成本比率×产蛋率×平均蛋重（kg/枚）}$$

如果实际蛋价高于算出的保本点蛋价，说明当前禽场还有利可图，否则即有问题。

C. 保本点销售量。其计算公式如下：

$$保本点销售量（kg）＝\frac{固定成本总额（元）}{禽蛋价格（元/kg）－可变成本（元/kg）}$$

计算保本点销售量是进行盈亏平衡点分析的又一方法。是通过对产品销售量、成本与利润三者的关系进行综合分析，用来预测利润和经营决策的分析方法。由公式可见，如果产品销售量小于保本点销售量，企业一定亏损，只有产销量超过保本点，才可能盈利。

为了说明禽场产品销量、生产成本、销售收入和盈亏的关系。现假设某鸡场批发蛋价为 4.4 元/kg，购料价 1.1 元/kg，鸡蛋可变成本为 3.53 元/kg，总固定成本为 100 500 元。四者关系如表 11-11 所示：

表 11-11　销售量、生产成本、销售收入与盈亏关系（单位：kg，元）

销售量	生产成本			销售收入	盈（＋）亏（—）
	固定成本	可变成本	合计		
60 000	100 500	211 800	312 300	264 000	—48 300
70 000	100 500	247 100	347 600	308 000	—39 600
80 000	100 500	282 400	382 900	352 000	—30 900
100 000	100 500	353 000	453 500	440 000	—13 500
115 517.24	100 500	407 775.85	508 275.85	508 275.85	0
130 000	100 500	458 900	559 400	572 000	＋12 600
140 000	100 500	494 200	594 600	616 000	＋21 300
150 000	100 500	529 500	630 000	660 000	＋30 000

由表可见，该场的保本点销售量为 115 517.24kg，产销量低于此数就要亏损，超过才可能盈利。

②肉仔禽场。出场体重是影响肉仔禽产值的最大因素，其增重的规律是：日增重在生长高峰前呈递增趋势，到生长高峰过后呈递减趋势；日耗料量始终处于不断增加状态，而饲料转化率却一直呈递减趋势，尤其在生长高峰过后，下降速度更快。在掌握这些规律的基础上，进一步了解下列公式及指标的含义，对预测及调控肉仔禽场的利润，可能会有所帮助。

A. 肉仔禽保本价格。又称盈亏临界价格或成本价，其计算公式如下：

$$肉仔禽保本价格（元/kg）=\frac{本批肉禽饲料费用总额（元）}{饲料费占总成本的比率×出售总体重（kg）}$$

B. 上市肉禽保本体重。计算公式为：

$$上市肉禽保本体重（kg/只）=\frac{耗料量（kg/只）×平均饲料价格（元/kg）}{饲料费占总成本的比率×活禽价格（元/kg）}$$

C. 肉禽保本日增重。肉禽场的收入主要从主产品肉禽而来，最终的出场体重是由每天的日增重累积起来的，每天的日增重带来的收入（简称日收入）与当日的一切费用（简称日成本）之间有一定的关系及变化规律。当肉禽的体重达到保本体重时，已处于"日收入大于日成本"的第二阶段（第一阶段是"日收入小于日成本"的生长前期），在正常情况下，继续饲养就能盈利并逐日增加盈利额，直至利润峰值出现；此后，总利润额就会逐日减少，再继续养下去，就会出现亏损状态。值得注意的是：总利润开始减少的阶段，就是开始进入第三阶段"日收入小于日成本"的时间，这是一个关键时间。肉仔禽刚养到此时出售，所获利润最高，若继续养下去，反而会降低效益。因此，肉禽场应该紧紧抓住这一关键时间销售肉禽。

当肉禽达到保本体重后，勤计算"肉禽保本日增重"即定期抽样称重后进行计算，开始是实际日增重大于保本日增重，继而降到接近保本日增重，最后就变成小于保本日增重，在此之前马上出售最好。肉禽保本日增重的计算公式为：

$$肉禽保本日增重（kg/只/d）= \frac{当日耗料量（kg/只/d）×饲料价格（元/kg）}{当日饲料费占日成本的比率×活禽价格（元/kg）}$$

三、投资效益的分析与估测

投资效益分析，就是对投资项目的经济效益和社会效益进行分析，并在此基础上，对投资项目的技术可行性、经济营利性以及进行此项投资的必要性做出相应的结论，作为投资决策的依据。

评价投资项目的经济效益，以对投资项目的财务分析和国民经济分析为基础。根据分析中是否考虑时间因素，是否把项目期内各项收支折合现值，可分为静态投资效益分析和动态投资效益分析。静态分析法不考虑投资项目各项支出与收入发生的时间，动态分析法要考虑投资项目各项支出与收入发生的时间，通过折算为现值进行分析。

1. 静态分析法

（1）投资回收期法。投资回收期法是以企业每年的净收益来补偿全部投资得以回收需要的时间，根据回收期的长短来评价项目的可行性及其效益高低的方法。

（2）投资报酬率法。投资报酬率是投资者从实际投资中所得到的报酬比率，投资报酬率的分析也被广泛应用于评价各种投资方案。

2. 动态分析法

（1）净现值法。净现值法是将项目在考察期内各年发生的收入和支出折算为项目期初的值的代数和。通过净现值可以直接比较整个项目期内全部的成本与效益，如果某个项目的净现值大于0，则该项目是可行的，否则，项目就不可行，应予拒绝。

（2）内部报酬率法。内部报酬率是净现值为0时的贴现率。如果所用的贴现率小于内部报酬率，则投资项目的净现值是正的，投资方案可以接受，如果所用的贴现率大于内部报酬率，则投资项目的净现值是负的，投资方案应被拒绝。

四、提高企业经济效益的措施

（一）降低成本

1. 降低饲料成本 饲料是生产禽产品的物质基础，是发挥良种高产性能的重要支柱。饲料费用占总成本的比率最高，对收益的作用显著而微妙。故而需要仔细研究，科学而巧妙地降低饲料费用。

（1）根据效益指数，科学选用饲料。生产实践中，正确的做法是通过配合全价饲料，提高生产水平，降低增重或产蛋的耗料比，从而降低单位产品的饲料费用，这一点很重要。所谓全价饲料，并非不顾饲料成本，把养分浓度配得越高越好。而是要求饲料既能满足鸡的营养需要，又可获得较高的经济效益，即营养与效益必须兼顾。兼顾这两个方面应计算"饲料的效益指数"，选用效益指数高的饲料或配方，就可达到目的。"饲料的效益指数"是指饲料的投入产出比，是全面衡量和评价饲料的营养价值与经济效益的综合性指标。

肉禽和蛋禽饲料的效益指数分别表明在禽饲养中一定饲料费所获产值的高低，其计算公式如下：

$$肉禽饲料效益指数 = \frac{出场体重（kg/只）\times 活禽价格（元/kg）}{总耗料量（kg/只）\times 饲料价格（元/kg）}$$

$$蛋禽饲料效益指数 = \frac{产蛋量（kg/只）\times 禽蛋价格（元/kg）}{耗料量（kg/只）\times 饲料价格（元/kg）}$$

由公式可见，饲料的效益指数愈高愈好。运用这一指标，就为我们全面评价、正确选用饲料或饲料配方，提供了准确可靠的依据。

（2）通过降低平均饲料价格而减少总饲料费用。即在饲料的全价性和饲养效果不受影响的前提下，选购当地生产的或容易购买的养分相近可以替代的低价饲料。

（3）通过减少各种浪费现象而降低总耗料量，也能有效地节省饲料开支。生产中能导致饲料浪费的原因很多，可以概括为直接浪费和间接浪费两大类。直接的饲料浪费可占总饲料量的 4%～8%。其中饲槽设计不合理及添料过满浪费 2%～6%；鼠类为害浪费 1%；尘埃飞扬浪费 0.5%；各种抛撒浪费 0.5%。间接的饲料浪费可占总饲料量的 11%～22%。其中环境温度过低浪费 4%～6%；羽毛不全浪费 2%～4%；采食过量浪费 3%～5%；寄生虫及疫病造成的浪费 2%～7%。

上述表明，浪费饲料的范围为 15%～30%，这意味着养禽成本因饲料浪费可提高 10%～20%。因此，要千方百计、群策群力减少饲料浪费，值得提醒注意的是间接的饲料浪费尤应特别重视，因为这类浪费量大却不易察觉。

（4）减少饲料浪费的具体措施。

①饲槽设置科学。首先要合理设计饲槽，要求底平、深度适宜、能有较多的容料量；饲槽外侧边应稍高，并斜向外上方延伸，以减少投料时的抛撒浪费；饲槽靠禽的侧边上缘应向内折，并使该上缘的高度比禽背略高，可减少禽采食时的浪费；饲槽两端应封口、防止饲料撒出。

②添料得当。一次添料不宜过多，超过料槽的 1/3 高度，就会使禽采食时的浪费明显增加；添料操作应稳、准而快，防止添料过程中的抛撒浪费。

③严防饲料霉变。无论长期或短期贮料场所，地面必须经防潮处理，确保经常干燥，不致使饲料霉坏。

④饲料粉碎适当。饲料粉碎不宜过细，过细了粉尘大，加工及运输过程中的各次装卸，还有添料及禽采食过程的浪费都会明显增加。过细还可能引起禽吞咽困难而边采食边饮水，使部分饲料落入饮水中而浪费。

⑤防止舍温过低。养禽的适宜温度为 15～25℃，资料表明，当环境温度低于下限时，每降低 1℃会浪费饲料 1%，因而需从禽舍设计和保温措施等多方面着手，尽量防止冬季禽舍温度过低。

⑥改进饲料配方。通过平衡可消化氨基酸可明显降低饲料的粗蛋白水平；并应坚持试验总结，不断改进饲料配方。

⑦谨防鼠害损失。每只老鼠一年可吃掉饲料 9kg，且易传染疫病，所以料库与禽舍都要注意防鼠灭鼠。

⑧搞好保健管理。禽群健康状况良好时，饲料转化率才能正常。在人还不易察觉的应激情况下，就可能浪费饲料 1%～2%；患病时有可能达到 7%。所以必须采取各

项保健措施，搞好饲养管理、减轻各种应激。发现病禽及时处置，无希望者尽快淘汰。

⑨断喙。及时、正确断喙也是防止浪费饲料的有效措施。

2. 降低更新禽培育费　主要从两方面采取措施。通过加强饲养管理及卫生防疫措施，尽可能降低死亡率，提高育成率就等于降低了每只禽的培育费；适当进行限制饲喂，尽早淘汰公雏，减少饲料消耗及费用。

3. 节省能源及机械设备费用　禽场一年消耗的燃料、电力等能源开支颇为可观，应该教育职工采取有效措施尽量节省。用于机械设备方面的开支各场差别较大。应注意防止盲目追求机械化程度过高的倾向。正确的原则是在增加或改革某种机械设备时，需要全面考虑三个问题：①在降低劳动强度的同时能否真正提高劳动生产率；②是否有利于提高生产水平或改善防疫效果；③增改设备后所获效益能否补偿因此而增加的费用，亦即最终还要考虑经济效益如何。

4. 减少人工费用　主要从三方面考虑采取措施：最根本的是抓工人的技术培训，提高工人的技术水平及劳动生产率，减少用工量；其次是搞好生产劳动组织，妥善安排人力、抓好定额管理，不致浪费劳力；第三要搞技术革新挖潜，在劳动强度较大或生产条件较差的环节开展工具改革，采用适用有效的机械，以求提高效率，减少人工。

5. 正确使用药费　禽场防疫要特别强调并坚持"防重于治"的原则，对消毒、防疫用药应保证数量，选用良药（含疫苗等），必要的设备尽可能配齐；而治疗用药应尽量减少，降低治疗药费。

6. 减少间接费用　间接费用在各场之间差异较大，一个场内变异范围也大，节支潜力不小，应予注意。

（二）增加收入

1. 提高生产水平，扩大产品销量　我国禽场生产水平与国际水平差距较大，国内场间差异也不小。通过调动全员积极性、改进技术、改善管理，可以显著提高生产水平从而增加产品销量和收入。

2. 改善产品品质，增加正品率　这点也不可忽视，如出栏肉禽应减少弱、小、病、残禽数，出口肉禽应符合药残标准；蛋禽场和种禽场应降低破、软蛋率及畸形蛋率，提高正品率和种蛋合格率。

3. 提高育成率及存活率　降低各期死淘率，通过增加总有效生产禽数来提高总产品量。

4. 提高单位建筑面积上的年产量　如肉仔禽场可采取下列措施：

①选用适宜的饲养方式，加大饲养密度和总饲养量。如网养比平养密度大，笼养密度最大。

②在改善舍内环境与设备的前提下，适当加大饲养密度。

③改一段制为二段制养肉仔禽，前期养在保温育雏室，后期转入常温禽舍。同样大的总面积分为两舍后，由于前期密度大，饲养量可加大而使全年的总饲养量加大。

④周密计划，按时转群，除了必要的清舍消毒及防疫间隔时间（7~14d）外，要争取舍内经常养满禽。

⑤缩短饲养期，加快禽舍周转，增加养禽批次。

5. 适度扩大规模，获取规模效益 如我国蛋禽业已步入薄利经营阶段，通常农户养禽，每只蛋禽饲养一个周期（72 周龄左右）可获利润 5～8 元。那么假若每户养禽 500 只，一年仅获利润 2 500～4 000 元；假如每户养禽 1 000 只，一年可获利润 5 000～8 000 元；如果每户养禽 2 000 只，一年即获利润 10 000～16 000 元。可见，农户养禽应达到适度规模，以求获取规模效益。

对于国有大型禽场来说，由于诸多原因，当初建场投资额过大，折旧费与利息偏高，加上管理不善，人浮于事，往往导致产品成本偏高，因此大多处于亏损状态。这些禽场在采取重大改革措施的基础上，尚需根据保本点销售量，确定最小饲养规模。

6. 准确适时淘汰低产禽

（1）通过勤观察，及时淘汰低产个体。蛋禽在产蛋高峰过后，个别禽会因病、伤或其他原因而休产或寡产，应通过勤观察，及时发现，及早淘汰，以免这些禽吃料多，产蛋少。

（2）仔细核算，适时淘汰低产禽群。禽群在产蛋的前、中期，应该是每天的产蛋收入大于当日的成本支出，但到产蛋后期，随着产蛋率的逐渐降低，就可能由日收入大于日支出变成日收入小于日支出的"入不敷出"阶段，如果继续饲养下去，会日益增加亏损额，若能及时淘汰，就可避免或减少亏损。通过仔细核算，根据盈亏临界产蛋率，即可查出这一转折的关键时间，从而及时淘汰低产禽群，或者将群中的低产个体剔出淘汰。

7. 总结养禽与蛋价变化规律，摸索避峰生产经验 如以往多数养禽户习惯于春季购雏（形成孵化旺季），秋冬季普遍进入产蛋高峰季节，使蛋价较低，效益不佳。据此规律，可以将进雏时间调整至孵化淡季，使鸡产蛋高峰避开社会高峰期，而赶上蛋价上扬之时，从而取得高效益，称之为避峰生产。

上述避峰生产经验，实际上是将逆向思维方式用来指导养禽补栏的一种表现，如果进一步扩展延伸，还有用处。养禽业的发展特点是呈波浪式的，发展是总趋势，但是有起有落，每次大落后总会有一次较大的发展。从蛋价上看，每次低谷后就有一个较大的回升，这时正在养禽的场、户就可获得丰厚的利润。目前普遍认为禽蛋已呈现全国性产大于销之势，估计低谷后的蛋价上升幅度相对较小，利润率不会太高。然而上述总的规律趋势依然存在。因此，当蛋价持续低下，社会存栏禽数下降到一定程度后，抓住机遇，适时进雏补栏，可获得较好利润。

8. 开展产品加工，获取多次增值 肉禽企业出售活禽的盈利较少；屠宰后销售，可增值一次；经过冷藏，既可缓冲产销矛盾，又能按计划持续供应市场；加工成熟食再卖，又可增值一次；变换品种花样，增值可能更大。

9. 组织配套生产，确保企业稳步发展 例如肉禽业被喻为高产、优质、低耗、高效率、高效益的全能畜牧业，因而必须做好两个配套：一是生产技术配套，即优良品种、全价饲料、先进设备与管理技术、防疫措施等配套。二是生产环节配套，做到各生产环节衔接，规模配套。将种禽、孵化、肉禽、饲料及产品加工安排在不同场里，既充分利用各场的设备，又搞好配套生产，彼此制约，成一整体。通过两个配套，形成一个现代化的生产体系，这样才能确保肉禽业的稳步发展。

10. 科学决策 正确的经营决策可收到较高的经济效益，错误的经营决策能导致重大经济损失甚至破产。禽场的正确决策包括经营的类型与方向、适度规模、合理布局、优化的设计、成熟的技术、安全生产、充分利用社会资源等方面。同时收集大量与养殖业有关的信息，如市场需求、产品价格、饲料价格、疫情、国家政策等方面的信息，做出正确的预测。只有这样才能保证决策的科学性、可行性，从而提高禽场的经济效益。

11. 提高产品产量 产品的技术含量高低是企业竞争实力强弱的重要标志。养禽场提高产品产量要做好的工作包括：饲养优良禽种、提供优质的饲料、科学的饲养管理、适时更新禽群、重视防疫工作。养禽场必须制订科学的免疫程序，严格执行防疫制度，不断降低禽只死淘率，提高禽群的健康水平和产品质量才能获得好的经济效益。

12. 搞好市场营销 养禽要获得较高的经济效益就必须研究市场、分析市场，搞好市场营销。以信息为导向，迅速抢占市场。企业要及时准确地捕捉信息，迅速采取措施，适应市场变化，以需定产，有需必供。更要树立品牌意识，生产优质的产品，建立良好的商品形象，提高产品的市场占有率。

当前家禽养殖经营的思路调整

自测练习

参考文献
REFERENCES

陈章言，2014. 蛋鸭日程管理及应急技巧 [M]. 北京：中国农业出版社.

豆卫，2001. 禽类生产 [M]. 北京：中国农业出版社.

段修军，2014. 养鹅日程管理及应急技巧 [M]. 北京：中国农业出版社.

吉俊玲，张玲，2012. 养禽与禽病防治 [M]. 北京：中国农业出版社.

康永刚，王军，2012. 畜牧业经济管理 [M]. 南京：江苏教育出版社.

李淑青，曹顶国，2016. 肉鸡标准化养殖主推技术 [M]. 北京：中国农业科学技术出版社.

林建坤，郭欣怡，2014. 养禽与禽病防治 [M]. 北京：中国农业出版社.

刘太宇，张玲，2014. 畜禽生产技术实训教程－家禽生产岗位技能实训分册 [M]. 北京：中国农业大学出版社.

潘琦，2017. 畜禽生产技术实训教程 [M]. 北京：化学工业出版社.

史延平，赵月平，2009. 家禽生产技术 [M]. 北京：化学工业出版社.

徐彬，2016. 肉鸡标准化安全生产关键技术 [M]. 郑州：中原农民出版社.

杨久仙，2011. 动物营养与饲料加工 [M]. 北京：中国农业出版社.

杨宁，2010. 家禽生产学 [M]. 北京：中国农业出版社.

袁旭红，2018. 肉鸭高效健康养殖技术问答 [M]. 北京：化学工业出版社.

张京和，2013. 畜牧场经营与管理 [M]. 北京：中国农业大学出版社.

张玲，李小芬，李芙蓉，2016. 蛋鸡标准化养殖主推技术 [M]. 北京：中国科学技术出版社.

张孝和，2008. 养禽与禽病防治 [M]. 北京：中国环境科学出版社.

张孝和，2011. 养禽与禽病防治 [M]. 北京：中国农业大学出版社.

赵聘，关文怡，2012. 家禽生产技术 [M]. 北京：中国农业科学技术出版社.

郑万来，徐英，2014. 养禽生产技术 [M]. 北京：中国农业大学出版社.

周新民，蔡长霞，2011. 家禽生产 [M]. 北京：中国农业出版社.

周新民，2012. 家禽生产与禽病防治 [M]. 南京：江苏教育出版社.

读者意见反馈

亲爱的读者：

感谢您选用中国农业出版社出版的职业教育教材。为了提升我们的服务质量，为职业教育提供更加优质的教材，敬请您在百忙之中抽出时间对我们的教材提出宝贵意见。我们将根据您的反馈信息改进工作，以优质的服务和高质量的教材回报您的支持和爱护。

地　　　址：北京市朝阳区麦子店街 18 号楼（100125）
中国农业出版社职业教育出版分社
联系方式：QQ（1492997993）

教材名称：　　　　　　　　ISBN：
个人资料

姓名：＿＿＿＿＿＿＿＿＿＿所在院校及所学专业：＿＿＿＿＿＿＿＿＿＿

通信地址：＿＿＿＿＿＿＿＿＿＿＿＿＿＿＿＿＿＿＿＿＿＿＿＿＿＿

联系电话：＿＿＿＿＿＿＿＿＿＿电子信箱：＿＿＿＿＿＿＿＿＿＿＿＿

您使用本教材是作为：□指定教材□选用教材□辅导教材□自学教材

您对本教材的总体满意度：

从内容质量角度看□很满意□满意□一般□不满意

改进意见：＿＿＿＿＿＿＿＿＿＿＿＿＿＿＿＿＿＿＿＿＿＿＿＿

从印装质量角度看□很满意□满意□一般□不满意

改进意见：＿＿＿＿＿＿＿＿＿＿＿＿＿＿＿＿＿＿＿＿＿＿＿＿

本教材最令您满意的是：

□ 指导明确 □ 内容充实 □ 讲解详尽 □ 实例丰富 □ 技术先进实用 □ 其他
＿＿＿＿＿＿

您认为本教材在哪些方面需要改进？（可另附页）

□封面设计□版式设计□印装质量□内容□其他＿＿＿＿＿＿＿＿＿＿

您认为本教材在内容上哪些地方应进行修改？（可另附页）

＿＿＿＿＿＿＿＿＿＿＿＿＿＿＿＿＿＿＿＿＿＿＿＿＿＿＿＿＿＿＿＿
＿＿＿＿＿＿＿＿＿＿＿＿＿＿＿＿＿＿＿＿＿＿＿＿＿＿＿＿＿＿＿＿
＿＿＿＿＿＿＿＿＿＿＿＿＿＿＿＿＿＿＿＿＿＿＿＿＿＿＿＿＿＿＿＿

本教材存在的错误：（可另附页）

第＿＿＿＿＿页，第＿＿＿＿＿行：＿＿＿＿＿＿＿应改为：＿＿＿＿＿＿＿
第＿＿＿＿＿页，第＿＿＿＿＿行：＿＿＿＿＿＿＿应改为：＿＿＿＿＿＿＿
第＿＿＿＿＿页，第＿＿＿＿＿行：＿＿＿＿＿＿＿应改为：＿＿＿＿＿＿＿

您提供的勘误信息可通过 QQ 发给我们，我们会安排编辑尽快核实改正，所提问题一经采纳，会有精美小礼品赠送。非常感谢您对我社工作的大力支持！

欢迎访问"全国农业教育教材网"http：//www.qgnyjc.com（此表可在网上下载）

欢迎登录"中国农业教育在线"http：//www.ccapedu.com 查看更多网络学习资源

图书在版编目（CIP）数据

养禽与禽病防治 / 张玲主编 . —北京：中国农业
出版社，2019.8（2024.2 重印）
高等职业教育农业农村部"十三五"规划教材"十
三五"江苏省高等学校重点教材
ISBN 978-7-109-26180-8

Ⅰ. ①养… Ⅱ. ①张… Ⅲ. ①养禽学－高等职业教
育－教材②禽病－防治－高等职业教育－教材 Ⅳ. ①S83
②S858.3

中国版本图书馆 CIP 数据核字（2019）第 250687 号

中国农业出版社出版
地址：北京市朝阳区麦子店街 18 号楼
邮编：100125
责任编辑：徐 芳 责任校对：巴洪菊
文字编辑：张孟骅
版式设计：王 晨
印刷：北京通州皇家印刷厂
版次：2019 年 8 月第 1 版
印次：2024 年 2 月北京第 5 次印刷
发行：新华书店北京发行所
开本：787mm×1092mm 1/16
印张：22.25
字数：528 千字
定价：48.00 元